Introduction to Environmental Analytical Chemistry 2nd Edition

[編著] 小熊幸一　　上原伸夫　　保倉明子　　谷合哲行　　林 英男
Oguma Koichi　　Uehara Nobuo　　Hokura Akiko　　Taniai Tetsuyuki　　Hayashi Hideo

これからの
環境分析
化学入門

改訂 第2版

JN041860

講談社

【執筆者一覧】（〔 〕内は執筆箇所）

〈編著者〉

小 熊 幸 一　千葉大学名誉教授〔第3, 10, 12, 13, 14章〕

上 原 伸 夫　宇都宮大学工学部〔第1, 5, 11章〕

保 倉 明 子　東京電機大学工学部〔第4, 11章, 付録C〕

谷 合 哲 行　千葉工業大学工学部教育センター〔第1, 3, 5章〕

林 　 英 男　（地独）東京都立産業技術研究センター〔第8, 9, 11章, 付録A, 付録B〕

〈著 者〉

戸 田 　 敬　熊本大学大学院先端科学研究部〔第2, 11章〕

藤 森 英 治　環境省環境調査研修所〔第3章〕

中 嶋 亮 太　（国研）海洋研究開発機構〔第3章 Coffee Break〕

鎗 田 　 孝　茨城大学農学部〔第4章〕

手 嶋 紀 雄　愛知工業大学工学部〔第5章〕

荒 井 健 介　日本薬科大学〔第6章〕

江 坂 文 孝　（国研）日本原子力研究開発機構〔第7章〕

大 森 貴 之　東京大学総合研究博物館〔第7章 Coffee Break〕

平 山 直 紀　東邦大学理学部〔第10章, 付表B〕

千 賀 有希子　東邦大学理学部〔第10章〕

松 本 太 輝　宇都宮大学機器分析センター〔第11章〕

稲 川 有 徳　宇都宮大学工学部〔第11章 Coffee Break〕

沼 子 千 弥　千葉大学大学院理学研究科〔第11章〕

今 任 稔 彦　元 九州大学〔第12章〕

石 田 康 行　中部大学応用生物学部〔第13章〕

中 釜 達 朗　日本大学生産工学部〔第14章〕

杉 森 博 和　（地独）東京都立産業技術研究センター〔第15章, 付表A〕

改訂第2版によせて

　本書は「環境分析化学」を学ぶための新しいタイプの教科書として，その初版が2013年に発刊された．それ以降10年が経過した今日，地球温暖化に代表される環境問題は私たち人類の存亡に直結する喫緊の課題として世界的な関心事となっている．温暖化が原因とみられる台風の巨大化，大規模な山火事，災害の激甚化は，私たちの生命をも脅かすようになった．温暖化への対策として二酸化炭素の排出量削減への取り組みが先進国を中心に始まっている．日本では2050年に完全なカーボンニュートラルを目標にすることが定められた．しかしながら，二酸化炭素の排出量削減はエネルギー問題とも密接に関連しているため，具体的には難しい対応を迫られている．

　地球温暖化だけでなく，開発途上国における熱帯雨林の開発もまた地球規模の環境問題として懸念されている．熱帯雨林の行き過ぎた乱開発が人類と未知の病原体との不用意な接触の危険性をもたらしている．これに加えて，人類のグローバルな経済活動は，病原体が容易にかつすばやく国境を越えて移動することを可能にした．2020年の初頭に起こった新型コロナウイルスの流行は，いったんパンデミックが起きれば，その広がる速さや規模は100年前のスペイン風邪とは比較にならないことを私たちに知らしめた．

　目を海洋に転じると，私たちの生活に利便性をもたらしてきたプラスチックが，1963年に汚染をもたらしていることが見い出された．それ以来，プラスチックに起因する海洋水中のプラスチック（特に5 mm以下の大きさのものはマイクロプラスチックと呼ばれる）の発生源，分布，動態について，多くの研究が報告されている．海を漂うプラスチックには，海の汚れや有害物質を吸着する性質があり，マイクロプラスチックを餌と間違えて海の生物が摂食すると，「食物連鎖」により生物濃縮して体内に有害物質を蓄積した魚を食べる人間に害を及ぼすことが危惧されている．

　もはや私たちは，環境問題を「自身の身の回り」という視点からだけでなく「地球規模」の視点からも捉えていかなければならない時代を迎えている．

　上述したように，初版の発刊から10年の歳月が経ち，私たちは「環境」を地球規模での視点から捉え直す必要に迫られている．今では「環境」は，国際社会において経済，エネルギーあるいは安全保障などと並ぶ重要な懸案事項となっている．このように，「環境」が新たな視点で捉えられるようになるのに伴い，「環境分析化学」は理工系学生だけでなく，文理が融合した学際領域を学ぶ学生に対しても重要な学問になってきた．

　環境分析化学に対する関心がこれまで以上に多様化してきたことに対応するために，第2版を刊行することとなった．第2版では，初版の構成を踏襲しつつ，この10年間にわたる環境分析化学の進歩に対応するよう各章ごとに内容を刷新した．また，最新のトピックスについては，コラム「Coffee Break」として収載した．さらに，理工系学生や実務に携わる方々だけでなく，文理融合領域を学ぶ文系学生にも馴染みやすいように，図表を多色刷りとし，写真については可能な限りカラーとした．

　最後に本書の出版にあたり，ご尽力いただいた講談社サイエンティフィクの横山真吾氏に厚く感謝の意を表する．

2023年1月

編著者一同

まえがき

　今日，マスコミにおいて「環境」が語られない日はないようである．そこには，人類の活動により私たちを取り巻く環境が以前に比べて悪くなっているのではないだろうか，という漠然とした不安が取り上げられているように思う．環境の悪化（劣化）について，およそ以下のようなシナリオが私たちの常識として共有されている．

　18世紀イギリスに端を発した産業革命により，社会はそれまでの農業文明社会から工業文明社会へと移行するようになった．これは，化石燃料など再生が難しいエネルギーの大量消費時代の幕開けを意味する．エネルギーの大量消費に基づいた人類の生産・消費活動はやがて自然の自己回復・浄化能力を上回るようになった．これがさまざまな環境の悪化（劣化）の原因であり，人類は公害といった形でそれまでの農業文明社会にはなかった問題に直面するようになった．環境問題の始まりである．

　環境問題に取り組むためには，まず，環境がどのような状態になっているのかについて正しく知る必要がある．分析化学的な観点から環境を知るための方法論を扱うのが環境分析化学という学問である（これについては第1章で述べる）．すなわち，環境分析化学は「環境」と「分析化学」との重なりに位置している．

　本書では，初めて環境分析化学を学習する大学1〜2年生や環境分析の実務に携わっている人を主な対象とした．そして，高校で学んだ化学的な知識をもとに，効率的に学習を進めることを目指す．このため，まず「環境」を対象とし，その中で問題を引き起こす可能性のある物質を取り上げ，それを分析する方法について解説する．続いて，環境分析によく用いられる分析手法を測定原理ごとにまとめて詳しく解説する．この際，「分析対象となる物質」，「それが存在する環境」，「その測定方法」の三者の関係が明確になるように心がけた．このため，本書は「環境分析化学」の教科書としてだけでなく，「分析化学」の教科書にも十分使えるようになっている．

図　私たちを取り巻く環境

　本書の新しい試みとして，環境を「人間自身および人間を取り巻くもの」としてとらえることにした．そして環境を「大気環境」，「水環境」，「土壌環境」，「生活環境」，および「生命環境」に分類して解説する．「大気環境」，「水環境」，「土壌環境」は，従来の気圏，水圏，地圏とおおむね対応している．また，「生活環境」は，「人間圏」あるいは「都市圏」などと呼ばれている領域に対応する．「生命環境」は「生物圏」と呼ばれている領域におおむね対応し，本書では生命体として人間をとらえ，その内部環境を「生命環境」として取り扱う．

　さらに，「環境分析化学」の実学としての側面を意識し，「なぜ，分析するのか」，「どのように分析するのか」，「分析値をどう判断するのか」といった問いに対応するために，環境にかかわる基準や公定分析法についてもわかりやすくまとめた．

本書の構成

　本書は，15章から構成されている．

　第1部は，第1章〜第7章で構成されている．ここでは，上述した環境の分類に従い，それぞれを対象とした分析方法についてまとめた．

　第2部は，第8章〜第15章で構成されている．第8章〜第14章では，分析化学の基礎知識，分析化学で取り扱われている化学平衡，環境分析に主に用いられる機器分析的な手法についてまとめた．これらは，「分析化学」の講義の教科書としても使えるようになっている．

　第15章と付表・付録では環境分析化学を学ぶために重要な知識をまとめた．付表Aでは，大気，水質，土壌に関する環境基準や公定分析法などを網羅的に収載した．付表Aは環境計測を日常の業務とする分析技術者にとっても実用的に仕上がっている．付録は，環境分析化学でよく使用される数式の取り扱いなどについて解説した．

　なお，本書の実用的な面を考慮して，本書で用いる用語については環境分析関連の法令などに使われているものに準じた．これらの中には科学的な専門用語とは用法，意味が必ずしも一致していないものがあるかもしれない．これは用語がまだ確定していないことによる．本書では，環境分析関連の法令に準ずることで，可能な限り用語のあいまいさを避けることにした．

　最後に，本書の出版にあたり，ご尽力いただいた講談社サイエンティフィクの横山真吾氏に厚く感謝の意を表する．

　2013年8月

編 著 者 一 同

Contents

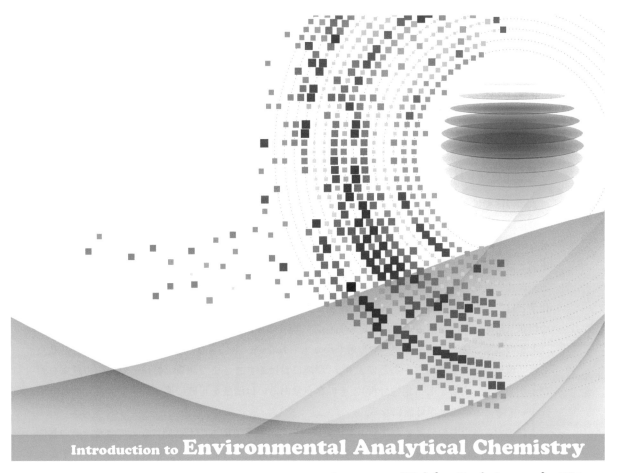

Introduction to **Environmental Analytical Chemistry**

第1部 環境分析の実際

第1部は，第1章から第7章までの7つの章から構成されている．各章において，「環境中に存在する物質を分析する」という具体的観点から，実際的な分析を解説する．

第1章では，環境分析化学の定義とその学習の意義を解説する．
第2～4章では，大気，水，土壌を対象として，主に汚染物質の分析方法を中心に解説する．
第5章では私たちの身の回りの環境（生活環境）を，第6章では私たち自身の内なる環境（生命環境）を対象として，これらの環境を健全に保つための指標となる物質を分析するための方法を解説する．
第7章では，環境放射能に関する基礎的な知識を解説するとともに，その分析の意義と測定法を解説する．

環境分析化学とは

1.1　環境分析化学をなぜ学ぶのか

　人類の活動により排出されたさまざまな物質から引き起こされる環境問題について正しく理解するためには，環境中において問題となっている物質を特定し，その存在量を正確に決定することが欠かせない．すなわち，環境を対象として，そこに存在する分析の対象となる物質（例えば，環境問題の原因となる物質）が何であるか（定性分析），どのくらい存在するか（定量分析）を調べる必要がある．環境分析化学は，このための方法論に関する学問である．もう少し詳しく定義すれば，環境分析化学とは，「物質からの視点でとらえた環境に対し，分析化学的な考え方に基づいて，その環境の持つ情報（量的，質的な情報）を読み取る方法論に関する学問」ということになる．

　上述の議論は厳密ではあるが，やや難しいかもしれない．少し違った視点から考えてみよう．私たちは「環境分析化学を学ぶ」ことにより，「環境におけるさまざまな物質（特に，私たちの健康をおびやかす物質）を特定し（定性分析），その存在量あるいは濃度を正確に測定（定量分析）する方法について考える」ことが可能になる．

　これまで，私たちの健康をおびやかす物質について，数多くのものが話題になってきた．その具体的な例については1.3節で説明するが，これらの物質は最初から私たちの生活に悪影響を及ぼすことが認識されていたわけではない．悪影響との因果関係の解明には，環境中におけるその物質の量や濃度に関する正確なデータを長期にわたり集める地道な作業が欠かせない．また一概に，健康をおびやかす物質といっても，その化学的な構造や物性は多岐にわたり，それを含む環境試料の性状もさまざまである．これら多種多様な試料から，客観的かつ正確なデータを得ることは容易なことではない．正確な測定を行うためには，「分析方法（や手法）」に関する知識，「環境」に関する知識，そして「物質についての化学」的な知識，が欠かせない．

　環境分析化学を構成する「環境」，「分析」，「化学」の三つのキーワードはそれぞれ，「対象」，「方

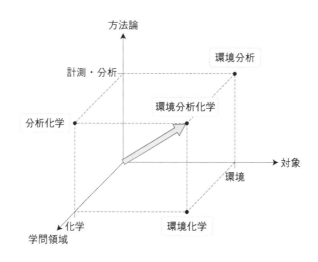

図1.1　環境・分析・化学の相関イメージ

法論」，「学問領域」に相当する．これらの関係を図1.1に示す．

1.2　環境分析化学と分析値に基づく判断

　1.1節で述べたように，環境分析化学では環境中に存在し，環境に負荷を与えるか，もしくはその可能性を有する物質を正確に測定するための方法論について取り扱う．環境試料の分析により得られた分析結果は，測定対象となる物質が何であるか，どのような形態をとっているかという質的な情報と，試料中にどのくらい存在しているかという量的な情報とを含んでいる．この分析結果から「安全」と判断し，「安心」を感じるためには，そのための判断基準や根拠が必要となる．図1.2に，環境分析化学と分析値に基づく判断との関係について示した．もう少し具体的に考えてみよう．

　「安全」や「安心」といった「生存の欲求」は，人間の根源的な欲求である．「安全」と「安心」はしばしば混同して用いられるが，両者はまったく異なる概念である．「安全」は判断の結果であり，「安心」は心の状態である．私たちが「安全」であると判断するためには，まず身の回りで起こっている事柄を正しく把握することが必要である．そのために，環境に負荷を与える物質を分析することが重要な役割を果たす．しかし，分析値をどんなに集めても，「安全」と判断し「安心」を感じるには至らない．図1.2に示すように，「安全」かどうかといった判断は，環境分析化学の守備範囲を超えているからである．二つの例から考えてみることにする．

　最初の例として，2011年3月11日の東日本大震災により起こった福島第一原子力発電所の爆発事故を例に挙げる．この爆発事故により原子炉内の放射性物質が環境中へと放散した．その後，環境中に広がった放射性物質の測定が行われたが，測定値だけがひとり歩きしてしまい，かえって混乱を招いた．放射性物質を測れば測るほど（すなわち，測定件数が増えるほど），かえって不安が募るという事態になった．適切な分析手段が周知されていなかったことに加え，信頼に足る客観的な判断基準がどこからも示されず，「安全」かどうかを判断することができなかったことが原因であった．

　二つ目の例として，2020年初頭に始まった新型コロナウイルスのパンデミックを挙げる．コロナウイルスは変異を繰り返しながら瞬く間に世界中へと広がった．遺伝子の増幅法であるポリメラーゼ連鎖反応（ploymerase chain reaction：PCR）はコロナウイルスの診断に威力を発揮した．しかし，パンデミック初期のころではPCR検査の態勢も十分ではなかったために，偽陰性が疑われるケースもあった．「安心」を感じるための正確な診断を行う体制が整うのにしばらく時間を要した．本書では，私たちの体の中を生命環境としてとらえ，その代表的な分析方法（診断方法）を第6章にまとめた．

　これまで述べてきたように，環境分析の結果から「安全」と判断するためには，そのための判断根

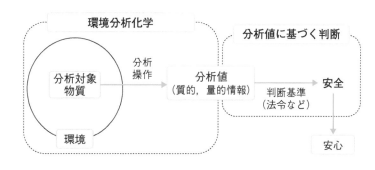

図1.2　環境分析化学の役割

拠が必要である．判断根拠の一番の拠りどころは，法令や国際規格である．これら法令や国際規格は
すべてにおいて必ずしも十分な生化学，医学的な裏付けがなされているとは限らないが，その制定に
おいては，専門機関による十分な議論を経ている．本書では，環境に関する法律・国際規格を第15
章にまとめた．

1.3　安全・安心をおびやかす物質

1.3.1　地球温暖化と温室効果ガス

「地球温暖化」という言葉をニュースで聞かない日はないといっても過言ではないであろう．地球
規模での環境問題を話し合うため，1992年6月ブラジルのリオデジャネイロで地球サミット（環境と
開発に関する国連会議）が開催された．それまでの間に蓄積された環境科学的知見に基づいて地球規
模での環境の現状と将来を予測し，国際社会全体としての対処方法を提言することを目指したサミッ
トであった．しかし，一回の会議では地球全体の将来と世界全体の方向性を決定することはできな
かった．一方，「気候変動に関する政府間パネル（Intergovernmental Panel on Climate Change：
IPCC）」では，1988年から地球規模で発生する環境問題についてのデータの収集と分析を進めている．
このデータをもとに気候変動枠組条約の批准国が定期的に国際会議を行っており，1997年12月に京
都で開かれた「気候変動枠組条約第3回締約国会議（Third Session of the Conference of the Parties：
COP3）」で採択された合意事項が「京都議定書」と呼ばれる国際協定である．議定書の主な内容を
以下にまとめた．

「京都議定書」の主な合意事項

① 先進国は2008年から2012年にかけて，温室効果ガスの総排出量を全体で1990年（基準年）に比
べて5％以上削減する．
② 削減率は国によって異なる（日本は6％が目標値）．
③ 対象ガスは二酸化炭素CO_2，メタンCH_4，一酸化二窒素N_2O，六フッ化硫黄SF_6およびパーフル
オロカーボン（perfluorocarbons：PFC），ハイドロフルオロカーボン（hydrofluorocarbons：
HFC）とする．
④ 森林などによる二酸化炭素の吸収・排出分を算入する．
⑤ 先進国で排出枠を売買する排出権取引および先進国同士が途上国で共同実施したプロジェクトに
よる削減分を分け合う．

この京都議定書は，次に示す点でほかの多くの国際条約と大きく異なっている．①地球温暖化の原
因物質と考えられる温室効果ガスを特定し，②その削減目標と③削減期間を設定していることである．
地球の現状はけして安全な状態ではないという国際社会の共通認識と，地球環境の将来に対する危機
感が京都議定書に反映されている[1]．

京都議定書で削減目標が設定されている5種類の物質と1種類の化合物群は，それまでに得られて
いた科学的知見からでも，十分地球規模での気候変動との因果関係が証明され，その濃度の変化が地
球環境全体の気候変動と関連づけられている（2.5節参照）．地球温暖化のメカニズムは物質収支と熱
収支から説明される．このうち地球全体での熱収支を模式的にまとめたものが図1.3である．環境分
析化学に求められるのは，こうした地球全体での物質や熱の出入りに関して，できるだけ正確な情報
を提供することである．そのため，本書の中でもさまざまな試料について，その試料の分析でどのよ

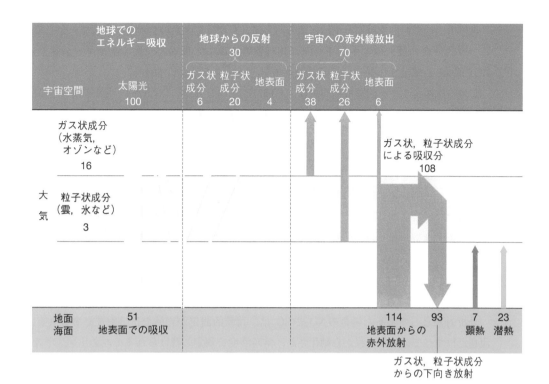

図1.3 地球全体の熱収支模式図
地球に入射する太陽の放射エネルギーを100とした相対値で表示.
[環境情報科学センター（編）, 図説環境科学, 朝倉書店（1994）, p.91, 図2を参考に作成]

うな情報が得られるのかということを明らかにし, そのうえでできるだけ正しい値を得るための技術や考え方について解説する. 京都議定書に記載されている温室効果ガスについては, 第2章で解説する. また, 測定値の評価基準の考え方やデータの取り扱いについては第8章で解説する.

　「二酸化炭素のように地球規模で循環している物質については, 気候変動との間に明確な因果関係は成立しない」という主張をする国もまだ多数ある. しかしながら, 2012年に提出されたIPCCの第4次評価報告書では, 「20世紀半ば以降の地球の平均気温の上昇は, 人間生活を原因とする温室効果ガスの増加でもたらされた可能性がかなり高い」と地球規模での気候変動とその人為的原因を指摘している. 環境分析化学の役割は未来の地球環境を正確に予測するために, 現在の環境を正しく表している分析値を提供することである.

1.3.2　酸性降雨の原因物質

　環境問題の中で, もっとも古くて, かつ現在でも世界的な被害をもたらしているものとして, 窒素酸化物NO_xや硫黄酸化物SO_xによる酸性降雨の問題がある. 日本では1950年代半ばから1970年代半ばまでの高度経済成長期において, 酸性降雨による環境破壊が「公害」という形で進行した.

　1870年にイギリスの化学者ロバート・アンガス・スミスが「酸性雨」という言葉を用いてから150年以上の歳月が経過している. 酸性降雨の主要な原因物質は化石燃料を燃焼した排気ガス中に含まれるNO_xやSO_xであることが明らかとなり, 世界各地で常時モニタリングが行われるようになった. これにより, 詳細な発現メカニズムがわかってきている. にもかかわらず, いまだにNO_xやSO_xによる環境汚染の世界的拡散を抑えることができていない. その理由は, これまでのエネルギー消費型の文明と化石燃料の燃焼とが密接に関連しているためである.

　世界人口の爆発的な増加と生活水準の向上にともなって大量の食料とエネルギーが必要になっている．現代社会の最大のエネルギー源は化石燃料である．世界の一次エネルギー消費量は2008年で123.7億toeと推定される（toe：原油換算トン，tonne of oil equivalent）．

　この一次エネルギー消費量の内訳は，石油（32.7 %），石炭（27.6 %），可燃性ガス（21.1 %）で計81.4 %，原子力5.8 %，水力2.2 %，新エネルギー0.7 %およびバイオエタノールを中心とする可燃性再生可能エネルギー9.9 % となっている[2]．人類がいかに化石燃料に依存しているかが，こうした数値に表れている．また輸送手段としての飛行機や船舶，自動車などのほとんどは石炭，石油などの化石燃料を燃焼させる内燃機関を動力源としている．さらにプラスチックのような石油化学製品の大部分は，使用後は自然分解されない廃棄物として焼却処分されている．これら化石燃料に由来する物質の燃焼にともなってNO_xやSO_xが発生する．このため，1960年代から1970年代にかけての高度成長期には工場地帯や特定の燃焼施設だけが発生源となっていたが，現在は世界中のありとあらゆるところに原因物質の発生源が拡散し，各地で特有の被害をもたらしている．さらに，経済成長が著しい国々では工業化にともなってこれらの物質の発生量自体が急激に増加し，気流によって自国内のみならず世界各国にその被害を拡散させている地域もある．

　分析対象として考えた場合のNO_xやSO_xは，比較的測定が容易な化学物質である（第2章参照）．現在ではすべての分析工程が自動化され，常時濃度を測定し続けられるモニタリングポストなども各地に設置されている．その測定結果を受けた規制や国際的な対策・対処方法も確立されてきている（第15章参照）．一方，地球温暖化同様，酸性降雨も世界規模での化学物質による環境破壊だととらえれば，酸性降雨の原因物質についてもその排出量を相互に規制し，監視し合う国際的なネットワークづくりが必要である．

1.3.3　フロン類

　南極上空におけるオゾンホールの出現により，フロン類の排出が問題視されるようになった．1983年に南極上空でオゾンホールが世界で初めて観測されて以来，オゾンホールは確実に拡大を続けている．オゾンホールとは，オゾン層（成層圏の中で酸素の同素体であるオゾンO_3の濃度がわずかに濃い領域）の一部が消失し，あたかも穴が開いている状態に見えることをいう．オゾン層は宇宙空間から降り注ぐ紫外線を遮へいするので，オゾンホールの出現は地球上の生物にとって大きな脅威となる．

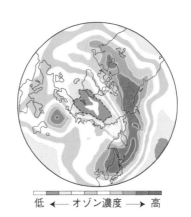

低 ← オゾン濃度 → 高

図1.4　北極圏に出現したオゾンホール

2011年3月25日．- - - - 線内が「オゾンホール」に相当．
[NASAのデータをもとに国立環境研究所で作図]

　南極上空のオゾンホールは南半球の植物の活動と連動して拡大と縮小を繰り返している．一方，図1.4に示すように2011年春，観測史上初めて北極上空でもオゾン濃度の低い地域が観測された[3]．もともと北半球は高緯度地域まで森林地帯があり，オゾンの原料となる酸素が十分供給されていた．このため，これまで北半球ではオゾンホールは観測されてこなかった．この地域でもオゾンホールが発生することになると，高緯度地域にも人口が多いため，南半球以上に深刻な健康被害が発生すると予想されている．

　オゾン層破壊のメカニズムについては諸説あるが，1974年にマリオ・モリナによって提唱され，その後1985年にジョー・ファーマンらが確立した図1.5のようなClO_xサイクルが受け入れられている[4]．フロンは炭素とハロゲン元素だけからなるクロロフルオロカーボン（chlorofluorocarbon：CFC）の総称であり，図1.5のサイクルでは塩素の供給源として作用している．1987年に採択されたモントリオール議定書では表1.1に示した5種類のCFCの製造中止を決めている．一方，フロンと類似した性質を持つハロゲン化アルキルであるハロンも図1.5の中では臭素の発生源としてオゾン層の破壊に大きく寄与している．これらの物質は天然には存在せず完全に人工的に合成された化合物である．無味・無臭・無毒・無害の不燃性物質で，相変化が容易に起こる．断熱性，電気絶縁性に優れ，表面張力が著しく低く，密度が水よりも大きく，親油性が高い性質を有している．こうした性質から冷媒や洗浄剤，スプレー剤として広く用いられてきた．1928年に合成されて以来，大量に生産・消費され，

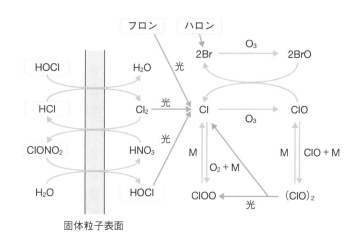

図1.5　ClO_xサイクルによるオゾンの分解

フロン類からは原子状の塩素が生成し，代替フロンであるハロン類からは原子状の臭素が生成する．
[環境情報科学センター（編），図説環境科学，朝倉書店（1994），p.105，図3を参考に作成]

表1.1　モントリオール議定書で製造中止となった特定フロン

CFCコード*	化学式	CFCコード*	化学式
CFC-11	CCl_3F	CFC-12	CCl_2F_2
CFC-113	CCl_2F-$CClF_2$	CFC-114	$CClF_2$-$CClF_2$
CFC-115	CF_3-$CClF_2$		

1987年時点では上記の5種類が製造禁止となったが，その後1992年に15種類に増やされた．また，CFC以外にもハロン，四塩化炭素，ハイドロクロロフルオロカーボン（HCFC），ハイドロブロモフルオロカーボン，臭化メチル，ブロモクロロメタンなどが規制対象物質として指定された．
＊　CFCコードの数字は以下の意味である．
　1の位の数：Fの数，10の位の数：Hの数＋1，100の位の数：Cの数−1

さまざまな産業分野で利用されてきた.

　分析対象として考えた場合のフロン類は，測定が困難な物質群の一つである．その理由としては，環境中における濃度が極めて低いことに加え，化学的反応性に乏しく，揮発性が高いため効率的な捕集が困難なことなどが挙げられる．そのため，環境保全という観点からは，フロンそのものの製造・使用の中止・制限と，管理された施設での分解を確実に行うしかないのが現状である．環境分析において，フロン類は大気試料の1項目として測定される．この場合，低沸点・低濃度であることゆえの特殊な器具や装置が必要になる．

　モントリオール議定書によってCFCについては世界的に生産・使用が禁止され，その動きは発展途上国にも広がっている．一方でCFCの代替物質として注目を浴びたハイドロクロロフルオロカーボン（hydrochlorofluorocarbon：HCFC）は高い温室効果作用を持ち，地球温暖化防止の観点から使用が制限されるようになってきた．過去60年間で放出されたフロンが今後どれくらいの期間オゾン層を破壊し，オゾンホールがどれだけ拡大するかを正確に予測することはいまだできていない．短いものでも60年，長いものでは400年とも推定されるCFCの寿命を考えると，西暦2500年ころまでフロン類による影響を監視しなくてはならない．オゾン層の破壊は，20世紀に人類が引き起こしたさまざまな環境問題の中でも放射性元素による汚染と並んで，もっとも長い期間影響が残り続ける環境問題の一つであることは間違いないであろう．継続的な測定と監視の義務を遂行するためにも，環境分析の技術は不可欠な要素技術である．

1.3.4　残留性有機汚染物質（POPs）

　フロンと同様に，有機化合物の中で分解性が低く生物の体内に蓄積し，健康被害を与える可能性のある物質に残留性有機汚染物質（persistent organic pollutants：POPs）がある．POPsの中にはレイチェル・カーソンが著書「沈黙の春」（1962）の中で残留性を指摘したジクロロジフェニルトリクロロエタン（dichlorodiphenyltrichloroethane：DDT）も含まれる．これらのPOPsは地球上のさまざまな場所で生物の体内で濃縮され，催奇性など生命に直接ダメージを与えることが明らかになってきた．

　POPsは意図せず生成してしまうものと，人為的にしか合成されないものの2種類に大別される．人為的にしか合成されないPOPsについては製造・使用を禁止することでその被害の進行と拡大を制限できるが，意図せず生成してしまうPOPsによる被害を防止することはたいへん難しい．2001年に採択された「残留性有機汚染物質に関するストックホルム条約」（ストックホルム条約）において消滅や全廃を目指すとされたPOPsを表1.2にまとめた．

表1.2　ストックホルム条約で消滅を目指すとされたPOPs

物質名	発生源や用途
ポリ塩化ビフェニル（PCB）	トランス，熱交換機の熱媒体など
ヘキサクロロベンゼン（HCB）	除草剤の原料として利用されていた
ペンタクロロベンゼン（PeCB）	農薬として利用していた
ポリ塩化ジベンゾ-パラ-ジオキシン（PCDD） ポリ塩化ジベンゾフラン（PCDF）	ダイオキシン類の一種 含塩素有機物の製造，燃焼工程で発生

次のPOPsは製造・使用・輸出入が原則禁止されている．PCB，アルドリン，エンドリン，ディルドリン，クロルデン，ヘプタクロル，クロルデコン，トキサフェン，マイレックス，HCB，PeCB，β-ヘキサクロロシクロヘキサン（β-HCH），α-ヘキサクロロシクロヘキサン（α-HCH），リンデン，ポリブロモジフェニルエーテル類（PBDEs）（テトラBDEおよびペンタBDE，ヘキサBDEおよびヘプタBDE），ヘキサブロモビフェニル（HBB），エンドスルファン

　含塩素系有機多環化合物の一種であるDDTは，人為的にしか合成されないPOPsの代表である．これは，殺虫剤・殺菌剤・除草剤などの農薬として合成された有機化合物であり，安定で，水に溶けにくく油に溶けやすい性質を有している．このため生体内に取り込まれると，油分の多い肝臓や生殖器に蓄積し，発がん性を高めたり，ホルモン異常のような症状を引き起こしたりする．大量発生源があったり，戦争のように極端に大量に使用されたりしない限り急性毒性による被害は発生しないが，その分解性の低さから食物連鎖によって高等生物の体内に濃縮されて新たな環境問題を引き起こしている（生物濃縮）．このように環境中に放出されるときには十分低濃度であったとしても生物によって濃縮され，生態系や場合によっては人の健康にまで影響を及ぼすような事態も危惧されている．

　こうしたPOPsを分析する場合，自然界では生成しないので，対象物質の発生源は比較的特定しやすく，限定されている．環境中での濃度は非常に低いが，食物連鎖上位の肉食生物の特定の臓器に蓄積される傾向がある．本書では，第3〜5章において，関連する分析方法について解説する．

　一方，意図せず生成してしまうPOPsの代表がダイオキシン類である．ダイオキシン類も含塩素系有機多環化合物の一種であり，世界保健機構（World Health Organization：WHO）でも発がん性物質と認定されている有害物質である．ダイオキシン類は分解性が低く，生物濃縮によって濃縮されることもほかのPOPsと共通しているが，その発生源は大きく異なっている．ダイオキシン類は塩素を含む有機化合物の不完全燃焼によって比較的容易に生成してしまうため，発生源の特定が困難なうえ，知らないうちに高濃度のダイオキシン類にさらされる可能性がある．ダイオキシン類の生成経路はいくつか推定されているが，いずれも有機化合物の不完全燃焼時に塩素源が混入することが共通している．特に，たき火や小型焼却炉といった燃焼温度の低い条件で含塩素系ポリマーを燃焼させようとするとダイオキシン類を生成してしまう．ダイオキシン類が飼料などを通じて家畜の肝臓や脂肪に濃縮される可能性も懸念されている．日本ではダイオキシン類対策特別措置法に基づいてごみ処理施設などについては，定期的な測定が義務付けられ排出量が規制されていて，企業や自治体から分析結果が公開されている．本書では，ダイオキシン類については4.8節で解説する．

　一方，植物や微生物の中には生体防御機能として，こうした化学物質を取り込んだり，分解したりする機能を有している種も存在する．植物や微生物の持つ潜在能力を見つけ出し，汚染された地域で環境浄化機能を有する植物や微生物を栽培したり，増殖させたりすることで，環境中から難分解性化合物や重金属類を除去しようとするバイオレメディエーションと呼ばれる浄化法も実施されつつある[5]．

　これまで見てきたように日常生活の中に深く入り込んでくる化学物質をどのように測定し，どのように評価するかは，環境分析化学の中でも新しい課題である．本書では第5章でこの課題を取り上げる．さらに，第6章では化学物質や病原体と生体とのかかわりを取り上げる．これらは学際領域であり，進展の著しい研究領域である．本章を読んでこうした分野に興味・関心が芽生えたならば，より詳細な専門書へと学習を発展させていってほしい．

【引用文献】
1）中田昌宏，松本信二，新訂 環境の科学，三共出版（2008）
2）資源エネルギー庁，エネルギー白書2011
3）国立環境研究所記者発表 "2011.10.03"，https://www.nies.go.jp/whatsnew/2011/20111003/20111003.html
4）環境情報科学センター（編），図説環境科学，朝倉書店（1994）
5）新名惇彦，吉田和哉（監修），植物代謝工学ハンドブック，エヌ・ティー・エス（2002）

大気環境の分析

第2章で学ぶこと

- 大気環境の特徴
- 大気試料の捕集と大気成分の定量的な取り扱い
- 温室効果ガス，酸性雨成分，光化学オキシダント，エアロゾルなど大気環境中の主な物質の起源や変遷
- 大気試料の採取とその成分の分析方法

2.1 大気環境と地球，生命，そして人類

　大気は流動的であり，大気環境の物質は大陸横断的にも鉛直方向にも移動する．このため大気環境は閉ざされた系ではなく，ひとたび放たれた化学物質は広域的に影響を及ぼし，また遠隔地からの影響を受けやすい．大気環境の正しい理解は，人間の生活や健康ならびに生態系を考えるうえで重要である．大気はさまざまな化学反応・化学平衡の場になっており，大気中で新たに生成する物質も数多い．大気環境を把握するには，大気中に含まれる物質の種類や濃度の把握にとどまらず，その起源や変遷の理解が重要である．

　地球誕生のころ，地球を取り巻いていた大気は今とは大きく異なっていた．呼吸に必要な酸素もなく，DNAを破壊する紫外線が容赦なく降り注ぎ，生命にはとても厳しい環境であった．生命が誕生して間もないころ，紫外線の届かない海中で発生した植物プランクトンが酸素を生み出し，それにともない大気へ酸素が供給されていった．酸素は成層圏でオゾンを生み，オゾンが有害紫外線を防止すると生物も徐々に水中から地上に現れた．すると，大気中の酸素濃度は急激に増大し，成層圏にオゾン層が形成され，今の緑の地球がつくられた．大気は地球の生命になくてはならないが，逆に生命に

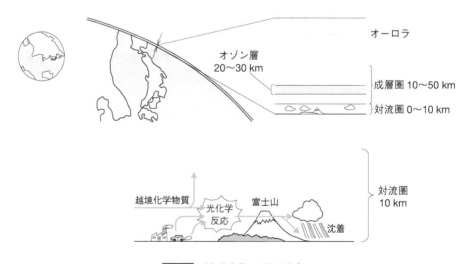

図2.1 地球を取り巻く大気

よって育まれたといってもよい．そして今では，生命を紫外線から守ると同時に，呼吸に必要な酸素を豊富に有し，また昼夜や季節による気温の変化を大きく低減して温暖な気候をもたらしている．このように，大気は生命のゆりかご「地球」をやさしく覆う毛布である．ただし，大気成分の80％（質量比）を保持する対流圏の厚みはわずか10kmである（図2.1）．地球を1億分の1に縮小すると，地球の直径が13cm，大気の厚みが0.1mmに相当し，地球の大気はよく「リンゴの薄皮」になぞらえられる．このように薄っぺらな大気層が80億もの人々や数えきれない生命を育んでいる．

　大気にかかわる環境問題は数多くある．地球温暖化，オゾン層破壊，酸性雨，光化学オキシダント，光化学スモッグ，エアロゾル，難分解性有機化合物，重金属などさまざまである．本章では，大気環境の各課題を関連させながら，それらにかかわる物質を分析する意義を述べ，大気成分の分析の原理を解説する．

2.2　大気中の物質の濃度の取り扱い

　大気中の物質の濃度には，ppmやppbなど割合を表す単位や，$\mu g\ m^{-3}$や$ng\ m^{-3}$など一定体積中の物質の質量を表す単位が用いられる．前者については体積比（volume ratio）であることを示すためppmvやppbvと表すことも多い．環境試料中の濃度をppmやppbで表す場合，大気を扱う際は水や土壌試料の場合と異なるので注意が必要である．例えば，水の密度が$1.0\ g\ cm^{-3}$で，水や土壌中に含まれる鉄やヒ素が双方とも1ppm（$1\ mg\ L^{-1}$, $1\ mg\ kg^{-1}$）であった場合，試料全体に対する鉄やヒ素の質量比が等しいということである．ところが，化学反応においては化学量論的な取り扱いが行われる．例えば溶存鉄イオンFe^{2+}から硫化鉄FeSを生成する場合，鉄イオンと硫化物イオンは1：1で反応するので，同じモル濃度（物質量濃度）［$mol\ L^{-1}$］の溶液であれば，同体積で過不足なく両者が反応する．けして，1ppmずつが反応するわけではない．1.0ppmの鉄イオンは$1.9×10^{-5}\ mol\ L^{-1}$，1.0ppmの硫化物イオンは$3.1×10^{-5}\ mol\ L^{-1}$に相当するからである．

　一方，気体成分についてppmvやppbvで表した場合，同じ数値の濃度のものは物質量molを基本として考えても同じ濃度である．これは，大気圧下，1molの気体の占める体積は物質によらず一定だからである（アボガドロの法則）．この点が気体成分をppmv，ppbvで表した場合の特徴である．光化学反応など大気中の反応を考える場合，$\mu g\ m^{-3}$や$ng\ m^{-3}$などよりppmv，ppbvなどの方が反応生成量や反応速度の取り扱いや収率を考える点で好ましい．ただし，気体物質1molの占める体積は，いうまでもなく温度や圧力の関数となるので注意が必要である．例えば，大気圧一定のもと温度が10℃上昇すると体積は約3％増大する．この値はボイル-シャルルの法則や気体の状態方程式から容易に計算できる．

　一方，エアロゾルなど粒子状物質を取り扱う場合，目的の物質は気体ではないのでppmv，ppbvという概念はなく，$\mu g\ m^{-3}$や$ng\ m^{-3}$など単位体積当たりの質量で示される．エアロゾルと気体の間の分配を考慮する場合は双方とも$\mu mol\ m^{-3}$や$nmol\ m^{-3}$など一定体積中の物質量で表すとよい（2.9節参照）．

2.3　大気試料のサンプリング

2.3.1　アクティブサンプリング

　大気試料は水や土壌試料のように「すくって容器に入れる」というわけにはいかない．そこで，目的の成分を吸収できる水溶液や固体の捕集剤を充填したカラムに，一定の流量で大気試料を通気し，

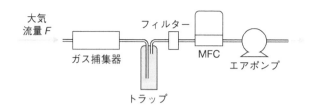

図2.2　大気試料のアクティブサンプリングの例

MFC：質量流量制御装置

目的の物質を捕集する（図2.2）．このように大気成分を捕集器に能動的に取り込む採取をアクティブサンプリングという．採取した成分の物質量を求め，通気した大気の物質量や体積で割れば濃度が求められる．

　さて，採取試料中の目的気体成分の量を考える場合，その物質量は採取した大気の総量と目的気体成分の比率による濃度で求められる．例えば0 ℃，1気圧（1.013×10^5 Pa）において大気をサンプリング流量F[L min^{-1}]で吸引し，大気に含まれる濃度Cの物質をt分間採取した場合，捕集した物質の物質量n[mol]は以下のように求められる．

$$n = C\frac{Ft}{22.4} \tag{2.1}$$

濃度Cは分率で表す．例えば1 ppmvであれば1×10^{-6}となる．標準状態で校正した質量流量制御装置（mass flow controller：MFC）を用いてサンプリング流量Fを制御した場合は式(2.1)をそのまま使用できる．もちろん対象物質を問わず，すべての気体成分について当てはめられる．体積流量で制御した場合は，以下のように絶対温度T[K]と圧力P[Pa]の補正が必要である．

$$n = \frac{CFt}{22.4}\frac{273}{T}\frac{P}{1.013 \times 10^5} \tag{2.2}$$

圧力は1.013×10^5 Pa一定として扱えば簡略になり，この場合は温度補正のみ行う．

$$n = \frac{CFt}{22.4}\frac{273}{T} \tag{2.3}$$

2.3.2　パッシブサンプリング

　大気試料をポンプで能動的に取り込むアクティブサンプリングに対し，大気成分を捕集する材料を空気に接するよう一定時間放置し，その間捕集面に捕捉された物質量を求めるような受動的な手法をパッシブサンプリングという．

　パッシブサンプリングは，サンプラーを目的の場所に設置するだけでよいので，簡便である．電気のない自然環境中でも用いられるし，バッジのように身につければ人の化学物質に対するばく露量を測るのにも好都合である．室内環境の空気質の把握にも用いられる．ただし，濃度の推移を調べるには不向きで，かつ気温の影響も受ける．サンプラーの構造によっては風の影響を受けたりするため，以下に述べるモデルが理想通り成り立つとは限らない．よって，正確な濃度決定というよりも，長時間の平均的濃度を精度を気にせず求める目的に重宝されている．

　パッシブサンプリングの捕集量について考えてみよう．深さL[m]の容器の底にガス捕集剤を設置すると，捕集面で目的の気体が取り込まれる．その結果最上面から捕集面への気体の拡散束J[mol m^{-2}s^{-1}]が発生する．拡散束とは，一定方向への物質の流れを指すものでフラックスとも呼ばれる．フィックの第一法則によると，拡散束Jは地点xにおける濃度勾配dC/dxに比例するが，ここでの濃度の単位

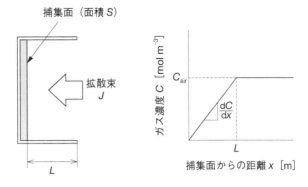

捕集面（面積 S）

拡散束 J

L

ガス濃度 C [mol m^{-3}]

C_{air}

$\dfrac{dC}{dx}$

L

捕集面からの距離 x [m]

図2.3　パッシブサンプリングにおける拡散モデル

右図は，左図で示される深さ L の容器の底が気体捕集面となったサンプラー内におけるガス濃度 C の深さ方向分布を示す．サンプラーの上端面でのガス濃度 C は大気濃度 C_{air} に等しい．

には mol m^{-3} を用いることにする．また，拡散束 J は濃度勾配 dC/dx と逆向きのため，式(2.4)のとおりマイナスの符号をつける．図2.3に示すとおり，捕集面のガス濃度が0，容器の最上面が大気濃度 C_{air} に等しく，この間に一定の濃度勾配が生じていると仮定すれば，拡散束 J は以下のように大気濃度 C_{air} に比例する．

$$J = -D \frac{dC}{dx} = -D \frac{C_{air}}{L} \tag{2.4}$$

ここで，比例定数となる D [m^2 s^{-1}] は拡散係数（diffusion coefficient）と呼ばれ，対象とする気体分子の物理的性質や媒体（大気の場合は空気）の粘性によって決まり，温度によって変化する．

　一定の捕集時間 t に捕集面に到達した気体の物質量 Q は J, t, ならびに捕集面の面積 S の積で表される．

$$Q = J S t \tag{2.5}$$

実際のパッシブサンプラーでは，安定した拡散束が得られるよう構造的な工夫が施されているが，原理的には図2.3のようなモデルで説明される．

Pick up

拡散係数

　パッシブサンプラーの捕集は物質の拡散に基づいている．したがって，捕集特性は目的物質の拡散係数 D によって左右される．拡散係数 D についてはフラーらや藤田[1] が導出式を提示しているが，藤田の式が用いるうえで容易である．媒体B（大気分析の場合は空気）中の気体Aについて，A，Bの臨界温度 T_c や臨界圧力 P_c によって以下のように表される．T は絶対温度 [K]，P は圧力 [Pa]，M_A, M_B は分子量である．

$$D_{AB} = \frac{0.00067\, T^{1.83}}{P \left[\left(\frac{T_c}{P_c} \right)_A^{1/3} + \left(\frac{T_c}{P_c} \right)_B^{1/3} \right]^3} \sqrt{\frac{1}{M_A} + \frac{1}{M_B}} \tag{1}$$

ちなみに T_c や P_c は，硫化水素：373.5 K，9.003×10^6 Pa，二酸化硫黄：430.6 K，7.892×10^6 Pa，空気：132.45 K，3.768×10^6 Pa となっている．これらの値を用いてそれぞれの拡散係数が求め

られる．式(1)より全圧1.013×10⁵Paにおける二つの気体成分の拡散係数を求め，絶対温度に対してプロットすると図1のようになり，拡散係数は温度の上昇とともに大きくなる．すなわち物質の拡散束が温度とともに大きくなることがわかる．

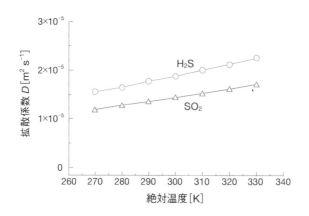

図1 藤田の式により求めた拡散係数の温度影響

2.3.3　容器採取法（バッグやキャニスターへのサンプリング）

　測定対象物質が物理的・化学的に安定であれば，屋外の現場における分析（オンサイト分析）を行わずとも，採取した試料を実験室へ持ち帰って分析することが可能である．後者はオフサイト分析とも呼ばれる．オフサイト分析のため空気試料をそのまま持ち帰るには，不活性な素材の透明な袋（捕集バッグ）が用いられ，テドラーバッグなどと呼ばれる．捕集バッグにはガスの導入口がついており，エアポンプで大気試料を押し込んでいく．ただし，エアポンプにおいて吸着ロスが起こる物質も多く，その場合は空の捕集バッグを気密のよい箱に入れる．箱の空気をエアポンプによって吸い出すと，その分捕集バッグが大気を引き込みながら膨らんでいく（図2.4(a)）．捕集バッグによるサンプリングの際は，前回の試料による汚染がないよう正常な空気や窒素にて置換・洗浄を行ってから用いる．必要に応じ，遮光のため黒のビニールで覆ったうえ，膨らんだバッグの保護のため段ボール箱に入れて持ち帰ることもある．特に悪臭物質など分解性のある物質の分析の際に注意が必要である．

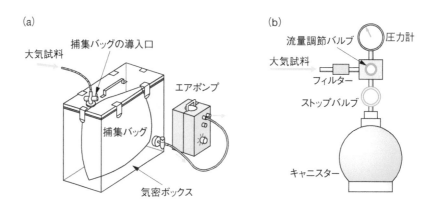

図2.4　容器採取法　捕集バッグ(a)とキャニスター(b)

[(a)：高田芳矩ほか，環境測定と分析機器，日本環境測定分析協会（2003），図2-1-5を改変]

　ステンレス製のキャニスター容器（図2.4(b)）もガスサンプリングに用いられる．気体成分の吸着を防止するため，キャニスター内面は電解研磨をしたのち不活性な金属酸化被膜や溶融シリカで保護されている．試料採取前に，キャニスターを加熱しながら減圧を繰り返すなどのクリーニングが必要なので，キャニスターによる試料採取を通して分析する際は大掛かりな設備が必要となる．内部を真空に減圧したキャニスターの口にバルブやフィルターを取り付け，採取現場でバルブを開けると圧力差により大気が自動的にキャニスター内に導入される．化学物質の1日平均値を測定したい場合は，24時間かけてゆっくり採取する．例えば，6 Lの容器を使用した場合3.3 mL min^{-1}程度になるようにバルブで調節する[2]．

　バッグやキャニスターに容器採取を行った場合，採取した試料を容器のまま研究室に持ち帰り分析を行う．その分析法は目的成分によってさまざまであるが，揮発性有機化合物の場合は容器の中から一定量の空気試料を吸い出して成分を捕集管に捕捉し，そこから加熱などによって脱着してガスクロマトグラフへ導入する手法が一般的である．詳細はそれぞれの項を参照してほしい．

2.4　標準ガスの発生法

　化学分析は，試料を分析装置に導入するだけでは完了しない．分析装置の校正が必要である．したがって，大気試料を分析装置へ導入するとともに，濃度が既知の試験ガス（標準ガス）も分析装置に導入して，装置を校正するか検量線を作成する．水試料の場合は，安定で精秤が可能な化合物を水に溶解すれば容易に標準液を得ることができる．しかし気体試料の場合は「はかり取る」こと，すなわち試薬自身のひょう量が困難なので，図2.5のような拡散チューブやパーミエーションチューブが用いられている．このほかガスメーカーに標準ガスボンベの調製を依頼できる．

2.4.1　拡散チューブ

　液体の揮発性化合物については，液相と気相の間での気液平衡を利用して一定濃度の蒸気が得られる．細いガラス管のついた容器に液体材料を入れ，恒温槽に設置する．容器内の液体とその上部にある気相「ヘッドスペース」との間で気液平衡が成立しヘッドスペース内の蒸気は一定の濃度になるが，蒸気はヘッドスペース部分から延びる細管を通って拡散し細管出口から放出される．出口の空気を絶えず一定流量の清浄な空気や不活性ガスによって追い出すと，細管出口の蒸気濃度はほぼ0となり，細管の上端下端の間にヘッドスペースの蒸気圧に相当する濃度差が生じる．この濃度勾配に応じた拡

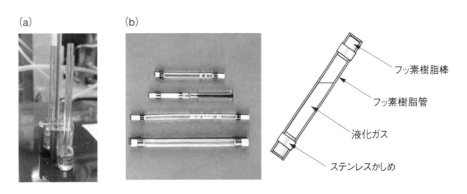

(a)　　(b)

フッ素樹脂棒
フッ素樹脂管
液化ガス
ステンレスかしめ

図2.5　拡散チューブ(a)とパーミエーションチューブ(b)

[(b)：(株)ガステックより提供]

散流が発生する.

　発生させる物質により蒸気圧曲線が異なる．目的の物質と得たい濃度によって，細管を選択し，さらに恒温槽の温度を適宜設定する．拡散チューブを入れたチャンバーに導入するキャリヤーガス流量を変化させることで，段階的に発生濃度を変化させることができる.

2.4.2　パーミエーションチューブ

　拡散チューブでは発生量が多すぎる物質や，常温・大気圧下で液体として存在しない物質は，フッ素樹脂製のチューブに入れて密栓する．閉じ込められた気体成分は，チューブの壁を浸透しながら外側へ透過する．この透過速度はチューブの素材や厚みに依存するが，同じチューブ材料を用いればチューブの有効長を変えることで発生速度を設定できる．二酸化硫黄，アンモニア，二酸化窒素などの気体成分も，液体窒素やドライアイスで沸点以下に冷却してチューブへ導入し密栓すると液体状態で保持することができ，チューブ内の気体圧力が一定となって発生濃度が一定となる．気体成分を液体として保持するため，長期間使用できる.

2.4.3　発生ガスの濃度

　拡散チューブ，パーミエーションチューブいずれの場合もチューブ内の物質の減量速度を把握する必要がある．定期的にチューブの質量を精密に測定（精秤）し，放置時間に対してプロットする．その傾き，すなわち減量速度（μg min^{-1}，ng min^{-1}などからμmol min^{-1}，nmol min^{-1}に換算できる）を求め，チューブを設置したチャンバーへ導入するキャリヤーガス流量（L min^{-1}からmol min^{-1}に換算できる）で割ると，発生ガスの濃度が求められる．質量減少分から濃度を求めるので一次標準物質として取り扱える．拡散チューブ，パーミエーションチューブどちらの場合もチューブに設置した液体物質の量が決まっているので，使用できる期間に限りがある．したがって，チューブの寿命に注意して使用する.

2.5　温室効果ガス（赤外分光法による）

　地球温暖化は人類にとって待ったなしの問題であり，カーボンニュートラルに向けたさまざまな取り組みが進められている．一般にはあまり知られていないが，地球でもっとも温室効果をもたらしている成分は水蒸気である．しかし，海洋や陸水と平衡関係にある大気中の水蒸気量の制御は不可能である．また，二酸化炭素CO_2にしても，古代より生物の呼吸ならびに海洋や土壌からの気化によって大気へ放出されており，これに比べると人類の営みによって発生するCO_2量は全体のわずか4％と微量である．しかし，人為的に発生するCO_2によって，これまで光合成や海洋への吸収によって保たれていた収支のバランスが崩れ，ほぼ一定であったCO_2濃度が加速度的に増大している．また，温室効果を及ぼす人為的な成分はCO_2だけにとどまらない．1997年12月に京都で開催された気候変動枠組条約第3回締約国会議（Third Session of the Conference of the Parties：COP3）では，人為的に発生する主な温室効果ガスの制限について京都議定書がまとめられた．この中で対象として挙げられたのは，CO_2，メタンCH_4，一酸化二窒素N_2O，ハイドロフルオロカーボン（hydrofluorocarbons：HFC），パーフルオロカーボン（perfluorocarbons：PFC），六フッ化硫黄SF_6の6種類である（表2.1）．それぞれの物質についてCO_2を基準(1)としたときの地球温暖化係数（global warming potential：GWP）が見積もられており，CH_4はCO_2の25倍もの温室効果があるとされる．このほかN_2Oは約300倍，PFCの一つである四フッ化炭素CF_4は10,000倍もの温室効果があり，これらすべての成分について排出抑

表2.1　京都議定書で定められた削減対象温室効果ガス

温室効果ガス	GWP	大気中の濃度 1750→2005→2020年	増加量／年 2005年時	寿命（年）
二酸化炭素　CO_2	1	280→379→413 ppmv	1.9 ppmv	(173)
メタン　CH_4	25	0.7→1.77→1.89 ppmv	1.6 ppbv	12
一酸化二窒素　N_2O	298	270→319→333 ppbv	0.7 ppbv	114
ハイドロフルオロカーボン　HFC	100〜15,000	0→60.6→130 pptv	5.1 pptv	1.4〜270
パーフルオロカーボン　PFC	7,400〜12,000	0→77→不明 pptv	0.1 pptv	10,000〜50,000
六フッ化硫黄　SF_6	22,800	0→5.6→10.3 pptv	0.21 pptv	3,200

［岡本博司，環境科学の基礎 第2版，東京電機大学出版局（2011），表2.1をもとに一部改訂および追加］

制していくことが重要である．中でも，大気中安定で寿命が長く，かつ「地球放射の窓」の領域の波長の赤外線を吸収する成分は高いGWPを持つ．

　CO_2やCH_4などの温室効果をもたらす気体に共通していえることは，赤外線を吸収する性質を持つことである．赤外線吸収現象を利用する分光分析法は，赤外吸収スペクトル法（赤外分光法）と呼ばれており，この原理については第11章で解説する．

　大気中の多くの物質が赤外線を吸収するが，吸収する赤外線の波長λや振動数ν_{IR}は，物理的構造によって決定される気体分子の自然振動数ν_mに依存する．また，吸収波長がどの領域でも温室効果を示すわけではない．ステファン-ボルツマンの法則によると，物体はその温度に応じた放射線を放出する．太陽の表面温度は約5,800 Kであり，放出される放射線は紫外線や可視光線の領域になる．これに対し，太陽光によって温められ平均288 Kとなった地球の表面は，波長10 μmに極大（ウィーンの法則[3]）を持った2〜40 μmの赤外線を放出する．この波長領域の赤外線を吸収する物質は，地表面から放射される赤外線が宇宙へ放出するのを妨げるが，5〜8 μmや13 μm以上の赤外線はすでに大気に存在する水蒸気やCO_2によってほぼ完全に吸収されており，これらの波長領域の赤外線と相互作用を行っても温室効果は小さい．これに対し8〜13 μmでは，地表面からの放射強度が大きいうえに，ほとんどが吸収されず宇宙に放散していることから，この波長領域は「地球放射の窓」と呼ばれている（図2.6）．地球放射の窓の範囲の赤外線を吸収する物質は少量でも温暖化に寄与する．

　地球温暖化に影響を及ぼしている化学種はすべて赤外線を吸収する働きがあり，言い換えれば，温室効果のある成分は赤外線吸収を調べることによって分析が可能である．分光器やフーリエ変換などを駆使して得られる赤外吸収スペクトル（11.4節参照）によって物質の同定と定量が行われる．ただし，大気中の特定のガス成分のモニタリングは，分光せずとも，比較的簡易な装置で可能である．分光を行わないという意味で非分散型赤外線吸収測定（non dispersion infrared absorption：NDIR）と呼ばれるもので，その一例を図2.7に示す．

　光吸収を利用する分析手法は，もっとも基本的な機器分析法である．光源と光検出器の間に試料を導入して測定を行うが，NDIRでは加熱したフィラメントを光源とすることが多い．また，気体セルを透過した赤外線の検出には，サーモパイル型（熱電対を直列に数百個配置したもの）または焦電型の赤外線センサーや，コンデンサーマイクロフォンが用いられ，NDIRはユニークな光吸収測定法である．図2.7はコンデンサーマイクロフォンを用いたものである．参照セルには測定対象と同じガス成分が封入されている．気体セルを透過した赤外線が検出部に到達すると検出部内のガスが赤外線を吸収し温まって膨張する．光源の前面では，光を断続的に遮断するチョッパーが赤外線のon/offを

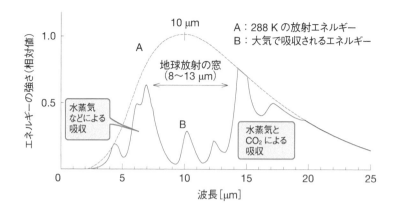

図2.6　地表面から放出する赤外線と地球放射の窓

[岡本博司, 環境科学の基礎 第2版, 東京電機大学出版局（2011）, 図2.34を改変]

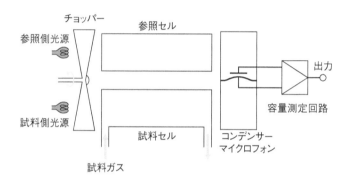

図2.7　非分散型赤外線吸収（NDIR）によるガス分析装置

行っており，検出部内の封止ガスも膨張・収縮を繰り返している．同じセットのものが二つあり，光源と検出部の間にあるセルの片方のみに試料ガスを導入する．検出部は弾力性のある金属板（ダイヤフラム）で二つに仕切られており，試料側・参照側のセル間の圧力バランスによりダイヤフラムが変位する．このダイヤフラムの変位を静電容量Cとして取り出して出力信号とする．

$$C = \frac{\varepsilon S}{d} \tag{2.6}$$

C[F] は式(2.6)のとおり，封止したガスの誘電率ε[F m^{-1}]，電極面積S[m^2]，電極間距離d[m] で表されるが，検出部セルの赤外線吸収にともなう加熱膨張・収縮の繰り返しによるdの変位がCの変化をもたらし，このCの変化量が試料中のガス濃度に依存する．

　赤外線吸収もランベルト–ベールの法則（第11章参照）に従う．すなわち光路長の長いセルを用いた方が低濃度まで分析可能である．実際，長いガラスセルを用いたり，セルの両端が反射鏡になっていてセル内を赤外線が繰り返し透過し実質的に光路長を長くしているものもある．超高感度な赤外線吸収ガス分析として差分吸収スペクトル法（differential optical absorption spectrometer：DOAS）もあり，大気の研究分野で重宝されている．DOASの場合，セル長を数百m，場合によっては数kmにまで長くすることが可能で，極低濃度の測定まで可能となる[4]．

Coffee Break

これまでの分析データから見る大気中 CO_2 濃度の推移

　大気の CO_2 濃度の測定は1957年ハワイ島のマウナロア山でロジャー・レベルとチャールズ・キーリングによって始められた．マウナロア観測所は標高3,397 mの高所にありかつ海に囲まれたハワイ島は，地上における人間や生物の活動の影響を直接受けない環境にある．このような環境での濃度をバックグラウンドレベルといい，大気の本質的な濃度を表している．地球規模での長期的な濃度推移を調べるにはバックグラウンド濃度の測定が必要である．レベルとキーリングは，CO_2 濃度を正確に測定する分析装置を開発し，マウナロアに設置した．この測定を命じられたキーリングは，当初測定の意義に疑念を持ちながら取り組んでいたが，数年間の測定結果から，CO_2 濃度は季節的な変動を繰り返しながらも，年々増大していることがわかってきた．今や，彼の結果は地球温暖化を語るうえでもっとも代表的なデータとなり，キーリング曲線と呼ばれるようになった．マウナロアでは今でも観測が継続されている（図1(a)）．

　一方，図1(b) のように，過去800年間の CO_2 の推移も調べられている．この結果より，以前280 ppmv程度であった CO_2 濃度は産業革命以降上昇の一途をたどり，特に1950年より急激な上昇をしているのがよくわかる．CO_2 濃度は，今後さらに加速度的に上昇していくと予想されている．

　さて，CO_2 分析装置のない数百年前の濃度はいったいどのように求められたのでしょう．実は南極の氷を掘り出して分析を行ったのである．南極で降る雪は解けることがない．雪の粒がそのまま氷の粒々として堆積していく．したがって，氷の粒の隙間には当時の大気が閉じ込められたままになる．氷の柱（氷床コア）を取り出し，各深さの年代と CO_2 量を求め，過去の CO_2 濃度の推移が割り出された．

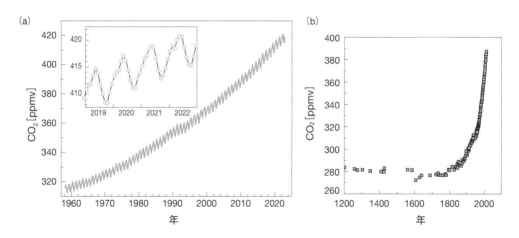

図1　ハワイ島マウナロア山における CO_2 濃度の測定データ（a）と南極の氷床コア中の CO_2 より求めた過去800年間の CO_2 濃度の推移（b）

[Atmospheric CO_2（スクリプス海洋研究所，米国カリフォルニア州）のデータをもとに作成]

2.6　酸性ガス

　酸性ガスは，湿性や乾性の沈着によって自然環境や人造物に対してさまざまな被害をもたらしてきた．酸性ガスには，塩化水素HCl，二酸化窒素NO_2，二酸化硫黄SO_2などのような無機成分のほか，ギ酸$HCOOH$や酢酸CH_3COOH，シュウ酸（$COOH)_2$のような有機酸も含まれる．また，大気中のNO_2やSO_2は，気相酸化や液相酸化を経て硝酸HNO_3や硫酸H_2SO_4となり，より強い酸として作用する．

　産業革命のころ，人々は石炭を燃焼させて動力を得ていた．植物の化石ともいえる石炭には，かつて植物が取り込んだ硫黄分が含まれており，石炭の燃焼によって含有硫黄がSO_2となって大気へ放出された．SO_2はやがて大気中で硫酸ミストとなり，これが原因となってロンドンで人類初のスモッグ（smog：smoke+fogからなる造語）が発生した．このようにSO_2がもとで生じたスモッグはロンドン型スモッグと呼ばれる．日本でもいくつかの工業地帯で同様の酸性スモッグが発生した経緯があるが，大規模な石炭燃焼施設では脱硫技術が進み，その発生は沈静化している．しかし近年中国では，多くの小規模施設や家庭で石炭が使用され，SO_2やH_2SO_4の発生が深刻化した．

　窒素酸化物である一酸化窒素NOも，化石燃料に含まれる窒素分の燃焼によって発生する（フューエルNO）．これに加え空気中の窒素N_2と酸素O_2が反応してNOが生成する（サーマルNO）．燃焼が高温の場合，サーマルNOの発生が顕著となる．例えば，自動車のディーゼルエンジンは，ガソリンエンジンに比べて高温燃焼となり，NOの排出量が多い．ただし，自動車排ガスの清浄化には三元触媒や空燃比制御などの高い技術が導入され，有害ガスの排出は大幅に削減されてきた．NOそのものは酸性を示さないが，空気中で容易に酸化され酸性ガスNO_2となる．NOとNO_2の総和は窒素酸化物NO_xとして取り扱われる．

　雲ができる過程で酸性ガスが水滴に取り込まれたり（レインアウト），雨が大気中を降下する際に酸性ガスが取り込まれたり（ウォッシュアウト）して，酸性雨がもたらされる．酸性雨や酸性霧による地上への到達を酸性物質の湿性沈着（wet deposition）と呼ぶ．上述のような酸性ガスがなくても，大気中のCO_2と溶解平衡にある雨はpH 5.6である．したがって，pHが5.6以下の雨を酸性雨と呼ぶ．先に挙げた無機酸性ガスは，酸性雨中では硝酸や硫酸として含まれる．また，酸性の気体そのものが直接地表や植物に接触しても沈着するし，粒子状の物質エアロゾルに取り込まれた酸性物質も沈着す

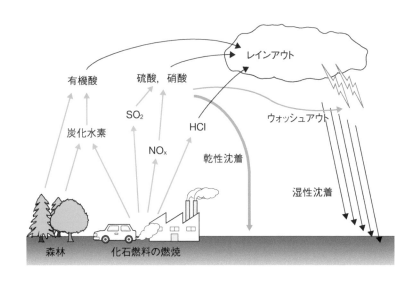

図2.8　湿性沈着と乾性沈着

る．これらをまとめて乾性沈着（dry deposition）と呼ぶ（図2.8）．

Pick up

CO_2 と SO_2 による雨の酸性化

大気中のCO_2濃度はバックグラウンドレベルでもおよそ400 ppmvと比較的高濃度である．これに対しSO_2濃度はppbvレベルで推移している．ここでは，400 ppmvのCO_2（CO_2の分圧 P_{CO_2} 400×10^{-6} atm = 40 Pa）と10 ppbvのSO_2（P_{SO_2} 10×10^{-9} atm = 1.0×10^{-3} Pa）によって雨水のpHがどの程度酸性化するかを考えてみよう．

雨滴と大気との間で双方の気体はヘンリーの法則に基づく溶解平衡が成り立つ．すなわち，雨滴中のCO_2やSO_2濃度（$[CO_2]_{aq}$，$[SO_2]_{aq}$）は大気中の気体の分圧P_{CO_2}，P_{SO_2}に比例する（$[CO_2]_{aq} = K_H P_{CO_2}$，$[SO_2]_{aq} = K_H P_{SO_2}$）．その比例定数$K_H$をヘンリー定数という．また，溶解した気体成分は加水分解によってプロトンH^+を遊離する．各気体のヘンリー定数K_Hと酸解離定数K_aは，CO_2：$K_H = 4.0\times10^{-7}$ mol L^{-1} Pa^{-1}，$K_a = 4.3\times10^{-7}$，SO_2：$K_H = 2.0\times10^{-5}$ mol L^{-1} Pa^{-1}，$K_a = 1.3\times10^{-2}$である．またHCO_3^-とHSO_3^-の二段階目の酸解離は無視して考える．CO_2について気相と液相の状態をまとめると以下のようになる．

$$CO_2 \rightleftharpoons CO_2(aq) \qquad K_H = \frac{[CO_2]_{aq}}{P_{CO_2}} \tag{1}$$

$$CO_2(aq) + H_2O \rightleftharpoons H^+ + HCO_3^- \qquad K_a = \frac{[H^+][HCO_3^-]}{[CO_2]_{aq}} \fallingdotseq \frac{[H^+]^2}{[CO_2]_{aq}} \tag{2}$$

純水にCO_2が溶解し酸解離した場合は，HCO_3^-が生成した分H^+がもたらされるので，K_aは $[H^+]^2/[CO_2]_{aq}$で表される．上の2式から水素イオン濃度はK_a，K_H，P_{CO_2}で表される．

$$[H^+] = (K_a[CO_2]_{aq})^{1/2} = (K_a K_H P_{CO_2})^{1/2}$$
$$= (4.3\times10^{-7}\times4.0\times10^{-7} \text{mol L}^{-1}\text{Pa}^{-1}\times40 \text{Pa})^{1/2} = 2.6\times10^{-6}\text{mol L}^{-1} \quad (\text{pH } 5.58) \tag{3}$$

一方，10 ppbvのSO_2と溶解平衡にある水滴についても，同様に各数値を当てはめると，水素イオン濃度が以下のように求められる．

$$[H^+] = (K_a K_H P_{SO_2})^{1/2} = (1.3\times10^{-2}\times2.0\times10^{-5} \text{ mol L}^{-1}\text{Pa}^{-1}\times1.0\times10^{-3}\text{Pa})^{1/2}$$
$$= 1.6\times10^{-5}\text{mol L}^{-1} \quad (\text{pH } 4.79) \tag{4}$$

このようにSO_2が存在すると，その濃度がCO_2のわずか4万分の1でも，水素イオン濃度は6倍にまで上昇する．雨の酸性化において，SO_2がいかに影響するかがわかるであろう．

実際の大気では，さらにSO_2の酸化の寄与がある．気体のSO_2も酸化されるが，水滴に溶解したSO_2の酸化はさらに速い．いずれにせよ，最終的に雨滴中にH_2SO_4という形で保持される．H_2SO_4の形態になれば，もはや溶解平衡を示さず完全に溶解・電離する．例えば0℃，1気圧の条件下1 m^3の大気中に含まれる雨滴の総体積が1 mLだとする．SO_2がすべてH_2SO_4となりこの雨滴に溶け込んだ場合，そのpHはいくらだろうか．

もともと1 m^3に含まれていたSO_2の物質量は

$$1000 \text{ L}/22.4 \text{ L mol}^{-1}\times10\times10^{-9} = 4.4_6\times10^{-7} \text{ mol} \tag{5}$$

雨水1 mLに取り込まれたSO_4^{2-}の濃度は

$$4.4_6\times10^{-7} \text{ mol mL}^{-1}\times1000 \text{ mL L}^{-1} = 4.4_6\times10^{-4} \text{ mol L}^{-1} \tag{6}$$

水素イオン濃度は

$$2\times4.4_6\times10^{-4} \text{ mol L}^{-1} = 8.9\times10^{-4} \text{ mol L}^{-1} \tag{7}$$

よってpH 3.05となり，酸化プロセスを経ると低濃度のSO₂でもpHが3程度まで下がってしまう．

　本コラムでは，溶液中の溶質濃度は気相における溶質の分圧に比例し，その比例定数をK_Hとした．一方，物理化学の分野では，溶質の蒸気圧が溶液中の溶質のモル分率に比例するという観点から，本コラムのK_Hの逆数がヘンリー定数として扱われるので注意されたい．

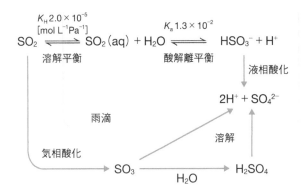

図1　気相中SO₂の水滴への取り込みと水素イオンの生成過程

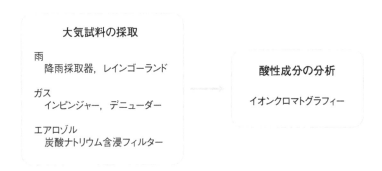

図2.9　酸性物質の各種試料採取法と一斉分析

　以上述べたとおり，酸性物質の種類も数多くあるとともに，気体，雨・霧，エアロゾルなどその存在状態もさまざまである．酸性物質の分析の際，存在状態によってそれぞれ別の試料採取を行わなくてはならないが，採取後の多成分一斉分析ではイオンクロマトグラフィー（第14章参照）が一般的に用いられる（図2.9）．いずれの試料についても水中に取り込んだ酸性物質をイオンクロマトグラフに20〜100 μL導入して分析する．

　ブレンステッド–ローリーの酸・塩基の定義によると，酸とはプロトンH⁺を供与する物質なので，H⁺を解離して生じた陰イオンを調べると酸性物質の一斉分析となる．図2.10は雨水をイオンクロマトグラフィーにて分析を行った結果（クロマトグラム）である．塩化物イオンCl⁻に基づく大きなピークが見られるが，Cl⁻のほとんどは海塩粒子を起源としており，HClガスの溶解の寄与は一部である．この雨の酸性化にはH₂SO₄やHNO₃が大きく影響していることがわかる．このほか，ギ酸，酢酸，シュウ酸などの有機酸も観察される．このように，イオンクロマトグラフィーの結果から，酸性化にどの物質が寄与しているか，どのような機構で酸性化したのか，などを推測できる．一方，塩基性物質については，同様に陽イオンを分析するイオンクロマトグラフィーが用いられる．主に，大気中のアンモニアガスやエアロゾル中のアンモニウム塩が，アンモニウムイオンとして検出される．

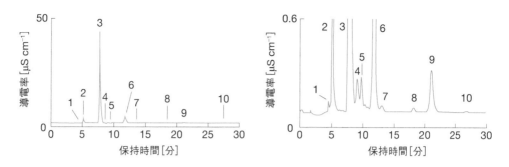

図2.10 雨水のイオンクロマトグラフィーによる測定結果例

右は縦軸を拡大したもの．カラム：IonPac AG15，AS15，30 ℃，溶離液：1.2 mL min⁻¹，38 mM KOH（溶離液ジェネレーター），試料導入量200 μL，電気伝導度検出（サプレッサー使用），ピーク：1酢酸，2ギ酸，3 Cl⁻，4炭酸，5NO₂⁻，6 SO₄²⁻，7シュウ酸，8 Br⁻，9 NO₃⁻，10 PO₄³⁻．

[日本ダイオネクス（株）より提供]

イオンクロマトグラフィーは，多種の酸性物質の情報を一度に得られる有用な手法である．一方，このような多成分のオフサイト分析に対し，個々の酸性気体成分については簡易な分析法や連続モニタリングのための分析装置が開発されている．代表的なものを2.6.1，2.6.2項で紹介する．

2.6.1　溶液導電率法による二酸化硫黄の分析

酸性ガスの大気分析の最初の例として，溶液導電率法による二酸化硫黄 SO_2 の分析法を挙げる．本法では，0.006 % 過酸化水素 H_2O_2 と5 μmol L⁻¹ の硫酸 H_2SO_4 からなる吸収溶液を設置したインピンジャーに大気試料を導入する．インピンジャーとは，空気を水溶液に通じる（バブリングする）もので，空気を水溶液に導入する先端には球状もしくは円筒状のガラスフィルターがついており，空気を細かな気泡として溶液に分散する機能を有している（図2.11）．

装置の溶液に吸収された SO_2 は H_2O_2 と反応し H_2SO_4 となる．

$$SO_2 + H_2O_2 \longrightarrow 2H^+ + SO_4^{2-} \tag{2.7}$$

生成した H^+ と SO_4^{2-} により，本溶液の導電率が上昇する．この上昇分より SO_2 濃度が求められる．

なお，吸収溶液があらかじめ硫酸酸性となっているのは，ほかの酸性ガスの溶解を防止するためである．SO_2 も酸性ガスであるが，H_2O_2 と反応するため本吸収液に溶解する．塩基性のアンモニアガスが共存すると吸収溶液を中和するため負の誤差が生じるが，固体の有機酸であるシュウ酸を詰めたカラムを通すとアンモニアを取り除くことができる．硫酸酸性にするもう一つの理由は，H_2O_2 を安定

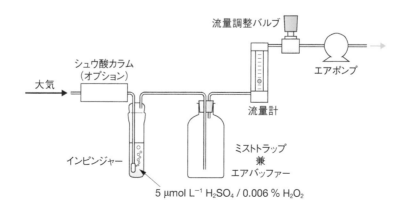

図2.11 SO₂ガスの溶液捕集装置

化するためである．硫酸酸性下，本吸収溶液は1か月間使用可能である．

　吸収溶液に取り込んだ物質量から大気濃度を算出するには，通気速度の精度と吸収率を考慮する必要がある．JIS（Japanese Industrial Standards，日本産業規格）では，通気速度を，ガスメーターなどで別途計測することが定められている．また，吸収率は装置の形状や通気速度，吸収液で異なる．例えば，H_2O_2を添加した吸収液では約90 %の吸収率が得られる．SO_2の大気濃度の算出にはこの値で補正する．

Pick up

電気伝導

　水溶液の電気伝導について説明する．物質に電流を流すとき，電気抵抗R[Ω]は，その長さL[m]に比例し，電流の方向に垂直な断面積A[m^2]に反比例する．つまり，以下となる．

$$R = \rho \frac{L}{A} = \frac{1}{\kappa} \frac{L}{A} \tag{1}$$

比例定数ρを抵抗率[Ω m]，その逆数であるκを導電率[S m^{-1}]という．金属や半導体などの電気伝導は，電子の移動によって起こるが，電解質水溶液では，イオンの移動によって電流が生じるイオン伝導である．水溶液のイオン伝導において，導電率κは電解質の種類や濃度によって決まる．導電率κは，長さ1 m，断面積1 m^2の立方体の物質の電流の流れやすさを示す尺度であり，水溶液に含まれる各イオンiのモル導電率λ_i[S m^2 mol^{-1}]，モル濃度C_i[mol m^{-3}]を用いて以下で表される．

$$\kappa = \sum \lambda_i C_i \tag{2}$$

イオンのモル導電率λ_iは，1 m^3の立方体に1 mol含まれる溶液の導電率に相当するが，実際は若干iの濃度に依存する．正確には，無限に希釈した場合のモル導電率λ_{0i}と定数a，bを用いたコールラウシュの式で以下のように補正される．

$$\lambda_i = \lambda_{0i}\left(1 - a\sqrt{C_i} + bC_i\right) \tag{3}$$

無限希釈時のモル導電率は，H^+の値が飛び抜けて大きい．したがって，溶液導電率法で，SO_2がH_2SO_4になって溶け込んだとき，SO_4^{2-}よりもH^+の寄与が大きい．

2.6.2　酸性ガスの自動分析装置

　酸性ガスについては，化学発光法（NO_x）や紫外線蛍光法（SO_2）など乾式の自動連続分析装置によって，全国各地で日夜測定されている．各測定局の1時間ごとのデータは毎日公開されている[5]．自動分析装置は，無人で連続データが得られるのでたいへん便利な環境分析機器である．どの装置も内蔵のエアポンプで大気を吸引し，特定の反応や光学系を用いて測定を行っている．

　図2.12(b)に化学発光法によるNO_x分析計のフロー図を示す．大気試料はガラスの細管（キャピラリー）を通して化学発光セルに導入される．キャピラリーは導入流量を制御するために設けられている．もう一つのキャピラリーを通して放電で発生させたオゾンO_3が導入され，NOがO_3と反応する．

$$NO + O_3 \longrightarrow NO_2^* \longrightarrow NO_2 + h\nu \quad (\lambda_{max} = 1200\,nm) \tag{2.8}$$

このとき生成した励起状態のNO_2^*が光としてエネルギーを放出するので，この発光を光電子増倍管（photomultiplier：PMT）にて検出する．O_3との反応で一次的に生成するNO_2^*は，水蒸気と反応するとエネルギーを消失して発光しなくなる（クエンチングと呼ぶ）．NOの化学発光分析では，この

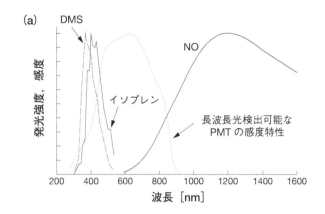

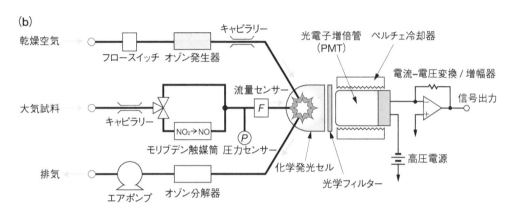

図2.12　NOなどの化学発光スペクトル（a）とNO$_x$分析計のフロー図（b）

（a）NOの発光スペクトルと硫化ジメチル（DMS）やイソプレンの発光スペクトルの比較
[（a）: K. Toda and P. K. Dasgupta, *Chem. Eng. Comm.*, **195**, 82（2008）, Figure 1 を改変]

ようなクエンチングを防止するためセルを真空に減圧している．試料の導入部にはモリブデン触媒を充填したカラム（筒）が設置され，350℃程度に加熱されている．モリブデン触媒を通すとNO$_2$がNOに還元され，化学発光よりNO$_x$の総量が求められる．触媒筒を通さない場合はNOのみの測定となり，両者の差からNO$_2$濃度が求められる．オゾンと反応して化学発光を示す大気物質は数多くあり，特に不飽和の炭化水素や硫黄化合物は比較的強い発光を示す．しかし，その多くは300～550 nmの領域に発光スペクトルを持ち（図2.12(a)），800 nm以上の発光量を測定すると共存物質の妨害を受けない．以上のように，化学発光によるNO$_x$の測定にはいくつもの工夫が施されている．

　代表的な酸性ガスであるSO$_2$についても同様な自動分析器が市販されている．紫外線を照射して発生する蛍光を光電子増倍管で検出する（紫外線蛍光法）．大気に含まれる有機物質の中にも蛍光を発するものがあり，炭化水素カッターで取り除いている．

2.7　オキシダント

　大気中には酸化力の強い化合物が存在し，多くの還元性無機化合物，有機化合物を酸化する．このような大気中の酸化剤をオキシダントと呼び，そのほとんどをオゾンO$_3$が占める．このほかOHラジカルやNO$_3$ラジカルのように，濃度は比較にならないほど低いが，非常に高い反応性を持ち，多くの酸化反応をつかさどっているものもある．OHラジカルは昼，NO$_3$ラジカルは夜間に顕著に存在

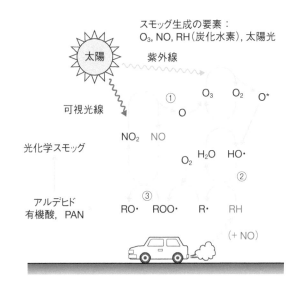

スモッグ生成の要素：
O_3, NO, RH(炭化水素), 太陽光

図2.13　オキシダントの生成機構とその反応

スモッグサイクル：①NO_2の光分解からの原子状酸素Oによるオゾンの生成，②オゾンの光分解で生じたOHラジカルによる有機ラジカル R・，ROO・の生成，③ROO・によるNOのNO_2への接触酸化

[T. G. Spiro, K. L. Purvis–Roberts, W. M. Stigliani, Chemistry of the Environment 3rd ed., University Science Books（2012）, p.62, Figure 4.6 を改変]

する．

　図2.13に示すとおりO_3はNO_2の光分解をきっかけに生成する[6]．NO_2が太陽光によって分解すると NO と原子状酸素 O が生成し，O は瞬時に酸素O_2と結合してO_3となる．このように，オキシダントは太陽光を受けて生成するので光化学オキシダントと呼ばれる．成層圏に存在するオゾンは，地球上の生命を紫外線から守る重要な役割を果たしている．しかし私たちの住む対流圏では，オキシダント自身が生物の気管支にダメージを与えるだけでなく，種々の有害化学物質を生成させる．

　オゾンの光分解などによって極めて反応性の高いOHラジカル（HO・）が生成する．また，HO・が炭化水素（図2.13におけるRH）と反応して有機ラジカルR・，ROO・が生成する．炭化水素もNOと同じく自動車など燃料の燃焼から排出される．さらに反応が進行すると硝酸塩が付加したペルオキシアセチル硝酸塩（peroxyacetyl nitrate：PAN）やペルオキシベンジル硝酸塩（peroxybenzyl nitrate：PBN）が生成する．過酸化水素など単純な過酸化物も多くある．このように，オキシダントにはさまざまな種類がある．加えて，一連の大気化学反応のもとアルデヒド類や有機酸などの有害物質が生成する．また，光化学反応が進むと，有機物質の凝集によって有機エアロゾルが形成されて視界が悪くなり，ひいてはスモッグが発生する．

　酸化剤として作用するオキシダントを捕集するには，還元性物質を含む溶液に大気試料を通気すればよい．例えば図2.14のように，ヨウ化カリウム（KI）溶液にオキシダントを通気すると，ヨウ化物イオンがヨウ素I_2となる．I_2はそれ自身黄色に着色しているので一定時間通気後の着色度（吸光度：第11章参照）を測定すればよい．ただし，オゾンなどとの反応で生成するI_2は揮発性の化合物である．大気サンプリングのためこの溶液をバブリングしているとI_2も気体となって揮散してしまう．これを抑えるためにオゾン吸収溶液には高濃度のKI水溶液（KI 50 g L^{-1}, pH 6.8）を用いる．そうすればオゾン酸化により生成したI_2はI_3^-の形態となるので揮発せず吸収溶液中にとどまる．2段階に分けて反応式を書くと式(2.9)，式(2.10)のようになる．

$$2KI + O_3 + H_2O \longrightarrow I_2 + 2KOH + O_2 \tag{2.9}$$

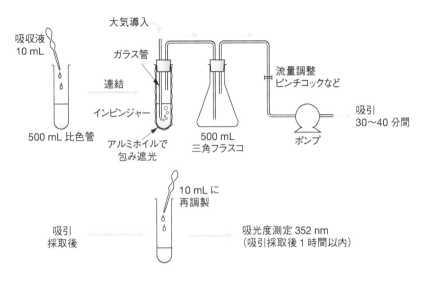

図2.14 インピンジャーによる大気中オキシダントの測定
[化学実験テキスト研究会（編），環境化学，産業図書（1993），p.77の図を改変]

$$I_2 + I^- \rightleftharpoons I_3^- \tag{2.10}$$

　強い酸化作用のある物質は，O_3のほか，NO_2，H_2O_2，PAN，PBNなどがあり，これらを総称してオキシダントと呼ぶ．この総オキシダント量からNO_2分を差し引いたものが光化学オキシダントとして取り扱われる．また，SO_2はオキシダントと吸収溶液中で反応し負の誤差を与えるが，三酸化クロム（CrO_3）硫酸溶液を含浸したガラス繊維ろ紙の充填管を通すとSO_2による妨害が取り除かれる[7]．

2.7.1　紫外線吸収法によるオゾンのモニタリング

　オゾンO_3の連続モニタリング装置も市販されている．成層圏のオゾン層は紫外線，中でもUV-Bと呼ばれる320〜280 nmの紫外線が地上に届くのを妨げており，UV-Bによる過度な日焼け，皮膚がん，DNAの破壊，白内障の誘発などの生物へのダメージを防止している．オゾンのこのような紫外線吸収の性質を利用すればオゾンの分析が可能である．オゾンは200〜310 nm（吸収極大波長250 nm付近）に強い光吸収を示す[8]．紫外線源として254 nmの光源が入手しやすいので254 nmのUV光をセルへ通じ，透過する光強度を測定する（図2.15）．セル内の空気にオゾンが含まれれば検出器まで届く紫外線強度が減る．この度合いを吸光度Aという値で表すと濃度に比例した数値となる（式(2.11)

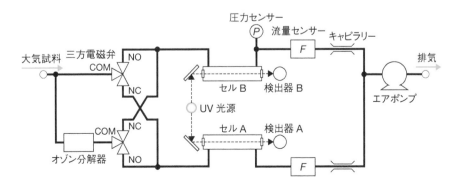

図2.15 紫外線吸収法によるオゾンモニター

参照）．水溶液で吸光度Aを測定する場合は1cmのセルが用いられるが，オゾン分析計では30～40cmの光路長Lの長いセルが用いられる．ちなみに0℃，1気圧での254nmにおけるオゾンの吸光係数Kは308cm^{-1}ppmv^{-1}である．

$$\frac{I}{I_0} = e^{-KCL} \qquad A = -\log\frac{I}{I_0} = KCL \qquad (2.11)$$

図2.15に示すオゾンモニターでは，光学セル2個とオゾンの分解装置がついており，片方のセルにはオゾンを取り除いた空気を取り入れる．このことにより，オゾンのない場合の透過光強度I_0に対するオゾンを含む空気試料の透過光強度Iの比I/I_0が求められ，この値から濃度C[ppmv]が求められる．実際は電磁弁にて二つのセルにオゾンを取り除いた空気と試料空気を10秒ごとに交互に導入し，2組のUV検出器間の特性の違いを補正している．

このほか化学発光によるオゾンの分析法がある．この原理はNOの化学発光分析（図2.12）と同様である．ただし，オゾンを測定する場合は還元性物質を過剰にセルへ導入する．オゾンと反応して化学発光を呈する還元性物質としては二重結合を持つオレフィン，特にエチレンが用いられる．炭化水素を過剰に供給するので，試料中のオゾン濃度に依存した化学発光量が得られる．

2.8　揮発性有機化合物（VOC）

大気中にはさまざまな有機化合物が存在するが，揮発性の有機化合物（volatile organic compounds：VOC）は気体として存在している（揮発性の低い有機化合物は主にエアロゾルに存在している）．一口にVOCといっても，トルエンやキシレンなど工業的に製造された溶剤が揮散したものや，燃焼過程で生成したものなどがある．このような人為的（anthropogenic）なAVOCばかりでなく，自然界の植物起源（biogenic）のBVOCも大気に放出されている．図2.16に示すAVOCやBVOCの中には，そのもの自身が直接人の健康に影響を与える物質がある．また，低濃度でも大気中の反応によってオキシダントの生成に寄与したり，アルデヒドや有機酸，ひいてはエアロゾルの出発物質になったりする．したがって，人為起源，植物起源，どちらの物質も排出量や濃度の把握が重要である．

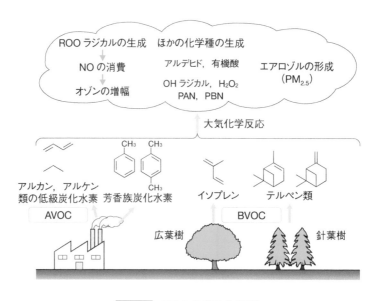

図2.16　VOCの発生と変遷

2.8.1 炭化水素の分析

　排出元におけるVOCモニタリング装置の例として，水素炎イオン化検出器（flame ionization detector：FID）が挙げられる（図2.17）．FIDはガスクロマトグラフィー（gas chromatography：GC）における一般的な検出器でもあるが，VOCモニタリングでは分離機構を介さず大気試料を直接FIDへ導入する装置も用いられる．炭化水素の主成分として2 ppmv近く存在するメタンがあるが，メタンは反応性が低く大気化学上の寄与は小さい．メタンを取り除いてFIDで測定する非メタン炭化水素（NMHC）も大気化学の観点で重要である．水素による還元炎では，有機化合物は完全燃焼せず燃焼部にある電極でCHO^+のようなイオンとなる．この陽イオンを負極でとらえ，イオンによる電流信号から有機化合物濃度を求める．本検出の利点は，有機化合物の個々の炭素がそれぞれイオンに変換されれば炭素数に応じた出力信号が得られることである．したがってFID検出ではメタンに換算した濃度で結果が与えられる．

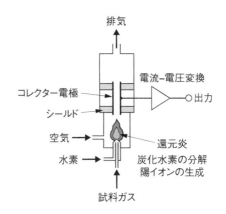

図2.17　FID の構造

① サンプルチューブへの捕集

　　　一定流量×一定時間：現場にて，もしくは採取容器より

② サンプルチューブからの脱着・トラップへの再捕集（フォーカシング）

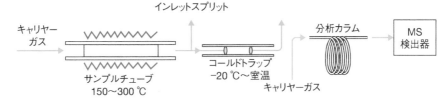

③ トラップからの再脱着

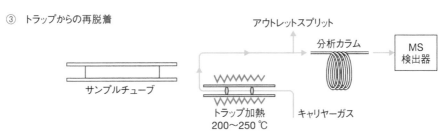

図2.18　TD−GC−MS による VOC の分析

［②③：㈱パーキンエルマージャパンのウェブページを参考に作成］

FIDによって簡便にVOC濃度が測定されるが，VOCは物質によってその特性もさまざまであり，個々のVOC濃度を求めることも大切である．VOCの微量分析には，大気成分の捕集と抽出・脱着，続いてGC-MS（第14章参照）による分析が一般的である．捕集剤は目的成分によって選択するが，活性炭系，モレキュラシーブ系，シリカゲル系などの捕集剤を充填したガラス管が用いられる．捕集管を吸引ポンプに接続し，一定の流量で決まった時間大気サンプリングを行う（2.3.1項参照）．捕集した物質を二硫化炭素CS₂や各種有機溶剤で抽出したり，加熱によって捕集成分を脱着してGCへ導入する．検出器として質量分析器MSを装備した加熱脱着ガスクロマトグラフ（thermal desorption-gas chromatograph-mass spectrometer：TD-GC-MS）による分析法を図2.18に示す．有機溶剤も不要で，捕集管も繰り返し使用できる．

Coffee Break

VOCによる光化学オキシダントの増幅

　1970年代，東京など大都市で光化学スモッグがしばしば発生したが，自動車の排ガス処理技術が進展し，近年ではまれな現象となっていた．ところが，2006年より西日本各地で光化学オキシダント濃度の上昇が見られるようになり，光化学スモッグ注意報が発令される場合もある．この現象は，東アジアで発生するNO_x量（オキシダントの出発物質）が20世紀第4四半期で5倍になっており（図1）[9]，中国大陸で生成したオキシダントが日本の大気に影響を及ぼしていると考えられる．ただし，日本で大気へ放出されたVOCもオキシダントの増幅に一役買っている．オキシダントの主成分であるオゾンO_3はNO_2の光分解（$h\nu < 400\ nm$）[10]で生成する原子状酸素Oから生成する．

$$NO_2 \xrightarrow{\text{太陽光}} NO + O \tag{1}$$

$$O + O_2 \longrightarrow O_3 \tag{2}$$

副生成したNOはO_3を消費する働きがあるので，オゾン濃度の上昇はある程度抑えられている．

$$NO + O_3 \longrightarrow NO_2 + O_2 \tag{3}$$

VOCは大気中のOHラジカルと反応して有機ラジカル（ROO·）となる．生成したROO·はNOをNO_2に戻すため（図2.13，2.16），オキシダントの出発物質を増加させるとともにオゾンの消失反応も低減させる．その結果として，VOCはオキシダント濃度の増大をもたらす．各地の地方自治体ではオキシダント濃度を低減するべくVOCの排出規制を行っているが，国土の9割

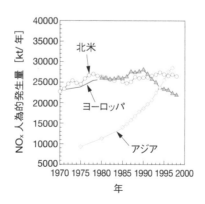

図1　20世紀第4四半期におけるNO_x排出量の推移

[H. Akimoto, *Science*, **302**, 1716（2003），Figure 3より引用]

を占める森林から発生するBVOC，例えばイソプレンやテルペン類の寄与も大きく，BVOCの制御は不可能である．各VOCについて，オゾン増幅最大係数（maximum increment reactivity：MIR）が求められており，例えばAVOC，BVOCで顕著に存在するトルエンとイソプレンでは，MIRはそれぞれ5.2，12.9 mol mol^{-1}となっている．これは，トルエンが1分子放出されると，オゾンが最大で5.2分子生成することを意味する．一方，イソプレンの場合，1分子から約13分子のオゾンが生成することになる．しかも日本全体ではトルエン蒸気の放出量よりイソプレン発生量の方が大きく，オキシダントの増幅には人為的な物質とともに植物起源の物質の寄与も大きい[11]．

2.8.2　アルデヒド類の分析

アルデヒド類もVOCに属する化合物であり，大気環境に存在する．特にホルムアルデヒドは比較的高濃度で推移し，高い発がん性があることでも知られる．アルデヒド類は，燃焼過程で生成（一次生成）するため自動車排ガスにも含まれている．また，大気化学反応によって二次的にも生成する．二次的なアルデヒドの生成は，有機化合物，特に二重結合を持つ不飽和な化合物のオキシダントとの反応に基づいている．代表例として，末端オレフィンの一つであるイソプレンとオゾンとの反応を図2.19に示す．不飽和炭化水素の二重結合にオゾンが付加してホルムアルデヒドHCHOが生成するオゾノリシスはよく知られた有機化学反応である．ただし，日中はOHラジカルとの反応の方が支配的である．

一方，ホルムアルデヒドは樹脂や接着剤の重合剤として用いられているため，室内にこのような材料があると未反応のホルムアルデヒドが揮散して，室内環境に充満し，シックハウス症候群の原因となる（第5章参照）．

ホルムアルデヒドは水への親和性が高く，水への通気によって簡単に捕集される．水溶液となったホルムアルデヒドは，図2.20のように，アセチルアセトン（AA）などジケトン類と反応し蛍光物質となる．蛍光測定は光吸収法より微量の分析に向いている（第11章参照）．本反応を利用した自動分析装置も開発されている．

種々のアルデヒド類を一斉に分析するには，DNPH法が広く用いられている．DNPHとはアルデヒドと反応する試薬2,4-ジニトロフェニルヒドラジン（2,4-dinitrophenylhydrazine）の略称であり，

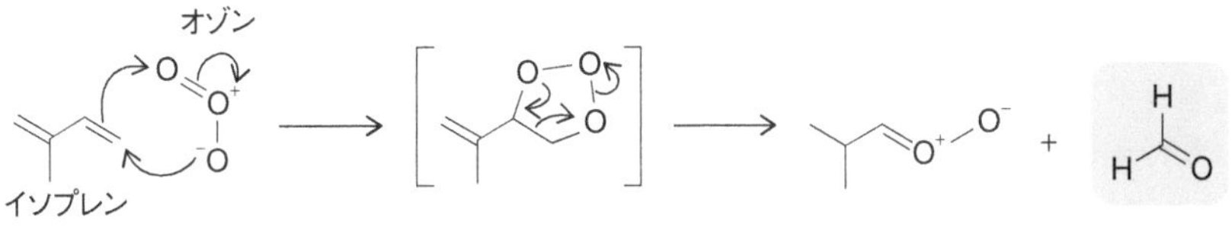

図2.19　イソプレンとオゾンとの反応によるホルムアルデヒドの生成反応例

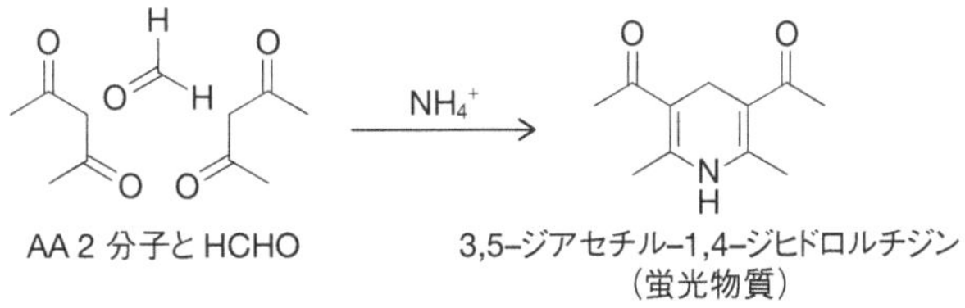

AA 2分子とHCHO　　　3,5-ジアセチル-1,4-ジヒドロルチジン（蛍光物質）

図2.20　水溶液中HCHOからの蛍光物質生成反応

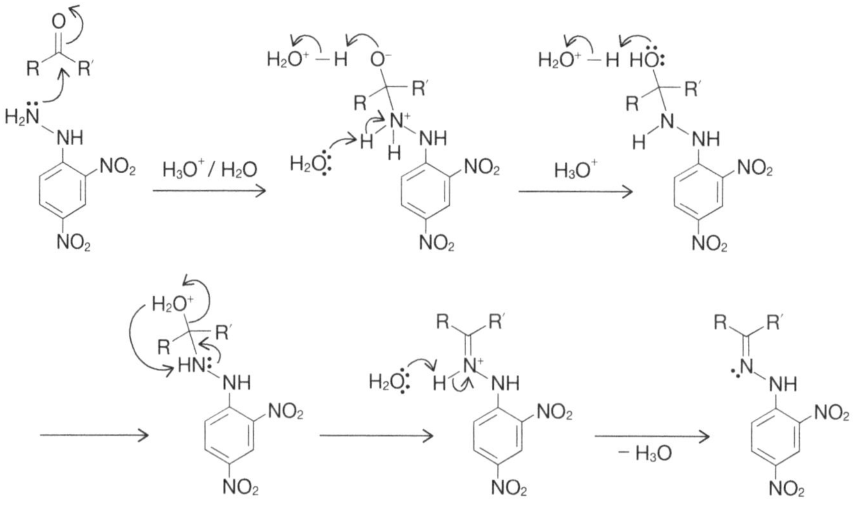

図2.21 アルデヒドとDNPHとの反応

　DNPHを吸着させたシリカゲルを充填したミニカラムカートリッジが市販されている．このカートリッジに大気試料を導入すると，アルデヒドはヒドラジン基と反応して誘導体化され（図2.21）カートリッジ内に捕捉される．大気サンプリングが終了したらカートリッジを実験室に持ち帰り，数mLのアセトニトリルなどを通して誘導体を溶出する．溶出溶液を一定の体積に希釈した後，高速液体クロマトグラフィー（HPLC）（第14章参照）にて分析を行う．図2.21の生成物を見てわかるとおり，RとR′が異なる場合，誘導体は構造異性体を持つ．アルデヒド類の大気分析における注意点として，DNPHカートリッジに固定化された誘導体がオゾンによって分解することが挙げられる．このため，通常ヨウ化カリウムKIの粉末を充填したオゾンスクラバーをDNPHカートリッジの前に取り付けてサンプリングする．還元性のヨウ化物がオゾンと反応し，試料ガスからオゾンを取り除く．

Coffee Break

大気中ホルムアルデヒドのローカルな分布

　室内環境のホルムアルデヒドがシックハウス症候群の主な原因物質として問題になったが，屋外の大気にもアルデヒドは存在する．このような化学物質をリアルタイムかつ高感度に分析を行えるマイクロガス分析システム（micro Gas Analysis System：μGAS）が開発されている．μGASはバッテリーによって駆動できるのでGPSとともに移動しながら分析を行えば濃度のマッピングが可能となる．図1は，ある中規模都市において，緑に恵まれた公園を起点に，街の中心街を徒歩で抜けて測定を行った結果である[12]．図を見て明らかなとおり，街の中心街ではホルムアルデヒド濃度が著しく高くなっている．この中心街では，車が常時渋滞し，かつ道路の両側がビルで囲まれており，排気ガスがたまりやすくなっていたためと考えられる．ビルの谷間にある道路一帯は，英語でstreet canyonと呼ばれており，空気環境が悪くなる傾向がある．米国カリフォルニア州では，ホルムアルデヒドの室内環境基準として，1日当たり8時間のばく露平均濃度が27 ppbv以下であるよう定められている．また，慢性ばく露については2 ppbvという値が示されており，中規模都市の大気でも人の健康に影響を及ぼす可能性が示唆されるほど汚染物質が局在化していることが示されている．

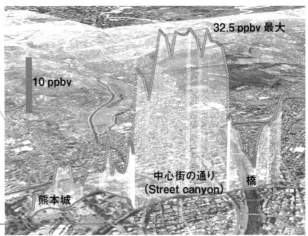

図1　中規模都市におけるホルムアルデヒド濃度の分布

[K. Toda, et al., *J. Environ. Monit.*, **14**, 1462（2012）, Figure 4 を改変]
[戸田　敬, ぶんせき, 685（2012）, 図7を改変]

2.9　エアロゾル

　大気には，気体成分ばかりでなく，粒子状となり漂っている物質，すなわちエアロゾルが存在している．英語ではparticulate matter（PM）とも呼ばれる．粒子といってもマイクロメートル［μm］オーダーもしくはそれ以下の大きさであり，個々の粒子を肉眼で確認することはできない．ただし，エアロゾル粒子による光の散乱により遠景の視界が悪くなるので，その存在を認知できる．エアロゾルの起源には，黄砂や粉じんなどの一次粒子と，気相で気体が反応して生成する二次粒子がある．後者には，硫酸や硫酸塩が水蒸気を取り込んで生成する硫酸エアロゾルや，有機化合物が反応して生成する有機エアロゾルなどがある．エアロゾルはさまざまな化合物や水蒸気を取り込み成長する．エアロゾルは固体もしくは液体の粒子で，気相との接触面は種々の反応場や吸着場として働く．したがって，エアロゾル粒子は浮遊するマイクロリアクターとして働き大気環境をつかさどっている．また，エアロゾルは呼吸を通して呼吸器官に導入される．この際，数μm以上のエアロゾル粒子は慣性衝突により鼻腔や咽頭に沈着し，また逆に0.1 μm以下のものは拡散速度が大きく拡散によって気管の壁面に沈着する．結果的に，0.1〜1 μm程度の粒子は気道での沈着率が小さく，肺の深部まで侵入する．肺まで到達しても溶解性の粒子は血液や尿を通して排泄される[13]．

　エアロゾルはさまざまな機構によって生成する．また，図2.22に示すとおり，その起源によって粒子の大きさや構成する化学成分が異なる．粒子の濃度を見ると，10，0.5，0.04 μm付近に濃度の極大が見られ，それぞれ粗大粒子，微小粒子，超微粒子と呼ばれる．粗大粒子は，ケイ素，鉄，アルミニウム，カルシウムなどを含む土壌粒子や海水のしぶきが舞い上げられて生じた海塩粒子（Na^+，Cl^- など）が中心である．これに対し微小粒子は有機炭素（organic carbon：OC）や元素状炭素（elementary carbon：EC），それに硫酸塩（sulfate）を多く含んでいる．

　先に述べたとおり，エアロゾルは大気中でさまざまな挙動を示すと同時に，大気の質や気候さらには健康への影響が大きく，エアロゾルの実態把握が重要である．しかし，エアロゾルには種々のパラメーターがあり，多角的な情報を得る必要がある．

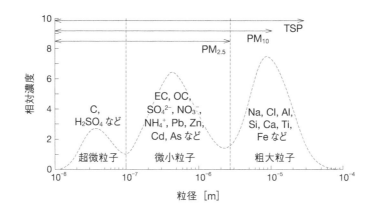

図2.22　エアロゾルの粒径分布

［日本エアロゾル学会（編），エアロゾル用語集，京都大学学術出版会（2004），p.35，図1より引用］

2.9.1　個数濃度測定

　エアロゾルのもっとも基本的な情報はエアロゾルの個数である．通常1 m³あるいは1 ft³当たりに含まれる粒子の個数で表す．一定流量でセルへ導入する大気試料にレーザー光を照射する．このとき粒子にレーザー光が当たると光が散乱する．単位時間当たりに発生する散乱の回数から単位体積当たりの個数を求める．このようなしくみによる測定装置はパーティクルカウンター，あるいはレーザーパーティクルカウンターと呼ばれている．レーザーパーティクルカウンターは半導体工場などクリーンルームの管理にも重宝されている．

2.9.2　質量濃度測定

　エアロゾル量を求めるには，フィルターによる捕集を用いる．通常はシリカファイバー（石英繊維）のフィルターを用い，捕集前後でのフィルターの質量差から求められる．ただし，フィルターに吸着している水分や分析作業場のエアロゾルの混入によって誤差が生じるので，低湿度のクリーンルームでひょう量することが望ましい．質量濃度は質量増加分を吸引した大気の総体積（流量×時間）で除して得られ，mg m⁻³やμg m⁻³のような単位で表される．自動でエアロゾル量を提供する装置も市販されているが，この場合はテープ状になったフッ素樹脂製のフィルターに捕集したエアロゾル成分によるβ線吸収量から簡易的に求めている．測定ごとにフィルターが自動送りされ，1日平均値や1時間採取の値が提供される．

2.9.3　粒径の分別

　エアロゾルの物理的化学的特性は粒径サイズに大きく依存する．したがって，エアロゾルを粒径ごとに分けて調べるとより有用な情報が得られる．粒子の大小によって分別する装置にはインパクターやサイクロンと呼ばれるものがある．インパクターでは，図2.23の左に示すように，細く絞ったノズルからその下の空間に勢いよく空気を吹き付け，その空気の流れの向きを変えた出口から追い出す．すると質量の大きな，言い換えれば粒子径の大きな粒子は慣性力が大きいため，噴出孔直下の壁（捕集板）に衝突するが，小さな粒子は空気の湾曲する流れに乗って排出される．このようにして粒子の大きさによって二つに分級することができる．捕集板に捕捉される効率は粒径によって異なり，ちょうど50 %捕集される粒径を分画径d_{50}と呼ぶ．図2.24のグラフのようなd_{50}が2.5 μmのインパクターやサイクロンを通過させて大きな粒子を取り除いた後のエアロゾルをPM₂.₅という．分画径はノズル

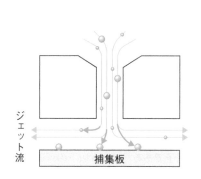

図2.23　インパクター

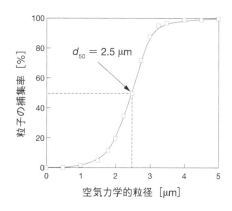

図2.24　インパクターの粒子捕集特性

図2.25　エアロゾル成分の分析

の形状によって変わるので，分画粒径の異なるインパクターをいくつも通すことによって粒径サイズごとに数種類に分画することができる．このように多段になったインパクターをカスケードインパクターと呼ぶ（図2.23右）．また，分画サイズの決まったフィルターを通すことでエアロゾルを分画径より大きいものと小さいものの2種類に分けることもできる．

　エアロゾルの構成元素，構成物質は粗大粒子と微小粒子とで大きく異なる．粒子量を質量で求めることのほかにも，エアロゾルに含まれる物質の測定も重要である．フィルター上に採取したエアロゾルには有機成分や無機成分が含まれており，目的成分にふさわしい手法で各成分の分析を行う（図

2.25）．イオン性の成分であれば，水で抽出しイオンクロマトグラフィーによって分析する．重金属であれば酸で処理を行い，ICP-OES，ICP-MSなどの装置で分析を行う．有機物であれば，有機溶媒で抽出し，GC/MSやLC/MSなどの分析を行う．各分析法・分析装置は第11～14章を参照してほしい．

Pick up

PM₂.₅

　粒径は浮遊物質の性質を支配する大きな因子である．10 μm以下の浮遊粒子状物質（suspended particulate matter：SPM）について環境基準（1日平均0.10 mg m⁻³，1時間値0.20 mg m⁻³）が定められていたが，2009年9月にPM₂.₅（微小粒子状物質）の環境基準（年平均15 μg m⁻³，1日平均35 μg m⁻³）も定められた．分画径2.5 μmの分粒器（図2.23，図2.24）で2.5 μm以上の粒子を取り除き，残った微小粒子をフィルターで捕集し，フィルターの質量増加分からPM₂.₅濃度を求める．

　図1は，フィルターに捕集した粗大粒子と微小粒子PM₂.₅の電子顕微鏡写真である．大きさが異なるだけでなく，粗大粒子は角ばっており，対するPM₂.₅は丸みを帯び粘性のある流動的な粒子になっていることがわかる．形状の違いからその組成や生成過程の違いが伺える．粗大粒子は土壌や海塩粒子が舞い上げられたものが主であるが，微小粒子は大気中で生成したものが多い．例えば，二酸化硫黄が酸化して生成した硫酸や硫酸塩などに水蒸気が凝集して生成した吸湿性粒子（hygroscopic aerosol）がある．吸湿性粒子は，硫酸イオンのほか硝酸イオン，塩化物イオン，アンモニウムイオンなどの無機イオンや重金属を含み，湿度の高い夜間から明け方にかけ成長することが多い．また，有機化合物の中でも極性の高い化合物，例えば酸素や窒素官能基を持つものは吸湿性粒子に取り込まれ，粒子内反応をともなって二次有機粒子（secondary organic aerosol：SOA）となる．図2は，熊本大学屋上から西方を撮影した写真であるが，通常の日（左）と比べてPMの多い日（右）は遠景の視界に大きな違いがあることがわかる．

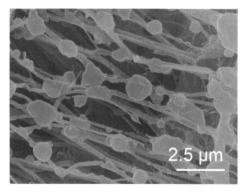

図1 大気粒子の電子顕微鏡写真

左：粗大粒子，右：微小粒子PM₂.₅

[M. Taira, et al., *Environ. Sci.: Processes Impacts*, **22**, 1514（2020），Figure 2より引用]

図2　熊本大学からの景色

左は2013年6月12日11時22分，右は2013年5月23日11時34分撮影

【引用文献】

1）藤田重文，化学工学，**28**，251（1964）

2）平井昭司（監修），日本分析化学会（編），現場で役立つ大気分析の基礎，オーム社（2011），p.14

3）T. G. Spiro, K. L. Purvis-Roberts and W. M. Stigliani, Chemistry of the Environment, 3rd ed., University Science Books（2012），p.107

4）D. E. Heard ed., Analytical Technology for Atmospheric Measurement, Blackwell Publishing（2006），pp.147–188

5）環境省大気汚染物質広域監視システム（そらまめくん）
https://soramame.env.go.jp

6）T. G. Spiro, K. L. Purvis-Roberts and W. M. Stigliani, Chemistry of the Environment, 3rd ed., University Science Books（2012），p.62

7）高田芳矩，小熊幸一，平野義博，坂田衛，環境測定と分析機器，日本環境測定分析協会（2003），p.392

8）秋元肇，河村公隆，中澤高清，鷲田伸明，対流圏大気の化学と地球環境，学会出版センター（2002），p.64

9）M. Naja, H. Akimoto and J. Staehelin, *J. Geophys. Res.*, **108**（**D2**），4063（2003）

10）T. G. Spiro, K. L. Purvis-Roberts and W. M. Stigliani, Chemistry of the Environment, 3rd ed., University Science Books（2012），p.57

11）戸田敬，廣田和敏，徳永航，須田大作，具志堅洋介，大平慎一，分析化学，**60**，489（2011）

12）K. Toda, W. Tokunaga, Y. Gushiken, K. Hirota, T. Nose and D. Suda, *J. Environ. Monit.*, **14**, 1462（2012）

13）日本エアロゾル学会（編），エアロゾル用語集，京都大学学術出版会（2004），p.23

【参考文献】

・岩田元彦，竹下英一（訳），地球環境の化学，学会出版センター（2000）

・J. E. Andrews, P. Brimblecombe, T. D. Jickells, P. S. Liss and B. J. Reid, An Introduction to Environmental Chemistry, 2nd ed., Blackwell Publishing（2003）（渡辺正（訳），地球環境化学入門 改訂版，丸善出版（2012））

・岡本博司，環境科学の基礎 第2版，東京電機大学出版局（2011）

・D. A. Skoog, F. J. Holler and S. R. Crouch, Principles of Instrumental Analysis, 6th ed., Brooks/Cole（2007）

・笠原三紀夫，東野達，エアロゾルの大気環境影響，京都大学学術出版会（2007）

・J. H. Seinfeld and S. N. Pandis, Atmospheric Chemistry and Physics, 3rd ed., Wiley（2016）

・D. E. Heard ed., Analytical Techniques for Atmospheric Measurement, Blackwell Publishing（2006）

・上松敬禧，橋本栄久，和井内徹，和田英一，物理化学要説，東京教学社（1982）

・今任稔彦，角田欣一（監訳），クリスチャン分析化学 原書7版 II. 機器分析編，丸善出版（2017）

・S. E. Monahan, Environmental Chemistry, 7th ed., CRC press（2000）

・G. D. Christian, P. K. Dasgupta, K. Schug, Analytical Chemistry, 7th ed., Wiley（2013）

〈演習問題〉

1 15 ppbvのホルムアルデヒドを質量流量 1.0 L min⁻¹（0℃，1気圧換算）で30分捕集した．捕集器に通じたホルムアルデヒドの物質量［mol］を求めよ．

2 捕集面の面積 5.00 cm²，深さ 1.00 cm のパッシブサンプラーがある．中国の中堅工業都市の幹線道路沿いに24.0時間設置し捕集した二酸化硫黄量を測定したところ 0.230 μmol であった．この間の二酸化硫黄の平均濃度［ppbv］を推定せよ．ただし，この間の気温は 25℃で，この温度における二酸化硫黄の拡散係数は $1.42×10^{-5}$ m² s⁻¹ とする．

3 トルエン 0.15 g を，内径 1.6 mm，長さ 50 mm の細管のついた拡散チューブに入れた．この拡散チューブを35℃の恒温槽に設置し，拡散チューブを設置したチャンバーに 0.500 L min⁻¹（0℃，1気圧換算の流量）の窒素ガスを通気した．この拡散チューブの質量を定期的に測定すると図のようになった．次の問いに答えよ．ただし，トルエンの分子量を 92.13 とする．

(1) 図の減量速度よりトルエンの拡散チューブからの揮散速度 dQ/dt［mol min⁻¹］を求めよ．

(2) 本装置で得られるトルエン標準ガスの濃度はいくらか，ppmvで示せ．

(3) この拡散チューブの使用可能な日数を推定せよ．

(4) 得られるトルエンガス濃度を半分にするにはどうすればよいか，述べよ．

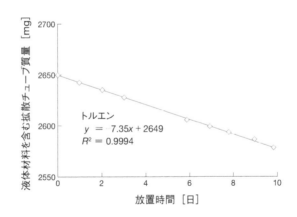

図 トルエンを封入した拡散チューブの減量

4　地球の大気の成分を以下に示す．この中で温室効果のある成分，すなわち赤外線を吸収する性質を持つ成分をすべて記せ．

成分	化学式	濃度 [ppmv]
窒素	N_2	780,900
酸素	O_2	209,400
アルゴン	Ar	9,300
二酸化炭素	CO_2	420
ネオン	Ne	18
ヘリウム	He	5.2
メタン	CH_4	1.9
クリプトン	Kr	1.1
水素	H_2	0.5
一酸化二窒素	N_2O	0.3
キセノン	Xe	0.08
一酸化炭素	CO	0.04〜0.08
オゾン	O_3	0.01〜0.04
水蒸気	H_2O	〜20,000

5　メタンは二酸化炭素の次に温暖化に寄与しているガスである．メタンを単純なC−H二原子分子として考えて，メタンの$-\overset{|}{\underset{|}{C}}-H$の自然振動数$\nu_m$を算出せよ．また，この振動と相互作用を行う赤外線の波長λを求めよ．力定数kは$5.0 \times 10^2 \, \mathrm{N \, m^{-1}}$，光速$c$は$3.0 \times 10^8 \, \mathrm{m \, s^{-1}}$とする．必要に応じて第11章を参照せよ．また，アボガドロ定数は$6.0 \times 10^{23} \, \mathrm{mol^{-1}}$とする．

6　0.006 % H_2O_2を含む5 µmol $\mathrm{L^{-1}}$ H_2SO_4水溶液20.0 mLに，SO_2を含む大気試料を1.00 L $\mathrm{min^{-1}}$で1.00時間通気したところ，90.0 %が捕集され，水溶液の導電率が2.00 mS $\mathrm{m^{-1}}$上昇した．大気試料のSO_2濃度を求めよ．ただし，大気や吸収溶液の温度は25℃とし，イオンのモル導電率はH^+：0.03498 S $\mathrm{m^2 \, mol^{-1}}$，SO_4^{2-}：0.01600 S $\mathrm{m^2 \, mol^{-1}}$とする．

7　図2.14のような装置を組み，50 g $\mathrm{L^{-1}}$のKI水溶液（中性）10 mLに，大気を1.0 L $\mathrm{min^{-1}}$（0 ℃，1気圧換算における流量）で30分通気した．吸収溶液が蒸発によって減少していれば純水で10 mLに再調整し，352 nmにて吸光度を測定すると0.21であった．一方，吸収溶液にI_2を0.040 mmol $\mathrm{L^{-1}}$になるように添加した水溶液の同波長における吸光度は0.90であった．大気中に含まれていたオキシダントをオゾン濃度として求めよ．

水環境の分析

第3章

第3章で学ぶこと
- 水環境の特徴
- 環境保全に関連する水質分析の意義
- 水質分析のための検査項目とその分析法
- 水試料の分析方法

3.1　水環境とは

　地球は水の惑星とも呼ばれるように，太陽系においては液体の水が存在する唯一の惑星である．これは，地球の平均気温が約15℃に保たれていることによる．地球表面の約70％は海面で覆われており，海洋の水深は平均で3,800 mである．また，生命は海で誕生したと考えられており，例えばヒトの血 漿もその主要成分の組成は海水に類似していることが知られている．

　図3.1に地球上の水の循環過程を示す[1]．地球上の水は，太陽から放射されるエネルギーにより蒸発し，水蒸気として大気中に蓄えられる．地表に到達した太陽エネルギーの大半はこの水の蒸発に使われるとみなして差し支えない[2]．大気中の水蒸気は雲として凝集し，降雨や降雪により地球表面に降下する．局地的には乾燥地域と湿潤地域でかなりの差はあるが，地球全体では水の蒸発と降下がつり合った定常状態が保たれている．陸上に降下した水のほとんどは地下に浸透するが，一部は河川水などの表流水として存在する．陸圏に存在する水は，氷雪として貯蔵されるものや，蒸発散や昇華により直接大気に蒸発するものを除けば，最終的に地下水や表流水として海洋に流入する．

　水はヒトを含む生物の生命の維持に欠かせないものである．例えば成人の人体の60～70％は水で

図3.1　地球上の水の循環

[U. S. Geological Survey　The Water Cycle – Water Science for Schools,
https://www.usgs.gov/special-topics/water-science-school を参考に作成]

あり，また1日約2Lの水を飲用すると考えられている．このため，水の汚染はヒトの健康に直接影響を与える．実際に，金属類などの有害物質のばく露量のうち10％が飲用水経由であるとみなされており，水質汚濁防止法によりその環境水中の濃度が規制されている．また，水中の有害物質は生物により濃縮されるため，特に魚介類などの食品経由によるヒトへの健康影響にも注意する必要がある．もちろん，ヒト以外の生物への影響についても無視することはできない．

　水環境は，ヒトの生命の維持，食糧生産や経済活動に不可欠なものであるだけでなく，ヒト以外の生物にとっても住み場・繁殖場となる重要な場である．水質汚濁防止のためには，環境水中の有害物質などの濃度を精確に測定し，その濃度変動や環境水中の動態を正しく把握する必要がある．本章では，環境水中の有害物質や汚濁度を測定するための公定分析法を中心に，その原理や応用例について解説する．

3.2　水圏を構成する海水および陸水[3, 4]

3.2.1　海水

　表3.1は，大気を含む水圏各部における水の貯蔵量をまとめたものである[5]．水の量としては海水が全体の96.5％と，ほとんどを占めている．海水の主要組成は，水を除くとナトリウムイオンNa^+，カリウムイオンK^+，マグネシウムイオンMg^{2+}，カルシウムイオンCa^{2+}などの陽イオンと，塩化物イオンCl^-，硫酸イオンSO_4^{2-}，炭酸水素イオンHCO_3^-，臭化物イオンBr^-などの陰イオンである．もっとも濃度が高いのは，Na^+とCl^-であり，両者を合わせて約$30\,g\,kg^{-1}$となる．すなわち，海水は塩化ナトリウム$NaCl$を主成分とし，塩濃度が約3.5％の水溶液である．

　表3.2には海水中の元素組成の一例を示したが[6]，この表からわかるように海水中にはあらゆる元素が存在している（数値がない元素についても，より高感度な分析法を用いれば測定可能であると考えられる）．もっとも濃度が高いのは水を構成する酸素Oであり，濃度は$880,000\,mg\,kg^{-1}$（88％）である．一方，表3.2中でもっとも濃度が低いラジウムRaの濃度はわずか$0.0000000001\,mg\,kg^{-1}$であり，

表3.1　水圏各部における水の貯蔵量とその割合

分類	水の体積 [km³]	すべての水の割合 [％]	淡水の割合 [％]
海洋	1,338,000,000	96.5	—
氷冠・氷河・万年雪	24,064,000	1.74	68.7
地下水			
淡水	10,530,000	0.76	30.1
塩水	12,870,000	0.94	—
土壌の水分	16,500	0.001	0.05
底氷・永久凍土層	300,000	0.022	0.86
湖			
淡水湖	91,000	0.007	0.26
塩湖	85,400	0.006	—
大気	12,900	0.001	0.04
湿地の水	11,470	0.0008	0.03
河川	2,120	0.0002	0.006
生物学的な水	1,120	0.0001	0.003
合計	1,386,000,000		

[S. H. Schneider ed., Encyclopedia of Climate and Weather 2nd ed., vol.3, Oxford University Press（2011），p.245, Table.1より抜粋，一部改変]

表3.2 海水中元素の平均濃度

元素	濃度 [mg kg^{-1}]	元素	濃度 [mg kg^{-1}]
H	110,000	Ru	0.0000005
He	0.0000069	Rh	—
Li	0.18	Pd	0.000000004
Be	0.00000025	Ag	0.000003
B	4.5	Cd	0.00008
C	28	In	0.0000001
N	13	Sn	0.00001
O	880,000	Sb	0.0002
F	1.4	Te	—
Ne	0.00014	I	0.053
Na	11,033	Xe	0.00005
Mg	1,325	Cs	0.0003
Al	0.002	Ba	0.014
Si	2	La	0.000004
P	0.05	Ce	0.000004
S	926	Pr	0.0000006
Cl	19,833	Nd	0.000003
Ar	0.5	Sm	0.0000007
K	413	Eu	0.0000001
Ca	423	Gd	0.0000009
Sc	0.0000006	Tb	0.0000001
Ti	—	Dy	0.0000009
V	2	Ho	0.0000002
Cr	0.0002	Er	0.0000008
Mn	0.00005	Tm	0.0000001
Fe	0.002	Yb	0.0000008
Co	0.00003	Lu	0.0000001
Ni	0.0005	Hf	0.000007
Cu	0.0002	Ta	< 0.0000025
Zn	0.0004	W	0.0001
Ga	0.00003	Re	0.000004
Ge	0.000004	Os	—
As	0.0023	Ir	—
Se	0.00011	Pt	—
Br	69	Au	0.000004
Kr	0.00023	Hg	0.000004
Rb	0.12	Tl	0.000015
Sr	8	Pb	0.000003
Y	0.000013	Bi	0.00002
Zr	0.001 ?	Ra	0.0000000001
Nb	0.000001 ?	Th	0.0000001
Mo	0.01	U	0.0033

［松尾禎士（監修），地球化学，講談社（1989），付表Vより抜粋］

酸素のおよそ10^{16}分の1である．表3.2からわかるように，海水中に存在する元素のほとんどは0.001 mg kg^{-1}以下と極低濃度である．

（1）外洋海域における元素の鉛直濃度分布

　海水中の元素濃度は一定ではなく，沿岸域においては河川水や人為起源の汚染による元素の供給や，淡水の流入による希釈効果により，その濃度が変動し，特に閉鎖系水域ではその影響を顕著に受ける．外洋海域では，元素濃度は比較的一定に保たれているが，深さ方向の濃度分布は元素により異なり，大きく栄養塩型，捕獲型，保存型の3種類に分類される[7]．図3.2には，北太平洋における海水中元素の鉛直濃度分布を例示した[2]．

　栄養塩型に分類される元素の代表的なものは窒素，リン，ケイ素である．陸上の植物の肥料は窒素，リン，カリウムであるが，海水ではカリウムは高濃度で不足することがないため，硝酸イオン NO_3^-，亜硝酸イオン NO_2^-，アンモニウムイオン NH_4^+ の窒素と，リン酸水素イオン HPO_4^{2-} のリンと，ケイ藻類や放散虫などの殻を形成する生物にとって必須なケイ素が栄養塩となる．これらの元素は植物プランクトンの生育により消費され，その海水中濃度が低くなることが知られている．このため，鉛直分布を測定すると，太陽光が届く表層で濃度が低く，深さ1km程度まで濃度が上昇し，それ以降は一定となるような分布を示す．亜鉛や鉄のような金属類も，植物プランクトンの生育に必要な元素であるために栄養塩型の分布となる．一方で，カドミウムやヒ素などのいわゆる有害金属類も同様の分布を示しており，これらの元素も植物プランクトンに取り込まれていることがわかる．

　捕獲型に分類される元素はアルミニウム，マンガン，鉛などである．これらの元素は，外洋におい

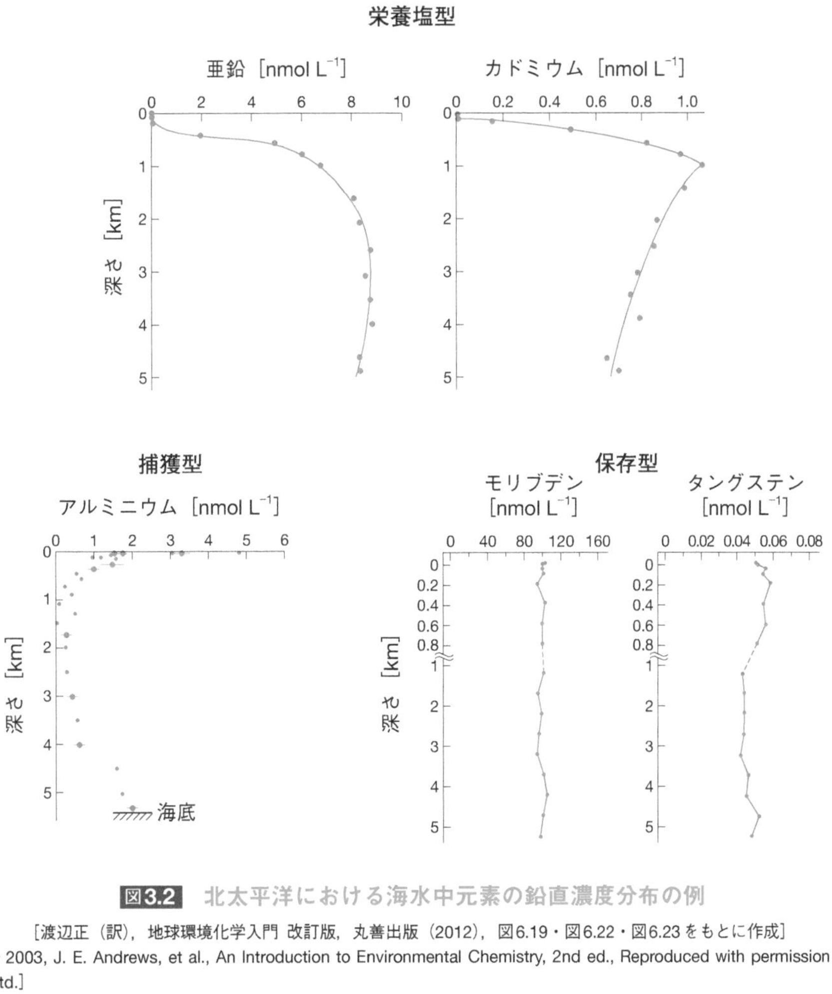

栄養塩型

亜鉛 [nmol L⁻¹]　　カドミウム [nmol L⁻¹]

捕獲型　　　　　　**保存型**

アルミニウム [nmol L⁻¹]　　モリブデン [nmol L⁻¹]　タングステン [nmol L⁻¹]

図3.2　北太平洋における海水中元素の鉛直濃度分布の例

［渡辺正（訳），地球環境化学入門 改訂版，丸善出版（2012），図6.19・図6.22・図6.23をもとに作成］

ては大気からの粒子状降下物として海面に供給され，その一部が溶解するために表層での濃度が高くなる．ただし，海水のpHは8付近であるため，水酸化物を生成して海水中の粒子状物質に吸着除去されることで，それらの濃度は深さが増すにつれて低下する．ただし，深海では海底の堆積物からの溶出のために濃度が高くなる．

　保存型に分類されるモリブデン，タングステンなどは深さによらずその濃度が一定であり，ほぼ直線的な鉛直濃度分布となる．これは，これらの元素が海水中で安定な溶存形態をとるためで，モリブデンおよびタングステンは，それぞれMoO_4^{2-}およびWO_4^{2-}で示されるオキソ酸陰イオンとして存在している．アルカリ・アルカリ土類金属やハロゲンなどの主成分も同様な分布を示す．

（2）地球レベルでの海水の循環

　一般的には，海の表層の水（表層水）は暖められて密度が小さくなるために，冷たい深層の水（深層水）とは混合されない（このような状態を成層構造と呼ぶ）．ただし，高緯度の海域においては，表層水が冷却されて密度が大きくなるために，成層構造が崩れて重い表層水が沈み込み，深さ1,000m当たりまでよく混合される．沈んだ表層水が海中深くまで沈み込むことで，もともと深層に存在する深層水を押しのけ，古い深層水がやむを得ずゆっくりと表層に上昇し始める．このような機構で，地球全体の海水は非常にゆっくりとしたペースで地球規模の壮大な循環をしていると考えられている．

　図3.3は，全海洋の深層水と表層水の流れを示すモデルである[2]．深海水の原点である北大西洋で沈み込んだ深層水は，南下して南極海で表層に戻ってから再冷却されて沈み込み，インド洋を通って太平洋まで到達する．深層水は，大西洋の2か所，インド洋の2か所，太平洋の4か所で湧昇水として表層に顔を出し，合流して北大西洋に戻る．このような循環のパターンは，最後の氷河期が終わった約11,000年前から存在すると考えられており，その周期は約2,000年と考えられている．なお，冷却されて沈み込む表層水は溶存酸素を高濃度に含み，これが深層水として循環することで，深層への酸素の供給源となっている．また，深層水は栄養塩や有機物の分解生成物を豊富に含むため，湧昇水の見られる海域は生物生産能が高く非常に豊かな漁場となる．

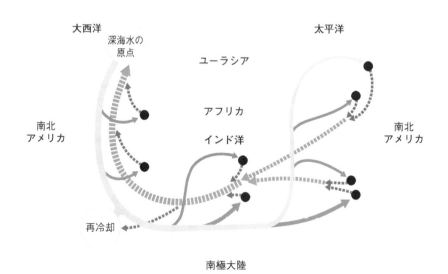

図3.3　全海洋の深層水（実線）と表層水（破線）の流れを示すモデル

水は2か所の白丸部分で沈み込み，8か所の黒丸部分で湧き出す．

［渡辺正（訳），地球環境化学入門 改訂版，丸善出版（2012），図6.27を参考に作成］

3.2.2　陸水[8)]

　陸水は陸上に存在する水のことで，実質的には塩分濃度で海水と区別される．塩分濃度はしばしば水に溶け込んだイオンの総重量である総溶解固形分（total dissolved solid：TDS）で表され，TDS濃度が$1.0\,\mathrm{g\,L^{-1}}$以下の水を淡水と呼び，それ以上のものを塩水と呼ぶ．表3.1に示すように，陸水のうち氷冠・氷河・万年雪を除く液体として存在する淡水は地球全体の水の量のわずか0.76 %であり，これは淡水全体の約30 %を占めているにすぎない．河川水の化学組成は，流域の地質の違いや汚染による影響を受けるため，海水ほど一定とならない．日本の河川水では溶存二酸化ケイ素SiO_2やNa^+が多いのに対して，欧米やオセアニアなどではCa^{2+}，Mg^{2+}，HCO_3^-が比較的高濃度であることが特徴として挙げられる[4)]．

　なお，河口域や閉鎖系海域などでは淡水と海水の混合が起こるので，塩濃度が海水と淡水の中間となる．このような水を汽水と呼び，その塩濃度は0.05〜3.5 %である．汽水域は海域の中でも人間活動に近いため，人為起源による汚染の影響を受けやすい．また一般的に生物活動が盛んで，環境保全の観点からも非常に重要である．

（1）陸水の化学組成[8)]

　陸水の化学組成は，降水の化学組成と，その土壌・岩石との反応の二つの因子により主に決定される．表3.3にさまざまな陸水の主要成分濃度を示す[8)]．

　降水は，大気中のCO_2に加えて，エアロゾルを溶かし込むことでさまざまな成分を含んでいる．海からの距離が数千km以内であれば，海水を起源とするエアロゾルの一種である海塩粒子の影響を受けてNa^+とCl^-が高濃度となる．一方で，陸地を移動した降水は，Ca^{2+}，NH_4^+，H^+，Cl^-，SO_4^{2-}，NO_3^-，HCO_3^-を含み，土壌ダストなどと反応した場合は降水中のCa^{2+}，SiO_2，Al，Feなどの濃度も増加する．このように，降水の組成はNa^+およびCl^-を主成分として，Ca^{2+}，NH_4^+，SO_4^{2-}，NO_3^-が

表3.3　さまざまな陸水の主要成分濃度（$\mathrm{mg\,kg^{-1}}$）

	Na^+	K^+	Mg^{2+}	Ca^{2+}	Cl^-	SO_4^{2-}	HCO_3^-	SiO_2	pH	TDS	Na/(Na+Ca)
海水	11155	414.5	1339	428	20093	2816	146.4			23055	0.963
日本の降水	1.1	0.26	0.36	0.97	1.1	1.5		0.83		3.4	0.531
世界の平均的な降水	1.978	0.313	0.292	0.08	3.799	0.577		0.83	5.7	5.2	0.961
土壌水（表層土壌・ハワイ）	6.3	0.6	1.9	0.9	9.1	4	6	1.2	5.1	30	0.875
土壌水（風化花崗岩・ボルチモア）	4.9	0.9	15	5.8	0.8	11.6	80	23	8.4	142	0.458
土壌水（風化花崗岩・シエラネバダ）	3.9	1	0.3	7	0.4	0	34	23	6.9	70	0.358
表層水平均	6.3	2.3	4.1	15	7.8	3.7	58	14		120	0.296
地下水平均	30	3	7	50	20	30	200	16	7.4	350	0.375
日本の河川の平均	6.7	1.19	1.9	8.8	5.8	10.6	31	19		66	0.432
世界の河川の平均	5.15	1.3	3.35	13.4	5.75	8.25	52	10.4		76	0.278
カナダ北西河川（高緯度，結晶岩流域）	0.6	0.4	0.7	3.3	1.9	1.9	10.1	0.42		14	0.154
ガイアナ川（低緯度，結晶岩流域）	2.55	0.75	1.05	2.6	3.9	2	12.2	10.9		29	0.495
フィリピン小河川（低緯度，火山岩領域）	10.4	1.7	6.6	30.9	3.9	13.6	131	30.4		179	0.252
コロラド川（乾燥地域）	9.5	5	24	83	82	270	135	9.3		496	0.103

[高橋嘉夫（著），坂田昌弘（編著），環境化学，講談社（2015），表5.2より一部抜粋]

付加されるという一般的な傾向となることが知られている．他方，微量元素の多くは鉱物粒子が巻き上がり，粒子態として降水に取り込まれたものがほとんどであるが，蒸気圧が高い元素は気体としても大気中に存在し，湿性沈着または乾性沈着のプロセスを経て地表に供給される．大気中元素の起源は，火山，生物活動，海塩などの自然起源だけでなく，化石燃料の燃焼，廃棄物焼却，金属精錬などの人間活動の寄与が大きく，陸水の化学組成に影響を与える因子となる．

　降水が地表にもたらされると，地中へ浸透しながら土壌や岩石などと反応して土壌水や地下水を生成する．これらの化学成分の組成や濃度は，降水量，蒸発散量，水の滞留時間，接する固相との化学反応などに支配される．例えば，降水量が多く地層が水に溶けにくい固相の場合は，地下水の化学組成は降水の化学組成に類似する．他方，乾燥地帯や半乾燥地帯では，土壌中の塩濃度が著しく高濃度となる．地層が風化しやすい固相の場合は，水の浸透とともにその化学組成が大きく変化し，土壌中の鉱物と長時間反応することで溶存成分が増加する．

　結果として陸水の化学組成は，①降水に近い水と，②土壌や岩石と長い時間反応した水に大別される．①については，海に近く海塩粒子の影響を強く受けるところではNa^+濃度が高く，土壌ダストと大気中で反応したものは相対的にCa^{2+}が高濃度となる．②については，土壌や岩石から溶解しやすい成分としてもっとも普遍的に存在するのはカルサイト（$CaCO_3$）であるため，土壌・岩石と反応すると降水と比較してCa^{2+}濃度が増加するのが一般的であり，さらに水中のTDSも増加することとなる．

（2）多摩川の水量および水質に対する人間活動の影響[9]

　前述のとおり，河川における水の貯留量はわずか$2×10^3\,km^3$であり，貯留量が非常に多い海水（$1,338,000×10^3\,km^3$）と比較して人間活動による影響を顕著に受ける．図3.4[10] に地球上の水循環を示すが，家庭（用水）や工業（用水）の循環量はそれぞれ$0.38×10^3\,km^3/y$および$0.77×10^3\,km^3/y$であり，これは河川の貯留に対して無視できない量であるといえる．

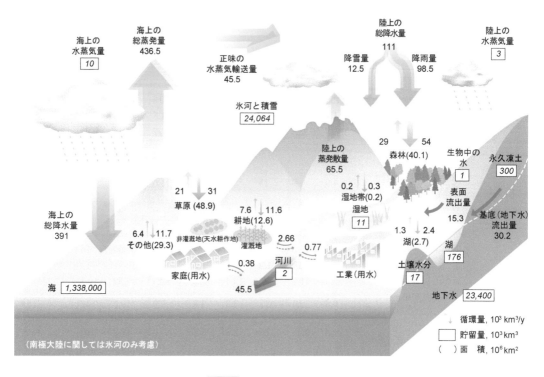

図3.4 地球上の水循環

［Oki and Kanae（Science, 2006）の著者らによる翻訳版より転載］

　河川水量に対する人間活動の影響について，多摩川上流域から中流域を例として挙げる（図3.5）[9]．
多摩川では，上流域に設置された小作取水堰と羽村取水堰において，周辺地域の水道用水として取水
されるため，その水量がいったん大幅に減少する．その後，支流の合流や流域に設置された6か所の
水再生センター（下水処理施設）から下水処理水が流入することで，中流域にかけて徐々に水量が増
加する．図3.5に示すように，多摩川の中流域（多摩川原橋）の河川水に占める下水処理水の割合は
約50 %であり，その量は上流域において水道用水として取水された量に匹敵するほどである．この
ように，都市域を流域とする河川水の水質は人間活動による影響を大きく受けるため，その適切な保
全は人の健康や生活環境を保全するだけでなく，水生生物の保全の観点からも非常に重要である．
　図3.6は多摩川の水質と下水道普及率の経年変化を示したものである[9]．図3.6からわかるように，
水質環境基準が設定された昭和46年（1971年）の下水道普及率はわずか20 %程度で，当時は生活排
水や工場排水が未処理のまま河川に流入することで水質汚濁が進んでいた．この当時，代表的な水質
指標である生物化学的酸素要求量（BOD）は水質環境基準（5 mg L^{-1}）を超過しており，昭和56年

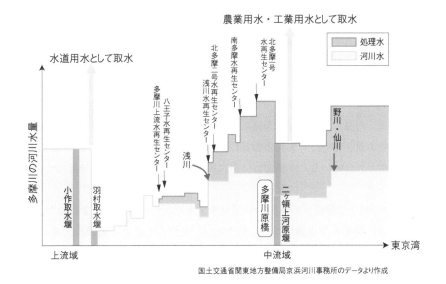

図3.5　多摩川河川水に下水処理水が占める割合

[東京都流域下水道50年のあゆみ，東京都下水道局流域下水道本部（2019）を参考に作成]

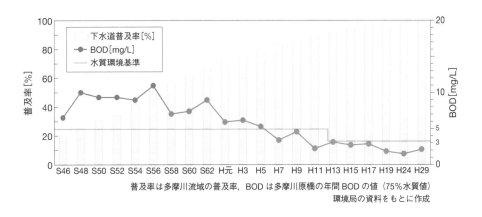

普及率は多摩川流域の普及率，BODは多摩川原橋の年間BODの値（75%水質値）
環境局の資料をもとに作成

図3.6　多摩川の水質と下水道整備

[東京都流域下水道50年のあゆみ，東京都下水道局流域下水道本部（2019）を参考に作成]

（1981年）ごろは10 mg L^{-1}を超えることもあった．ここで，図3.6中の75％水質値とは，年間の日平均値の全データ（n個）を値の小さいものから並べたときに，0.75×n番目（75％番目）となるデータ値のことで，BODや化学的酸素要求量（COD）の年間測定結果が環境基準に適合しているかどうかの評価に用いられる．その後，下水道普及率の向上や下水処理技術の高度化などにともないBODは改善され，平成7年（1995年）ごろには環境基準C類型（BOD 5 mg L^{-1}以下）を達成するようになった．その後，さらなる水質の改善により平成13年（2001年）にはアユなどが生息できる水質（BOD 3 mg L^{-1}）であるとしてB類型となり，以後この水質を維持している．なお，平成29年（2017年）の下水道普及率は99％であり，流域の排水のほとんどが下水処理施設において適切に処理されて多摩川に放流されている．

3.3　環境保全に関連する水質分析

　日本の水質汚濁の歴史を振り返ると，明治初期に足尾銅山鉱毒事件が発生するなど，産業の近代化と発展にともない水質汚濁の進行と多様化が進み，各地で水質汚濁問題が生じるようになった．日本の四大公害病のうち，水俣病（メチル水銀），第二水俣病（有機水銀），イタイイタイ病（カドミウム）は産業活動に起因する水質汚濁が原因であり，これらの重大な公害が顕在化する中で水質汚濁問題に対する取り組みが始まった．1970年に水質汚濁防止法が制定され，法制度の整備が進むとともに，翌1971年には環境庁（現在の環境省）が設置され，環境行政を一元的に担うこととなった．その後，内湾，内海，湖沼などの閉鎖系水域における水質汚濁の進行や富栄養化による赤潮の多発などの環境悪化の顕在化や，有害化学物質による地下水汚染の顕在化などの問題に対応するためにさまざまな対策がなされている．本節では，主に環境保全に関連する水質分析について，その概要を解説する．

　表3.4は，以下で解説する水質分析項目を大きく四つに分類してまとめたものである．なお，人の健康の保護に関する環境基準は数〜数十µg L^{-1}レベルと非常に低濃度である（付表A.4参照）．一例として，カドミウムの環境基準は3 µg L^{-1}であるが，これは1 Lの水に3 µgのカドミウムが溶解していることを示しており，金属カドミウムの密度（8.65 g cm^{-3}）から考えると，2 Lのペットボトルの水に直径わずか100 µmの極微小な金属カドミウムの球が溶けているということである．ただし，実際の分析では，環境基準値の少なくとも一桁低い濃度まで測定する必要がある．そのため，水質分析においては非常に高感度な分析法が必要であり，なおかつ試料のサンプリングや前処理における汚染（コンタミネーション）にも十分留意する必要がある．

表3.4　水質分析項目の主な分類

分　類	項　目
一般的項目	pH，DO，有機汚染物質の指標（COD，BOD，TOC）
無機成分	金属類（Cd，Pb，全亜鉛，Cr(VI)，As，Se，Hg），非金属類（全シアン，N，P，F，B）
有機成分	揮発性有機化合物，農薬類，PCB，ダイオキシン類，1,4-ジオキサン，ノニルフェノール，直鎖アルキルベンゼンスルホン酸及びその塩
そのほかの項目	PFOS/PFOA，PPCPs

3.3.1　水質試料の採取

　公定分析法における水質試料の採取は，基本的には「JIS K 0094　工業用水・工場排水の試料採取方法」[11]にしたがって行う．

　表層水の採取は，試料容器に直接採取する方法や，バケツや図3.7に示す柄付き採水器（ひしゃく）を用いる方法などがある．いずれの場合も，分析目的成分の汚染のない材質のものを使用する必要がある．例えば，水中のクロムやニッケルを分析する場合は，ステンレス鋼製（鉄，クロム，ニッケルの合金）を使用するのが不適当であるのは明白である．試料容器や採水器は事前に十分洗浄し，実際の試料水で十分共洗いして使用する．また，採水に船を使用する場合には，船体の汚れや船からの排水にも注意が必要である．

　各深さの試料を採取する際には，図3.8に示すようなバンドーン採水器，ニスキン採水器，ゴーフロー採水器などが用いられる[4]．これらの採水器は，合成樹脂製の円筒の上下にふたを取り付けた構造をしており，採取したい深さに沈めてふたを閉じることで目的の深さの試料水を採取する．

　水質試料の採取は，分析目的や対象物質により適切に計画する必要がある．ここでは一例として，「要調査項目等調査マニュアル（水質，底質，水生生物）」[12]中の「Ⅲ．試料の採取，運搬，調製にかかわる一般事項」に規定された事項のうち，水質試料に関連する部分を抜粋して紹介する．要調査項目とは，個別項目ごとの水環境リスクは比較的大きくない，または不明であるが，環境中での検出状況や複合影響などの観点から，水環境リスクに関する知見の集積が必要な物質として選定されたものであり，2021年3月時点で207物質群が選定されている．要調査項目の調査は，微量測定を要求され，

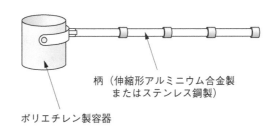

柄（伸縮形アルミニウム合金製
またはステンレス鋼製）

ポリエチレン製容器

図3.7　柄付き採水器の一例

[JIS K 0094:1994　工業用水・工場排水の試料採取方法　を参考に作成]

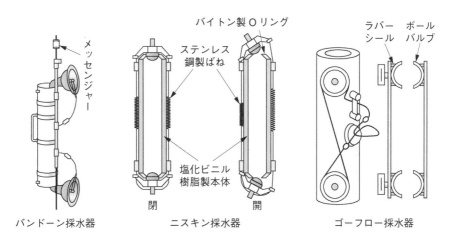

メッセンジャー

バイトン製 O リング

ステンレス
鋼製ばね

ラバー　ボール
シール　バルブ

塩化ビニル
樹脂製本体

閉　　　　　開

バンドーン採水器　　　　ニスキン採水器　　　　　ゴーフロー採水器

図3.8　一定深度の採水が可能な主な採水器

[日本分析化学会（編），環境分析ガイドブック，丸善（2011）を参考に作成]

高度な測定技術などが必要であるにもかかわらず，測定方法の詳細について標準化されていないため，要調査項目の調査実施に当たっては，測定方法の確立が必要である．そこで，これらの要調査項目などにかかわる測定方法などについて，1999年12月に「要調査項目等調査マニュアル（水質，底質，水生生物）」としてとりまとめられ，以後順次，対象項目を変えたマニュアルが継続的に策定されている．

1　試料採取地点の選定

　試料採取に当たっては，特定の発生源の影響を受けない一般的な環境を対象として地点を選定すると共に，水質及び底質を同一地点で採取する場合は，泥分率の高い地点を選定する．また，測定結果を評価する上で参考となる水文，気象，土地利用等のデータが利用できる地点を優先する．なお，河川，湖沼および海域で試料を採取する際，特に生物の採取や港湾内の作業では各種規制等に抵触する場合があるので，事前に関係機関に確認するなどして許可申請等必要な措置を講ずる．

2　試料採取

（1）水質

（ア）採水時期

　原則として比較的晴天が続き，水質が安定している日を選定する．感潮域や海域にあっては潮汐等も考慮して採水時間を決める．

（イ）採水部位

　表層水の採取を基本とし，河川では原則として流心で採取する．表層は水深の1/5程度までの層であり，通常水面下0～数10 cmを採取することになる．水深が極浅い地点においては浮泥の混入がないよう注意深く採水する．また，表面に浮遊ゴミや浮遊油脂類等が目視されれば，これらが混入しないよう0～2 cm層を避ける．なお，目的によっては深度別に採水する．

（ウ）採水器

　採水器具は，地点の状況に応じ，バケツ，柄付きの採水器（ひしゃく），ハイロート採水器，バンドーン採水器等を用いる．材質はガラス製，ステンレス製，合成樹脂製，四フッ化エチレン樹脂フィルムコーティング製などがあるが，測定対象物質や測定を妨害する物質が溶出しない材質，また測定対象物質が内壁に付着し難い材質を選ぶ．基本的には，有機化合物の分析には合成樹脂製，重金属類にはステンレス製の材質は避ける．採水器は予め水洗等による洗浄を行い，装着するロープやワイヤー等も含めて測定対象物質等の汚染や溶出がないことを予め確認しなければならない．なお，試料容器で直接試料水を採ることもできる．

（エ）試料容器

　試料容器は，運搬・保管時の汚染や損失がないよう，測定対象物質に応じて準備しなければならない．試料容器の品名，品質および形状，ならびにそれらの洗浄方法は各分析法に記載の通りであるが，予め定めた目標検出下限値が確保できるものを使用する．基本的には，揮発性有機物質の場合は，四フッ化エチレン樹脂でコーティングしたシリコンゴムセプタム等で密封できる無色または褐色のガラス製ネジ口瓶または同等以上の容器を用い，水洗，有機溶媒洗浄したものを使用直前に105℃で3時間程度加熱し，デシケータなどに入れて室内空気からの再汚染がないよう配慮して放冷した容器を用いる．中・難揮発性有機物質には，無色または褐色の硬質ガラス製の共栓付試薬瓶またはネジ口試薬瓶を用いる．これらは使用直前に水洗を行い有機溶媒で洗って

乾燥させる．但し，EDTAと界面活性剤の試料容器は，可能な限り洗剤を用いた洗浄は避けるとともに，精製水による十分な濯ぎを行う．重金属等無機物質用の試料容器は，ポリエチレン，ポリカーボネートなどの合成樹脂製，または硬質ガラス製の容器を用い，予め水洗，硝酸（1＋10）または塩酸（1＋5）による酸洗浄を行い，精製水で濯ぐ．

（オ）採水操作

採取場所の状況，測定対象物質に適した採水器を用いて表層水を採取する．採水器は表層水で2〜3回共洗いした後，試料とする表層水を試料容器に移す．揮発性有機物質の分析に用いる試料は，予め試料容器を共洗いした後に，泡立てないよう静かに容器に流し入れて満水にし，直ちに密栓する．密栓の後，容器中に気泡が無いことを確認する．中・難揮発性有機物質および重金属等無機物質についても同様に採取して試料容器に流し入れ満水にして栓をする．但し，試料容器の内壁への付着が想定される疎水性有機物質（水溶解度：1μg/mL以下）等が測定対象となる場合は，試料容器の共洗いは行わない．なお，測定対象物質の安定化のために還元剤や酸の添加，あるいはサロゲート標準物質の添加が必要な場合は，分析法に従って適切に処理する．採水量と試料数は，分析法と調査項目数によって決まるが，予備保存用あるいは二重測定も考慮しなければならない．採水にあわせて，水温，外観，色相，臭気，夾雑物，油膜の有無など水質にかかわる基本事項を記録する．

3　運搬・保存方法

採取した試料は，汚染のない適切な運搬容器に入れて，遮光・保冷状態で試験施設まで運搬する．試験施設に到着後，できるだけ速やかに試料の調製を行い，分析に供する．やむを得ず保存が必要な場合は，試料を汚染することのない冷暗所（4℃以下）で保存する．試料調製と分析が異なる機関で行われる場合は，試料調製を行った後，水質試料は遮光・保冷状態で送達する．但し，揮発性有機物質の試料は，試料調製を行わず，試料採取時の状態で，遮光・保冷して送達する．

4　試料調製

水質試料は，原則として懸濁物質を含む試料を分析する．

5　野外および試料に関するデータの記録

（1）野外データ

次の事項を参考に，試料採取に先立ち様式を決めて，野外データを記録する．

・採取日時，採取者名・採取地域の名称，正確な位置（地図），一般環境状態，周辺施設その他の生活圏の状況，潮汐の状態，気象条件，水深，流速，流量

・水温，泥温，透明度，水底の状態，濁度，pH，塩分，溶存酸素，目視観察による色相，臭気，夾雑物

・試料の安定化処理，運搬・保存の条件

（2）試料データ

測定結果の表示に必要，あるいは結果の評価に参考となる項目をあげる．これらの試料データは試料調製に併せて測定，整理し，記録することが望まれる．

・水質試料：浮遊物質量，有機物量（COD，BOD，TOCなど），塩素イオン（または塩分）など

3.3.2　一般的項目

（1）pH（水素イオン濃度指数）

　環境水において，**pH**はもっとも基本的な指標の一つであり，水が酸性であるかアルカリ性であるかを知るために測定される．pHは**水素イオン濃度指数**のことであり，水中の水素イオン濃度（mol L^{-1}）の逆数の常用対数として定義され（第10章参照），25℃における純粋な水のpHは7.0である．環境水のpHを支配する要因としては，地質，二酸化炭素の溶解，植物の炭酸同化作用，バクテリアによる分解作用などが挙げられ，日本では，河川水のpHは6～8が多く，海水では8～8.5である．湖沼水のpHは一般的には7.2～8.5であるが，前述したように藻類の炭酸同化作用によりpHが変動し，pHが10前後になることもある．

　pHの測定には，一般的にガラス膜電極pH計が用いられる．ガラス電極法は，現場での測定のほか連続モニタリングにも使用されているが，定期的な維持・管理や標準液による校正が必要である．pHの測定原理については，第12章で解説する．

（2）溶存酸素量（dissolved oxygen：DO）

　水中の溶存酸素は，水生生物の呼吸のために不可欠である．一方，水中の好気性微生物による有機物の分解に酸素が消費され，溶存酸素濃度は低下する．酸素の溶解量はヘンリーの法則にしたがって水温と酸素の分圧によって決まり，20℃，1気圧における飽和溶存酸素量はおよそ9 mg L^{-1}である．また**溶存酸素量DO**は水中の塩濃度にも依存する．

　富栄養化による生物の異常増殖や生活排水の流入などによる汚染物質の濃度の上昇により水中のDOは低下するため，DOは環境水の浄化作用を評価する指標として非常に重要である．一般的な測定項目は数値が低いほど質はよいが，DOは数値が低いほど水質が悪いこととなる．公定分析法では，DOの分析として**ヨウ素滴定法**，ミラー変法，および隔膜電極法が採用されている．ここでは，ヨウ素滴定法についてその原理を解説する．

　試料水に硫酸マンガン(II)とアルカリ性ヨウ化カリウム–アジ化ナトリウムを加えると，生成した水酸化マンガン(II)が試料水中の溶存酸素により酸化されて水酸化マンガン(III)の沈殿を生成する．この反応により，水中の1 molの溶存酸素が4 molの水酸化マンガン(III)に固定される．

$$2KOH + MnSO_4 \longrightarrow Mn(OH)_2 \tag{3.1}$$

$$2Mn(OH)_2 + 1/2O_2 + H_2O \longrightarrow 2Mn(OH)_3 \quad \text{または}$$
$$2Mn(OH)_2 + 1/2O_2 \longrightarrow 2MnO(OH) + H_2O \tag{3.2}$$

この溶液に硫酸を添加して，水酸化マンガン(III)の沈殿を溶解すると，2 molの水酸化マンガン(III)に対して，1 molのヨウ素が遊離する．すなわち，1 molの溶存酸素に対して2 molのヨウ素が生成する．

$$2Mn(OH)_3 + 2KI + 3H_2SO_4 \longrightarrow I_2 + 2MnSO_4 + K_2SO_4 + 6H_2O \quad \text{または}$$
$$2MnO(OH) + 2KI + 3H_2SO_4 \longrightarrow I_2 + 2MnSO_4 + K_2SO_4 + 4H_2O \tag{3.3}$$

生成したヨウ素をチオ硫酸ナトリウムで滴定すると，式(3.4)のように1 molのヨウ素が2 molのチオ硫酸ナトリウムを酸化するため，全体としては1 molの溶存酸素が4 molのチオ硫酸ナトリウムを酸化する．この関係を用いて溶存酸素量が求められる．

$$I_2 + 2Na_2S_2O_3 \longrightarrow 2NaI + Na_2S_4O_6 \tag{3.4}$$

この際，亜硝酸イオンが存在すると式(3.5)のようにヨウ素が生成して正の誤差を与えるため，

$$2HNO_2 + 2HI \longrightarrow I_2 + 2H_2O + 2NO \tag{3.5}$$

あらかじめ，式(3.6)のようにアジ化ナトリウムにより分解しておく．

$$HNO_2 + NaN_3 \longrightarrow N_2 + N_2O + NaOH \tag{3.6}$$

ヨウ素滴定法は，酸化還元反応および滴定を利用した分析法であるため，酸化性物質，還元性物質，懸濁物，着色物質による影響を受けやすい欠点があり，測定の際にはさまざまな注意点がある．また，海水に適用する場合には微生物の影響を受けるため，試薬の添加量を2倍にして反応を促進し，手早く試験を行う必要がある．ヨウ素滴定法の原理である酸化還元平衡については第10章で解説する．

　なお，2016年に底層溶存酸素量（底層DO）が湖沼および海域における生活環境項目環境基準値として新たに設定された．これは，底層DOが底層を利用する生物の生育や再生産にとって特に重要な要素の一つであり，底層DOの確保により，①魚介類が生息できるDOを確保できる，②底層DOの低下防止により青潮や赤潮の発生リスクを低減できる，などの効果が期待されるためである．

（3）有機汚染物質の指標

　環境中の有機汚染物質の指標として化学的酸素要求量（chemical oxygen demand：COD）と生物化学的酸素要求量（biochemical oxygen demand：BOD）が用いられている．

A. COD

　CODは，水中の還元物質を強力な酸化剤である過マンガン酸カリウム$KMnO_4$または二クロム酸カリウム$K_2Cr_2O_7$を用いて酸化した際に消費される酸化剤の量を酸素量に換算した指標で，それぞれCOD_{Mn}およびCOD_{Cr}と呼ばれる．例えば，有機物をシュウ酸$H_2C_2O_4$と仮定してこれを$KMnO_4$で酸化した際には，式(3.7)のような反応により二酸化炭素と水に酸化分解される．

$$5H_2C_2O_4 + 2KMnO_4 + 3H_2SO_4 \longrightarrow 2MnSO_4 + K_2SO_4 + 8H_2O + 10CO_2 \tag{3.7}$$

日本では，環境水や排水中のCODの公定分析法としてはCOD_{Mn}が採用されている．ただし，欧米や開発途上国ではCOD_{Cr}を採用している例が多く，データを比較する際には注意が必要である．

　COD_{Mn}は以下のような原理で測定される．$KMnO_4$は酸性溶液中で式(3.8)のように反応し，強力な酸化力を示す．

$$MnO_4^- + 8H^+ + 5e^- \longrightarrow Mn^{2+} + 4H_2O \tag{3.8}$$

試料水を硫酸により酸性にして一定量の$KMnO_4$を加えて加熱すると，水中の被酸化性物質が酸化される．この溶液にシュウ酸ナトリウム$Na_2C_2O_4$を添加し，酸化分解で消費されなかった$KMnO_4$を還元させる．次に，この反応で余ったシュウ酸イオン$C_2O_4^{2-}$を$KMnO_4$標準液で滴定すると，水中に含まれていた被酸化性物質の濃度が計算により求められる．

$$2MnO_4^- + 5C_2O_4^{2-} + 16H^+ \longrightarrow 2Mn^{2+} + 10CO_2 + 8H_2O \tag{3.9}$$

　COD_{Cr}の場合は，酸性にした試料水に$K_2Cr_2O_7$を一定量添加して被酸化性物質を酸化し，余剰の二クロム酸イオン$Cr_2O_7^{2-}$を硫酸鉄(II)アンモニウム溶液で滴定することで，水中に含まれていた被酸化性物質の濃度が計算により求められる．

$$Cr_2O_7^{2-} + 14H^+ + 6e^- \longrightarrow 2Cr^{3+} + 7H_2O \tag{3.10}$$

$$6Fe^{2+} + Cr_2O_7^{2-} + 14H^+ \longrightarrow 6Fe^{3+} + 2Cr^{3+} + 7H_2O \tag{3.11}$$

CODの測定では，いずれの場合も被酸化性物質の総量を測定対象としているため，環境水中に存在する無機性の還元物質の影響を受ける．特に海水中に多量に含まれる塩化物イオンは，酸化剤により塩素に酸化されるため，あらかじめ硝酸銀を添加して塩化銀の沈殿を生成させ，その影響を除去する必要がある．このように，化学反応に基づいて共存物の影響を低減させる方法を，一般にマスキングと呼ぶ．また，表3.5に示すように，化合物により酸化率がかなり異なり，完全には酸化されていない有機物も存在することから注意が必要である[13]．

B. BOD

　BODは，採取された試料水中の有機物がどの程度好気性微生物類（バクテリアやプランクトンなど）により酸化されて酸素を消費するかを示す指標で，生物化学的酸素消費量とも呼ばれる．例えば

表3.5　COD_{Mn} の測定における有機化合物の酸化率

有機化合物	化学式	分子量	ThOD* [mg L⁻¹]	COD 実測値 [mg L⁻¹]	COD 酸化率** [%]
エチルアルコール	C_2H_6O	46.07	2,084	207	9.9
尿素	CH_4ON_2	60.06	1,332	1.0	0.1
エチレングリコール	$C_2H_6O_2$	62.07	1,289	1,020	79.1
グリコール酸	$C_2H_4O_3$	76.05	632	486	76.9
ピリジン	C_5H_5N	79.10	2,731	14.1	0.5
ノルマル酪酸	$C_4H_8O_2$	88.11	1,816	51.6	2.8
イソ酪酸	$C_4H_8O_2$	88.11	1,816	125	6.9
DL-α-アラニン	$C_3H_7O_2N$	89.09	1,527	6.6	0.4
グリセリン	$C_3H_8O_3$	92.11	1,216	842	69.2
コハク酸	$C_4H_6O_4$	118.09	948	25.2	2.7
安息香酸	$C_7H_6O_2$	122.12	1,965	46.7	2.4
ニコチン酸	$C_6H_5O_2N$	123.11	1,755	371	21.1
シュウ酸	$C_2H_2O_4$-$2H_2O$	126.07	127	130	102.4
サリチル酸	$C_7H_6O_3$	138.13	1,622	1,468	95.0
ヘキサメチレンテトラミン	$C_6H_{12}N_4$	140.19	2,511	1,903	75.8
L-グルタミン酸	$C_5H_9O_4N$	147.14	1,251	31.7	2.5
DL-酒石酸	$C_4H_6O_6$	150.09	533	408	76.5
D-酒石酸	$C_4H_6O_6$	150.09	533	414	77.7
L-システイン・塩酸塩	$C_2H_7O_2NS$-HCl-H_2O	175.64	957	263	27.5
馬尿酸	$C_9H_9O_3N$	179.18	915	120	13.1
アンチピリン	$C_{11}H_{12}ON_2$	188.23	2,465	1,337	54.2
カフェイン	$C_8H_{10}O_2N_4$	194.19	1,895	239	12.6
酒石酸ナトリウム	$C_4H_4O_6Na_2$-$2H_2O$	230.08	348	239	68.7
L-シスチン	$C_6H_{12}O_4N_2S_2$	240.31	1,332	431	32.4
ショ糖	$C_{12}H_{22}O_{11}$	342.30	1,122	677	60.3
ドデシルベンゼンスルホン酸ナトリウム	$C_{18}H_{29}O_3SNa$	348.48	2,320	102	4.4
乳糖	$C_{12}H_{22}O_{11}$-H_2O	360.31	1,066	612	57.4
EDTA	$C_{10}H_{14}O_8N_2Na_2$	372.25	946	725	76.6

*ThOD　理論的酸素消費量
　$C \rightarrow CO_2$,　$H \rightarrow H_2O$
　$N \rightarrow NO$,　$S \rightarrow SO_2$

**酸化率[%] $= \dfrac{COD値}{ThOD値} \times 100$ として算出する.

［日本環境測定分析協会（編），渡部欣愛，柏平伸幸，牧野和夫，桐田久和子，西川雅高，渡辺靖二,四ノ宮美保，大高広明，改訂 分析実務者のための新明解環境分析技術手法，しらかば出版（2009），p.404，表4より引用］

ブドウ糖 $C_6H_{12}O_6$ は式(3.12)のように反応する.

$$C_6H_{12}O_6 + 6O_2 \longrightarrow 6CO_2 + 6H_2O + \Delta E(\text{エネルギー}) \tag{3.12}$$

BODとして測定されるものは，①有機物質で好気性微生物類により分解されるもの，②窒素化合物で特殊な細菌によって分解されるもの，③水中の溶存酸素を消費する被酸化性物質（亜硝酸イオン，硫化物，鉄(II)など）であり，そのすべてが有機物の分解によるものではない.

　測定方法としては，採取した試料水を20℃の一定条件で暗室において5日間密栓状態で静置し，初日と5日後の溶存酸素量を測定してその溶存酸素量の差から好気性微生物類による酸素の消費量を求める.　BODの値が高いことが予測される場合には，pH 7.2の培養液を用いて試料を何段階かに希釈し，酸素消費の割合が0.4〜0.7の範囲である試料を用いてBODの値を求める.　ここで，CODとBODには一般的に相関関係があることから，BODの測定に先駆けてCODを測定し，あらかじめ値の見当をつけておく必要がある.

C.　TOC

　CODおよびBODは水中の有機物を直接分析する方法ではないので，全有機炭素量（total organic carbon：TOC）の測定がしばしば行われる.　環境水中には，有機炭素のほかに無機炭素（inorganic carbon：IC）が含まれるので，環境水中の全炭素（total carbon：TC）の測定値からICの測定値を差し引いてTOC濃度を求める自動計測器が広く用いられている.

　一例として，湿式酸化方式によるTOCの測定原理を以下に解説する.　試料水に酸化剤（ペルオキソ二硫酸ナトリウム）を添加し，反応管内で紫外線照射を行いながら加熱することで試料水中のすべての炭素を二酸化炭素に変換する.　この濃度を赤外線ガス分析で測定し，試料中のTC濃度を求める.　次に，同じ試料を酸性化し，試料中のICのみを二酸化炭素に変換して赤外線ガス分析で測定してIC濃度を求める.　得られたTC濃度からIC濃度を差し引くことで，TOC濃度が求められる.

　なお，水道水質基準においては，2003年度に行われた大幅な改正の際にTOCが有機物の指標として採用された.

3.3.3　無機成分

（1）金属類

　環境水中の金属類は，水和金属イオンのほかに，無機錯体，有機錯体，コロイドなどの溶存態成分や，プランクトンやデトリタス（生物の遺骸）といった生物起源粒子や粘土鉱物などの無機粒子などさまざまな形態で存在している.　環境水のpHは中性付近であるため，多くの金属類は水和金属イオンよりも錯体や粒子態として存在する割合が大きい.　環境水の分析では，水中の全量を分析対象とするために，あらかじめ硝酸や塩酸などを用いて分解操作を行い，金属類を水和金属イオンの形態にしておくことが望ましい.　ただし，水中の金属類を存在形態別に分析したい場合には，ろ過などによりサイズごとに成分を分画し，それぞれに含まれる金属類の濃度を測定することも可能である.

　環境水中の金属類の分析は，基本的には「JIS K 0102　工場排水試験方法」[14]にしたがって行う.　そのため，フレーム原子吸光分析法（flame atomic absorption spectrometry：FAAS），電気加熱原子吸光分析法（electrothermal atomic absorption spectrometry：ETAAS），誘導結合プラズマ発光分析法（inductively coupled plasma optical emission spectrometry：ICP-OES），誘導結合プラズマ質量分析法（inductively coupled plasma mass spectrometry：ICP-MS）といった原子スペクトル分析法が主に用いられる.　これらの測定原理は第11章で解説する.　表3.6に，JIS K 0102で規定された金属類の分析法とその測定濃度範囲を示す.　表に示すように，FAASおよびICP-OESは，溶液中 $mg\ L^{-1}$（ppm）から $\mu g\ L^{-1}$（ppb）レベル，ETAASおよびICP-MSは $\mu g\ L^{-1}$ から $0.1\ \mu g\ L^{-1}$ レベル以下の定量分析に用

表3.6 JIS K 0102 で規定された工場排水中元素の分析法と測定濃度範囲（単位：mg L^{-1}）

	B	Na	K	Ca	Mg	Cu	Zn	Pb	Cd	Mn	Fe	Al	Ni
FAAS		0.05〜4	0.05〜5	0.2〜4	0.02〜0.4	0.2〜4	0.05〜2	1〜20	0.05〜2	0.1〜4	0.3〜6	5〜100	0.3〜6
ETAAS						0.005〜0.1	0.001〜0.02	0.005〜0.1	0.0005〜0.01	0.001〜0.03	0.005〜0.1	0.02〜0.2	
CVAAS													
HG-AAS													
ICP-OES	0.02〜8	0.5〜50	0.1〜10	0.01〜10	0.005〜5	0.02〜5	0.01〜5	0.05〜5	0.01〜5	0.01〜5	0.01〜5	0.08〜4	0.04〜5
HG-ICP-OES													
ICP-MS	0.0005〜0.5					0.0005〜0.5	0.0005〜0.5	0.0005〜0.5	0.0005〜0.5	0.0005〜0.5		0.0005〜0.5	0.0005〜0.5
イオンクロマトグラフィー		0.1〜30	0.1〜30	0.2〜50	0.2〜50								

	Co	As	Sb	Sn	Bi	Cr	Hg	Se	Mo	W	V	U	Be
FAAS	0.5〜10					0.2〜5					1〜20		
ETAAS						0.005〜0.1					0.01〜0.2		
CVAAS							0.0005〜0.01						
HG-AAS		0.005〜0.05	0.004〜0.02					0.002〜0.012					
ICP-OES	0.03〜5			0.4〜2	0.05〜5	0.02〜4			0.04〜4	0.05〜5	0.02〜2	0.0002〜0.02	0.05〜5
HG-ICP-OES		0.001〜0.05	0.001〜0.05					0.001〜0.02					
ICP-MS	0.0005〜0.5	0.0005〜0.5	0.0005〜0.5	0.0005〜0.5	0.0005〜0.5	0.0005〜0.5		0.0005〜0.5	0.0005〜0.5	0.0005〜0.5	0.0005〜0.5	0.00005〜0.5	0.0005〜0.5
イオンクロマトグラフィー													

FAAS：フレーム原子吸光分析法，ETAAS：電気加熱原子吸光分析法，CVAAS：冷蒸気原子吸光分析法，HG-AAS：水素化物発生原子吸光分析法，ICP-OES：誘導結合プラズマ発光分析法，HG-ICP-OES：水素化物発生誘導結合プラズマ発光分析法，ICP-MS：誘導結合プラズマ質量分析法

いられる．

　これらの分析法を環境水に適用する際の参考として，各元素の環境基準値とそれぞれの分析法の測定濃度範囲を比較したものを**図3.9**に示す．図からわかるように，FAASやICP-OESの測定濃度範囲は環境基準値よりも高濃度域にあるため，これらの分析法を環境水の分析に適用する場合には，目的元素の濃縮法と組み合わせることが必須である．一方，ETAASやICP-MSの高感度分析法を用いれば，環境基準値レベルの直接分析も可能である．ただし，原子スペクトル分析法では，試料水中に高濃度に含まれる共存成分によりさまざまな干渉を受けるため，海水試料のような塩濃度の高い試料を直接分析することは困難である．そのため，実際の分析においてはさまざまな試料の希釈や共存成分の分

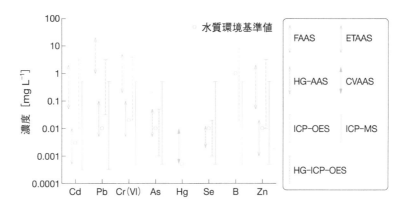

図3.9　環境基準値と各分析法の測定濃度範囲の比較

離除去が必要となる．ヒ素およびセレンの分析法には水素化物発生（hydride generation：HG）を利用したHG-AASおよびHG-ICP-OESが，水銀の分析には冷蒸気原子吸光分析法（cold vapor atomic absorption spectrometry：CVAAS）といった特殊な方法が用いられる．なお，FAASやETAASなどの原子吸光分析法は基本的には単元素分析法であるため，多元素同時分析が可能なICP-OESやICP-MSなどの利用が進んでいる．ここでは，有害元素として水質汚濁防止法に取り上げられているカドミウム，鉛，全亜鉛，六価クロム，ヒ素，セレン，水銀について，その測定法を解説する．

Coffee Break

水道水の安全を守る分析技術

　水道水は私たちの健康で快適な生活の根幹をなすものであり，その安全性は厚生労働省が設定する水道水質基準の確保により維持されている．金属類関連では，2022年現在，水道水質基準項目として13種類（カドミウムCd，水銀Hg，セレンSe，鉛Pb，ヒ素As，六価クロムCr（VI），ホウ素B，亜鉛Zn，アルミニウムAl，鉄Fe，銅Cu，ナトリウムNa，マンガンMn），水質管理目標設定項目として3種類（アンチモンSb，ウランU，ニッケルNi），要検討項目として5種類（バリウムBa，ビスマスBi，銀Ag，モリブデンMo，有機すずSn）が指定されており，水質の変化や毒性評価の見直しなどにより逐次改正が行われている．水道水は，通常河川水などを原水とし，浄水処理場により浄化処理されて供給される．近年，通常の浄水処理では十分に対応できないかび臭などの原因物質や塩素処理により生成するトリハロメタンなどを除去することを目的とした高度浄水処理が普及しつつある．これは，従来の凝集沈殿処理，塩素処理，ろ過処理に加えて，オゾン処理による有機物の分解と，活性炭処理による分解物の吸着除去処理を加えたものである．高度浄水処理は，主に有機物の効果的な除去を目的としているが，水道水の安全性を裏付けるためには金属類の除去挙動についても把握する必要があると思われる．

　矢野と川元は，兵庫県内の高度浄水処理施設において，水道原水および水道水中の20種の金属類の高感度同時分析法を確立し，浄水処理過程における金属類の除去評価を行った[15]．表1は，2006年から2010年にかけて採取された水道原水を6回分析した際の最低値，最高値，平均値をまとめたものである[15]．金属類の測定にはICP-MSを用いており，その検出限界はng L^{-1}レベルと，水道水質基準や水質管理目標値（mg L^{-1}～μg L^{-1}レベル）の1/100以下であった．水道原水において水道水の基準値を超過した金属はAl（基準値：200 μg L^{-1}）とMn（基準値：

50 μg L^{-1}）であり，特にMnについては，いずれの調査時期においても基準値より厳しい水質管理目標値10 μg L^{-1}を超過していた．

　図1は各金属類の高度浄水処理による除去率をまとめたものである[15]．Mn，U，Fe，Bi，Ag，Alは除去率が80 ％以上と除去されやすく，Se，Li，Sb，Ba，B，Mo，Srは逆に除去率が20 ％以下と除去されにくい．各金属類の除去率について，処理過程ごとに詳細に確認したところ，ほとんどの元素は通常の浄水処理でも行われる凝集沈殿処理により除去されるが，Mnはオゾン処理，AlおよびCuは活性炭処理でも除去される機構があることがわかった[15]．

表1 水道原水中の金属類の濃度レベル

元素	濃度 ［μg L^{-1}］		
	最低値	最高値	平均値[a]
Al	152	522	254
Sr	90.8	141	108
B	62.8	140	91.3
Fe	56.5	175	86.8
Mn	13.2	50.9	25.9
Ba	20.0	36.7	25.7
Li	8.54	33.8	20.2
Zn	4.85	14.8	8.02
Cu	2.58	8.10	4.42
Mo	1.13	1.74	1.41
As	0.79	2.26	1.36
Ni	0.64	1.34	0.97
Cr	0.20	0.48	0.32
Pb	0.22	0.46	0.32
Sb	0.19	0.30	0.25
U	0.064	0.83	0.23
Se	< 0.11	0.16	< 0.11[b]
Cd	< 0.0098	0.027	0.021[b]
Bi	< 0.0017	0.0052	0.0036[b]
Ag	< 0.0017	0.0056	0.0033[b]

（a）平均値（6回調査）
（b）平均値を求める際に定値下限値未満の数値は0として取り扱った
［矢野美穂，川元達彦，分析化学，**60**，433（2011），Table.6より引用］

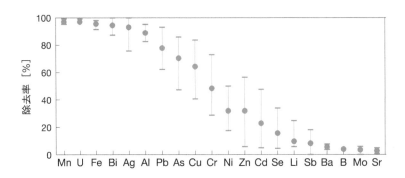

図1 高度浄水処理による20元素の除去率
● : 6試料の平均値，バーは最高値と最低値の範囲を示す
［矢野美穂，川元達彦，分析化学，**60**，433（2011），Figure 4より引用］

A. カドミウム，鉛，全亜鉛

　これらの元素は，FAAS，ETAAS，ICP-OES，ICP-MSにより直接分析が可能であるため，酸分解した環境水を分析装置の感度に合わせて適宜希釈して測定する．ただし，前述のように分析目的元素の濃度が低い場合には，分析目的元素の濃縮が必要となる．もっとも単純な濃縮法は蒸発濃縮であるが，この方法では共存成分の濃度も同時に高くなってしまうので，分析対象の濃縮と同時に，干渉を与える共存成分の分離・除去が必須となる．環境水には，陽イオンとしてNa^+, K^+, Mg^{2+}, Ca^{2+}など，陰イオンとしてCl^-やSO_4^{2-}などが比較的高濃度に含まれる．それらのイオンを除去するために，溶媒抽出法や固相抽出法などの前処理法が用いられる．

Pick up

固相抽出法

　固相抽出法は，官能基が合成樹脂やシリカゲルなどの担体（固相）に固定された分離剤により分析目的元素を分離・濃縮する方法で，官能基の種類により，キレート型，イオン交換型，分子認識型，逆相型などに分類される．金属類の分離・濃縮にはキレート型の分離剤が一般的に用いられる．キレート型の分離剤として一般的に用いられるキレート樹脂は，スチレンジビニルベンゼン共重合体やメタクリレート共重合体を基材に用いた樹脂に官能基を固定したもので，この樹脂をカラムに充填したさまざまな固相抽出カラムが市販されている．市販のキレー

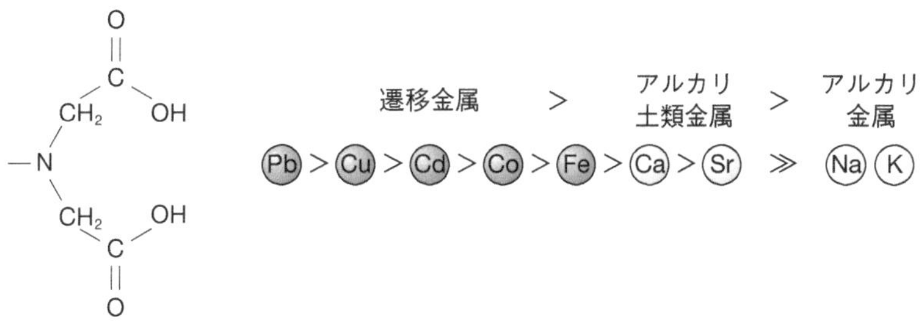

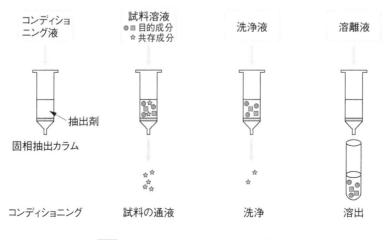

図1　イミノ二酢酸基の構造と金属類との親和性

図2　カラム法による固相抽出の概念

ト型固相抽出剤にはイミノ二酢酸系の官能基がもっとも広く用いられている．イミノ二酢酸（iminodiacetate）基は，図1のようにEDTA（ethylenediaminetetraacetic acid：エチレンジアミン四酢酸）を半分にしたような構造をしており，多価の金属イオンと安定なキレート錯体を形成する．そのため，イミノ二酢酸系のキレート抽出剤は遷移金属類との親和性が高く，これらの元素は固相に強く吸着される．一方，アルカリ・アルカリ土類金属類との親和性は低く，特に一価のアルカリ金属はほとんど保持されない．このため，アルカリ・アルカリ土類金属類を多量に含む環境水試料中に含まれる遷移金属類の前処理法として有効である．キレート型の固相抽出では，目的成分の回収率は吸着時のpHに大きく依存するため，吸着時の試料溶液のpH調整が非常に重要である．例えば，カドミウムや亜鉛の回収にはpH 5.6を用いる．

　固相抽出カラムを用いるカラム法による固相抽出法の概念を図2に示す．まず，使用する固相抽出カラムを洗浄，活性化する（コンディショニング）．次に，試料溶液を固相抽出カラムに通液する．このとき，目的成分は固相に吸着・保持され，共存成分の大部分は固相に保持されずに除去される．固相に残存した共存成分は，洗浄液を用いて洗浄し，最後に溶離液により固相に吸着した目的成分を溶出する．最初に通液する試料の体積と，最後の溶出液の体積比から濃縮倍率が決定する．例えば，1,000 mLの試料溶液を通液し，10 mLの溶離液で目的成分を溶出すれば，100倍濃縮が達成できる．固相抽出法を用いた分離・濃縮は，JIS K 0102の2013年における改正の際にCu，Zn，Cd，Fe，Ni，Coなどの前処理法として指定されているほか，天然水中の多元素同時濃縮法として広く利用されている．

B.　六価クロム

　金属類の存在形態やその生体への影響は，価数によって大きく異なる場合がある．クロムの代表的な価数は3価Cr(III)と6価Cr(VI)であり，Cr(VI)の方が生体への影響が大きい．これはその強い酸化力によるもので，鼻中隔穿孔，胃腸炎，皮膚炎，肺がんなどを引き起こすことが知られている．環境基準ではCr(VI)の基準値が定められており，化学形態には$Cr_2O_7^{2-}$とCrO_4^{2-}が挙げられる．前項で述べたような原子スペクトル分析法では価数の区別ができないため，公定分析法では沈殿分離によるCr(III)の除去が前処理として用いられている．なお，イオンクロマトグラフィーなどの分離分析法を原子スペクトル分析法の前段に利用することもできる．ただし，現在もっとも一般的に用いられているCr(VI)の定量方法は，ジフェニルカルバジドを用いる吸光光度法である．

　ジフェニルカルバジド（1,5-ジフェニルカルボノヒドラジド）は，Cr(VI)と選択的に錯生成して赤紫色の錯体を生成する．そのため試料溶液にCr(III)とCr(VI)が共存する場合でもCr(VI)のみを測定することができる．

C.　ヒ素，セレン

　ヒ素およびセレンはいずれも半金属元素に分類され，環境中でさまざまな化学形態で存在している．ヒ素の無機態は主に3価As(III)と5価As(V)であり，それぞれ亜ヒ酸H_3AsO_3とヒ酸H_3AsO_4と呼ばれる．このほか，有機態ヒ素としてヒ酸がメチル化されたモノメチルアルソン酸やジメチルアルシン酸も環境水中で検出されることがある．なお，魚介類には，アルセノシュガーやアルセノベタインなどの有機態ヒ素が高濃度に含有されるが，水中で検出されることはあまりない．セレンもヒ素と同様に無機態と有機態が存在し，水中では主に無機態である4価（亜セレン酸：H_2SeO_3）と6価（セレン酸：H_2SeO_4）として存在する．

　ヒ素およびセレンの分析法として代表的なものは，HG-AASである．これは，塩酸酸性下でテトラ

ヒドロホウ酸ナトリウム$NaBH_4$を用いて還元すると，ヒ素やセレンが揮発性の水素化合物（水素化ヒ素AsH_3およびセレン化水素H_2Se）を発生することを利用したもので，通常の原子吸光分析法と比較して非常に高感度な分析が可能である．なお，水素化合物を効率よく生成する化学形態はAs(III)およびSe(IV)であるため，以下のような手順で前処理を行う必要がある．

　まず試料水中に硫酸と硝酸を添加し，硫酸白煙処理によりすべての有機態ヒ素化合物およびセレン化合物を無機態に分解する．環境水中には有機態の化合物はあまり存在しないが，ジフェニルアルシン酸（DPAA）などの人為起源化合物が地下水から検出されたこともあり，この化合物の分解には250℃以上での加熱が必要である．この操作により，ヒ素はAs(V)に，セレンはSe(VI)に酸化されるため，予備還元操作によりそれぞれAs(III)およびSe(IV)に還元する．予備還元剤としてはヒ素にはヨウ化カリウムKIが，セレンには塩酸HClが用いられる．なお，セレンはKIにより0価まで還元されてしまうので，ヒ素とセレンの予備還元操作を同時に行うことはできない．予備還元操作を施した溶液を連続式水素化物発生装置を用いて$NaBH_4$と反応させ，発生したAsH_3またはH_2Seを原子吸光分析装置の原子化部に導入して原子吸光を測定する（第11章参照）．水素化物発生（HG）法は，ヒ素およびセレンを気体の化合物として装置に導入するため，通常の溶液を噴霧する方式と比較して試料の導入効率が高く，同時に共存成分と分離できるため，非常に高感度かつ干渉の少ない分析が可能となる．一方，溶液中に高濃度の遷移金属（鉄，ニッケル，銅など）が存在すると，水素化合物の発生が阻害されるために注意が必要である．このため，JIS K 0102の2013年における改正では，ヒ素の予備還元の際にアスコルビン酸を共存させて，この妨害を軽減する方法が採用された．なお，水素化物発生はICP-OESにも適用することができるが，HG-AASと比較して感度が劣り，かつ装置のランニングコストが高いという欠点がある．

　ICP-MSを用いてヒ素およびセレンを測定する場合には，化学形態によらない分析が可能であるため，HG-AASのような前処理は不要である．ただし，両者とも共存成分によるスペクトル干渉（スペクトルの重なりによる干渉）が問題となるので，その対策が必要となる．近年の装置では，コリジョン/リアクションセル技術によりこの干渉をかなり低減することが可能となったため，通常の分析でスペクトル干渉はあまり問題とならない（11.7.3項参照）．なお，さまざまなクロマトグラフィーをICP-MSの前段に接続したハイフネーテッド（連結）分析法を利用し，ヒ素やセレンなどを化学形態別に測定することも可能であり，生体関連分野の研究などに広く適用されている．

D. 水銀

　水銀は常温で液体として存在する唯一の金属である．環境水中では水銀はHg(II)として存在し，その大部分は有機配位子と錯体を形成している．また，生物によりメチル化され，メチル水銀となる．Hg(I)，Hg(II)，金属水銀，アルキル水銀，アリール水銀などの総和である総水銀，特に毒性が強いアルキル水銀について環境基準が設定されている．アルキル水銀は，水俣病の原因物質として広く知られているが，開発途上国を中心として水銀による環境汚染とヒトの健康被害が深刻化しているため，水銀の国際的な規制を定める「水銀に関する水俣条約（Minamata Convention on Mercury）」が2013年10月に採択されるなど，世界的な注目が高まっている．

・総水銀

　水銀の測定には専用の分析装置を用いることが多い．この方法は，試料溶液中のHg(II)を還元剤により金属水銀に還元し，この溶液に通気して発生する水銀蒸気による原子吸光を測定するものであり，CVAASと呼ばれる．一般的な原子吸光分析法と比較して分光器や熱源を必要としないため，装置が非常に小型である．

　前述のように，環境水中で水銀はさまざまな化学形態で存在しているため，前処理によりすべて

Hg(II)にする必要がある．このため，試料に強酸（硫酸と硝酸）と酸化剤（過マンガン酸カリウムとペルオキソ二硫酸カリウムまたはペルオキソ二硫酸アンモニウム）を添加し，約95℃で2時間加熱処理を行う．次に余剰の酸化剤を塩化ヒドロキシルアンモニウムで還元した後，塩化スズ（SnCl$_2$・2H$_2$O）によりHg(II)を金属水銀に還元し，通気して発生した水銀蒸気による原子吸光を測定し水銀の定量を行う．分析上の主な注意点は以下のとおりである．水銀は，保存中に揮発損失しやすいので，試料の保存にはガラス瓶を使用し，その保存期間は1か月を限度とする．同様に，検量線の作成に使用する標準液も，使用の直前に調製することが望ましい．また，塩化物イオンは過マンガン酸カリウムにより酸化されて塩素を発生させ，水銀の測定波長である253.7 nmの光を吸収することから，海水のように塩化物イオンを多量に含む試料の場合には塩化ヒドロキシルアンモニウムを過剰に加えて塩素を還元する必要がある．

・アルキル水銀

アルキル水銀は一般式でRHgX（XはCl，Br，Iなど）と表されるが，アルキル基RはCH$_3$（メチル基）とC$_2$H$_5$（エチル基）に限られる．アルキル水銀の分析では，化学形態別の分析が必要となるため，分離分析法の一種であるガスクロマトグラフィー（gas chromatography：GC）が用いられる．さらに，以下のような煩雑な液−液抽出による前処理が必要となる．まず，試料水中のアルキル水銀をハロゲン化物としてベンゼン（有機層）で抽出し，塩化ナトリウム溶液で洗浄して無機水銀を除去する．その後，L−システイン−酢酸ナトリウム溶液（水層）に錯陰イオンとして逆抽出し，さらにベンゼン（有機層）で再抽出する．この溶液を電子捕獲型検出器を装備したガスクロマトグラフ（gas chromatograph−electron capture detector：GC−ECD）により測定し，メチル水銀およびエチル水銀の塩素化物（CH$_3$HgClおよびC$_2$H$_5$HgCl）として検出・定量する．

Coffee Break

水銀の環境変化

水銀は，常温で液体の唯一の金属であり，優れた物理的・化学的特性を持つことから，温度計，血圧計，蛍光灯，水銀電池など，数多くのものに使われている．また，石油，石炭などの化石燃料にも微量の水銀化合物が含まれていることがある．さらに，火山の噴煙中にも水銀が含まれている場合がある．では，それらの水銀は環境中でどのように移動するのであろうか（図1）．

化石燃料に含まれる水銀は，その燃焼により大気中に放散される．水銀は主として硫化水銀として産出され，その中に含まれる金属水銀の一部は蒸気となって大気中に拡散する．排出規制が厳しくない地域などでは，水銀が製品化される過程で，その一部が大気に揮散したり，廃水として河川に流出したりすることが想定される．河川に流出した水銀は植物性プランクトン，動物性プランクトン，水生昆虫などに蓄積され，さらにこれらを捕食する魚へと移行する．魚に蓄積された水銀は，その魚を食する水鳥や人間に蓄積される．このような食物連鎖により水銀は環境中のあらゆる生物に受け渡される．その過程では，水銀は生物にとって必須元素ではないため，排泄物を通して排出され，再び大気中や河川水中へと移行する．大気中に揮散した水銀は，雨とともに降下し，地中に吸着されたのちに農産物に移行したり，河川水に入って水生生物に移行したりして，再び食物連鎖のサイクルに入る．

上記の水銀のサイクルは長年にわたって繰り返されるので，自然界の水銀量は増加の一途をたどるように思われる．しかし，環境中に放散される水銀の量と，大地や底質に吸着されてサ

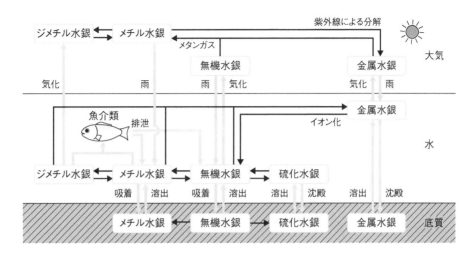

図1　自然環境における水銀のサイクル

［喜田村正次, 近藤雅臣, 瀧澤行雄, 藤井正美, 藤木素士, 水銀, 講談社（1976）, 図6.4を参考に作成］

イクルから抜け出す水銀の量とがほぼつり合っていて, 自然界の水銀量はそれほど増加していない[16].

（2）非金属類

A. 全シアン

シアン化合物は非常に毒性が高く, 環境中ではめっき工場や精錬所などからの工場排水が主な発生源である. シアン化合物は, 水中のシアン化物イオンやシアノ錯体の総称であるが, 環境基準が定められているのは全シアンである. シアン化合物は種類も多く, その性質も異なるが, 公定分析法に採用されているJIS K 0102では容易にシアン化水素を発生するシアン化物と, 全シアンに区分している. この規格の中で全シアンは「pH 2以下で発生するシアン化水素」とされており, 以下のような手順で測定を行う. 試料水にリン酸を加えてpH 2以下にし, EDTAを添加して加熱蒸留し, 発生したシアン化水素を水酸化ナトリウム水溶液に捕集する. この溶液中のシアン化物イオンをピリジン-ピラゾロン吸光光度法または4-ピリジンカルボン酸-ピラゾロン吸光光度法により測定し, 全シアン濃度の定量を行う.

試料中のシアンは中性付近でも容易にシアン化水素になって揮散するので, 試料採取後にただちに測定をする必要がある. 試料を保存する場合には, pH 12以上のアルカリ性にして冷暗所に保存するが, なるべく早く測定を行う方がよい.

なお, 近年シアン化合物の公定分析法に流れ分析法が採用され, その利用が進んでいる. 流れ分析法は, 流れの中で試料と試薬を反応させた成分を連続的に検出, 定量する分析方法であり, 吸光光度法を利用する全窒素, フッ素化合物などの分析にも適用される.

B. 窒素, リン

窒素およびリンはいずれも植物の三大栄養素であり, 富栄養化の原因物質となる. 工場排水によるもの以外に, 家庭雑排水などの生活排水によるものが重要視されている. 特に閉鎖系水域である湖沼や湾岸域では, 低濃度であっても水質の富栄養化に影響が大きいことから, 水質監視に欠かせない項目の一つとなっている.

・窒素

環境水中の窒素は，アンモニア態窒素，亜硝酸態窒素，硝酸態窒素および有機態窒素の形態で存在し，健康項目に硝酸性窒素および亜硝酸性窒素が，生活環境項目に全窒素が指定されている．

硝酸性窒素NO_3^-および亜硝酸性窒素NO_2^-の主な分析法としては，吸光光度法やイオンクロマトグラフィー（ion chromatography：IC）が用いられるが，ICはフッ化物イオン，塩化物イオンなどのほかのイオン成分との同時分析が可能であるため，その利用が進んでいる．

全窒素の分析には，ペルオキソ二硫酸塩分解-紫外吸光光度法などが用いられる．この方法は，試料水にペルオキソ二硫酸カリウムのアルカリ溶液を加えてオートクレーブ中で120℃，30分加熱酸化分解し，試料中の窒素化合物をすべて硝酸イオンに酸化して測定する方法である．

・リン

リンの主な存在形態はリン酸イオンであるが，環境中には縮合リン酸としてポリリン酸塩類，メタリン酸類などの無機態のリンや，リン脂質やリンタンパク質のような有機態リンも存在している．富栄養化の原因物質として生活環境項目に全リンが指定されている．

全リンの分析法は，加水分解性のリン化合物を加水分解してリン酸イオンとするとともに，有機態リン化合物を分解してリン酸イオンとし，その全量を定量する方法である．分解法としては，試料にペルオキソ二硫酸カリウムを加えて120℃に加熱する方法と，硝酸と過塩素酸または硝酸と硫酸を加えて加熱濃縮する方法がある．

C. フッ素，ホウ素

フッ素およびホウ素はともに1999年に要監視項目から健康項目に格上げされた．ただし，どちらも海水中に高濃度で含まれるため，海域には適用されない．

・フッ素

フッ素の公定分析法にはランタン-アリザリンコンプレキソン吸光光度法が指定されている．この方法は，フッ化物イオンにランタン-アリザリンコンプレキソン錯体を反応させて生成する青色の複合錯体の発色を利用するもので，赤色のランタン-アリザリンコンプレキソン錯体とフッ化物イオンが反応するとその色調が青色に変化する．水中のフッ素化合物は，イオン状のフッ化物の塩や錯体のほか，それらが懸濁物や沈殿の状態でも存在している．したがって，試料中のすべてのフッ素をフッ化物イオンとして吸光光度法で定量できるようにするため，試料溶液に二酸化ケイ素，リン酸，過塩素酸（または硫酸）を加え，水蒸気蒸留によって四フッ化ケイ素として分離する．

・ホウ素

ホウ素の公定分析法にはメチレンブルー吸光分析法，ICP-OESおよびICP-MSが指定されている．メチレンブルー吸光分析法は，試料に硫酸とフッ化水素酸を添加して試料中のホウ素化合物をテトラフルオロホウ酸イオンBF_4^-とし，陽イオン性色素であるメチレンブルーとのイオン会合体として1,2-ジクロロエタンに抽出し，その吸光度を測定する方法である．

3.3.4 有機成分

有機成分の分析においては，液体クロマトグラフィー（liquid chromatography：LC）およびガスクロマトグラフィー（GC）が用いられる．これらの方法は，LCまたはGCにより目的成分を分離し，さまざまな検出器によりその濃度を測定する方法である．GCでは試料導入の際に気化する必要があるため，熱分解するような成分にはGCを適用することはできない．LCおよびGCの検出器にはさまざまなものが適用できるが，近年では質量分析計の利用が進んでいる．これらの分析法の原理についてはそれぞれ第13章と第14章で解説する．

（1）揮発性有機化合物

揮発性有機化合物は英語でvolatile organic compoundsであり，その頭文字をとってVOCと広く呼ばれている．水質環境基準の健康項目に指定されている項目のうち，ジクロロメタン，四塩化炭素，1,2-ジクロロエタン，1,1-ジクロロエチレン，シス-1,2-ジクロロエチレン，1,1,1-トリクロロエタン，1,1,2-トリクロロエタン，トリクロロエチレン，テトラクロロエチレンは塩素を含む有機塩素化合物であり，揮発性有機塩素化合物と呼ばれる．このほか，ベンゼンおよび1,4-ジオキサンが健康項目に指定されている．さらに，クロロホルムやジクロロブロモメタンなどのトリハロメタン類や，トルエンなどの芳香族炭化水素類が要監視項目に指定されている．VOCは，いずれも揮発性が高く水に比較的難溶性であるという共通した特徴を持つ．そのため，ガスクロマトグラフ質量分析法（gas chromatograph-mass spectrometry：GC/MS）を用いて測定される．

GC/MSへの試料の導入法として代表的なものに，パージ・トラップ法とヘッドスペース法がある（図3.10）．パージ・トラップ法では，試料水中のVOCを不活性ガスで気化させ（パージ），トラップ管に充填した捕集剤に吸着させる（トラップ）．その後トラップ管を加熱してVOCを脱着させ，さらに冷却濃縮してGC/MSに導入する方法である．パージ・トラップ法では，試料水中のVOCを濃縮できるため，高感度な分析が可能であるが，操作が煩雑である．

一方，ヘッドスペース法は，試料瓶に一定の割合の空間が残るように試料水と塩化ナトリウムを分取して密栓し，一定温度で気液分配が平衡状態になった後に，試料瓶中の一定量の気体をGC/MSに注入して測定する方法である．測定感度はパージ・トラップ法よりも劣るが，操作は簡便である．VOCは環境中に広く分布することから，実験器具類の洗浄や分析項目に合わせた専用の高純度試薬

（a）パージ・トラップ法

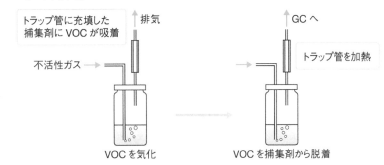

（b）ヘッドスペース法

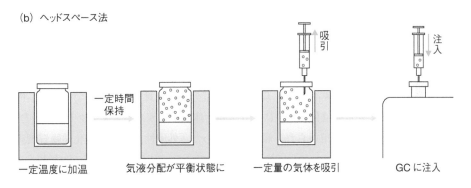

図3.10 パージ・トラップ法とヘッドスペース法

が必要など，その分析には細心の注意が必要である．

（2）農薬類

現在使用されている種々の農薬類のうち，水質環境基準が指定されている項目は，1,3-ジクロロプロペン，チウラム，シマジン，チオベンカルブ（図5.2参照）の4項目である．これらの農薬類の公定分析法として用いられている方法は，以下の3種類に大別される．1,3-ジクロロプロペンは，揮発性が高いためにVOCとともに一斉分析が行われる．中揮発性のシマジンとチオベンカルブは同時分析が可能で，溶媒抽出法または固相抽出法により抽出し，GC/MSまたはアルカリ熱イオン化検出器を装備したガスクロマトグラフ（gas chromatograph-flame thermionic detector：GC-FTD）やGC-ECDにより測定される．チウラムは分解性が高くまた難揮発性のため，高速液体クロマトグラフィー（high performance liquid chromatography：HPLC）が用いられる．現在，チウラム，シマジン，チオベンカルブの一斉分析法として，固相抽出-液体クロマトグラフ/タンデム質量分析法（固相抽出-LC/MS/MS）が検討されている．

また，ゴルフ場で使用される農薬による水質汚濁の未然防止を目的として，1990年に21種類のゴルフ場使用農薬の暫定指導指針が設けられた．農薬の規制はゴルフ場使用農薬に限らず年々厳しくなっており，現在は「ゴルフ場で使用される農薬による水質汚濁の防止及び水域の生活環境動植物の被害防止に係る指導指針（令和2年）」に基づいた規制がなされている．2022年現在，同指針の別表に記載された20農薬と，農薬取締法で基準値が設定されている農薬（水濁基準値設定農薬347農薬，水産基準値設定農薬450農薬）の指針値が定められているが，これらの指針値や分析法は随時改正され，最新情報がウェブサイトなどで公開されている．一般的に，水溶性の高い農薬類は液体クロマトグラフィーで，その他の農薬類はガスクロマトグラフィーで測定されるが，近年ではLC/MS/MSの利用が進んでいる．いずれの場合も，正確な測定には固相抽出法などを用いたクリーンアップ（分析試料中の妨害成分を低減する操作）が非常に重要である．

（3）PCB

ポリ塩化ビフェニル（polychlorinated biphenyl：PCB）はビフェニルの水素を塩素で置換したもので，その絶縁性，熱安定性，化学的安定性などの優れた性質から，トランスやコンデンサーなどの絶縁剤などに多量に使用されてきた．しかし，1968年のカネミ油症事件を契機にその有害性に関する認識が高まり，1973年には「化学物質の審査及び製造に関する法律（化審法）」の第一種化学物質に指定され，その製造および使用が禁止された．その後，2001年に制定された「ポリ塩化ビフェニル廃棄物の適正な処理の推進に関する特別措置法（PCB特別措置法）」により，2016年までに保有するPCB廃棄物をすべて処分することが義務付けられた．国際的には，2001年に採択された「残留性有機汚染物質に関するストックホルム条約」の対象物質である残留性有機汚染物質（persistent organic pollutants：POPs）の一種として，その製造および使用の禁止，排出の削減，および廃棄物の適正処理への対応が求められている．そのため，これらPOPsの環境中でのモニタリングなどが非常に重要となっている．

水質環境基準では，PCBは環境水中で「検出されないこと」となっているが，これは環境基準が設定された1971年当時のままで，現在の高感度分析法に対応するものではない．PCBの分析法としては，一般的に安定同位体希釈法により全異性体濃度をガスクロマトグラフ質量分析法（GC/MS）により定量する方法が用いられ，環境省の定めた「外因性内分泌攪乱化学物質調査暫定マニュアル（水質，底質，水生生物）」に測定法が定められている．PCBは，理論上209種類もの異性体が存在するため，不純物の分離とPCBの濃縮を目的とした前処理が非常に重要である．まず，環境水中のPCBを液-液抽出または固相抽出によりノルマルヘキサンに抽出する．この溶液をシリカゲルカラム

クロマトグラフィーにより精製し，数百μLまで濃縮して測定に供する．

Coffee Break

残留性有機汚染物質による地球規模海洋汚染の観測

　残留性有機汚染物質（POPs）は，大気あるいは海洋における循環システムにともない，広域に移動することが知られており，また食物網を通じて海洋生態系に広く拡散，蓄積することが懸念されている．そのため，POPs条約では地球規模のモニタリングの実施が定められているが，海洋はその対象域となっていない．ただし，海洋は地球表面の7割を占め，POPsの輸送，沈着，シンクとして重要な位置を占めることから，地球規模のPOPsの動態を把握するためには，広域の海洋観測が不可欠である．そのため，切刀らは商船を用いたPOPsの広域観測システムを開発し，日本近海や南北太平洋の広域観測を実施している．ここでは，太平洋海域の観測に応用した例を紹介する[17]．これは，一般の商船に海洋汚染観測システムを搭載して試料採取および水温やpHなどの基礎項目の観測を行うもので，船上で100 Lの海水を固相抽出法により濃縮捕集した後，ただちに冷凍保存して実験室に持ち帰る．持ち帰った試料は冷凍庫で保存し，分析直前に前処理を行い高分解能ガスクロマトグラフ高分解能質量分析法（high resolution gas chromatograph-high resolution mass spectrometry：HRGC-HRMS）により測

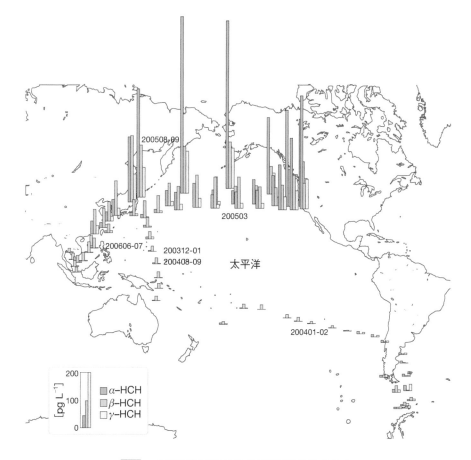

図1　太平洋海域におけるHCH異性体の分布

[切刀正行，阿部幸子，鶴川正寛，村松千里，藤森一男，中野武，分析化学，**59**，967（2010），Figure 21をもとに作成]

定を行った．図1は，この観測システムによって得られた結果をまとめたもので，2004年から2007年にかけて太平洋海域で行った3種類のヘキサクロロシクロヘキサン異性体（α-HCH，β-HCH，γ-HCH）の観測結果を地図上に示したものである[17]．ヘキサクロロシクロヘキサンは一般的にはベンゼンヘキサクロリドという名称で知られる有機塩素化合物であり，主に殺虫剤として使用されてきたが，その残留性が問題となったために2009年のPOPs締結国会議で新たな規制物質として追加された物質である．ここで図中の濃度は pg L^{-1} の単位で示されているが，pg とは 10^{-12} g のことであり，海水中のヘキサクロロシクロヘキサンが極低濃度で存在していることがわかる．図からわかるように，ヘキサクロロシクロヘキサンの濃度や異性体の分布は地域により大きく異なり，その発生源や輸送過程を推定する上で非常に有用な知見を与えるものである．

（4）ダイオキシン類

ダイオキシン類は，ポリ塩化ジベンゾ-p-ジオキシン（polychlorinated dibenzo-p-dioxin：PCDD），ポリ塩化ジベンゾフラン（polychlorinated dibenzofuran：PCDF）およびコプラナーポリ塩化ビフェニル（coplanar polychlorinated biphenyl：Co-PCB）からなる化合物群の総称である．強毒性，高蓄積性，難分解性に起因する健康影響の未然防止のために対策が必要な物質であり，ストックホルム条約においても，POPsの一つとして指定されている．ダイオキシン類は，222種類の化合物から構成されているが，そのうち29種類が毒性評価対象化合物となっており，毒性等価係数（toxicity equivalency factor：TEF）が設定されている．ここで，TEFとは，ダイオキシン類の中でもっとも毒性の高い2,3,7,8-四塩化ジベンゾ-p-ジオキシン（2,3,7,8-tetrachlorodibenzo-p-dioxin：2,3,7,8-TCDD）の毒性を1としたときのほかの化合物の毒性の強さを相対的に表した換算係数であり，化合物ごとにその値が定められている．

環境水中のダイオキシン類の測定は，固相抽出や液-液抽出法のいずれか適切な方法で抽出を行い，抽出試料を濃硫酸処理-シリカゲルクロマトグラフィーまたは多層シリカゲルカラムクロマトグラフィーで妨害物質を除去した後，アルミナカラムクロマトグラフィーや活性炭シリカゲルカラムクロマトグラフィーを用いて分画・精製して測定に供する．ダイオキシン類の測定には，高分解能型のGC-MS装置（HRGC-HRMS）が用いられる．なお，ダイオキシン類の分析においては，抽出，精製，測定のすべてにおいて回収率が問題となるので，例えば炭素の安定同位体の^{13}Cで標識された内標準物質を前処理開始時点から添加する方法が一般的に用いられる．最後にそれぞれの化合物の濃度に毒性等価係数（TEF）を乗じて毒性等量（toxicity equivalency quantity：TEQ）（pg-TEQ L^{-1}）を算出し，それらの総和を全毒性等量として求める．公共用水域における環境基準は，年平均値で1 pg-TEQ L^{-1}（2,3,7,8-PCDD換算で1 pg L^{-1}）である（付表A.7参照）．

（5）1,4-ジオキサン

1,4-ジオキサンは，1,1,1-トリクロロエタンの安定化剤や合成皮革の表面処理剤として広い分野で使用されており，2004年に要監視項目に指定された後も河川や地下水の公共用水域から高い頻度で検出され続けたため，2009年に環境基準の健康項目に指定された．

1,4-ジオキサンの公定分析法には，VOCと同様のパージ・トラップまたはヘッドスペース-GC/MSのほか，活性炭抽出-GC/MSが指定されている．

（6）ノニルフェノール

ノニルフェノールは，2012年に水生生物保全にかかわる生活環境項目に設定された項目で，主に非イオン性界面活性剤の原料として使用されている．測定には固相抽出-GC/MSが用いられる．

（7）直鎖アルキルベンゼンスルホン酸及びその塩

直鎖アルキルベンゼンスルホン酸（linear alkylbenzenesulfonate：LAS）は陰イオン界面活性剤の一種として家庭用洗剤などに広く用いられる物質であり，2013年に水生生物の保全に関する生活環境項目に設定された．測定には固相抽出-LC/MS/MSが用いられる．

3.3.5 そのほかの項目
（1）PFOS/PFOA

PFOS（perfluorooctanesulfonate：ペルフルオロオクタンスルホン酸）およびPFOA（perflorooctanoic acid：ペルフルオロオクタン酸）は，有機フッ素化合物の一種であり，1999年以降ヒト，野生生物や一般環境にも広く残留していることが判明し，世界的にその生産使用の制限や規制が進められている．そのため，PFOSは2009年に，PFOAは2019年にPOPsとしてストックホルム条約への追加が決定された．水環境の保全においては，「人の健康の保護に関連する物質ではあるが，公共用水域における検出状況等からみて直ちに環境基準とはせず，引き続き知見の集積に努めるべきもの」である「要監視項目」として2020年に追加され，暫定指針値として0.00005 mg L^{-1}以下という非常に厳しい値が設定された．POPsの多くは脂溶性が高いのに対して，PFOSやPFOAは水溶性が高く，その物理的性質や環境中での動態が他のPOPsと異なると考えられる．そのため，従来のPOPsの分析技術をそのまま適用することが困難であるため，公定分析法が定められてからも分析法の開発などが継続的に実施されており，さらに近年ではPFOS/PFOAの環境中における前駆物質や同族体のモニタリングも盛んに行われている．PFOS/PFOAの分析においてもっとも留意すべきことは汚染（コンタミネーション）の軽減である．実験器具や装置類を含め，含フッ素化合物はあらゆるところで使用されており，これらの不純物などとしてPFOS/PFOAが含まれることが懸念される．そのため，周囲からの汚染の低減が非常に重要となる．PFOS/PFOAの分析にはLC/MS/MSが用いられるが，固相抽出法による夾雑物の除去・精製が非常に重要である．

（2）PPCPs

PPCPsはpharmaceuticals and personal care productsの略称であり，日本語では医薬品および生活関連化学物質などと訳されている．これは，医薬品や化粧品，日焼け止めなど，一般家庭で日常的に用いる製品に含まれる化学物質の総称である．これらのPPCPsは，低濃度で特異的な生理活性を持つように設計されているため，環境中に残留する場合には環境影響や生態影響が懸念される．近年の研究から，これらのPPCPsが飲用水を含む水環境から低濃度ながら検出されていることから，社会的な関心が高まっている．図3.11は，淀川水系および利根川水系から検出された主要なPPCPsの濃度を表したものである[18]．非常に多くの物質が検出されていることがわかる．なお，PPCPsの分析にはLC/MS/MSおよびGC/MSが用いられている．

3.4　海洋環境保全のための国際的な取り組み

海洋におけるこれまでの研究により，多種の微量元素が海洋生物にとって必要不可欠であり，それゆえに海洋生態系や地球レベルでの炭素循環に大きな影響を与えることが明らかになってきた．また，微量元素や同位体比は，人為起源による海洋汚染，現海洋における物質循環過程，過去の気候変動に与える海洋の役割などを解明するツールとしても注目されている．これらの目的のためには，地球レベルでの微量元素の分布を精確に測定することが不可欠であり，国際的な取り組みが必要である．

このような背景から，2005年に国際観測計画GEOTRACESが始動した[19]．GEOTRACES計画の目

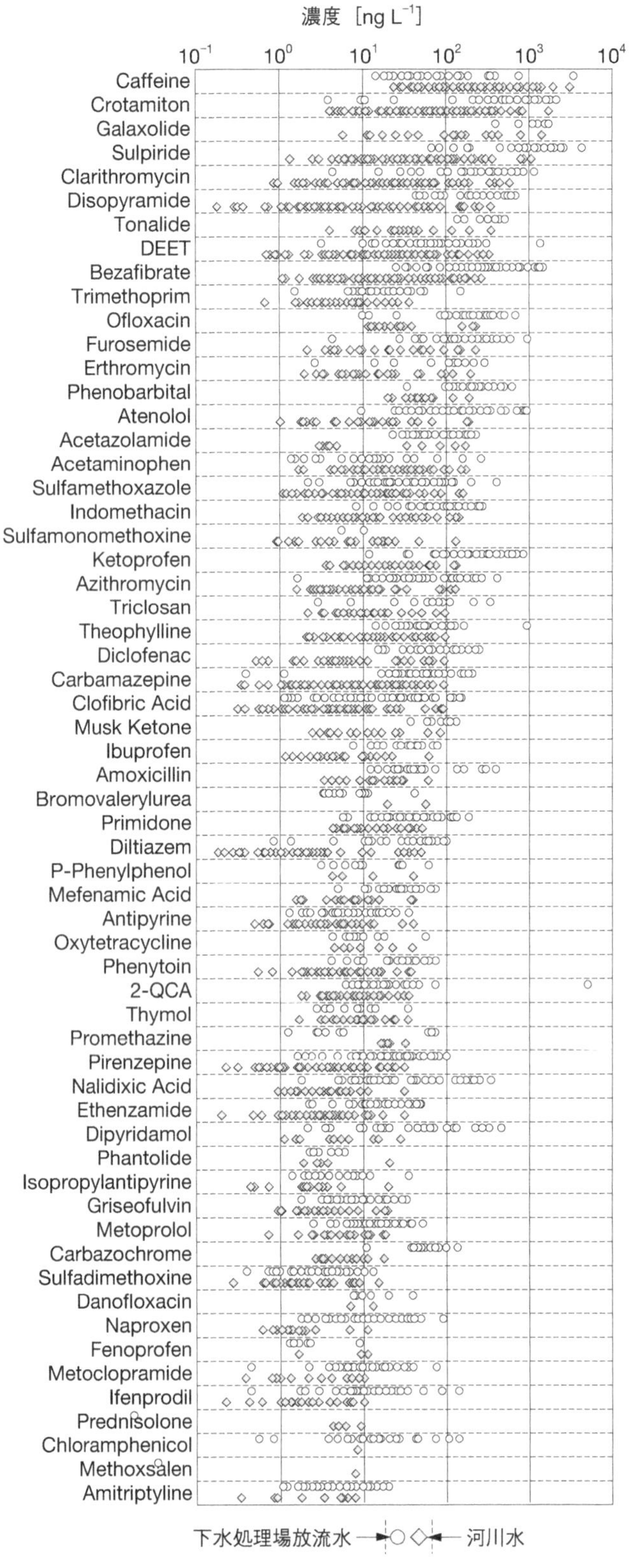

濃度［ng L^{-1}］

下水処理場放流水 ──▶ ○ ◇ ◀── 河川水

図3.11 淀川水系および利根川水系から検出された主なPPCPsの濃度

［田中宏明，山下尚之，中田典秀，金一昊，鈴木穣，小森行也，宝輪勲，小西千絵，加藤康弘，田久保剛，環境技術，**37**，834（2008），図1より引用］

的は，海洋の微量元素と同位体（Trace Elements and their Isotopes：TEI）の分布を制御する過程とフラックス，および環境変化に対するTEIの応答を明らかにすることであり，全海洋における地球規模でのTEIの分布を明らかにすることを主要な目的として活動している．GEOTRACES計画でキーパラメーターに選定されている微量元素と同位体は，①海洋生物にとっての微量必須成分（Fe，Zn，Cd，Cuなど），②現海洋中における循環過程を追跡するための成分（Al，Mn，N同位体比など），③人間活動による影響（汚染）を大きく受ける成分（Pbなど），④古環境推定のための手掛かりとなる成分（Cd，^{231}Pa，^{230}Th，Nd同位体比など）の4種類に分類されている．

　GEOTRACESによる研究の一例として，インド洋における鉄の分布を測定した結果を紹介する[20]．この研究は，2009年11月から2010年1月にかけて行われた日本におけるGEOTRACES計画による初めての航海により得られた成果の一部である．海水中の鉄の濃度はもともと1 nmol L^{-1}程度と非常に低濃度であるが，植物プランクトンの生育に必須なために栄養塩として消費されるだけでなく，水酸化物として沈殿除去されやすいために，栄養塩として枯渇しやすい成分である．そのために，陸地や大気からの供給量が小さい外洋海域においては，窒素，リン，ケイ素などの主要栄養塩の濃度が十分であっても，鉄イオンが植物プランクトンの生育を制御する要因となる．鉄イオンは，海洋における生物地球科学的な循環を解明する物質として非常に重要となる．

　西岡らは，インド洋海域において，アラビア海から南極海にかけて9地点において溶存鉄の鉛直濃度分布を測定し，その分布を明らかにした．試料採取地点は図3.12に示すとおりであり，表層の溶

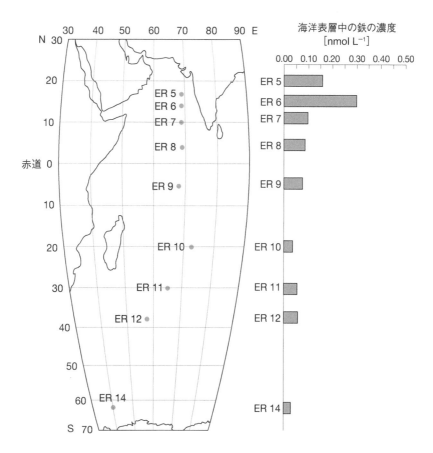

図3.12 インド洋海域における試料採取地点と表層における溶存鉄濃度

［J. Nishioka, H. Obata and D. Tsumune, *Earth Planet. Sci. Lett.*, **361**, 26 (2013), Figure 1をもとに作成］

存鉄濃度は0.3〜0.02 nmol L^{-1}であった[20]．ER5とER6でほかの地点と比較して鉄濃度が高いのは，ペルシャ湾や紅海からの高濃度に鉄を含む海水の流入や，大気からの粒子状降下物による供給の影響を受けているためである．一方，そのほかの地点では，鉄の供給源があまりなく，さらに植物プランクトンの成育により鉄が消費されるため，鉄の濃度は非常に低くなっている．また，溶存鉄の鉛直濃度分布を詳細に解析すると，中央インド海嶺における熱水鉱床からの供給や，アラビア海北部における陸地からの供給などが，インド洋海域における溶存鉄の濃度分布に大きな影響を与えていることがわかった．

Pick up

沿岸海域における栄養塩類の循環[21]

　沿岸海域は，陸域や外海から窒素・りんなどの栄養塩類が豊富に供給され，多くの生物の生息場となっており，漁業などの産業が営まれる場である．栄養塩類は，陸域・海域の物理的・化学的・生物的な作用を受けながら循環しているが，その流入・流出や海域をめぐる社会経済活動，自然条件の変化による生物相の変化などによって循環バランスが損なわれると，富栄養化や貧酸素水塊の発生などのさまざまな影響が現れる．図1に示すのは，沿岸の海域の栄養塩類循環のイメージであり，排水による栄養塩類の流入が過剰になると，植物プランクトンの異常増殖による赤潮（プランクトンにより海水が赤色などに着色したように見えるために「赤潮」と呼ばれる）やアオコの発生などが問題となる．また，腐敗した有機物が大量に堆積して深層が酸素不足となると，硫酸イオンが還元されて有毒な硫化水素（H_2S）が発生し，それが

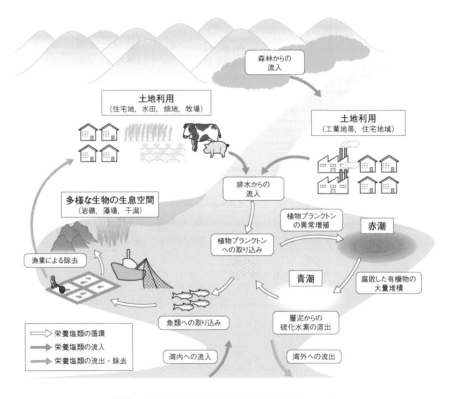

図1　沿岸の海域の栄養塩類循環のイメージ

海域のヘルシープラン［海域の物質循環健全化計画］策定の手引き（改訂版），
環境省　海域の物質循環健全化計画統括検討委員会（2014），図I-6を参考に作成

強風などにより表層に移動することで大量の魚介類が死滅する青潮（酸素によるH₂Sの酸化により生成する元素状硫黄が青白く見えることから「青潮」と呼ばれる）の発生が問題となる．日本では，高度経済成長期には海域への流入負荷の増大や沿岸域の埋め立てなどの開発により水質汚濁が社会問題となり，水質の環境基準が設けられた．その後，赤潮の発生に代表されるような内湾の富栄養化が深刻となり，全窒素や全りんの基準の追加や水質総量削減などの取り組みにより，水質の改善に一定の効果を上げてきた．しかし，いまだ赤潮や貧酸素水塊の発生（青潮の発生）が収まらない海域もあるなど，陸域・海域を通じた栄養塩類の循環バランスが損なわれた海域が見られる．

　一方で，海域への栄養塩類の流入を削減することにより，食物連鎖において下位の存在となる植物プランクトンなどの量が減少し，また海域開発による生物の生息・生育場の減少などもあいまって，魚類などの上位の生物へ栄養塩類が循環せず，水産資源の減少を招いているとの指摘もある．実際に，瀬戸内海において，栄養塩類不足が原因と思われるノリの色落ち被害などが報告されている．このように，栄養塩類などはその量を単に削減するのではなく，海域の地理的・地形的条件，海域の利用状況，周辺地域の経済・社会活動の状況などに応じて，栄養塩類が円滑に循環するための管理方策を明らかにすることが有効である．行政，地域住民，NGO・NPO，漁業者，事業者，研究者などが連携し，生物多様性に富んだ豊かで健全な海域の構築に向けた総合的な取り組みを実施し，海域内の生態系において低次から高次へ滞りなく物質を循環させることで，水質の改善のみならず，生物多様性の向上や生息・生育場の保全も含めて，海域を将来に向けてより豊かに，より健全にする取り組みが今後いっそう求められる．

Coffee Break

マイクロプラスチックのはかり方

　マイクロプラスチック（以下，MPs）は大きさが5 mm以下のプラスチック粒子の総称であり，陸水・海洋・大気・土壌などあらゆる環境において普遍的に存在している．MPsは採取する環境や目的とする大きさによって前処理や分析方法が異なるが，ここでは海表面に浮遊するMPsの定量分析手法を紹介する．なぜなら海表面MPsの分析手法は国際的にもほぼ標準化されているからである．知りたい情報は，海面の面積（km²）あるいは体積（m³）あたりのMPsの個数または重量である．

STEP1. 採取

　海表面MPsの採取にはニューストンネットまたはマンタネットを用いる．どちらも浮きをつけた網で，海面に浮遊する粒子をすくうように曳網する．目合いは330 μmが標準である．日本ではニューストンネットが一般的に使われる（図1）．曳網距離を正確に求めるために，ネットの開口部には濾水計をとりつける．濾水計において目盛が何回転で何m進むかをあらかじめ調べておく．曳網直前に，ネットのコットエンド（ネットのおしりについている採集袋）をとり外した状態で，ネット外側と内側を流水でよく洗い流し，コンタミ粒子を除去する．コットエンドも装着前に洗浄する．

　曳網は，海況の穏やかなときに実施する．波高0.5 m以下が望ましい．船の航跡流を避けるために，曳航ブームまたはクレーンを用いて船の舷から離して曳網を行う．1回の曳網時間は，

図1 ニューストンネットで曳網する様子

[©JAMSTEC]

船速（対水）1〜2ノットで15〜30分程度である．浮遊する粒子の密度が高ければ曳網時間あるいは船速は小さくしてネットの目詰まりを防ぐ．

　曳網後，ネット外側から流水をかけ流し，内側に残った粒子をすべてコットエンドに集める．回収したコットエンドは，ただちに船上または陸上ラボに持ち帰る．ラボで試料を扱う際は綿100％の白衣を着用し，手にはパウダーフリーのラテックス製手袋をはめる．素手で試料を扱ってもよいが，ニューストンネットにはしばしばカツオノエボシなどのクラゲ類が入り込むため扱いに注意する．コットエンドから試料をきれいなガラス瓶に移す．ふたを開けたガラス瓶に金属ロートをのせ，その上からコットエンドの中身をろ過海水ですすぎながらガラス瓶に移す．すすぎにはポリプロピレン製ではなくフッ素樹脂の洗浄瓶やガラス製のシリンジを用いる．試料にはプランクトンが多く含まれるため，すぐに処理しない場合は5％ホルマリンで固定し，常温で保管する．用いるホルマリンは金属フィルターなどであらかじめろ過し，プラスチックの汚染がないように注意する．

STEP2. 前処理

　試料にプランクトンなどの夾雑物が多いとMPsの検出に支障をきたすため，夾雑物をなるべく取り除く前処理を行う．試料を目合い5mmと100μmの金属ふるいにあけ，大型の夾雑物をピンセットで取り除く．このとき，5mmのふるいに残った大きなプラスチック片はあらかじめ拾い出しておき，MPsではなくメソプラスチック（5〜25mm）またはマクロプラスチック（＞25mm）として扱う．100μmのふるいに残ったMPs試料はきれいなガラス瓶に移し，30％過酸化水素を試料の2倍量程度加え有機物を分解する．時計皿でふたをして，常温または50℃以下で1日〜7日間反応させる．反応温度が高いとMPsが壊れる可能性があるため温度は50℃を超えないようにする．7日たっても夾雑物が多いときは過酸化水素を追加し数日様子をみる．過酸化水素ですべての有機物が分解されるわけではないが，後の検鏡作業に支障をきたさない程度に分解されたら次のステップに進む．

STEP3. 拾い出し

前処理が終わった試料をガラスシャーレにあけ，実体顕微鏡下で観察する．MPsとおぼしき粒子（MPs様粒子）はすべて金属ピンセットで拾い出す（図2）．衣服に由来すると思われる繊維状の粒子は（それが研究対象でない限り）拾わない．空気中を舞う繊維による汚染の可能性が常にあるからである．拾い出した粒子は，ガラス製の瓶やウェルプレート，または金属製容器に回収する．容器にプラスチック製を用いると，粒子を乾燥させたときに微小なMPsが静電気によって飛んでいってしまい紛失することがあるためガラスまたは金属製の容器を用いる．回収したMPs様粒子は室温で乾燥させる．MPsの劣化を避けるために高温の乾燥機には入れない．

図2 拾い出されたマイクロプラスチック

[©JAMSTEC]

STEP4. 画像撮影

MPs様粒子の顕微鏡写真を撮影する．1粒ずつが基本だが，位置がわかれば複数の粒子をまとめて撮影してもよい．この後に行う材質分析によってプラスチックと同定された粒子については，ImageJなどの画像解析ソフトを用いて粒子サイズ（長径，短径，面積）を計測する．さらに形状（破片，糸状，球状，発泡状など）を記録する．必要に応じてメソプラスチックまたはマクロプラスチックも写真撮影を行い，サイズなどを計測する．

STEP5. 材質分析

MPs様粒子の材質分析を行い，ポリエチレン（PE）やポリプロピレン（PP）のようにプラスチックと判定されれば，MPsとなる．プラスチックの材質分析にはフーリエ変換赤外分光（FT-IR），ラマン分光，熱分解などが使われるが，全反射法（ATR法）によるFT-IRがもっとも広く利用されている．MPs様粒子を1粒ずつピンセットでつまみ，ATRのプリズム反射面（主にダイヤモンドが使用される）の上にのせる（図3）．クランプを使って粒子をプリズムに押し当てて密着させてから赤外光を当てて分析するが，その圧力によってMPsが砕けることがよくある．そのためMPsの形状やサイズの測定は材質分析の前に行う（STEP4）．MPs様粒子のスペクトルを得たら，ライブラリー（データベース）を参照して材質を同定する．例えば測定したMPsのスペクトルが，ライブラリーにあるPEのスペクトルとのヒット率（一致率）が90ポイントなどと表示され，そのヒット率を参考にしながら材質を判定する．ヒット率70％

図3　マイクロプラスチックを ATR FT–IR のプリズムにのせる

[©JAMSTEC]

以上で材質を判断する研究者が多い．プラスチックと判別された粒子は，あらかじめ重さ（mg）をはかった薬包紙（箱形にする）に移しておく．すべての材質分析が終わったら重さを量り，薬包紙の重さを差し引いて，MPsの重量（mg）を求める．必要に応じてメソプラスチックまたはマクロプラスチックの材質分析を行い，重さを計測する．

STEP6. 定量データの算出

　STEP5で得たMPsの個数（または重量）をネットの曳網面積で割り，面積あたりの個数（particles/km²）または重量（mg/km²）を求める．曳網面積はSTEP1の濾水計で求めた曳網距離にネットの横幅（例えば0.75 m）を乗じて求める．次に体積あたりの個数（particles/m³）または重量（mg/m³）を求める．体積は，先の曳網面積にネットの水没水深（例えば0.4 m）を乗じて求める．このようにして，MPsの定量データを求めてから，その個数に占める材質や形状の種類の割合を算出する．MPsのサイズ分布はヒストグラムで表すのが一般的である．

【引用文献】

1）U. S. Geological Survey　The Water Cycle–Water Science for Schools, https://www.usgs.gov/special-topics/water-science-school

2）渡辺正（訳），地球環境化学入門 改訂版，丸善出版（2012）

3）合原眞，今任稔彦，岩永達人，氏本菊次郎，吉塚和治，脇田久伸，環境分析化学，三共出版（2004）

4）日本分析化学会（編），環境分析ガイドブック，丸善（2011）

5）S. H. Schneider ed., Encyclopedia of Climate and Weather, 2nd ed., vol.3, Oxford University Press（2011）, p.245

6）松尾禎士（監修），地球化学，講談社（1989）

7）藤永太一郎（監修），宗林由樹，一色健司（編），海と湖の化学，京都大学学術出版会（2005）

8）坂田昌弘（編著），環境化学，講談社（2015）

9）東京都流域下水道50年のあゆみ，東京都下水道局流域下水道本部（2019）

10）http://hydro.iis.u-tokyo.ac.jp/Info/Press200608/

11）JIS K 0094:1994　工業用水・工場排水の試料採取方法

12) 要調査項目等調査マニュアル（水質，底質，水生生物）（平成20年3月），環境省水・大気環境局水環境課（2008）

13) 日本環境測定分析協会（編），渡部欣愛，柏平伸幸，牧野和夫，桐田久和子，西川雅高，渡辺靖二，四ノ宮美保，大高広明，改訂 分析実務者のための新明解環境分析技術手法，しらかば出版（2009）

14) JIS K 0102:2019　工場排水試験方法

15) 矢野美穂，川元達彦，分析化学，**60**，433（2011）

16) G. E. Miller, P. M. Grant, R. Kishore, F. J. Steinkruger, F. S. Rowland, V. P. Guinn, *Science*, **175**, 1121（1972）

17) 切刀正行，阿部幸子，鶴川正寛，村松千里，藤森一男，中野武，分析化学，**59**，967（2010）

18) 田中宏明，山下尚之，中田典秀，金一昊，鈴木穣，小森行也，宝輪勲，小西千絵，加藤康弘，田久保剛，環境技術，**37**，834（2008）

19) GEOTRACESウェブサイト，https://www.geotraces.org/

20) J. Nishioka, H. Obata and D. Tsumune, *Earth Planet. Sci. Lett.*, **361**, 26（2013）

21) 海域のヘルシープラン［海域の物質循環健全化計画］策定の手引き（改訂版），環境省 海域の物質循環健全化計画統括検討委員会（2014）

〈演習問題〉

1 ヨウ素酸カリウムKIO_3を一次標準物質として，過剰のヨウ化物イオンの存在下，酸性でチオ硫酸ナトリウムの滴定を行った．この滴定は次の二つの反応に基づいている．

$$KIO_3 + 5KI + 3H_2SO_4 \longrightarrow 3I_2 + 3K_2SO_4 + 3H_2O$$

$$I_2 + 2Na_2S_2O_3 \longrightarrow 2NaI + Na_2S_4O_6$$

さて，ヨウ素酸カリウム（モル質量214 g mol^{-1}）0.107 gを含む酸性水溶液を濃度不明のチオ硫酸ナトリウム水溶液を用いて滴定したところ，28.3 mLで終点となった．この結果からチオ硫酸ナトリウム水溶液のモル濃度を求めよ．

2 BOD測定の一環として湖沼水のDOを，次のウインクラー法により測定した．この反応について次の問いに答えよ．なお，ウインクラー法は以下の反応に基づいている．

$$O_2の固定：2Mn(OH)_2 + O_2 \longrightarrow 2MnO(OH)_2 \tag{1}$$

$$MnO(OH)_2の溶解：MnO(OH)_2 + 2I^- + 4H^+ \longrightarrow Mn^{2+} + I_2 + 3H_2O \tag{2}$$

$$Na_2S_2O_3による滴定：I_2 + 2S_2O_3^{2-} \longrightarrow 2I^- + S_4O_6^{2-} \tag{3}$$

(1) 100 mLに過剰量のMn^{2+}，KI，KOHを加え，O_2を$MnO(OH)_2$として固定した．その後，H_2SO_4を加えて$MnO(OH)_2$を溶解し，生成したI_2を1.06×10^{-2} mol L^{-1}の$Na_2S_2O_3$溶液で滴定したところ，9.34 mLを必要とした．上記の湖沼水のDO［mol L^{-1}］を計算せよ．

(2) BODの測定においては5日間の酸素の消費割合が0.4〜0.7の範囲に入るように試料の希釈を行う．飽和酸素濃度が9.0 mg L^{-1}，CODとBODが1：1で相関している試料において，CODが20 mg L^{-1}であった試料のBODを測定しようとすると，その希釈率は何倍くらいになるか予測せよ．

3 CODの測定について次の問いに答えよ.

(1) COD_{Mn} と COD_{Cr} の違いと特徴を述べよ.

(2) 300 mL三角フラスコに試料水 50.0 mLをとり, 6 mol L^{-1} H$_2$SO$_4$を 5 mL, 2.0×10^{-3} mol L^{-1} KMnO$_4$を 10 mL添加した. 沸騰している水浴中で30分間加熱した. 試料溶液が熱いうちに 5.0×10^{-3} mol L^{-1} Na$_2$C$_2$O$_4$を 10 mL加えて, 過剰のKMnO$_4$を還元した. 残留している Na$_2$C$_2$O$_4$を 2.0×10^{-3} mol L^{-1} KMnO$_4$で滴定したところ 2.5 mLを要した. この試料水の酸素要求量 [mg L^{-1}] を求めよ.

4 Cr(VI)はジフェニルカルバジドと酸性溶液中で反応し, 540 nmに極大吸収を持つ赤紫色のクロム-ジフェニルカルバゾン錯体を形成する. この錯体のモル吸収係数を 4.19×10^4, Crのモル質量を 52.0 g mol^{-1} として次の問いに答えよ.

(1) 試料溶液 5.0 mLを使用して本法で発色させ, 50.0 mL定容とすることでCr(VI)の分析を行った. 測定した溶液の吸光度が 0.500だったとすると, もとの溶液中のCr(VI)の濃度 [mg L^{-1}] はいくらか.

(2) クロム-ジフェニルカルバゾン錯体の検量線の直線範囲が吸光度で 0.001～1.000であったとする. このとき, (1)の分析操作を行った場合の実試料の定量範囲 [mg L^{-1}] を述べよ.

第4章　土壌環境の分析

第4章で学ぶこと
- 土壌環境の特徴
- 目的に応じた土壌試料の採取と分析用検液の調製
- 土壌および溶出液の分析法

4.1　土壌環境とは

　地表を薄く覆っている土壌は，私たちのすぐ足もとにある身近な物質である．土壌は，気候や生物が長い時間をかけて岩石に作用し続けた結果として生成され，もとの岩石とは異なる特徴を持つ．土壌は，岩石の風化で生じた細粒物質（無機物）と植物の分解残留物（有機物）の複雑な混合物で，多くの間隙を持ち，この間隙には水と空気が存在する．土壌の構成の一例を図4.1(a)に示す．

　平均的には体積比で約50％が水と空気に占められているが，その構成比はけして一定ではなく，土壌の種類によって大きく変化する[1, 2]．空気や水の存在は，植物の生育に欠かせない．一方，土壌中の無機物の中心となる物質は粘土鉱物である（図4.1(b)）．粘土鉱物は土壌の原料となった岩石（これを母材と呼ぶ）の風化により生じた2 μm以下の細粒物質である．アルミニウム八面体とケイ酸四面体が再配列したものが代表的な粘土鉱物である．土壌中の有機物は，植物から供給された落葉や落枝が虫に食べられ，微生物によって分解された後の残留物であり，腐植（humus）と呼ばれる（図4.1(c)）．腐植は黒色を帯びた有機高分子で，ヒドロキシ基やカルボキシ基を含み，化学的に安定な物質である．また，表面に負電荷を持つことから，陽イオンを吸着しやすい[2]．

　大気や水と比較すると，土壌は非常に不均一で，その特性は深さ方向によっても異なる．土壌の断面を観察すると，色，粒度などが異なるいくつかの層から構成される（層位構造を持つ）ことがわかる．モデル的な層位構造[2, 3]を図4.2に示す．

　地上表面の落葉や落枝の下には，古い落葉や落枝が微生物により分解された腐植を含む有機物層があり，O層と呼ばれる．O層の下にはA層，B層，C層が続く．A層は母材の風化生成物にO層から供給された有機物（腐植）が混合したもので，有機物の量が多いと黒色を帯びる．A層には生きた根やミミズなどの土壌動物も多く見られ，それらも腐植の蓄積に寄与している．また，2 mmほどの団粒や間隙があるため，水と空気を保持し，生物の生息空間を提供している．A層の下に位置するB層には，A層から溶出した成分の一部が集積されている．B層の色は鉄化合物の種類によって変化する．酸化的な環境では鉄は3価の状態にあるので，B層は水和酸化鉄(III)の特徴的な赤褐色から黄褐色を示す．これに対して，還元的な環境では鉄は2価の状態にあるので，B層は淡青色を示すことが多い．C層は間隙が乏しく未分解の母材を含む層で，深くなるほど母材の割合が増え，角礫状の岩石片が目立つようになる．その下層には岩盤（R層）がある．これは層位構造のモデル例であり，実際には母材の岩石の種類や降水量などの気候により，非常に多様な構造が存在する．国際的な土壌の分類法には，米国農務省（United States Department of Agriculture：USDA）[4]や国連食糧農業機関（Food and Agriculture Organization of the United Nations：FAO）[5]のものなどがある．

(a) 成分の構成比

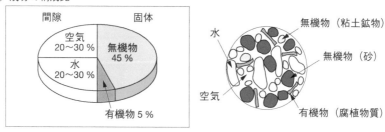

(b) 無機物の一例：粘土鉱物

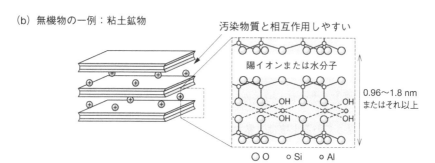

(c) 有機物の一例：腐植物質

図4.1　土壌の構成成分

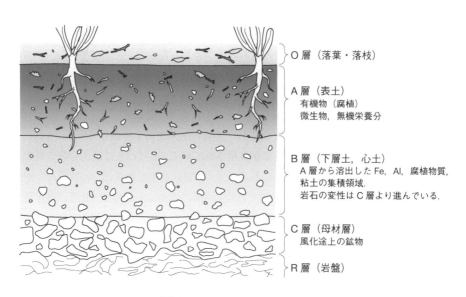

図4.2　モデル的な土壌層位

4.2　土壌分析の目的

　土壌は，私たちの生活と密接に関連しており，また農業・林業などのさまざまな資源の基盤となっている．このため，有害物質が土壌中に蓄積され，土壌汚染が引き起こされると，私たちの生活や食料・水などの汚染へ直接つながり，自然環境においても生態系に大きな影響を与える深刻な問題となる．土壌を構成する粘土鉱物や腐植物質は，イオン交換能や吸着などの作用で多くの物質を保持する性質を有するため，有害物質をも蓄積してしまうのである．大気，河川，海洋中と比較すると，土壌中では物質移動が非常に遅い．有害物質が水溶性である場合や，化学的，生物学的に不安定で短時間で分解される場合を除けば，有害物質の土壌中の平均滞留時間は極めて長いものとなる．

　土壌汚染の原因には，廃棄物などの投棄による直接的な汚染と，汚染された大気や水から生じる二次的な汚染とがある（図4.3）[1,6]．例えば，直接的な汚染には，工場での有害物質の不十分な管理や産業廃棄物の不法投棄により，カドミウムや六価クロム，有機塩素化合物（1,1,1-トリクロロエタンなど）による農地や市街地の土壌汚染が挙げられる．これらに対して，二次的な汚染は徐々に引き起こされていく．例えば，鉱山から排出された重金属（カドミウムや銅など）を含む水が農地などに流れ込んだり，大気中の浮遊粉じんが雨などとともに降下して，粉じん中の重金属などが土壌中に広がったり，大気中に含まれる硫黄酸化物や窒素酸化物から生じた酸性雨が，土壌の酸性化や地下水中の硝酸性窒素の増加，生物に必要な土壌中の金属イオンの減少をもたらし，森林などの生態環境を破壊したりする．

　身近な具体例として，1970年代ころまでガソリンの添加剤として広く利用されたアルキル鉛は，広域的な大気汚染や土壌汚染を引き起こした．ほかにも，水銀やカドミウムなどの重金属類による環境汚染事例は数多い．近年，FAO/WHOの国際食品規格委員会（コーデックス委員会）において，カドミウムや鉛などの有害元素の食品中濃度の基準値が設定され[7]，食品中の重金属濃度に影響する土壌から水系や農作物への重金属の動態を評価することが重要な課題となっている（第5章参照）．また，半金属（メタロイド）のヒ素やセレンによる環境汚染事例の報告も多い．これらは複数の価数，多くの化学形態をとり，毒性や環境動態などもその化学形態によって大きく変化することから，化学形態別に定量を行うスペシエーションが重要な課題となっている[8,9]．

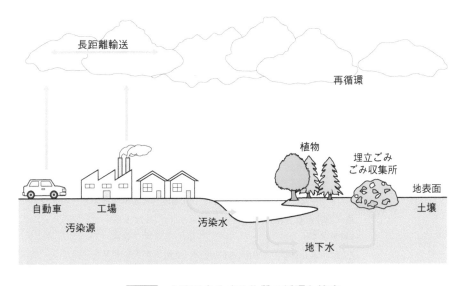

図4.3　土壌圏をめぐる物質の循環と流出

4.3　土壌汚染対策法

　土壌は一度汚染されると，自然に回復するには長い年月がかかる．「土壌の汚染に係る環境基準」には，カドミウムなどの重金属やトリクロロエチレンなどの有機塩素化合物29項目が指定されている（付表A.6参照）[10]．また近年，有害物質による土壌汚染事例の判明件数の増加が著しく，土壌汚染による健康影響の懸念や対策の確立への社会的要請が強まっている．このような状況を踏まえ，2002年には，土壌汚染の状況の把握，土壌汚染による人間の健康被害の防止に関する措置などの土壌汚染対策を実施することを内容とする土壌汚染対策法が公布され，さらに2010年には改正土壌汚染対策法が施行された．これらの土壌汚染対策法における特定有害物質の26項目を表4.1に示す．規制対象物質のうち，第一種特定有害物質は，常温常圧で空気中に容易に揮発する低分子の有機化合物で，揮発性有機化合物（volatile organic compounds：VOC）とも呼ばれる12種類である．第二種特定有害物質は，重金属などのグループで，カドミウム，六価クロム，水銀，鉛，セレン，ヒ素，フッ素，ホウ素など9種類である．第三種特定有害物質は，農薬として使用されていた比較的高分子量の有機化合物およびポリ塩化ビフェニル（polychlorinated biphenyl：PCB）の5種類である．それぞれの特定有害物質群に対し，土壌ガス調査，土壌溶出量調査，土壌含有量調査が実施される（15.6節参照）．土壌汚染は地下水汚染と密接な関係があるため，土壌中における汚染物質の含有量（総量）以外に，4.4節に述べるような水溶性の化学形態の含有量を評価する溶出試験法が定められている．0.1

表4.1　土壌汚染対策法で定められている特定有害物質

第一種特定有害物質 （揮発性有機化合物） 土壌中に気体で存在する．分解性が低く比重が高いため，土壌表面に漏洩したのち，土壌深部へ浸透していくと，粘性土などの難透水層に長期間滞留する．	クロロエチレン 四塩化炭素 1,2-ジクロロエタン 1,1-ジクロロエチレン 1,2-ジクロロエチレン 1,3-ジクロロプロペン ジクロロメタン テトラクロロエチレン 1,1,1-トリクロロエタン 1,1,2-トリクロロエタン トリクロロエチレン ベンゼン
第二種特定有害物質 （重金属など） 土壌に吸着しやすく，浸透性が低いため，比較的浅い深度で高濃度汚染を引き起こす．フッ素や六価クロムなどは地下水へ溶解しやすく，地下水汚染を引き起こす．	カドミウムおよびその化合物 六価クロムおよびその化合物 シアン化合物 水銀およびその化合物 セレンおよびその化合物 鉛およびその化合物 ヒ素およびその化合物 フッ素およびその化合物 ホウ素およびその化合物
第三種特定有害物質 （農薬など） 土壌に吸着しやすく，浸透性が低いため，比較的浅い深度で高濃度汚染を引き起こす．PCBは難分解性で，長期間環境中に残留する．	シマジン チウラム チオベンカルブ 有機リン化合物 ポリ塩化ビフェニル（PCB）

mol L^{-1}塩酸や1 mol L^{-1}塩酸抽出法を用いる溶出試験も，土壌汚染の評価方法として用いられている[10]．農用地の場合，水田土壌について，「農用地の土壌の汚染防止等に関する法律」でカドミウムおよびその化合物，銅およびその化合物，ヒ素およびその化合物の三つの有害物質について基準値がある．

4.4　土壌分析の実際（サンプリングから試料調製まで）

4.4.1　サンプリング

　目的に応じて，土壌試料の採取を行う[11]．土壌環境は場所による変化が大きいため，調査地域の広さによって代表地点の数を決定する．試料採取は分散分析などで有意差の検定ができるように，代表地点を5点以上選定して行う．また，汚染源や発生源を特定しようとする場合，適宜サンプリング密度を高めて，メッシュサンプリングを行う．

　重金属などの土壌汚染調査においては，調査地域における土壌汚染の概況を把握するために，現地の状況に応じた表土調査を行う（概況調査）．概況調査の結果，判断基準濃度を超える地点があった場合には，汚染範囲を把握するために詳細調査を行う．

　概況調査における土壌試料の採取は，図4.4に示すような5地点で行い，サンプリング深度は地表面下15 cmまでとする[6]．土壌採取量は，各地点とも100 g以上とし，等量を混ぜ合わせる．詳細調査においては，サンプリング深度は，表層，表層下0.5 m，1 m，2 m，3 m，4 m，5 mの7層とするが，汚染の状況によっては10 m，20 mの層を追加するとともに，汚染土壌の堆積状況（概観，色相，臭気など）を考慮し適宜サンプリングの層を追加する．

　土壌汚染対策法の中の土壌サンプリングでは，地表面下0〜5 cmと5〜50 cmを別々に採取して，風乾・篩別後に等量混合したものを試料としている．また，汚染土壌の健康リスク評価のための土壌分析法として，特定有害物質の含有量調査よりも，生体が摂取可能な可給態の分析を想定した溶出量調査が主に行われている．

4.4.2　前処理および分析方法

（1）第一種特定有害物質

①　採取した土壌の取り扱い

　これらの物質は揮発性が高いため，採取した土壌は密封できるガラス製容器または測定対象物質が

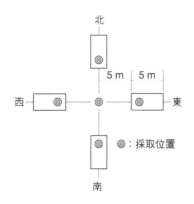

図4.4　5地点混合方式の参考例

［日本分析化学会北海道支部（編），環境の化学分析，三共出版（2005），図2.50を参考に作成］

吸着しない容器に空隙が残らないように収める．土壌採取後，ただちに溶出試験を行う．溶出試験をただちに行えない場合には，4℃以下の冷暗所に土壌を保存し，できるだけ速やかに溶出試験を行う．ただし，1,3-ジクロロプロペンの分析に用いる土壌は凍結保存する．

②　試料の調製

採取した土壌から，おおむね粒径5mmを超える中小礫，木片などを除く．

③　試料溶液の調製

かく拌子をあらかじめ入れたネジ口付三角フラスコに試料（単位は[g]）と溶媒（純水に塩酸を加え，pHが5.8～6.3になるようにしたもの）（単位は[mL]）とを重量体積比1：10の割合となるようにとり，速やかに密栓する．

④　溶出

調製した試料溶液を常温（おおむね20℃）常圧（おおむね1気圧）に保ち，マグネチックスターラーで4時間連続してかく拌する．

⑤　検液の作成

①～④の操作を行って得られた試料溶液を10～30分程度静置後，ガラス製注射筒に静かに吸い取り，孔径0.45μmのメンブランフィルターを装着したろ紙ホルダーを接続して注射筒の内筒を押す．空気および最初に流出するろ液数mLを排出し，次に共栓付試験管にろ液を分取し，定量に必要な量を正確にはかり取って，これを検液とする．

⑥　検液の分析

測定対象物質ごとに行う．環境省の告示で定められた測定方法を表4.2に示す[12]．試料導入法としてヘッドスペースサンプラーを用いたガスクロマトグラフ質量分析法やガスクロマトグラフィー，

表4.2　土壌の溶出試験における有機化合物の測定方法

測定対象物質	測定方法
クロロエチレン	平成9年3月環境庁告示第10号付表に掲げる方法
四塩化炭素，テトラクロロエチレン，1,1,1-トリクロロエタン，1,1,2-トリクロロエタン，トリクロロエチレン	日本産業規格JIS K 0125の5.1，5.2，5.3.1，5.4.1又は5.5に定める方法
1,2-ジクロロエタン	日本産業規格JIS K 0125の5.1，5.2，5.3.1又は5.3.2に定める方法
1,1-ジクロロエチレン，ジクロロメタン，ベンゼン	日本産業規格JIS K 0125の5.1，5.2又は5.3.2に定める方法
1,2-ジクロロエチレン	シス体にあっては日本産業規格JIS K 0125の5.1，5.2又は5.3.2に定める方法，トランス体にあっては日本産業規格JIS K 0125の5.1，5.2又は5.3.1に定める方法
1,3-ジクロロプロペン	日本産業規格JIS K 0125の5.1，5.2又は5.3.1に定める方法
有機リン化合物（パラチオン，メチルパラチオン，メチルジメトン，EPN）	昭和49年9月環境庁告示第64号付表1に掲げる方法又は日本産業規格JIS K 0102の31.1に定める方法のうちガスクロマトグラフ法以外のもの（メチルジメトンにあっては，昭和49年9月環境庁告示第64号付表2に掲げる方法）
シマジン，チオベンカルブ	昭和46年12月環境庁告示第59号付表6の第1又は第2に掲げる方法
チウラム	昭和46年12月環境庁告示第59号付表5に掲げる方法
ポリ塩化ビフェニル（PCB）	昭和46年12月環境庁告示第59号付表4に掲げる方法

［平成15年3月環境省告示第18号（改正 令和2年4月環境省告示第46号）土壌溶出量調査に係る測定方法を定める件，環境省）より引用］

パージ・トラップサンプラーを用いたガスクロマトグラフィーなどが適用されている．

（2）第二種特定有害物質

　土壌溶出量調査，土壌含有量調査が実施される．カドミウム，全シアン，鉛，六価クロム，ヒ素，総水銀，アルキル水銀，セレンのための土壌溶出量調査は次の方法による．

① 採取した土壌の取り扱い

　採取した土壌はガラス製容器または測定の対象とする物質が吸着しない容器に収める．土壌採取後，ただちに溶出試験を行う．溶出試験をただちに行えない場合には，暗所に保存し，できるだけ速やかに溶出試験を行う．

② 試料の調製

　採取した土壌を風乾し，中小礫，木片などを除き，土塊，団粒を粗砕した後，2 mm目の非金属製ふるいを通過させて得た土壌を十分混合する．

③ 試料溶液の調製

　試料（単位は[g]）と溶媒（純水に塩酸を加え，pHが5.8〜6.3となるようにしたもの）（単位は[mL]）とを重量体積比1：10の割合で混合し，かつ，その混合液が500 mL以上となるようにする．

④ 溶出

　調製した試料溶液を常温（おおむね20℃）常圧（おおむね1気圧）で振とう機（あらかじめ振とう回数を毎分約200回に，振とう幅を4 cm以上5 cm以下に調整したもの）を用いて，6時間連続して振とうする．

⑤ 検液の作成

　①〜④の操作を行って得られた試料溶液を10〜30分程度静置後，毎分約3,000回転で20分間遠心分離した後の上澄み液を孔径0.45 µmのメンブランフィルターでろ過してろ液をとり，定量に必要な量を正確にはかり取って，これを検液とする．

⑥ 検液の分析

　測定対象物質ごとに決められた手法で分析を行う．基本的には「JIS K 0102　工場排水試験方法」による．

　また，土壌含有量調査では分析操作の簡便性から，以下の方法が採用されている[10]．溶媒は1 mol L^{-1}塩酸，固液比3：100，室温で2時間振とうかく拌，静置後，孔径0.45 µmのメンブランフィルターでろ過して，ろ液中の規制対象金属を測定する．

（3）第三種特定有害物質

① 採取した土壌の取り扱い

　第二種特定有害物質と同じ．ただし，有機リン化合物，シマジン，チウラム，チオベンカルブにおいては，土壌採取後ただちに溶出試験を行えない場合には，試料を凍結保存し，できるだけ速やかに溶出試験を行う．

② 試料の調製

　第二種特定有害物質と同じ．

③ 試料溶液の調製

　試料（単位は[g]）と溶媒（純水に塩酸を加え，pHが5.8〜6.3になるようにしたもの）（単位は[mL]）とを重量体積比1：10の割合で混合し，かつ，その混合液が1,000 mL以上となるようにする．

④ 溶出　および　⑤ 検液の作成

　第二種特定有害物質と同じ．

⑥ 検液の分析

　測定対象物質ごとに行う．環境省の告示で定められた測定方法を表4.2に示す．多くの場合，ガスクロマトグラフ質量分析法やガスクロマトグラフィー，高速液体クロマトグラフィーのいずれかが適用されている．

4.5 土壌試料のオンサイト分析

　測定対象がガス状の第一種特定有害物質の場合や，土壌の汚染状況を迅速に把握したい場合に，その汚染の可能性がある現場での測定に対するニーズが高い．そこで公定分析法よりも簡便な分析が行われることがある．ガス状物質についてはポータブル型の炭化水素計やガスセンサー，検知管などが用いられる．

　また，土壌中の重金属含有量を測定するときには，非破壊分析が可能な蛍光X線分析装置が使われている．一般的には，そのまま分析できれば，煩雑な前処理の過程で試料が汚染される危険性を低くできる．しかし，蛍光X線分析では，特に試料の組成が不均一な場合，分析結果に誤差が生じる．そこで正確な分析結果を得るためには，試料調製が重要となる[13~16]．

　試料調製においては，①均質となるように処理をすること，②いずれの試料についても同一の処理を行うことが重要なポイントとなる．定量分析の場合には，特に丁寧に試料調製を行う必要がある．X線を試料に照射したときのX線の侵入深さは，入射X線のエネルギーと試料に対する角度，および試料のマトリックス組成や密度などによって異なるが，一般的に数μm～数mm程度である．したがって，試料が不均一な場合には，得られた分析値が試料全体を反映していないこともあり，注意する必要がある．特に軽元素を分析する場合には，照射される試料の表面粗さの影響を受けやすい．

　測定して得られた蛍光X線スペクトルの強度から，各元素の定量を行う．一般には，対象試料と化学的組成や表面の状態が類似した，目的成分の濃度が既知の標準試料を用いて検量線を作成し，この検量線を用いて目的元素の濃度を求める．また，蛍光X線の強度を理論的に計算するファンダメンタル・パラメーター（FP）法によって定量することもできる．

4.6 土壌中重金属の化学形態分析

　土壌や底質の化学分析では，試料を酸などで分解し，その中に含まれている重金属などの無機成分の濃度を測定する．こうした化学分析では，試料中の平均濃度はわかるが，測定された元素の土壌中での状態（酸化状態，結晶構造など）を調べることは困難である．土壌中の重金属は土壌の構成成分（粘土鉱物，フミン物質，鉄・マンガン酸化物など）とさまざまな結合形態で存在している．重金属の可溶性は，土壌から農作物への吸収や水系への移行を規定する要因であるため，土壌中の重金属にとって重要な情報である．このため，さまざまな抽出剤を用いて，土壌中の重金属をその結合形態別に分画することが古くから行われている[11]．土壌を抽出力の異なる抽出剤で連続的に逐次抽出し，重金属の結合形態別に分画する方法が提案されている．一例としてテシエおよびBCR（Community Bureau of Reference，現在はIRMMに組織変更）の逐次抽出法を表4.3に示す[11]．土壌中の交換態の重金属は，陽イオンと容易にイオン交換して溶液中に溶け出しやすい．土壌溶液中に溶け出した重金属は農作物へ吸収されやすく，また水系へも移行しやすい化学形態である．

　一方，土壌中の有害金属元素による人間の健康影響を考える場合には，土壌中の総量ではなく，実際に土壌中から人体内に移行する（体内に吸収される）金属元素量を評価する必要がある．そこで，

表4.3　土壌中の重金属の逐次抽出法

抽出法	抽出剤	画分
テシエ法	① $1\,mol\,L^{-1}\,MgCl_2$,　pH 7	交換態
	② $1\,mol\,L^{-1}\,CH_3COONa/CH_3COOH$,　pH 5	炭酸塩結合態
	③ $0.04\,mol\,L^{-1}\,NH_2OH \cdot HCl/25\,\%\,CH_3COOH$	Fe-Mn酸化物結合態
	④ $0.02\,mol\,L^{-1}\,HNO_3/30\,\%\,H_2O_2$,	有機物結合態
	$3.2\,mol\,L^{-1}\,CH_3COONH_4/20\,\%\,HNO_3$	
	⑤ HF（83 %）/$HClO_4$（17 %），HF（91 %）/$HClO_4$（9 %）	鉱物結晶格子態
BCR法	① $0.11\,mol\,L^{-1}\,CH_3COOH$	交換態，炭酸塩結合態
	② $0.1\,mol\,L^{-1}\,NH_2OH \cdot HCl$（pH 2）	Fe-Mn水和酸化物結合態
	③ $8.8\,mol\,L^{-1}\,H_2O_2$, $1\,mol\,L^{-1}\,CH_3COONH_4$	有機物結合態，硫化物態

［日本化学会（編），（第五版 実験化学講座）環境化学，丸善（2007），表3.20より引用］

（a）K 吸収端 XANES スペクトル

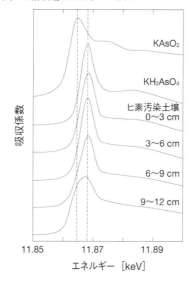

（b）ヒ素の動径構造関数

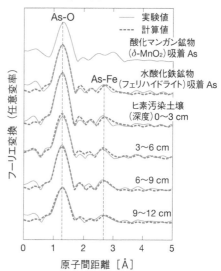

（c）水酸化鉄鉱物へのヒ酸イオンの吸着モデル

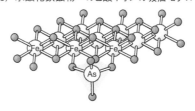

図4.5　ヒ素汚染土壌の XAFS 解析

（a）ヒ素汚染土壌は，表層からの深度ごとに採取した．保管中の酸化状態の変化を避けるため，土壌試料は採取してから測定直前まで −20 ℃で暗所保管した．ヒ素濃度は 1,000〜2,000 mg kg^{-1} 程度で，深部ほど濃度が高くなっていた．
（b）酸化マンガン鉱物（δ-MnO_2）および水酸化鉄鉱物（フェリハイドライト）にヒ素を吸着させた試料を調製した．ヒ素汚染土壌においては，ヒ素を吸着したフェリハイドライトと同様に As-Fe ピークが見られた．
［東京大学 高橋嘉夫氏・愛媛大学 光延聖氏より提供］

塩酸でpHを1.5に調整した0.4 mol L^{-1}グリシン水溶液（模擬胃液）を用いて土壌試料を処理し，液相に溶出してくる分画を「人体可給態」として評価することが行われている．

　また，土壌や底質試料に対して抽出などの化学的操作を加えずに非破壊で分析すれば，土壌汚染物質の存在形態や土壌劣化の様子を調べることができる（状態分析）．さらに，局所分析や表面分析の手法を用いれば，元素や化学物質の空間的な分布を測定でき，不均一な土壌汚染の様子を明らかにすることも可能である．固体試料の非破壊分析にはさまざまな方法があるが，本節では土壌や底質の分析に利用できる状態分析法として，X線を励起源としたX線吸収微細構造（X-ray absorption fine structure：XAFS）[9, 14]法を取り上げ，その分析例を紹介する．原理や測定方法については，11.10節を参照してほしい．

　鉱山跡地周辺の土壌に含有されていたヒ素の化学形態分析を紹介する[17]．深度を変えて採取された汚染土壌におけるヒ素のK吸収端XANESスペクトルを図4.5(a)に示す．化学形態が既知の化合物である亜ヒ酸カリウムKAsO$_2$やヒ酸二水素カリウムKH$_2$AsO$_4$と比較することにより，土壌に含まれるヒ素の酸化状態を推定できる．表面付近（0〜3 cm）ではほとんどのヒ素がAs(V)であるのに対し，深部（9〜12 cm）では，As(V)とAs(III)が共存しており，その割合を算出するとAs(V) 32 %，As(III) 68 %程度となった．土壌が還元的な環境となるにしたがい，亜ヒ酸As(III)の存在割合が増加することが明らかとなった．

　また，EXAFS解析から得られたヒ素の動径構造関数を図4.5(b)に示す．ヒ素と酸素の結合距離を示すピーク（As-O）が見られることから，土壌中のヒ素はヒ酸イオンや亜ヒ酸イオンとして存在していることがわかった．また強度は小さいが，ヒ素と鉄の原子間距離を示すピーク（As-Fe）も認められた．ほかの分析により，この土壌中の鉄はいずれの深度でも主として結晶性の低いFe(III)水酸化物で存在することが示されており，汚染土壌中のヒ酸イオンや亜ヒ酸イオンはFe(III)水酸化物に取り込まれて存在していることが明らかとなった（図4.5(c)）．土壌中の有害元素の溶出挙動は，その化学形態に大きく依存する．非破壊で固相（土壌）と液相（土壌水）における有害元素の化学状態が測定できるXAFSの重要性は今後ますます増加していくだろう．

Coffee Break

火星に生命体は存在するのか？!

　地球はあおく生命あふれる豊かな星で「水の惑星」と呼ばれる．ほかに生命体の存在する星はあるのだろうか．恒星からの距離や大きさが似ている太陽系の天体として火星がある．火星の生命体（火星人）というと，イメージされるタコ型宇宙人はともかくとして，地球外に生命体が存在するかは大きな関心事である．米航空宇宙局（National Aeronautics and Space Administration：NASA）は無人探査機を送り込み，火星探査プロジェクトが進行している．

　火星のクレーターに着陸した探査機「キュリオシティ」から地球へ届く映像は，砂漠のような荒涼とした様子であった（図1）．しかし，丸い砂利は水のような流体が過去に存在した可能性を示唆しており，水の痕跡探しが始まった．火星の「土」はほとんど火成岩が主であるが，鉄の酸化水酸化物鉱物ゲータイト（FeOOH）が見出されたり，堆積岩が発見されたり，過去の豊富な水の存在を裏付けるデータが得られつつある．現在，さらに詳細な生命体の痕跡探しが続いている．

図1　火星探査機「キュリオシティ」
©NASA/JPL-Caltech

4.7　土壌中の有機汚染物質の分析

　土壌中の第一種特定有害物質と第三種特定有害物質には溶出量基準が定められている．これは土壌中のこれらの物質が溶解した地下水を摂取した場合の健康影響（地下水等摂取リスク）を評価するためであり，土壌からこれらの物質がどの程度溶出するかを調べる溶出試験（4.4節参照）によって評価される[18]．

　土壌中の第一種特定有害物質においては，概況調査として，地表から0.8～1 mまで小孔を開けて採取した土壌ガス中の濃度を測定する土壌ガス調査が行われる．採取した土壌ガスの分析は，現地で行う場合には採取から24時間以内，現地以外で行う場合には移動にともなう濃度減少を評価したうえで48時間以内に行う．測定には，ポータブルタイプを含むガスクロマトグラフやガスクロマトグラフ質量分析計などが用いられる．分析の結果，第一種特定有害物質が検出されなかった場合には（検出下限：0.1 ppm以下，ベンゼンのみ0.05 ppm以下），これらの物質による汚染はないとみなされる．一方，これらの物質が検出された場合には，深度10 mまでのボーリング調査を行って土壌を採取し，溶出試験によって第一種特定有害物質の溶出量を確認する．

　第三種特定有害物質の概況調査では，第二種特定有害物質の重金属と同様に，表土を採取し溶出試験を行う．試験の結果，基準値を超える地点があった場合には，ボーリング調査を行って土壌を採取し，汚染物質の深度方向の分布状況を確認する．

　土壌汚染対策法に基づいて規制の対象となっている特定有害物質以外にも，土壌中汚染が問題となっている有機化合物は多く，例えばダイオキシン類（4.8節参照）や多環芳香族炭化水素（polycyclic aromatic hydrocarbon：PAH）が挙げられる．PAHはベンゼン環を二つ以上有する芳香族炭化水素の総称であり，その中のいくつかは発がん性や変異原性が指摘されている．化石燃料の不完全燃焼により環境中に放出されたPAHの降下や，油類の不用意な取り扱いによる直接汚染が主な汚染源である．日本では土壌中PAHの公定分析法は今のところなく，ガスクロマトグラフ質量分析法や，蛍光検出器を用いた高速液体クロマトグラフィーが適用されている．

4.8 ダイオキシン類の分析

　ポリ塩化ジベンゾ-パラ-ジオキシン（polychlorinated dibenzo-*p*-dioxin：PCDD），ポリ塩化ジベンゾフラン（polychlorinated dibenzofuran：PCDF），ダイオキシン様ポリ塩化ビフェニル（dioxin-like polychlorinated biphenyl：DL-PCB）をあわせてダイオキシン類と呼ぶ（図4.6）．ただし，この定義は必ずしも統一的に用いられてはおらず，分析方法が記載された測定マニュアルによっては，分子内の塩素数が4〜8のPCDDやPCDFと，DL-PCBとをあわせてダイオキシン類としており，また狭義にPCDDのみをダイオキシン類とする場合もある．

　ベトナム戦争で散布された枯葉剤による出産異常の増加が報告され，その原因物質としてダイオキシン類の存在が知られるようになった．日本では，廃棄物の焼却処理における非意図的な合成物や，一部の農薬に含まれていた不純物として，環境中に放出されたと考えられている．1990年代後半に大阪府のごみ焼却施設周辺から高濃度のダイオキシン類が検出されたことや，埼玉県内の葉物野菜から高濃度のダイオキシン類が検出されたとのマスコミ報道が，大きな社会問題となった．

　通常，ダイオキシン類の濃度は毒性が顕著に高い29種類の異性体の濃度をもとに，その中でもっとも毒性が強い2,3,7,8-四塩化ジベンゾ-パラ-ジオキシン（2,3,7,8-tetrachlorodibenzo-*p*-dioxin：2,3,7,8-TCDD）の濃度に換算した毒性等量（toxicity equivalency quantity：TEQ）によって評価される．1999年に制定されたダイオキシン類対策特別措置法では，土壌や底質中濃度の環境基準は各々 1,000 pg-TEQ g^{-1}と150 pg-TEQ g^{-1}と定められている．付表A.7にダイオキシン類による汚染に係る環境基準をまとめた．

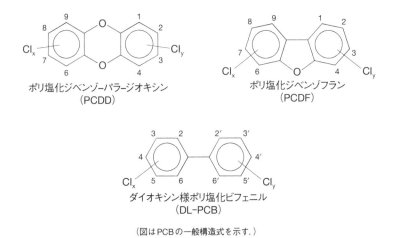

ポリ塩化ジベンゾ-パラ-ジオキシン
（PCDD）

ポリ塩化ジベンゾフラン
（PCDF）

ダイオキシン様ポリ塩化ビフェニル
（DL-PCB）

（図はPCBの一般構造式を示す．）

図4.6　ダイオキシン類の構造式

Pick up

ダイオキシン様PCBとコプラナー PCB

　PCBはビフェニルの水素が1〜10個の塩素で置換された構造を持つ（図4.6参照）．このうち，オルト位（2,2′,6および6′の位置）に置換塩素を持たないPCB（ノンオルトPCBという）は共平面構造をとる．このようなPCBをコプラナー PCB（Co-PCB）といい，このうちの四つの化合物はダイオキシン類としての毒性を持つため，毒性等価係数が定められている（表1）．

　　ただし，オルト位に置換塩素を一つ有するPCB（モノオルトPCBという）の中にもダイオキシン類としての毒性を持つものがあるため，日本では，これらのノンオルトPCBとモノオルトPCBをあわせてCo-PCBとしている[19]．

　　一方，国際的には，これらのPCBをダイオキシン様PCB（dioxin-like PCB）と呼ぶようになっており，日本でもJIS K 0311やJIS K 0312ではこの呼び名が採用されている．

表1 ダイオキシン類としての毒性を持つダイオキシン様PCB

種類	化合物名	ダイオキシン類としての毒性 （毒性等価係数）
ノンオルトPCB	3,3′,4,4′-四塩化ビフェニル	0.0001
	3,4,4′,5-四塩化ビフェニル	0.0003
	3,3′,4,4′,5-五塩化ビフェニル	0.1
	3,3′,4,4′,5,5′-六塩化ビフェニル	0.03
モノオルトPCB	2,3,3′,4,4′-五塩化ビフェニル	0.00003
	2,3,4,4′,5-五塩化ビフェニル	0.00003
	2,3′,4,4′,5-五塩化ビフェニル	0.00003
	2′,3,4,4′,5-五塩化ビフェニル	0.00003
	2,3,3′,4,4′,5-六塩化ビフェニル	0.00003
	2,3,3′,4,4′,5′-六塩化ビフェニル	0.00003
	2,3,4,4′,5,5′-六塩化ビフェニル	0.00003
	2,3,3′,4,4′,5,5′-七塩化ビフェニル	0.00003
（参考）ポリ塩化ジベンゾ-パラ-ジオキシン	2,3,7,8-四塩化ジベンゾ-パラ-ジオキシン	1

［World Health Organization（WHO），2005 Re-evaluation of human and mammalian toxic equivalency factors（TEFs）の表を一部改変］

　　一般に，土壌や底質中のダイオキシン類の濃度はpgオーダーと極めて低濃度であるため，その分析には煩雑な前処理操作と高感度な機器分析法が適用されている．代表的な分析法の概略を図4.7に示す[20, 21]．ダイオキシン類の測定マニュアルには試料の採取方法（時期や場所）が規定されているので，分析の目的やその土地の利用状況などに応じて適切な採取方法を選択する．採取した分析試料の前処理は，ソックスレー抽出装置（図4.8）を用いた溶媒抽出（溶媒はトルエン）によって分析試料から分離（抽出）した後，共存妨害成分を複数のカラムクロマトグラフィーによって除去（クリーンアップ）するのが一般的である．次に，得られた溶液を高分解能ガスクロマトグラフ質量分析計によって分析し，ダイオキシン類の同定と定量を行う．その際，分子内の塩素数が異なるダイオキシン類から生じたフラグメントイオンによる妨害を防ぐためには，質量分析計の質量分解能を10,000以上に設定する必要がある．なお，試料の抽出前に，内標準物質として炭素原子が^{13}Cで置換されたダイオキシン類を分析試料に添加する．炭素原子が^{13}Cで置換された内標準物質は抽出やクリーンアップなどにおいて測定対象物質（ダイオキシン類）とほぼ同じ挙動を示すが，分子量が異なるために質量分析計によって両者は分離できる．つまり，この内標準物質を使用することにより，分析操作における測定対象物質の損失を補正できる．

　　また，ダイオキシン類の分析では，分析が正しく行われたかを確認するために，分析の精度管理を十分に行う必要がある．具体的には，内標準物質の回収率の確認，検出下限と定量下限の確認，操作ブランク試験の実施，二重測定の実施，標準物質の使用などを行う．

　　なお，日本では，特定計量証明事業者認定制度（Specified Measurement Laboratory Accreditation

Program：MLAP）によって，ダイオキシン類などの極微量分析を行う機関の分析能力やマネジメントシステムの適切さが審査されている．

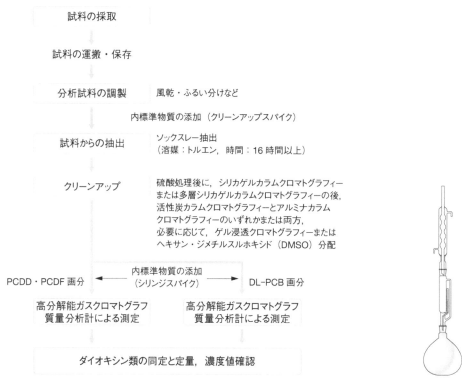

図4.7　土壌・底質中のダイオキシン類の分析法の例

[ダイオキシン類に係わる土壌調査測定マニュアル，環境省水・大気環境局水環境課（2022.3），ダイオキシン類に係わる底質調査測定マニュアル，環境省水・大気環境局水環境課（2022.3）をもとに作成]

図4.8　ソックスレー抽出装置

Pick up

有機化合物の新しい抽出法

　土壌や底質，フライアッシュなどの固体試料中の有機汚染物質を分析するためには，まず固体試料から有機汚染物質を分離（抽出）し，次に一緒に分離された夾雑物を除去（クリーンアップ）した後，ガスクロマトグラフ質量分析法などの機器分析を行うことが一般的である．このうち抽出操作には長時間を要し，例えば土壌や底質中のダイオキシン類の分析法では，トルエンを溶媒に用いたソックスレー抽出法が16時間以上かけて行われている．

　これに対して，従来の抽出法よりも短時間での抽出を可能とする，高効率な抽出方法が開発されている．その一つである加圧流体抽出法（高圧流体抽出法や高速溶媒抽出法ともいう）は，抽出に用いる有機溶媒を加圧して，大気圧下での沸点よりも高い温度まで溶媒を加熱して抽出を行う方法である．すでに米国環境保護局のUS EPA Method 3545Aなどの公定分析法にも採用されている．マイクロ波加速抽出法も加熱した有機溶媒を抽出溶媒に用いる方法であるが，この方法ではマイクロ波によって抽出溶媒や試料を直接加熱するため，迅速な昇温ができるという特徴がある．また，多試料を同時に処理することが可能であるため操作性も高いが，使用できる抽出溶媒はマイクロ波を吸収できる溶媒やその混合物に制限される．

　一方，有機溶媒を使用しない抽出法も開発されている．**超臨界流体抽出法**は，臨界点以上に加圧・加熱した超臨界流体を抽出溶媒に用いる方法で，通常，毒性が少ない二酸化炭素が用いられている（二酸化炭素の臨界点は31.06 ℃，7.38 MPa（図1）[22]）．超臨界流体中での物質の移動速度は一般的な有機溶媒中の10倍以上であるため，理論的に短時間での抽出が可能である．また，超臨界流体は密度によって溶媒強度が大きく変化するため，温度や圧力などの抽出条件を最適化すれば，抽出後のクリーンアップ操作を省略して機器分析を直接行うことも可能である．

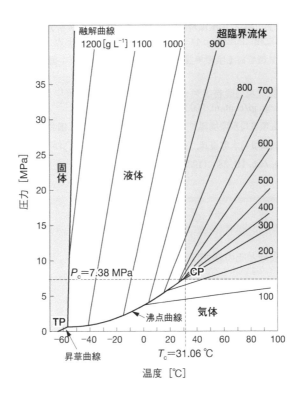

図1　密度（100～1200 g L^{-1}）を第三次元とした二酸化炭素の温度-圧力図

CP：臨界点，T_c：臨界温度，P_c：臨界圧力，TP：三重点．
[H. Brogle, *Chem. Ind.*, 19, 385（1982），Fig.4 を一部改変]

【引用文献】

1) G. Schwedt, The Essential Guide to Environmental Chemistry, Wiley（2001）

2) 渡辺正（訳），地球環境化学入門 改訂版，丸善出版（2012）

3) 日本化学会（編），（季刊化学総説）土の化学，学会出版センター（1989）

4) United States Department of Agriculture, Natural Resources Conservation Service（NRCS），"Soil classification",
https://www.nrcs.usda.gov/conservation-basics/natural-resource-concerns/soil/soil-science

5) Food and Agriculture Organization of the United Nations（FAO），Natural Resources Management and Environment Department, "Lecture notes on the major soils of the world",
https://www.fao.org/3/y1899e/y1899e00.htm#toc

6) 日本分析化学会北海道支部（編），環境の化学分析，三共出版（2005）

7) 農林水産省，食品中のカドミウムに関する国際基準値，
https://www.maff.go.jp/j/syouan/nouan/kome/k_cd/04_kijyun/01_int.html

8) 日本化学会（編），（季刊化学総説）地球環境と計測化学，学会出版センター（1996）

9）原口紘炁，寺前紀夫，古田直記，猿渡英之（訳），微量元素分析の実際，丸善（1995）

10）環境省，土壌の汚染に係る環境基準について　別表，https://www.env.go.jp/kijun/dt1.html

11）日本化学会（編），（第五版 実験化学講座）環境化学，丸善（2007）

12）環境省，土壌溶出量調査に係る測定方法を定める件　平成15年3月環境省告示第18号（改正令和2年4月環境省告示第46号）

13）蛍光X線分析の手引き，理学電機工業（1982）

14）日本分析化学会X線分析研究懇談会（監修），中井泉（編），蛍光X線分析の実際，朝倉書店（2005）

15）田中誠之，飯田芳男，（基礎化学選書）機器分析 三訂版，裳華房（1996）

16）泉美治，小川雅彌，加藤俊二，塩川二朗，芝哲夫（監修），第2版 機器分析のてびき3，化学同人（1996）

17）日本土壌肥料学会（編），土壌環境中の有害元素の挙動　―放射光源X線吸収分光法による分子スケールスペシエーション，博友社（2012），p.44（光延聖，XAFS法を駆使した土壌中の有害元素の挙動解明）

18）環境省 水・大気環境局土壌環境課，土壌汚染対策法に基づく調査及び措置に関するガイドライン（改訂第3版）（2019）

19）環境省 水・大気環境局総務課ダイオキシン対策室，関係省庁共通パンフレット ダイオキシン類（2012），https://www.env.go.jp/content/900399006.pdf

20）環境省 水・大気環境局水環境課，ダイオキシン類に係わる土壌調査測定マニュアル（2022）

21）環境省 水・大気環境局水環境課，ダイオキシン類に係わる底質調査測定マニュアル（2022）

22）H. Brogle, *Chem. Ind.*, **19**, 385（1982）

〈演習問題〉

1　土壌の構成成分とその機能について説明せよ．

2　土壌試料を採取する際の注意点を挙げよ．

3　海底質試料について，(1)土壌含有試験法（1 mol L^{-1}塩酸抽出），(2)硝酸と塩酸を用いるマイクロ波加熱酸分解法，(3)硝酸とフッ化水素酸を用いるマイクロ波加熱酸分解法，(4)メタホウ酸リチウムを用いるアルカリ融解法の4種類の前処理を行って試料溶液を調製し，各元素をICP-MSで定量した．結果を以下に示す．これらの分析値を比較し，各前処理法を選択する際に留意しなければいけないことを述べよ．

表　前処理法の違いによる海底質試料中元素の分析値の比較（単位 [mg kg^{-1}]）

元素	土壌含有試験法	マイクロ波加熱酸分解法		アルカリ融解法
		硝酸＋塩酸	硝酸＋フッ化水素酸	
Al	4620±24	40100±300	33900±200	70000±200
Cr	16.3±0.3	51.3±0.9	53.5±0.9	72.9±0.9
Fe	6890±41	29100±500	29500±400	39800±30
Cu	49.8±0.3	77.6±1.2	79.3±0.6	81.3±7.0
Se	0.07±0.004	0.61±0.02	0.58±0.02	0.12±0.02
Cd	0.746±0.012	0.819±0.005	0.915±0.048	0.912±0.023
Pb	143±1	147±4	152±6	139±5

［日本分析化学会（編），（分析化学実技シリーズ）環境分析，共立出版（2012），表6.7を一部改変］

4　ダイオキシン類の毒性等量（TEQ）を説明せよ．

第5章　生活環境の分析

第5章で学ぶこと
- 生活環境という新しい環境の概念
- 食品に含まれる栄養成分の分析法
- 室内環境における揮発性有機化合物の分析法
- アスベストの分析法

5.1　生活環境とは

　環境化学では一般に，地球環境は気圏，水圏，地圏に分類される．しかし，第1章でも取り上げたように，私たちは直接，気圏，水圏，地圏に取り囲まれているわけではない．居住空間，都市空間などを介して気圏，水圏，地圏と間接的につながっている．居住空間，都市空間は人為活動の結果生まれた環境とみなすこともでき，いわゆる「自然」な空間である気圏，水圏，地圏とは異なった役割を果たしている．

　本章で取り上げる「生活環境」とは，人間を直接取り巻く環境のことであり，「衣」，「食」，「住」環境から構成される．生活環境は人間に密接にかかわっており，人間の健康などに影響を与える．本章では，生活環境の中でも特に，「食環境」と「住環境」に着目し，私たちの健康への影響が懸念される物質などを取り上げ，その測定方法について解説する．生活環境は，大気環境，水環境，土壌環境とも密接に関係していることから，分析対象となる物質が他章と重複する場合がある．そこで，本章では，他章で解説していないものや，試料の取り扱いが大きく異なる物質を中心に解説する．

5.2　食環境の分析

　食環境は私たちの健康的な生活の維持に重要な役割を果たしている．私たちの身体は，成人男性を例にとると，水分61％，タンパク質14％，脂質16％，糖質0.5％，および無機質5.5％で構成されており[1]，それは食品に含まれる栄養素によって維持されている．一日当たりの平均摂取量（男女20歳以上65歳未満）で見ると，エネルギー1,915 kcal，タンパク質72.2 g，脂質61.2 g，炭水化物248.7 gとなっている[2]．また，食事は単に栄養の摂取だけでなく，生活上の重要な行いとしても位置づけられている．このようなことから，食品の評価・分析では単に含有成分の測定にとどまらず，原料の特性評価，風味・食感の特性，安全性の評価，および品質の評価などの項目も扱われる．これら評価項目の概要とそれに使用される分析機器との対応を表5.1に示す．本節では表5.1に示した項目の中で，食品の安全性の立場から，重要な成分の分析について解説する．

　食品の安全性にかかわる法令として食品衛生法が規定されている．2003年に行われた食品衛生法の改正に基づいて，ポジティブリスト制度と呼ばれる農薬，飼料添加物，動物用医薬品を規制する制度が施行された．これにより，農薬など799の物質の残留基準が定められた．また，残留基準が定められていない物質の許容値は一律で0.01 ppmと決められた．さらに2018年の同法改正[3]では，食品

表5.1　食品の評価分析項目と使用される装置

大分類	項目	紫外・可視分光光度計	蛍光分光光度計	原子吸光光度計	フーリエ変換赤外分光光度計	ガスクロマトグラフ	液体クロマトグラフ	ガスクロマトグラフ質量分析装置	液体クロマトグラフ質量分析装置	DNAマイクロチップ電気泳動装置	蛍光X線分析装置	ICP発光分析装置，ICP質量分析装置	顕微鏡
原料の特性評価	油脂の分析	●			●	●		●	●				
	タンパク質の分析	●					●		●				
	糖質の分析	●					●		●				
風味触感の測定	香気成分の分析					●	●	●	●				
	匂いの識別					●		●					
	アミノ酸の分析						●		●				
	有機酸の分析						●		●				
安全性の評価	残留農薬の分析				●	●	●	●	●				
	重金属の分析	●		●			●				●	●	
	カビ毒の分析						●		●				
	動物用医薬品の分析						●		●				
	細菌の検出観察									●			●
	産地・種別の判定									●	●	●	
品質の評価	食品添加物の分析	●			●	●	●	●	●		●	●	
	ビタミンの分析	●	●				●						
	栄養成分の分析				●	●	●				●	●	
	無機イオンの分析				●		●				●	●	
	鮮度の分析						●						
	色素の分析					●	●						

［(株)島津製作所，技術資料「食品分析・評価機器」，p.5を参考に作成］

用器具・容器包装のポジティブリスト制度（対象は合成樹脂）が追加された．一方，国際的には国連食糧農業機関（Food and Agriculture Organization of the United Nations：FAO）/世界保健機関（WHO）の国際食品規格委員会（コーデックス委員会）が，世界的に通用する唯一の食品規格としてコーデックス規格（国際食品規格）を定めている．

5.2.1　食品分析の手順

食品分析には次に示す二つの特徴がある．第一に，食塩やにがりを除くと，ほとんどの食品は水分を含む多種類の有機化合物の混合物からできている．そして，分析に必要な試料量が比較的容易に入

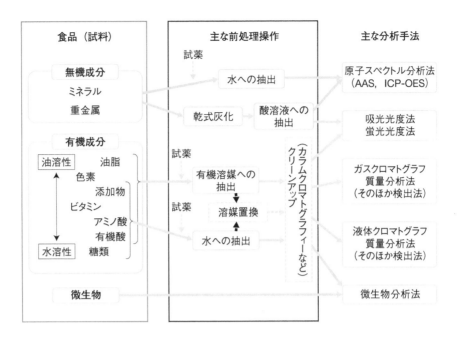

図5.1　食品分析の手順

手できる．このため多くの場合，食品分析は試料を分解して行う破壊分析によって行われる．第二に，食品では表5.1に示したように，分析対象となる項目が多岐にわたる[4]．表5.1以外にも，食感などについての官能的な検査が実施されている．

　食品分析においても，ほかの環境試料と同様に，前処理が重要な役割を果たす．図5.1に，食品分析の手順をまとめた．前処理において，食品中の分析対象物は複雑な組成の共存成分から分離され，分析に適合する形態へと変換される．なお，表5.1に示した食品分析の検査項目は消費者を意識したものとなっているため，項目の分類と化学的な分類とは必ずしも一致していない．ビタミン類を例にとると，ビタミンB_{12}（コバラミン）のようにコバルトのポルフィリン錯体を骨格に有するものや，ビタミンC（アスコルビン酸）のように高い水溶性を示すものからビタミンDやビタミンE（トコフェロール）のように油溶性を示すものまで，さまざまな有機化合物がビタミン類に含まれている．これらのことを考慮して，図5.1では分析対象物の化学的な性質が反映されるように分析対象物を配置した．

5.2.2　食品中のミネラルの分析

　食品にはさまざまな元素が含まれており，これらはバランスのとれた生命活動に重要な役割を果たしている．人体にとって必要とされる必須元素は食品中に含まれるミネラル分によってまかなわれている．ミネラルは糖質，脂質，タンパク質およびビタミンと並ぶ栄養素の一つであり，人体を構成する主な元素である炭素C，水素H，酸素O，窒素Nを除いた元素の総称である．日本人の食事摂取基準2020年版（厚生労働省）には，食品からの摂取基準が設定されているミネラルとして，ナトリウムNa，カリウムK，カルシウムCa，マグネシウムMg，リンP，鉄Fe，亜鉛Zn，銅Cu，マンガンMn，ヨウ素I，セレンSe，クロムCrおよびモリブデンMoの13元素が挙げられている．

　ミネラル分の中でも，アルカリ金属イオン（Na^+，K^+），2族金属イオン（Ca^{2+}，Mg^{2+}）やハロゲン化物イオン（Cl^-，I^-）は，もともと水溶性であることから，水や酸水溶液へ効率よく抽出される．一方，重金属元素は，単純な無機イオンの形態だけでなく，タンパク質やアミノ酸などと結合した形

態でも存在している．このため，食品中の重金属元素を分析する場合には，乾式灰化によりいったん無機化された後，酸や緩衝液などへ抽出され，測定されている．

　水溶液に移行したミネラル分の測定には，原子スペクトル分析法や紫外・可視吸光光度法といった水試料分析に用いられる分析法が用いられる．環境水試料中のアルカリ金属イオン，2 族金属イオン，ハロゲン化物イオンの測定に広く用いられるイオンクロマトグラフィーは，食品分析ではさほど利用されていない．その理由は，食品分析ではこれらのイオンの同時分析があまり必要とされないことに加え，共存成分の除去に複雑な前処理が必要とされるからである．

5.2.3　食品中の栄養成分，添加物の分析

　私たちの身体は，日々の食品から摂取した栄養成分で維持されている．したがって，食環境を評価するために，食品中の栄養成分の分析は不可欠である．栄養成分の中でミネラル以外の糖質，脂質，タンパク質およびビタミンはすべて有機物質である．これら食品中に含まれる有機物質の分析を行うには，その特徴，性質によってさまざまな前処理法，測定法を使い分ける必要がある．食品衛生法に規定されている主な分析方法の概要を以下に解説する．

　糖質は水溶性が高いことから，低分子量の糖質の場合，水や水-エタノール混合溶媒へ抽出された後，液体クロマトグラフィーで測定される．一方，デンプンやグリコーゲンは酵素反応や加水分解反応によりブドウ糖へと変換された後，ブドウ糖換算量として測定される．これに対して，脂質は有機溶媒に高い溶解性を示すので，ジエチルエーテルやクロロホルム-エタノール混合溶媒などの有機溶媒に抽出された後，溶媒を溜去し残分の質量を測定することで定量される．タンパク質の分析はケルダール法により行われ，窒素分はアンモニアとして測定される．一方，ビタミン類は，ビタミン同士にほとんど化学的な構造の類似性がないことから，対象とするビタミンごとに測定方法が異なる．

　食品添加物は，食品の加工性，保存性，風味・色合いの向上，あるいは栄養強化のために食品に添加される．亜硫酸ナトリウムや亜硝酸ナトリウムといった無機化合物だけでなく，エチレンジアミン四酢酸（ethylenediaminetetraacetic acid：EDTA），エタノール，安息香酸といった簡単な有機化合物も食品添加物として用いられる．動物実験などの結果に基づいて安全性を見積ることにより，食品添加物の使用量は決められている．食品添加物は長期にわたり摂取されるので，その含有量の管理は重要である．ビタミンと同様に，食品添加物も化学構造の類似性がないため，対象物質ごとに測定方法が異なる．

5.2.4　食品中の有害物質，農薬の分析

　食品衛生法では，食品中の代表的な有害物質として，有機溶媒，アルキル水銀，ビスフェノール A，フェノール類，ホルムアルデヒドおよびポリ塩化ビフェニル（polychlorinated biphenyl：PCB）などを指定している．本節では，これらの中でも，高い毒性や残留性から環境試料でも重要な分析対象となっているダイオキシン類と PCB について解説する．

　ダイオキシン類や PCB はその毒性，残留性に加え，生物濃縮される性質を有することから，食品においても正確な測定が求められている．ダイオキシン類と PCB には油溶性があることから，食品中においてこれらは主に脂肪分に取り込まれる．食品中のダイオキシン類や PCB を測定する場合，まず 1 mol L^{-1} 水酸化カリウムを含むエタノールを用いて，食品中の脂肪分を脂肪酸のカリウム塩とグリセリンに分解する．次に分解物中に含まれているダイオキシン類や PCB をヘキサンに抽出する．ヘキサン抽出物は濃縮工程とカラムクロマトグラフィーによる精製工程（クリーンアップ）を経て，ガスクロマトグラフィーにかけられる．ガスクロマトグラフィーでは，これまで塩素化合物に対して

高感度な電子捕獲検出器（表14.4参照）が広く用いられてきたが，現在では感度と選択性に優れた質量分析計が主流になっている[5]．なお，ダイオキシン類の分析結果は毒性等量（toxicity equivalency quantity：TEQ）（4.8節参照）として報告される．

　多くの農薬は人体にとって有害である．しかし，食品分析において農薬は有害物質とは別項目で取り扱われる．これは，上述した有害物質が非意図的に食品に混入するのに対して，農薬は食品の原材料である農産物の栽培や保管の際に意図的に使われ，農産物に接触する可能性が極めて高いことによる．5.2節で述べたように，ポジティブリストには農薬など799の物質について食品中の残留基準が定められている．代表的な殺虫剤と除草剤を化合物群ごとに図5.2にまとめた．これらの中には，水質汚濁防止法（3.3.4項(2)参照）や土壌汚染対策法（4.3節参照）で規制されているものもある．農薬には殺虫剤と除草剤のほかに，殺菌剤も使われる．

　有機リン系化合物やカーバメート系化合物はコリンエステラーゼ拮抗作用に基づく神経毒性を持つ殺虫剤である．これに対して，合成ピレスロイド系のアレスリンは除虫菊の有効成分である菊酸を骨格に持ち，神経細胞上の受容体に作用する．なお，塩素系の殺虫剤として有名なジクロロジフェニルトリクロロエタン（dichlorodiphenyltrichloroethane：DDT）は難分解性であることから，特別な場合を除き，現在は使用されていない．

　除草剤として使われている農薬は，アミノ酸系，フェノキシ系，ビピリジニウム系，およびトリアジン系などに分類される．アミノ酸系のグリホサートは植物酵素の合成阻害剤であり，フェノキシ系の2,4-ジクロロフェノキシ酢酸は植物ホルモン様の作用を持ち異常な細胞分裂を誘起させる．ビピリジニウム系のパラコートは即効性が高く，葉だけを枯らす．トリアジン系のシマジンは根から吸収され植物の成長を抑制する．

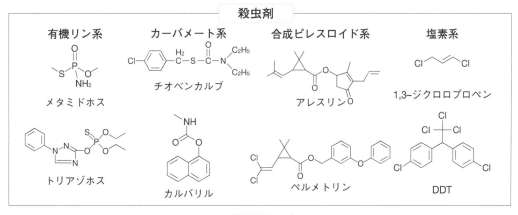

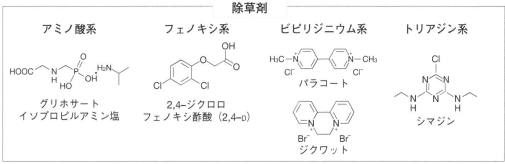

図5.2　代表的な殺虫剤と除草剤の構造式

　食品分析で対象となる農薬はそのほとんどが有機化合物であり，親水部と疎水部をあわせ持つ構造をしていることから，アセトンに可溶なものが多い．このため，食品に含まれる農薬の抽出にはアセトンあるいはアセトン-水混合溶媒がよく用いられる．農薬を抽出したアセトン溶解物は，濃縮工程とカラムクロマトグラフィーによる精製工程を経て，ガスクロマトグラフ質量分析計で分析される．

　食品分析に用いられている測定法の中でも，ガスクロマトグラフィーや液体クロマトグラフィーと組み合わせた質量分析法は感度，選択性の面から，非常によく用いられている．質量分析法では，同一の化合物でも質量数ごとに分けて測定できる．この特長を利用して質量分析法では精確さを確保するために，内標準物質としてサロゲートがよく使われる．サロゲートとは，分析対象物質と同じ化学構造を持ち，一部の原子が同位体で置換されている指標物質の総称である．サロゲートと分析対象の物質とは前処理段階においてほとんど同じ化学的なふるまいをするので，サロゲートを用いることで前処理段階における分析対象物の損失を補正できる（4.8節参照）．

5.2.5　微生物分析法

　大腸菌 O-157 に代表される病原性細菌の食品への混入は，ときとして社会問題へと発展することがある．病原性細菌に限らず食品中に存在する微生物は微生物分析法により測定される．微生物分析法とは，対象となる微生物を培養した後に出現した集落数の計数から生菌数を算定する方法や，特定の培地で培養した際に発生する集落の同定を意味する[6]．食品中の一般細菌数，大腸菌群数，乳酸菌数の測定，あるいはサルモネラ菌，ボツリヌス菌の同定などが微生物分析法によって行われる．一例として，一般細菌数の測定手順を以下に解説する．

　寒天培地に希釈した試料液を加えて 35 ℃で 2 日間培養し，出現した集落数を数える．希釈倍率と集落数の積で生菌数を算定する．微生物の同定には顕微鏡が用いられる．

　微生物分析法は，食品中の微生物そのものだけではなく，微生物が必要としている成分の測定にも用いられる．食品中のナイアシン，ビオチン，ビタミン B_6，ビタミン B_{12} および葉酸がこの方法で測定される．

5.2.6　非破壊分析法による食品のその場分析

　これまで述べた測定法では，図 5.1 に示すようにすべて試料を前処理してから分析する破壊分析（分析試料は分解され，測定に適した形態に変換された後，測定によって消費される）である．しかし，販売，消費される食品そのものを分析することも，食品の品質や安全性を保証するうえで欠かせない．このような場合には，被検体を分解しない非破壊分析法が用いられる．例えば，打音によりスイカなど果実中の空洞の有無を判定する方法も非破壊分析法に分類される．一方，定量性の高い非破壊分析法には，食品への損傷が少なく，また得られる情報量が多いといった理由から，光（電磁波）を用いる方法が広く用いられている．

　光を用いる食品の非破壊分析法には，透過法と反射法がある．図 5.3(a) に測定法を模式的に示す．透過法では，光が通過する食品内部の情報を得ることができる．一方，反射法では，表面近傍の情報のみが得られる．いずれの方法においても，照射した光の吸収を測定する方式と照射した光を励起光として蛍光物質を測定する方式とがある．図 5.3(b) に透過光スペクトルを測定する光学系を示す．試料を透過した光は回折格子により分光され，アレイ型検出器で波長ごとに強度が同時測定され，スペクトルに変換される．

　食品の非破壊分析に用いられる光の種類は X 線から短波までと幅広い（第 11 章参照）．これらの中でも，試料に対する透過性が比較的優れている近赤外光（波長 800～2,500 nm）がよく用いられてい

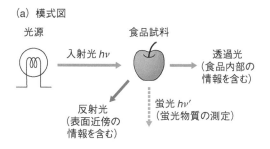

(a) 模式図

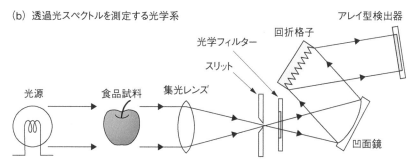

(b) 透過光スペクトルを測定する光学系

図5.3 光を用いる食品の非破壊分析法

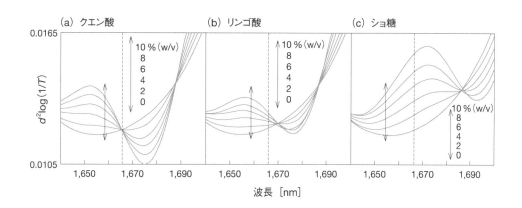

図5.4 クエン酸，リンゴ酸，ショ糖溶液の二次微分近赤外吸収スペクトル

点線は，温州みかんおよびいちごの全糖用検量線に採用されている波長（1,666 nm）

[河野澄夫（編），藤原孝之，食品の非破壊計測ハンドブック，サイエンスフォーラム（2003），p.176，図3 をもとに作成]

る．近赤外光を用いるスペクトル分析法は近赤外分光法と呼ばれる．この領域における光の吸収は，赤外領域に出現する基準振動の倍音や結合音により生じ，主に分子中のC-H，O-H，N-Hといった結合に由来する．これらの結合はほとんどすべての有機物質に含まれていることから，近赤外分光法では特定波長の吸収バンドと化合物の構造との間に明確な相関が認められることは極めて少ない．そこで，得られた近赤外吸収スペクトルを一種のパターンとみなして，そのパターンの識別から試料成分の同定を行う手法がとられている．試料成分の同定や定量には吸収スペクトルを微分して得られる微分スペクトルもパターン識別に用いられる．図5.4に果実の糖分であるショ糖や酸性成分であるクエン酸およびリンゴ酸を含む溶液の二次微分近赤外吸収スペクトルを示す[7]．ここでは，いちごやみかんに含まれる全糖の測定に波長1,666 nm（点線）の二次微分強度が用いられている．図5.4からもわかるように，この波長における二次微分強度はクエン酸の濃度にはまったく依存せず，リンゴ酸の

濃度に対してもあまり依存しない．その一方で，1,666 nmにおける二次微分値はショ糖に対して大きな濃度依存性を示す．したがって，この波長における二次微分強度は果実の糖濃度を反映することになる．近赤外分光法は生産現場における迅速かつ非破壊検査法としてすでに実用化されている．

5.3　住環境の分析

　住環境は私たちを直接取り巻く空間である．このため，私たちは意識せずにさまざまな影響を住環境から受けている．住環境には匂いや湿度といった物質的な要因のほかに，明るさ（照明），音，彩色，模様，温度といった要因が影響している．本節では，私たちを取り巻く住環境に存在する物質の測定について解説する．

　近年，省エネルギーや防音を目的として，住環境の気密性がいっそう高まる傾向にある．高い気密性により，冷暖房は効率よく効き，外部の騒音が軽減され，プライバシーも守られた快適な生活を送ることができる．気密性の高さは，見方を変えると，住環境を外の環境から遮断していることになる．このため，気密性の高い住環境では，建材や調度品などから発生する揮発性有機化合物（volatile organic compounds：VOC）が蓄積しやすいだけでなく，ダニやカビなどにより室内空気の汚染が進みやすいといった問題が懸念されている．

　VOCを含む空気にばく露されると，目のかゆみや鼻水，湿疹などの健康被害が生じることがある．このような健康被害は，一般にシックハウス症候群と呼ばれている．シックハウス症候群と室内空気汚染との明確な因果関係は証明されてはいないが，気密性の高い住環境が普及している地域で，シックハウス症候群が社会的な懸案となっている．大気中のVOCの分析法については，第2章で解説した（2.8節参照）．そこで，本節では室内環境の保全という観点からVOCを取り上げる．なお，シックハウス症候群とは関連性のない悪臭物質も大気汚染防止法ではVOCに分類されている．

　VOCと並んで，住環境からのばく露による健康被害として社会問題となっている物質が，アスベスト（石綿）である．アスベストは安価であり，耐熱性，耐摩耗性，電気絶縁性および耐薬品性に優れている．かつて「奇跡の鉱物」と重宝され，建築材料，自動車のブレーキ部品，断熱材，摩耗材などの工業材料に幅広く使用されてきた．天然に産する繊維状ケイ酸塩鉱物であるアスベストには有害元素は含有されておらず，アスベストの存在そのものは地球環境を汚染する原因とはならない．しかし，アスベストの環境への放散は，その吸入にともなう健康被害というほかの汚染物質とは別種の問題を引き起こす．近年，日本，韓国，台湾を除くアジア諸国ではアスベストの消費量が増加傾向にあることから，近隣諸国からアスベストが飛来する可能性が懸念されている．それに加えて，国内では今でもアスベストを含んだ建材を使った建造物の解体作業が行われている．これらのことを考えると，住環境におけるアスベストの分析は，今もなお重要な測定項目として位置づけられている．

5.3.1　住環境中の揮発性有機化合物（VOC）

　多くの時間を建物や家屋の中で過ごす現代の生活様式のために，私たちは室内環境中のVOCにばく露されるようになった．長時間にわたるVOCへのばく露は，ときとして私たちの健康に甚大な影響を及ぼすことがある．厚生労働省は2002年までに表5.2に示す13種のVOCについて室内濃度指針値を定めた[8]．これらの化合物は一般家屋の居住環境中における実態調査に基づいて決められた．大気中には，植物起源のVOC（植物起源揮発性有機化合物，biogenic volatile organic compounds：BVOC）も存在するが，住環境中のVOCはそのほとんどが人為的に発生したもの（人為起源揮発性有機化合物，anthropogenic volatile organic compounds：AVOC）である．AVOCの中でもホルムアル

表5.2　揮発性有機化合物の室内濃度指針値（厚生労働省指針値）

揮発性有機化合物	室内濃度指針値（25 ℃）[a]	
	質量濃度	体積分率
ホルムアルデヒド	100 μg m^{-3}	0.08 ppmv
アセトアルデヒド	48 μg m^{-3}	0.03 ppmv
トルエン	260 μg m^{-3}	0.07 ppmv
キシレン	870 μg m^{-3}	0.20 ppmv
エチルベンゼン	3800 μg m^{-3}	0.88 ppmv
スチレン	220 μg m^{-3}	0.05 ppmv
パラジクロロベンゼン	240 μg m^{-3}	0.04 ppmv
テトラデカン	330 μg m^{-3}	0.04 ppmv
クロルピリホス	1 μg m^{-3}（小児の場合1/10）	0.07 ppbv（小児の場合1/10）
フェノブカルブ	33 μg m^{-3}	3.8 ppbv
ダイアジノン	0.29 μg m^{-3}	0.02 ppbv
フタル酸ジ-n-ブチル	220 μg m^{-3}	0.02 ppmv
フタル酸ジ-2-エチルヘキシル	120 μg m^{-3}	7.6 ppbv

a）質量濃度をC[μg m^{-3}]，体積分率をf_v[ppbv]とすると，下式により濃度換算できる．

$$f_v = C \times 22.4 \times \frac{1}{M} \times \frac{273+T}{273} \times \frac{P_1}{P_2}$$

ただし，Mは分子量，Tはサンプリング時の温度[℃]，P_1は標準大気圧（1.013×10^5 Pa），P_2はサンプリング時の大気圧[Pa]である．

[厚生労働省 医薬食品局化学物質安全対策室，シックハウス対策 室内濃度指針値一覧表をもとに作成]

デヒド，トルエン，キシレンおよびパラジクロロベンゼンの4物質は，厚生労働省による住環境中での調査において非常に高い汚染が認められ，室内における濃度指針値が2000年に設定された[9, 10]．これらのうち，ホルムアルデヒド，トルエン，キシレンは主に，建材や調度品に使われている溶剤に含まれている．一方，パラジクロロベンゼンは衣類の防虫剤として使用されている．表5.2に示す個々のVOCとは別に，厚生労働省は室内空気中の総揮発性有機化合物（total volatile organic compounds：TVOC）の暫定目標値を400 μg m^{-3}と定めた．この数値は，国内家屋の室内VOC実態調査の結果[11]から決定された値である．この措置は，個々の室内VOCとシックハウス症候群との因果関係が十分に解明されていないことによるものである．TVOCは住環境における空気の質を判断する目安として用いられている．

　ホルムアルデヒドとアセトアルデヒドの標準的な測定方法は，第2章で解説した（2.8.2項参照）．室内環境においても第2章と同様に，固相吸着/溶媒抽出/高速液体クロマトグラフィーがアルデヒド類の公定分析法に採用されている．ここでもアクティブサンプリングやパッシブサンプリングにより試料採取が行われる．アクティブサンプリングの場合，新築住宅では流量1 mL min^{-1}で30分間，居住住宅では流量0.1 mL min^{-1}で24時間のサンプリングを行う．一方，パッシブサンプリングの場合，サンプラーを室内に8〜24時間吊り下げることでサンプリングを行う．パッシブサンプリングは簡便であることから，文部科学省による学校環境衛生の基準[12]に採用されている．いずれの方法においてもサンプリングに用いられるサンプラーの内部には2,4-ジニトロフェニルヒドラジン（DNPH）を被覆したシリカゲル（吸着剤）が入っており，これがアルデヒド類と反応しヒドラゾン誘導体となる

ことで，アルデヒド類が捕集される．サンプラー中のDNPH誘導体をアセトニトリルで溶出してから高速液体クロマトグラフィーにより測定する．検出には紫外・可視分光光度計を用い，360 nmにおける吸光度から各アルデヒドが定量される．

　ホルムアルデヒドとアセトアルデヒド以外のVOCは，ガスクロマトグラフ質量分析計（gas chromatograph-mass spectrometry：GC/MS）により測定される．この場合，測定対象物の種類や濃度に応じた適切な捕集濃縮法が選択される．VOC濃度が低い場合には，固相吸着剤を充填した捕集管が用いられ，このときVOCは捕集管に捕集されると同時に濃縮される．濃縮の必要がない場合には，試料採取容器に採取した空気をそのまま分析する．捕集管に捕集されたVOCは固相吸着剤の種類に応じた方法で脱着され測定される．有機溶媒で溶出する方法や，固相吸着剤をそのままGC/MS装置に装着して加熱脱着する方法がよく用いられている．VOCを化合物ごとに分けて測る必要のないTVOCの測定では，ポータブルタイプの簡易測定器が用いられることがある．市販されている簡易測定器は，GC/FID（gas chromatograph-flame ionization detector，ガスクロマトグラフ水素炎イオン化検出器）や触媒酸化-非分散赤外吸収法を採用している．

Pick up

室内の空気の質とVOC ─VOC測定の変遷

　快適な室内環境をつくるのに，「香り」や「匂い」は欠かせない要因であろう．デパートでも，アロマテラピーやデオドラントの売場コーナーをよく見かける．「香り」や「匂い」の主な原因は空気中のVOCである．心地がよければ「香り」になり，悪ければ「いやな匂い」になる．VOCにとっては迷惑な話である．

　さて，誰もがよいと感じる「香り」というのは恐らく存在しないが，空気の質（quality）を下げる揮発性物質はいくつか知られている．代表的なものは，ホルムアルデヒドやトルエンであろう．これらはシックハウス・シックスクール症候群として話題になった化学物質過敏症の原因物質として知られている．すでに，ホルムアルデヒドについては建材からの放散速度に応じた性能基準が設けられている．また，化学物質の放散を抑制したり，室内空気中の化学物質の濃度を低減したりする機能を付与した壁紙やシートなども市販され，対応が進んでいる．ホルムアルデヒドとアセトアルデヒドはほかのVOCよりも沸点が低く，特にVVOC（very volatile organic compounds）に分類される（図1）．

　ところが，高気密化した住環境では，極低濃度のVOCもシックハウス・シックスクール症候群の原因となりうることが明らかになってきた．極低濃度のものまで含めると，気密性の高い室内空気は多数のVOCを含んでいる．生体の持つ感受性が多様であることから，極低濃度のVOCの場合，個々の化合物の因果関係を明らかにすることは極めて困難である．そこで，特定の沸点範囲（50〜250 ℃）の物質の総検出量を基準となる濃度（トルエン換算で400 μg m^{-3}：検出されたすべての物質の質量を，トルエンを基準に換算した濃度）以下に規制しようというTVOCの概念が定着しつつある．日本では室内で採取した空気をガスクロマトグラフィーにより分析し，得られたクロマトグラムに出現するヘキサン（炭素数6，沸点69 ℃）からヘキサデカン（炭素数16，沸点287 ℃）までのピークを解析し，トルエンに換算したものをTVOCとしている．一方，ヨーロッパでは，「個々の物質の濃度の合計」から「総量」を求めようという考えのもと，成分が特定できるものについては成分ごとに濃度を求め，成分が特定できないものはトルエンや炭素に換算した濃度を求めて，それらの濃度の合計をTVOCとし

ている（欧州共同研究ECS）．

　最近，フタル酸エステル類に代表される揮発性の低い化合物が新たなVOCの仲間として注目されている．これらは，SVOC（semi volatile organic compounds：準揮発性有機化合物）と呼ばれ，WHO では沸点が 240〜400 ℃の化合物をSVOCに分類している（図1）．SVOCは塗料の硬化剤，ワックスやニスなどの仕上げ剤の中に防腐・防蝕剤として使用されている．室温ではほとんど揮発しないものの，ホコリやチリなどに付着して住空間を浮遊しているものと考えられている．現在，住空間や建材中の SVOCの種類や濃度が測定され，シックハウス・シックスクール症候群との因果関係が調査されている．中でも，フタル酸エステル類は内分泌かく乱作用も疑われていることから，ヨーロッパでは先進国の中でも先行して規制する動きが広まっている（REACH規制）．

　さて，高気密性住宅と古民家のうち，室内空気の質が高いのはどちらであろうか．

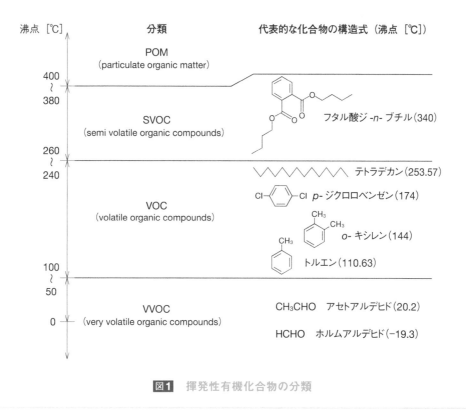

図1　揮発性有機化合物の分類

5.3.2　アスベスト

　アスベストは，蛇紋石系のクリソタイル（白石綿），角閃石系のクロシドライト（青石綿），アモサイト（茶石綿），アンソフィライト（直閃石綿），アクチノライト（陽起石綿），およびトレモライト（透角閃石綿）の6種類に分類される．これら6種類のアスベストに加え，アスベストが含まれる建築材としての吹付けバーミキュライトも規制対象となっている．

　アスベスト繊維の直径は細いもので0.02〜0.350 µm 程度であり（この径を肉眼で見ることはできない），この細さのアスベストは空中に容易に飛散し浮遊する．住環境中に浮遊するアスベストを人間が吸引すると，肺に入り込み排出されることなく，肺に長期間滞留することになる．その結果，悪性中皮腫や肺がんがゆっくりと進行する．日本でも，アスベストを含んだ工業製品の製造や建材を使っ

た建造物の解体作業に携わった人が悪性中皮腫や肺がんを発症したことで，大きな社会問題となった．これを受けて，健康被害の予防を目的として，労働安全衛生法，特定化学物質障害予防規則，大気汚染防止法および廃棄物処理法などが制定され，アスベストの使用が規制されるようになった．2006年に労働安全衛生法施行令が改正され，0.1 %を超えてアスベストを含有する製剤などが製造禁止となっている．これらの規制により，日本ではアスベスト製品の製造にともなう新たな健康被害はほとんど報告されなくなっている．

　空気中に浮遊するアスベストの測定方法は，環境省，厚生労働省，国土交通省，およびJIS[13] などによって定められている．これらを表5.3にまとめた．JISでは，このほかに建材中のアスベストの測定法[14] が定められている．測定方法の概要を以下に解説する．

　一定体積の空気をフィルターに通し，そこに捕集された繊維質を位相差顕微鏡あるいは走査電子顕微鏡（scanning electron microscope：SEM）で観察し，アスベストのみを計数する．なおJISではSEMのほかに透過電子顕微鏡（transmission electron microscope：TEM）も採用されている（JIS K 3850-3:2000）．TEMは現在利用できる顕微鏡の中でもっとも高い分解能を有し，位相差顕微鏡やSEMでは測定できない微細なアスベストを観察できる．SEMの原理については第11章で解説する．

位相差顕微鏡は光学顕微鏡の一種であり，光の位相差（波として光が進むときに何らかの原因で生じる進み方のズレ）をコントラスト（明暗の差）に変換して観察でき，標本を染色することなしに観察できる．表5.3に示すような公定分析法には採用されていないものの，アスベストを染色してから顕

表5.3 アスベストの測定方法

	環境省		厚生労働省	(財)日本建築センター	国土交通省	JIS K 3850-1: 2006
種類	アスベストモニタリングマニュアル（第4.0版）	平成元年12月27日告示第93号	作業環境測定法	既存建築物の吹付けアスベスト粉じん飛散防止処理技術指針・同解説	建築改修工事整理指針（下巻）（平成19年版）	空気中の繊維状粒子測定方法
対象	環境大気中の測定 ・発生源の周辺地域 ・バックグラウンド地域	大気汚染防止法に基づく測定 ・石綿取扱い事業場の敷地境界	労働安全衛生法に基づく測定 ・アスベストの取扱い作業場	室内環境等低濃度レベルにおける測定	国土交通省の解体・改修工事に伴う測定（アスベスト処理工事）	空気中に浮遊している繊維状粒子を測定
測定位置	地上1.5～2.0 m 風向きを考慮して2～4点	敷地境界線の東西南北及び最大発じん源と思われる場所の近傍	単位作業内の高さ50～150 cmの位置 A測定，B測定	建築物内の高さ50～150 cmの位置	目的に応じて設定する	目的に応じて設定する
フィルター直径	47 mm			47 mm，25 mm		
吸引流量・時間	10 L/分×240分 連続3日間	10 L/分×240分	1 L/分×15分	5 L/分×120分	1 L/分×5分 5 L/分×120分 10 L/分×240分	
計数対象繊維	長さ5 µm以上，幅（直径）3 µm未満で，長さと幅の比（アスペクト比）が3：1以上					
顕微鏡	位相差顕微鏡，電子顕微鏡	位相差顕微鏡，生物顕微鏡（クリソタイルを対象）	位相差顕微鏡			位相差顕微鏡，走査電子顕微鏡
基準	—	10本/L	—	周辺一般環境大気との比較	10本/L	—

［環境省公開資料，平成24年度第3回アスベスト大気濃度調査検討会，「資料3 アスベスト大気濃度測定方法の検討課題について」より引用］

微鏡観察する方法もアスベストの分析としてよく用いられている．図5.5は，クリソタイルの反射電子像[15]と位相差・分散顕微鏡写真である．図5.5(a)に観察される針状および繊維状物質がクリソタイルである．

　試料空気のサンプリングは図5.6に示す装置によって行われる．捕集に際し，使用する顕微鏡によって適切なフィルターを選択する．位相差顕微鏡用にはセルロースエステル製のものが，SEM用にはポリカーボネートに金またはカーボンを蒸着したものが適している．いずれのフィルターにおい

(a) 反射電子像

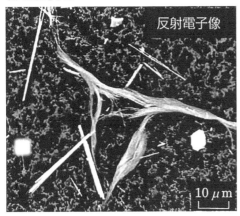

(b) 位相差・分散顕微鏡写真

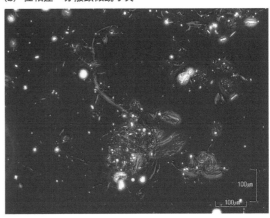

図5.5　クリソタイルの反射電子像（a）と位相差・分散顕微鏡写真（b）

反射電子像（a）：平井昭司監修，"現場で役立つ大気分析の基礎 VOCs，PAHs，アスベスト等のモニタリング手法"，オーム社（2011），p. 217，図4.44(a) より転載；位相差・分散顕微鏡写真（b）（(一財) 東海技術センター提供）：浸液（屈折率$n_D^{25℃}$=1.550），総合倍率100倍.

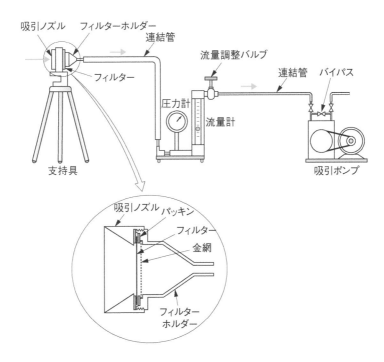

図5.6　アスベストの捕集装置

ても，孔径は0.8 μmのものが使われる．アスベストを捕集したフィルターの前処理法を図5.7に示す．アスベストを捕集したフィルターを1/4に分割し位相差顕微鏡用の試料とする．残りのうち，1/4はSEM用の試料とする．位相差顕微鏡用に分割した試料フィルターをスライドガラスの上に置く．通常，試料フィルターの透明度は低いので，透明度を上げるために，アセトンの蒸気をしみこませた後にトリアセチルグリセリンを滴下する．その後，カバーガラスを被せて観察する．アスベストとして計数する繊維は，表5.3に示したように，いずれの測定法でも，長さが5 μm以上，幅（直径）3 μm未満でアスペクト比（長さと幅の比）が3：1以上のものとなっている．

ガラス繊維とは異なり，アスベスト繊維は結晶性を有しているので，X線回折法（X-ray diffraction method：XRD）でも測定できる．XRDによるアスベストの定性分析・定量分析は，建材製品中のアスベストの含有率測定方法JIS A 1481-3:2014およびJIS A 1481-5:2021に採用されている．図5.8にアスベストの典型的なXRDパターンを示す．XRDパターンに関しては，既知化合物のデータベースが整備されていて容易に利用できる[16]．データベースを検索することで，簡単にアスベストの定性分析が行えることから，XRDは一次スクリーニング用としてしばしば用いられている．しかし，鉱石の中にはアスベストの回折ピークと重なるピークを示すものがある．そこで，XRDによるスクリーニング結果からアスベストの存在が示唆された場合には，SEMあるいは位相差顕微鏡による精密な観察を行う．

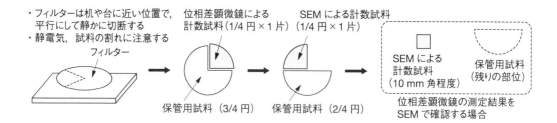

図5.7 アスベストを捕集したフィルターの前処理法

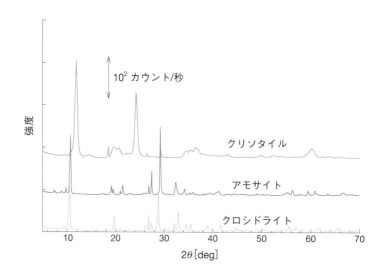

図5.8 代表的なアスベストのXRDパターン

測定条件：X線対陰極Cu，管電圧40 kV，管電流30〜40 mA
[JFEテクノリサーチ㈱ ウェブページhttps://www.jfe-tec.co.jpをもとに作成]

Coffee Break

「ふ〜っ」と一息でがん検診?!（呼気ホルムアルデヒドの自動分析）

　私たちの呼気には，N₂，O₂，CO₂そしてH₂O（水蒸気）のほかに，約200種ものVOCが含まれている．その中には，驚くべきことに，化学実験でよく用いられるアセトンや，合成ゴムの原料となるイソプレンなども数百ppbv程度含まれている．さらに，呼気からホルムアルデヒド（HCHO）が検出されることがある．HCHOは，シックハウス症候群の原因物質であるだけでなく，発がん性物質としても知られている．したがって，HCHOをはじめとする呼気に含まれるアルデヒド類を検出することで，がんの早期発見につながるかもしれない．呼気の検査は，血液検査や尿検査よりも低侵襲（痛みや負担が少ない）であることから，最近注目されている．ここでは，フローインジェクション分析（flow injection analysis：FIA）という流れ分析技術を用いる呼気中のHCHOの自動定量法を紹介しよう[17]．

　図1に示すように，HCHOはアンモニウムイオンの共存下で2分子の5,5-ジメチルシクロヘキサン-1,3-ジオン（ジメドン）と反応し，蛍光誘導体となる（図2.20に類似する蛍光誘導体化反応がある）．この誘導体の蛍光強度から室内空気中のホルムアルデヒドガスを定量できる．この原理を図2のFIAシステムに導入した．FIAとは，各種の溶液内化学反応を内径0.5 mm程度の細管内で自動的に行い定量する技術である．そのシステムは，基本的には送液ポンプ，試料注入バルブ，反応コイル，検出器，記録計で構成される．

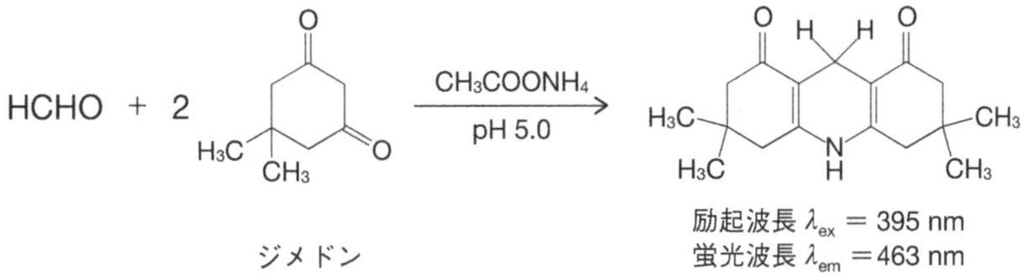

$$HCHO + 2 \quad \text{（ジメドン）} \xrightarrow[\text{pH 5.0}]{CH_3COONH_4} \quad \text{（蛍光誘導体）}$$

励起波長 λ_{ex} = 395 nm
蛍光波長 λ_{em} = 463 nm

ジメドン

図1　ジメドンを用いるホルムアルデヒドの蛍光誘導体化反応

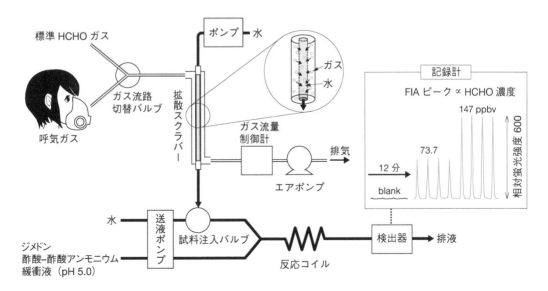

図2　呼気ホルムアルデヒドのフローインジェクション分析システム

　　図2に示すように，標準HCHOガスあるいは呼気ガスは，ガス成分を溶液化することができる拡散スクラバー（diffusion scrubber：DS）に送られる．DSは二重管となっている．内側の管は多孔性膜でできているので，内部の水は漏れ出さないものの，ガスは容易に透過できる．このため，HCHOなどの水に溶けやすいガスは，速やかに膜を通過して管内の水に吸収される．HCHOを吸収した水はFIAシステムの試料注入バルブを介してFIAに導入される．その後，HCHOは誘導体化試薬と合流し，流れの中で反応して蛍光誘導体となる．生成した蛍光誘導体は下流の検出器に到達し，蛍光強度が測定される．蛍光強度を連続的に測定することで，ガス試料に含まれるHCHOの濃度に比例した高さのピーク（シグナル）が記録される．数〜数百ppbvの標準HCHO濃度に対し，このシグナル高さをプロットすれば直線が得られる（検量線）．このシステムを用いて，喫煙に際しての呼気HCHO濃度をモニタリングしたところ，喫煙者の呼気HCHO濃度は，喫煙後に約1.5倍に上昇し，その状態が約30分間続くことがわかった．

　　開発がさらに進めば，「ふ〜っ」と一息で健康診断やがん検診ができる日がくるかもしれない．

【引用文献】

1）青木洋祐，（栄養学講座）栄養学総論，光生館（1995）
2）厚生労働省，令和元年 国民健康・栄養調査結果（2019）
3）厚生労働省，食品衛生法等の一部を改正する法律，平成30年6月13日（2018）
4）菅原龍幸，前川昭男（監修），新食品分析ハンドブック，建帛社（2000）
5）厚生労働省 生活衛生局食品保健課，食品中のダイオキシン類の測定方法暫定ガイドライン（2008）
6）森地敏樹（監修），食品微生物検査マニュアル，栄研器材株式会社（2002）
7）河野澄夫（編），食品の非破壊計測ハンドブック，サイエンスフォーラム（2003），p.175
8）厚生労働省 医薬食品局化学物質安全対策室，シックハウス対策 室内濃度指針値一覧表，http://www.nihs.go.jp/mhlw/chemical/situnai/hyou.html
9）厚生労働省，室内空気中化学物質の室内濃度指針値及び標準的測定方法について，生衛発第1093号（2000）
10）厚生労働省，シックハウス（室内空気汚染）問題に関する検討会中間報告書—第1回〜第3回のまとめ（2000）
11）厚生労働省 生活衛生局企画課生活化学安全対策室，居住環境中の揮発性有機化合物の全国実態調査について（1999）
12）文部科学省，「学校環境衛生の基準」の留意事項について，14ス学健第8号（2002）
13）JIS K 3850-1:2006　空気中の繊維状粒子測定方法—第1部：光学顕微鏡法及び走査電子顕微鏡法
14）JIS A 1481-1:2016，-2:2016，-3:2014/ 追補1:2022，-4:2016，-5:2021　建材製品中のアスベスト含有率測定方法
15）平井昭司（監修），日本分析化学会（編），現場で役立つ大気分析の基礎，オーム社（2011）
16）例えば，https://crystdb.nims.go.jp/　やhttps://www.icdd.com/
17）上田実，手嶋紀雄，酒井忠雄，分析化学，**57**，605（2008）

【参考文献】

• 酒井忠雄，小熊幸一，本水昌二（監修），環境保全のための分析・測定技術 普及版，シーエムシー出版（2011）
• 日本分析化学会（編），改訂六版 分析化学便覧，丸善出版（2011）
• 金原粲（監修），（専門基礎ライブラリー）環境科学，実教出版（2006）

〈演習問題〉

1 食品中の脂肪分に含まれるダイオキシン類を分析するのに，脂肪分を水酸化カリウムで処理する．このとき，脂肪酸のカリウム塩が生成する．この反応を何というか答えよ．

2 今，メタンを分析対象物質とし，質量分析法で分析することを考える．この場合，メタンのサロゲートとなりうる物質は何種類あるか答えよ．ただし，Hの同位体にはDを，^{12}Cの同位体には^{13}Cを用いるものとする．

3 VOCのもととなっている英語表記と日本語による用語を書け．また，VOCにはBVOC，AVOC，SVOC，TVOCと略されるものがある．VOCの前についているB，A，S，Tのもととなる英語と日本語を書き，それぞれを簡単に説明せよ．

4 表5.2の脚注の式を用いて，気相ホルムアルデヒドの質量濃度$100\,\mu g\,m^{-3}$から体積分率〔ppmv〕を求めよ．ただし，サンプリング時の温度を25℃，大気圧を$1.01\times10^5\,Pa$とする．

5 アスベストには有害元素は含まれておらず，存在するだけでは健康被害を及ぼさない．では，アスベストのどのような性質がどのように健康被害を及ぼすのか，簡単に説明せよ．

第
6
章

生命環境の分析

第6章で学ぶこと
- 感染症の診断における分析化学の役割
- バイオ分析に用いられるイムノアッセイの原理
- 酵素結合免疫吸着法の原理
- イムノクロマトグラフィーの原理

6.1　分析化学と感染症の診断

　感染症とは，寄生虫，細菌，真菌，ウイルス，異常プリオンなどの病原体の感染によって引き起こされる病気の総称である[1]．寄生虫，細菌および真菌は生物であるが，ウイルスや異常プリオンは生物ではない．ウイルスとは，ほかの生物の細胞を利用して自己を複製させることのできる微小な構造体のことである．細菌とは異なり単独では増殖することができず，他生物の細胞に寄生したときのみ増殖できる．また，異常プリオンは感染性を持つタンパク質であり，自己複製能力すら持たない．

　感染症は古くから人類にとって脅威であった．近年，ウイルスによる感染症の爆発的な流行への懸念が高まっている．例えば，強毒性の発生が懸念される鳥インフルエンザは，渡り鳥からニワトリへの感染が知られている．最近，鳥インフルエンザのヒトへの感染例が報告された．重症急性呼吸器症候群（severe acute respiratory syndrome：SARS，サーズあるいはサース）は新しいウイルスによって引き起こされる肺炎であり，2003年に突然，中国，香港，ベトナム，カナダ，シンガポールなどで医療従事者も含む数名が亡くなったことから世間をにぎわせた．世界保健機構（WHO）によると，2009年時点におけるヒト免疫不全ウイルス（human immunodeficiency virus：HIV）の罹患者数は約3,330万人と報告されている．免疫細胞がHIVに感染することにより，後天性免疫不全症候群（acquired immune deficiency syndrome：AIDS）が引き起こされる．

　自己複製能力を持たないタンパク質も病原体になりうる．プリオン病はその代表例であり，異常プリオンと呼ばれる感染性のタンパク質によって引き起こされる．俗に狂牛病と呼ばれる病気は，変異型牛海綿状脳症（bovine spongiform encephalopathy：BSE）というプリオン病である．当初はヒトへは感染しないと考えられていたが，現在では脳がスポンジ状に変性する変異型クロイツフェルト・ヤコブ病の病因として異常プリオンによる関与が強く示唆されている．異常プリオンは加熱によっても病原性を失わないことから，牛肉の流通について混乱が生じた．

　感染症の正確な診断にあたっては，その病因となる病原体の検出・同定が欠かせない．分析化学は病原体の検出や同定においても重要な役割を果たす．しかし，病原体の検出や同定のためには，生化学的手法，微生物学的手法，病理学的手法などを組み合わせた手法が必要となる．この場合，無機化合物や低分子有機化合物などを分析する場合とは異なる方法がとられる．検体に含まれる病原体の量を精確に決定することよりも，ある濃度以上含まれる病原体を正しく同定することの方が優先される．

　正しい診断には生化学的な検査（バイオ分析）が欠かせない．しかし，病院における診断のように緊急性が高く迅速な判定が求められる場合，微生物学的手法や病理学的手法では時間や労力がかかり

すぎる．また，検体数が非常に多い場合，精密な分析法を一つ一つ行っていたのでは時間がかかり，労力やコストも膨大となってしまい実用的ではない．このような場合，まず疑わしいものを短時間でふるい分けるスクリーニング法が有効である．通常，スクリーニング法では定量までは行わずに，対象物質の「ある・なし」のみを判断する．すなわち，対象とする病原体の量（あるいは濃度）が決められた値（閾値という）を超えたものを「陽性」，閾値を超えなかったものを「陰性」と判定し，診断の前段階としてのふるい分けを迅速に行う．「陽性」と判定された疑わしい検体だけに絞り込んで，前述のような生化学的手法，微生物学的手法，病理学的手法などによる最終的な診断を行い，病気を確定することができる．このように，スクリーニング法では対象とする病原体に対する閾値判定が重要となる．

6.2　免疫反応とイムノアッセイの原理

　バイオ分析にもっともよく利用されているのが，免疫反応である．生体の防御機構の一つに免疫がある．免疫とは，生体内に侵入してきた病原体などを認識して攻撃し排除することにより生体を病気から保護するための機構のことである[2]．生体は病原体などによる感染を受けると，その病原体を認識する抗体（antibody）と呼ばれる高分子タンパク質を産生する（図6.1）．生体が再び同じ病原体により感染を受けた場合，まず抗体がその病原体と特異的かつ強力に結合（結合定数 $K > 10^7 \sim 10^9$）し，これが引き金となってさまざまな機構が働いて病原体を駆逐するしくみになっている．

　このように生体が産生する抗体タンパク質を化学物質，細菌，ウイルスなどの分析に利用する分析法は，免疫分析法あるいはイムノアッセイ（immunoassay）と呼ばれる．すなわち，抗体はある特定の分子や病原体（抗原（antigen）という）と特異的に結合する能力を有しているので，これを利用して目的とする分子や病原体を認識・捕捉することができる．これを適当な検出法（吸光，蛍光，化学発光，放射性同位体）と組み合わせることで，目的とする分子や病原体を特異的に検出・定量することが可能となる．検出法や原理によってさまざまな種類のイムノアッセイがある．抗体は通常，ウサギなどの動物に抗原分子を大量に投与して抗体を産生させた後に血清を採取・精製することで得られる．

　抗体タンパク質が自然に有する性質を利用することから，複雑な処理を要せずに目的の分子や病原体を認識・捕捉できる利点がある．欠点としては，構造が類似した分子や病原体を誤って認識・捕捉

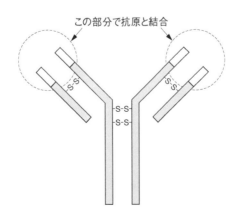

図6.1　抗体（ヒト免疫グロブリンG（IgG），分子量約15万のタンパク質分子）の模式図

してしまうこと（交差反応）がある．イムノアッセイを用いる場合は，常に交差反応の存在に注意しなければならない．

6.3　バイオ分析に用いられるイムノアッセイ

6.3.1　酵素結合免疫吸着法

感染症の診断のようなバイオ分析では，ふるい分けを迅速に行うためのスクリーニング法として，検体に極微量含まれる病原体の陽性・陰性を判定する必要があるため，高い分析感度が要求される．

バイオ分析で汎用されるイムノアッセイの一つに，酵素結合免疫吸着法（enzyme-linked immunosorbent assay：ELISA，エライザ)[3]がある．これは，イムノアッセイの原理に酵素による増幅反応を巧みに組み合わせた分析法である．原理を以下に説明する．

まず，ポリスチレンなどでできたマイクロタイタープレートと呼ばれる板のウェル（試薬を反応させる多数のくぼみ），試験管の内壁あるいはビーズの表面などに，分析対象の物質に対する抗体をあらかじめ固定化しておく．次に固相上でその抗体に対する抗原である目的の分子を反応させて目的分子を抗原抗体反応により捕捉する．これを抗体に標識した酵素によって化学的に増幅し，反応生成物を発色（吸光）法，蛍光法，化学発光法などを用いて検出する．分析対象が抗体の場合には，それに対する抗原を固定化する場合もある．固定化する媒体や手順などによりさまざまな種類のELISAがある．一例として，抗原が二つの抗体に挟まれてサンドイッチのような形となるサンドイッチELISAの概要を図6.2に示す．①目的抗原に対する抗体を固相に吸着させる．②目的抗原を含む試料溶液，さらに③先の抗体とは別の部位を認識する酵素標識抗体を加える．この時点で，[抗体-抗原-標識抗体]からなる複合体が固相表面に形成される．未反応の抗原および標識抗体を洗い流した後，④酵素の基質を加え，酵素反応の生成物による発色，蛍光，化学発光などを検出する．

抗原と抗体との特異的かつ強力な結合力を利用していることから前処理がほとんど不要である，酵素による化学的増幅のため高感度である，規格化されたプレートやチューブなどを用いることで分析の自動化が可能であり，多数の検体を短時間で分析できるなどの長所を有するので，さまざまな物質のスクリーニング法として広く用いられている．

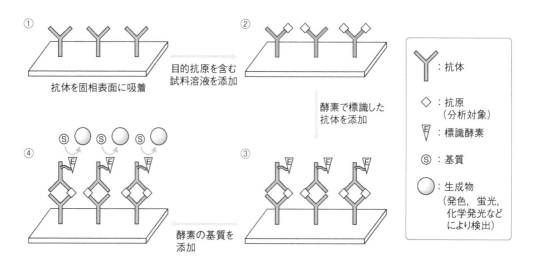

① 抗体を固相表面に吸着

目的抗原を含む試料溶液を添加

② 酵素で標識した抗体を添加

③

④ 酵素の基質を添加

Ｙ：抗体
◇：抗原（分析対象）
▽：標識酵素
Ｓ：基質
○：生成物（発色，蛍光，化学発光などにより検出）

図6.2　サンドイッチ ELISA の原理

6.3.2 イムノクロマトグラフィー

　手のひらに入るほどの大きさのスティックに尿をかけるだけで，わずか数分で誰でも手軽に行える妊娠検査薬が薬局やドラッグストアで簡単に入手できる．その原理はイムノアッセイを応用したイムノクロマトグラフィーという手法に基づいている[4]．感染症のスクリーニングにもイムノクロマトグラフィーが用いられる．インフルエンザウイルス，ノロウイルス，HIVなどのスクリーニングキットが実用化されており，医療現場で広く用いられている．

　ウイルス感染判定のためのイムノクロマトグラフィーの原理を図6.3に示す．まず患者の鼻腔から採取した液（検体）を希釈液で薄めた後，フィルターでろ過する．①この検体希釈液をスティックの検体窓に数滴滴下する．滴下した液は毛細管現象によって内部のニトロセルロース膜（メンブレン）を移動する．②ウイルスが検体希釈液中に存在する場合，あらかじめメンブレンにしみこませてある抗ウイルス抗体と結合する．③この抗体には着色物質として直径10 nm程度の極微小な金の粒子（コロイド）を結合してある．この金コロイドは赤色を呈するため，判定窓の位置にライン状に固定してある抗体に捕捉されて，金コロイドの赤色のラインが目視で確認できるようになる．④ウイルスと未結合の抗ウイルス抗体がその先の捕捉用抗体ラインに達した時点で検査終了となり，このときに判定窓のラインを読み取って判定する．インフルエンザの判定のみならず，前述の妊娠検査や排卵検査，麻薬捜査，心臓・腎臓の疾患検査など幅広い分野で用いられている．専門的な知識・経験，装置が不要で，短時間，安価，簡便に検査を行えることから，スクリーニング法として今後ますます応用範囲が広がるものと期待されている．注意点として，イムノクロマトグラフィーの感度が一般的にあまり高くないことから，本来陽性となるべき検体が誤って陰性と判定されてしまうこと（偽陰性）や，イムノアッセイの欠点である交差反応による誤判定などが挙げられる．

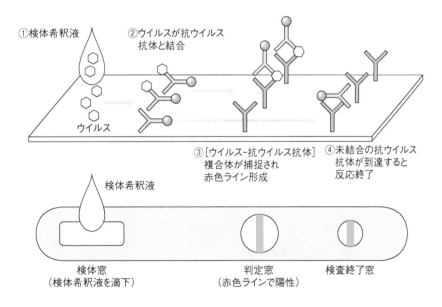

図6.3　イムノクロマトグラフィーの原理（インフルエンザ用キットの例）

Coffee Break

PCR検査

　2020年初頭に始まった新型コロナウイルス（SARS-Cov-2）の世界的な大流行（パンデミック）をきっかけとして，PCR検査[4]という方法が広く知られるようになった．PCR検査とは，細胞やウイルスの有する遺伝子を極めて高い感度で検出する遺伝子検査の一つである．遺伝子は生物の遺伝情報を担う物質であり，その主体はアデニン（A），グアニン（G），シトシン（C），チミン（T）の4種類の核酸塩基が組み合わさって鎖状に連なったDNA（deoxyribonucleic acid：デオキシリボ核酸）である．生物の細胞内にはそれが2本組み合わさった二重鎖の形で存在しており，遺伝情報はそれらの配列によって暗号化されている．塩基の配列は生物ごとで異なるため，塩基配列を調べることによって，生物の種類を特定したり病原体の有無を調べたりすることができる．そのほかにも，遺伝病や悪性腫瘍の診断，個人識別（親子鑑定，犯罪捜査），作物鑑定（産地，遺伝子組換），考古学など幅広い分野で応用されている．

　遺伝子検査では，遺伝子中の特定の塩基配列の有無を検出する．検出にはある程度の量のDNA断片が必要なため，試料中のDNA断片を増幅する必要がある．これには，耐熱性のDNAポリメラーゼ（1本のDNAを鋳型にして二重鎖DNAを合成する酵素）を用いるPCR（polymerase chain reaction）法が広く用いられる．PCR法では，鋳型となるDNA，DNAポリメラーゼおよび合成用のDNA断片（プライマー）を混合し，温度を自動的に切り替えて二重鎖を1本のDNAにほどく反応と二重鎖DNAを合成する反応を交互に起こすことによって，短時間のうちにDNA断片を10万～100万倍に増幅することができる（図1）．

　増幅したDNAを検出する方法はいくつかあるが，感染性病原体の検査のように迅速性と感度の両方が求められる場合には，リアルタイムPCR（real-time PCR）[5]という方法が適している．これはDNAの合成過程を文字どおりリアルタイムに測定する手法であり，目的のDNAに

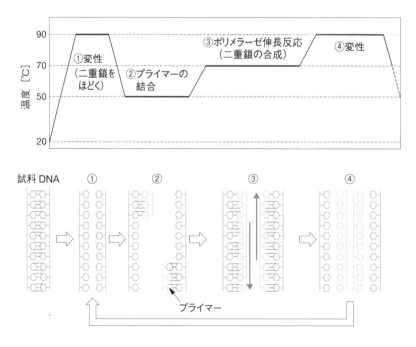

図1　ポリメラーゼ連鎖反応（PCR）法の原理

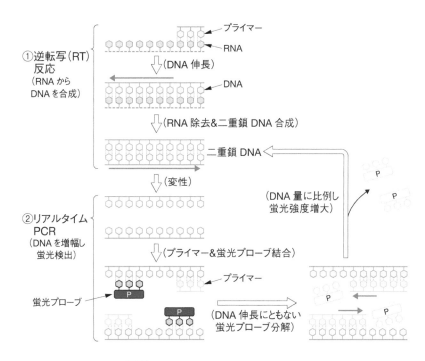

図2 リアルタイム RT-PCR の原理

結合し，かつDNAポリメラーゼで分解されると蛍光を発する性質を付加した特殊なDNA断片（蛍光プローブ）を利用することで，DNAの合成にともなって蛍光が検出されるしくみとなっている．蛍光強度が一定の値を超えると陽性（ウイルス由来の遺伝子がある）と判定される．

　一方，新型コロナウイルスはRNAウイルスの一種であり，DNAの遺伝情報の伝達やタンパク質の合成を行う物質であるRNA（ribonucleic acid：リボ核酸）のみを内包し，DNAは持っていない．PCR法はDNAの検出法であるため，一般的にRNAウイルスには直接適用することができない．逆転写酵素という酵素を用いるとRNAを鋳型としてDNAを合成（逆転写）できるので，そのDNAについてPCRを行うことでRNAウイルスを検出できるようになる．このような方法をRT-PCR（reverse transcription PCR：逆転写PCR）[5]といい，前述のリアルタイムPCRと組み合わせれば，RNAウイルスの迅速かつ高感度な検出・定量が可能となる．この原理に基づくリアルタイムRT-PCRの概略を図2に示す．

【引用文献】
1）菊川清見，別府正敏（編），最新 衛生薬学 第3版，廣川書店（2005）
2）多田富雄（監修），萩原清文，（好きになるシリーズ）好きになる免疫学，講談社（2001）
3）楠文代，渋澤庸一（編），薬学生のための分析化学 第3版，廣川書店（2008）
4）川上大輔，ぶんせき，**2020**（10），359（2020）
5）北條浩彦（編），原理からよくわかるリアルタイムPCR完全実験ガイド，羊土社（2013）

〈演習問題〉

1　変異型牛海綿状脳症（BSE）の病因は何か.

2　酵素結合免疫吸着法（ELISA）の特長を説明せよ.

3　イムノクロマトグラフィーの主な利点を列挙せよ.

4　遺伝子検査はどのような目的に用いられているか.

5　PCR法で用いられるDNAポリメラーゼの特徴を述べよ.

<table>
<tr><td>第
7
章</td><td>## 環境放射能の測定</td></tr>
</table>

第7章で学ぶこと
- 放射能に関する基礎知識
- 環境放射能の測定の目的および方法

7.1　放射能の意味と単位

　物質中に放射性核種が存在する場合，放射性核種の原子核はエネルギー的に不安定であるため，時間とともにより安定な状態に変化していく．その過程において，不安定な原子核は，過剰なエネルギーを α 線，β 線，γ 線などとして外部へ放出する．これらの荷電粒子や光子（電磁波）を放射線と呼び，原子核が放射線を出す能力を放射能という．もう一つの放射能の意味は，原子核が単位時間に壊変する割合（速度）である．このとき，放射能の単位は，ウランの放射能の発見者名にちなんだベクレル[Bq]で表され，1 Bqは1秒間に1個の原子核が壊変する割合として定義される．また，この放射能は，物質中に存在する放射性核種の原子核の数 N と核種固有の崩壊定数 λ を用いて，式(7.1)のように表される．

$$-\frac{\mathrm{d}N}{\mathrm{d}t}=\lambda N \tag{7.1}$$

式(7.1)を積分することで，崩壊定数 λ と放射性核種が半減する時間を表す半減期 T との関係が式(7.2)として導かれる．

$$\lambda T=\log_e 2=0.693 \tag{7.2}$$

このように，物質中の放射性核種の原子核の数が同じ場合，半減期の短い核種（短半減期核種）を有する物質の方が，より強い放射能を示すことになる．
　一方，放射線を受ける側への影響を表すために下記のような単位が用いられる．
- 吸収線量：1 kgの物質中に1 Jのエネルギーが吸収されたときの放射線量（単位はグレイ[Gy]）
- 等価線量：人体の臓器が受ける吸収線量に放射線の種類やエネルギーを考慮した係数（放射線荷重係数）を乗じた量（単位はシーベルト[Sv]）
- 実効線量：臓器，組織の各部位で受けた等価線量と遺伝的影響などの感受性についての係数（組織荷重係数）との積を求め，全組織での和をとった値（単位は[Sv]）

また，それぞれの線量の値を単位時間当たりで表した線量率（[Gy h^{-1}][Sv h^{-1}]など）も広く用いられている．

7.2　環境放射能測定の目的

　地球には，自然に存在する自然放射性核種と人工的に作り出された人工放射性核種が存在する．自然放射性核種には，宇宙線起源の水素 ^{3}H，ベリリウム ^{7}Be，炭素 ^{14}C，クリプトン ^{85}Kr，土壌などの大地中のウラン系列およびトリウム系列核種，ウラン系列の子孫核種として放出・拡散された大気中の

ラドン^{222}Rn およびその子孫核種である鉛^{214}Pb，ビスマス^{214}Bi，人体中にも多く含まれるカリウム^{40}K などがある．ちなみに，体重60 kgの成人男性の体内には^{40}Kが約4,000 Bq存在している．自然放射性核種による一般公衆の年間実効線量は，世界平均約2.4 mSv/年であり[1]，その約半分がラドンおよびその系列核種に起因する．日本での自然放射性核種による年間実効線量は，約2.1 mSv/年である[2]．

一方，人工放射性核種には，原子力発電所や再処理工場などから放出される核分裂生成物，核実験やチョルノービリおよび福島第一原子力発電所の事故により放出された核分裂生成物などがある．また，放射線は医療診断機器などに広く用いられており，例えばX線CT 1回での被ばく線量は約6.9 mSvである[3]．なお，一般公衆の年間実効線量限度は，外部被ばくおよび内部被ばくを合計して1 mSv/年と定められているが，自然放射線や医療診断などによる被ばくの影響は除外されている．

環境放射能の測定は，主として原子力施設の周辺住民などの健康と安全を守るため，環境中の放射性物質や放射線による線量が年間実効線量限度を下回っていることを確認するために行われる[4]．一方，原子力施設の異常時には，環境放射能を測定することで施設からの予期しない放射性物質または放射線の放出を早期に検知し，適切な対応をとれるようにできる．さらに，その後の線量の変化も環境放射能の測定により知ることができる．また，平常時には，連続的な空間放射線のモニタリングと定期的な環境試料の放射能測定が行われている．環境試料としては，大気浮遊粉じん，土壌，河底土，湖底土，雨水，河川水，海水，食品，牛乳，海産生物などがある．緊急時には，平常時のモニタリングで用いられている方法に加えて，人体に取り込まれた際に甲状腺への影響が懸念される放射性ヨウ素などの測定項目も追加される．

7.3　環境放射能の測定法

一般に放射線には，α線（^{4}He^{2+}の流れ）やβ線（e$^-$，e$^+$の流れ）などの荷電粒子，γ線などの電磁波（光子），中性子線などさまざまな種類およびエネルギーのものがあり，正確な測定値を得るためには，それぞれの特性に応じて検出器を適切に選択する必要がある．測定では，放射線による物質の電離作用や励起作用を利用し，電流・電圧信号や光信号として検出する．図7.1にはそれぞれの放射線の物質透過能力の概念を，図7.2には放射線計測によく用いられる検出器の原理を示す．

7.3.1　α線の測定

α線は物質中を通過する距離が短く，空気中の飛程も数cmにすぎないため，紙などにより容易に

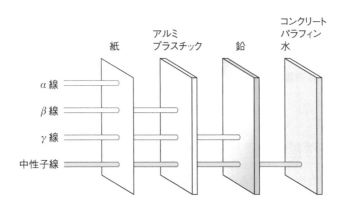

図7.1　放射線の物質透過能力の概念

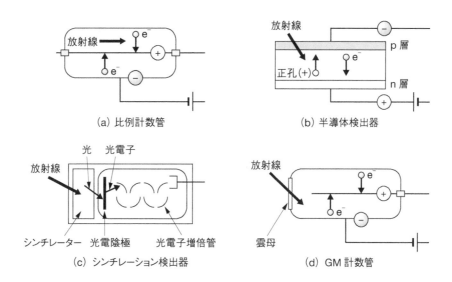

図7.2　放射線検出器の原理

遮へいされる．したがって，α線による外部被ばくはほとんど無視できる．一方，肺などの体内に取り込まれた場合の内部被ばくに関しては特に注意が必要である．試料が気体の場合は，電離箱内に注入，あるいは比例計数管の封入ガスと混合するなどして，気体の電離作用により生じる電流・電圧信号を利用してα線を測定する（図7.2(a)）．試料が液体の場合は，通常内容物を蒸発濃縮または化学操作により減量して固化し，シリコンSi半導体検出器やZnS（Ag）シンチレーション検出器などにより測定する．半導体検出器では，図7.2(b)に示すように，半導体中に放射線が入射したときに生成する正孔と電子に対して，高電圧を印加することにより電流として検出する．一方，シンチレーション検出器では，シンチレーター（蛍光体）が放射線を吸収することにより励起状態となり，その後，基底状態に戻るときに放出される光を利用する．この光は，光電陰極により光電子に変換され，光電子増倍管により増幅された後に，電流信号として測定される（図7.2(c)）．

7.3.2　β線の測定

β線は物質中を通過する能力がα線よりは大きいものの，アルミ板やプラスチックなどにより比較的容易に遮へいされる．β線の測定では，電子線を含む粒子束密度に対して，気体の電離作用により生じる電流・電圧信号を検出するGM（Geiger-müller，ガイガー・ミュラー）計数管を用いた全β線測定が広く利用されている（図7.2(d)）．β線のみを放出する核種（ストロンチウム^{90}Sr）の測定では，分離・精製後に測定が行われる．^{3}H，^{14}Cなどの低エネルギーβ線放出核種の測定では，液体シンチレーション検出器が用いられる．この方法では，バイアル瓶の中でシンチレーターの溶液と測定対象試料を混ぜる．試料から放出されたβ線とシンチレーターとが衝突し，シンチレーターが励起状態となる．その結果，光が放出される．その光を最終的に電流信号として検出することで，低エネルギーのβ線の計測が可能となる．

7.3.3　γ線の測定

γ線は，α線やβ線に比べて物質透過性が高く，鉛板などを用いなければ遮へいできない．このため，外部被ばくした場合には，体内の深部にまで到達するため注意が必要である．セシウム^{134}Csや^{137}Csをはじめとするγ線放出核種の測定には，主にシンチレーション検出器や半導体検出器が用いられて

いる．従来は，γ線の測定法としてNaI（Tl）シンチレーション検出器が広く用いられてきたが，近年では，エネルギー分解能が優れているとの理由でゲルマニウムGe半導体検出器が広く用いられるようになってきている．一方，試料中に単一の放射性核種しか含まれず，放出されるγ線のエネルギーが限定される場合，測定の容易さや検出効率の大きさなどの理由により，NaI（Tl）シンチレーション検出器が用いられる．γ線のエネルギーから核種の同定や定量を行うためには，エネルギー既知の標準γ線源による校正が必要不可欠である．また，環境試料中の放射性核種の定量では，既知量の標準試料を用意し，同一測定条件下で比較測定を行う必要がある．

7.4　環境放射能測定の実際

　ここでは，環境放射能の測定例として，空間放射線，土壌試料および河底土・湖底土試料の放射能測定を解説する．

7.4.1　空間放射線

　空間放射線の測定は，平常時の放射線レベルの把握とともに原発事故などの異常時の放射線レベルの変動をリアルタイムに知るうえで重要である．測定は，主としてγ線を対象にして行われ，異常時には中性子線を測定する場合もある．モニタリングは，図7.3のようなモニタリングポストにおいて，低線量率測定用のNaI（Tl）シンチレーション検出器や高線量率測定用の電離箱を用いて行われる．測定値は，線量率[nGy h^{-1}]で表され，平常時の値は，自然放射線による影響により30〜100 nGy h^{-1}程度である．なお，単位として[μSv h^{-1}]が用いられている場合もあるが，これは，その場における線量率を人が受けた場合の実効線量率に換算して表したものである．モニタリングポスト内部の構成を図7.4に示した．検出器により検出された信号は，スペクトロメーターや線量率計により空間放射線の線量率に換算され，記録計や外部記憶装置に保存される．また，それらのデータは，光伝送装置から光ファイバーケーブルを経由して，集中監視を行っている外部の施設にリアルタイムで送られる．

7.4.2　土壌試料

　土壌試料は，平常時には半年から1年ごとに表層土を採取して測定を行う．分析では，単位面積当たりの放射能を測定するため，採取面積および試料質量を把握する必要がある．採取場所は，その地域を代表する土壌を選定することが重要であり，試料の採取部位は，表層のほか，目的により表層以

図7.3 モニタリングポスト

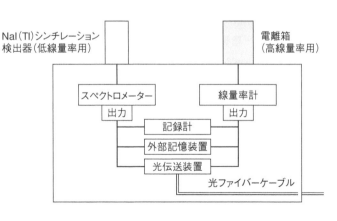

図7.4 モニタリングポスト内部の構成

20 cm

5～8 cm

図7.5 土壌採取器

下の層からも採取する．採取量は，少なくとも2～3 kgは必要である．土壌採取器は，図7.5に示したような鋼管で先端には刃をつけて鋭くしてあるものを用い，その大きさは，内径5～8 cm，高さ20 cm程度である．各地点から採取した土壌をポリエチレン製袋に入れて持ち帰り，乾燥器に入れ，105℃で十分に乾燥する．放冷後，乾燥した試料を，鉄製あるいは磁製の乳鉢などで軽く粉砕し，これを2 mm目のふるいで分け，植物根，石礫（せきれき）などを取り除いた後に重さを測る．その後，試料全体から代表的な部分を採取することにより試料量を減量（縮分という）し，粉砕した後，混合機で十分に混合し，測定に必要な量をポリエチレン製袋または広口瓶に入れて測定用試料とする．

　測定には，分離・精製することなく簡単な前処理で試料中の放射性核種の計測が可能なゲルマニウムGe半導体検出器を主として用いる．放射性核種は，それぞれ固有のエネルギーのγ線を放出するため，そのエネルギー値を調べることにより，試料中に含まれる核種を同定でき，またその信号強度からその核種の含有量を調べることができる．

7.4.3　河底土・湖底土試料

　河底土・湖底土試料の分析では，放射性降下物および原子力施設などからの排水による影響を調べられる．試料採取場所としては，なるべく流動が少ない場所を選択する必要がある．採取量は，乾燥前の重量として少なくとも2～3 kgは必要である．試料の採取方法は，採取場所の状況により，最適な採泥器および方法を選択する．採取方法の一例を以下に解説する．

　まず，採泥器にロープ（水深の3～5倍の長さ）を取り付け，舟上から水中に落下させて着底させる．ロープを伸ばしながら舟を移動させ，ロープを伸ばし切ったところで，舟をアンカーで固定する．その後，ロープを手でゆっくりと（毎秒約0.5 m）たぐりよせる．試料の採取が終了したら，採泥器を舟上に引き上げ，試料をたらいに移す．その後，試料を静置し，必要に応じて上澄みおよび異物を取り除いてポリエチレン製袋または広口瓶試料容器（2～3 L）に移す．採取場所の水深が浅い場合には，ひしゃく，スコップなどを用いて試料を採取する．

　採取した試料は，乾燥器に入れて105℃で十分に乾燥する．放冷後，乾燥した試料を鉄製あるいは磁製の乳鉢などで軽く粉砕し，これを2 mm目のふるいで分け，石礫や異物を取り除いた後に重さを測る．その後，試料を縮分，粉砕し，分析に必要な量をポリエチレン製袋または広口瓶に入れて測定用試料とする．測定は，土壌試料と同様に主としてゲルマニウムGe半導体検出器などを用いて核種分析を行う．例として，図7.6に湖底土の認証標準物質のγ線スペクトルを示した．スペクトル中には，トリウム系列核種であるアクチニウム^{228}Ac，ビスマス^{212}Bi，タリウム^{208}Tlとともにセシウム

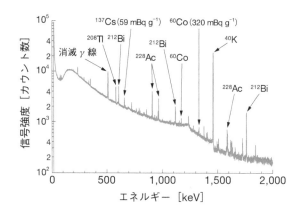

図7.6　認証標準湖底土試料（NIST SRM 4354）のγ線スペクトル

¹³⁷Cs, コバルト⁶⁰Co, カリウム⁴⁰Kなどの核種に起因するピークが観測されている.

　以上のように, 放射性核種の測定には α, β, γ線などの放射線の計測が主として用いられている. しかし, 近年では, 特に長半減期核種であるウランやプルトニウムなどを中心に, 誘導結合プラズマ質量分析法（inductively coupled plasma mass spectrometry：ICP-MS）や加速器質量分析法（accelerator mass spectrometry：AMS）などが広く用いられるようになってきている[5]. 質量分析法を用いることにより, 放射性核種の定量のみならず同位体比に関する情報も得ることが容易にできるようになり, 年代測定をはじめとした幅広い分野で威力を発揮している.

Coffee Break

炭素から年代を知る

　東京都台東区にある国立科学博物館を訪れた. 2007年にリニューアルされた本館は日本館へと改められ, 日本に焦点を当てた豊富な展示から列島の生い立ちや多様な動植物の進化を身近に感じる. 中でも, 日本人と自然のフロアでは, 旧石器時代から近世にいたるまでの暮らしぶりや当時の自然環境が紹介され, 精巧に再現された我々祖先の姿にはついつい興奮してしまう. 展示解説へ目を移すと, 列島へ人が移動した年代や水田稲作が広まった時期について具体的な数値とともに示されている. 文字記録のない時代のこうした過去の痕跡はどのように年代をつけられているのであろうか?

　1940年代, ウィラード・フランク・リビー博士は自然界に存在する炭素同位体の一つ, 放射性炭素¹⁴Cを物質の年代測定に利用できることを見出し, 1960年のノーベル化学賞を授与された. ¹⁴Cは, 5730年の半減期を持つ放射性同位体であり, 時間とともにβ崩壊して安定同位体¹⁴Nになる. 成層圏付近で宇宙線にさらされた¹⁴Nから生成する¹⁴Cは, 崩壊と生成を繰り返しながら¹⁴CO₂として一定の割合で大気中に存在（¹²C：¹³C：¹⁴C＝98.9％：1.1％：1.2×10⁻¹⁰％）し, 生物相への炭素循環サイクルに組み込まれる. 動植物が生きている間は大気の存在割合に反映された¹⁴Cを体内に固定するが, 死んでしまうと¹⁴Cの供給が止まり, 放射性崩壊によって存在量が減少する. 地中から出土した過去の植物や人・動物の骨の年代を知るためには, 試料物質に含まれる¹⁴C量を測定し, ¹⁴Cの減少量と半減期から年代値を求めればよい（図1）.

　¹⁴Cの測定には, 放射性崩壊時に放出するβ線を計測する手法と, 加速器質量分析計を利用して直接¹⁴Cを計測する方法がある. 近年では, 炭素量で数mgから数μgといった微少量かつ

短時間測定が可能な後者の手法が多くとられ，誤差は一般に数十年程度である．樹木試料に限定していえば，1年ごとに炭素が固定される年輪に対して^{14}C測定を行い^{14}Cの減少パターンを経時的に調べれば，数年の誤差まで測定精度を到達させられることもある．例えば，奈良県にある室生寺（むろうじ）のスギ材に対して55年分の年輪を分析した事例では，西暦1631±2年という超高精度分析に成功した例もある[6]．

　このように^{14}C年代測定法は，知りたい物質に炭素さえ含まれていれば分析対象となり，およそ5万年前まで（これより古くなると^{14}Cがほとんど残っていない）を高精度に年代決定できるため，地質学や考古学，人類学の研究を進めるうえではなくてはならない存在となっている．近年では，測定技術の革新によって年代測定がずっと身近となり，過去の自然環境や人々の生活の復元だけでなく，大型地震や津波などの自然災害調査や化石燃料による大気汚染の環境分析など，今日の生活を取り巻く環境をひも解くために応用研究が盛んに展開されている．

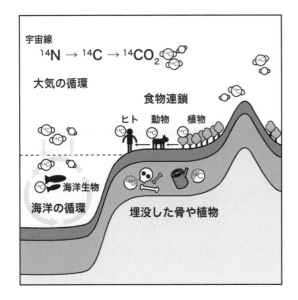
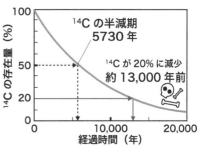

図1　^{14}C年代測定法

【引用文献】
1）UNSCEAR 2008年報告書 放射線の線源と影響，放射線医学総合研究所（2012），p.4
2）新版 生活環境放射線（国民線量の算定），原子力安全研究協会（2011），p.155
3）藤高和信，基本を知る放射能と放射線，誠文堂新光社（2011），p.76
4）環境放射線モニタリング指針，原子力安全委員会（2008），p.3
5）大塚良仁，RADIOISOTOPES，**55**，651（2006）
6）中村俊夫，考古学ジャーナル，**556**，46（2007）

【参考文献】
• 文部科学省，（放射能測定法シリーズ 16）環境試料採取法，日本分析センター（1983），pp.31-43

〈演習問題〉

1 ^{60}Coが1g存在する場合の放射能［Bq］を求めよ．ただし，アボガドロ定数は$6.02×10^{23}$ mol^{-1}，^{60}Coの半減期は5.2年とする．

2 体重60 kgの成人の体内の合計カリウム量が120 gのとき，その体内放射能［Bq］を求めよ．ただし，アボガドロ定数は$6.02×10^{23}$ mol^{-1}，^{40}Kの同位体存在度は0.012 %，半減期は$1.28×10^{9}$年とする．

3 次の測定法のうち，放射線と物質との相互作用により生じる光を利用する方法はどれか？
（a）GM計数管　（b）液体シンチレーション検出器　（c）Ge半導体検出器

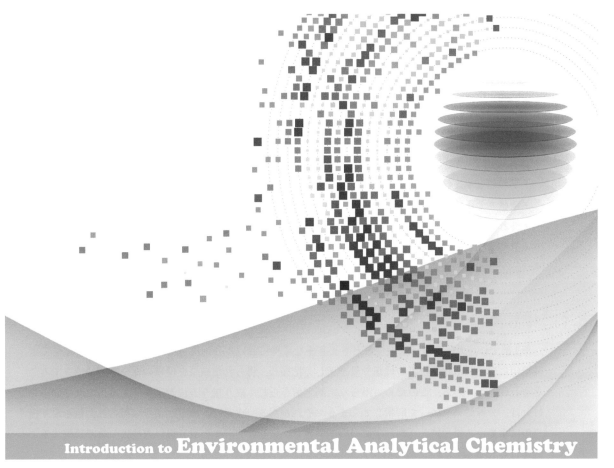

Introduction to **Environmental Analytical Chemistry**

第**2**部　環境分析の基本

第2部は，第8章から第15章の八つの章で構成されている．各章において，第1部で解説した環境分析で用いられている分析法を構成する基本事項を解説する．

第8章では測定値を正しく解析するための基礎知識として，データの取り扱い方と有効数字を解説し，第9章では分析の基礎となる濃度計算と検量線を解説する．

第10章では，化学分析の基礎である溶液内の化学平衡（酸塩基平衡，錯生成平衡，酸化還元平衡，沈殿平衡，二相間分配平衡）を解説する．

第11章では光分析法，第12章では電気化学分析法，第13章では質量分析法，そして第14章ではクロマトグラフィーを解説する．

第15章では，環境に関する法律と国際規格を解説する．

第
8
章

データの取り扱いと有効数字

第8章で学ぶこと
- 平均値と中央値
- 精確さと正確さの違い
- 外れ値の棄却検定方法
- 有効数字と数値の丸め方

8.1 はじめに

　第1部では，大気環境，水環境などさまざまな環境における分析法を紹介した．環境分析化学では，環境中に含まれる化学物質の種類や量を正しく把握し，得られた結果を環境の保全などに役立てることを目的としている．このため，得られた測定値を正しく取り扱う方法が重要である．これを知らなければ，分析結果を誤って解釈してしまうおそれがある．本章は，測定によって得られた値を取り扱う際に重要な基礎知識と有効数字について学習し，正しいデータの取り扱い方法について理解することを目的とする．

8.2 データの取り扱いに必要な基礎知識

8.2.1 平均値と中央値

　同一試料を複数回繰り返し測定して得られた値には，ある程度のばらつきがあり，この測定値の集まりを代表する値が分析値として報告される．多くの場合，平均値（average）あるいは中央値（median）が測定値を代表する値として用いられる．

　平均値は，複数のデータを足し合わせて総和を求め，その値をデータの個数で割った値である．平均値は計算が容易であるため，複数のデータを代表する値として取り扱われることが多い．一方，中央値は，データを小さいものから順に並べた際に，ちょうど中央の位置に存在する値である．なお，測定データが偶数個の場合，中央にもっとも近い二つの値の平均値を中央値とする．

　一般に，無限回の測定ができると仮定すると，測定値は正規分布をとるようになる．この場合，平均値と中央値は同じ値となる．しかし，実際の分析操作では限られた回数の測定で分析値の評価を行うため，測定結果は正規分布から逸脱し，平均値と中央値は異なる値を示すことが多い．図8.1に同一試料の繰り返し測定によって得られたデータについて，測定値を小さい順に並べたグラフと頻度分布を示す．測定回数が11回と限られたため，データは正規分布をとらず，データの平均値（174 mg L^{-1}）と中央値（173 mg L^{-1}）はわずかに異なる．この場合，データのばらつきを考慮に入れると，平均値と中央値のいずれについても，本測定による分析値の代表値として採用しても問題ない．

　なお，測定値に操作ミスなどに起因する外れ値が存在する場合，平均値は大きな影響を受ける．その一例を図8.2に示す．一つだけ大きな値を示した測定値が存在するため，平均値はデータがもっとも集中する175 mg L^{-1}付近から離れ，189 mg L^{-1}となった．一方，中央値は外れ値の存在による影響

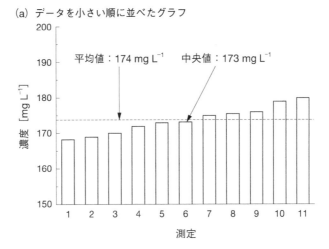

(a) データを小さい順に並べたグラフ

平均値：174 mg L^{-1}　中央値：173 mg L^{-1}

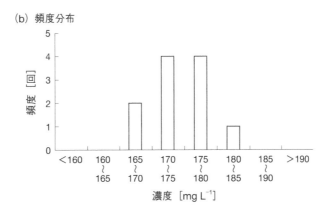

(b) 頻度分布

図8.1　同一試料を繰り返し測定して得られた分析結果の一例

を受けず175 mg L^{-1}の値が得られた．このように，外れ値を含む可能性があるデータ群を取り扱う場合には，中央値を測定データの代表値として用いる方が正確な分析値となる．

8.2.2　標準偏差と相対標準偏差

　標準偏差（standard deviation：SD）は式(8.1)で求められる数値で，分析化学分野では繰り返し測定によって得られた結果のばらつき具合（精度）を評価するのに用いられる．

$$\sigma = \sqrt{\frac{\sum_{i=1}^{n}(x_i - \overline{x})^2}{n-1}} \tag{8.1}$$

　ここで，$\overline{x}$はn個の測定値x_iの平均値である．測定値の真のばらつきは，無限回数の測定によって得られるデータ群（母集団）の標準偏差であり，測定データ数nで割った値で表されるが，一般的に分析化学の分野では，有限回数の測定で測定値の真のばらつき具合を推定する必要がある．そのため，測定値の標準偏差は$n-1$で割る式(8.1)が用いられる．

　標準偏差は統計的に極めて重要な値であり，測定値の約68 %が$\overline{x} \pm \sigma$に収まり，約95 % が$\overline{x} \pm 2\sigma$に収まることが統計的に証明されている（図8.3(a)(b)）．また，標準偏差の3倍まで広げると，約99.7 %の信頼水準で測定値がこの範囲に収まる（図8.3(c)）．このため，ある測定値が多数回の測定によって得られた平均値より2σ以上外れた値を示した場合，この測定値にはランダムな誤差以外の

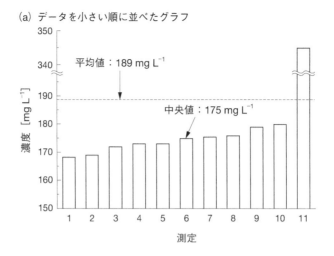

(a) データを小さい順に並べたグラフ

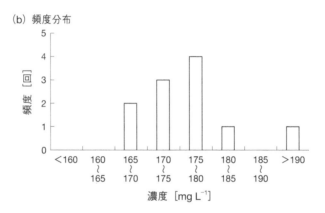

(b) 頻度分布

図8.2　外れ値を含んだ分析結果の一例

要因（分析者のミス，装置の不具合など）が含まれていることが，約95％の確度で推定できる．したがって，この測定値を棄却しても，誤差が生じる可能性は約5％しかないといえる．

　相対標準偏差（relative standard deviation：RSD）は，標準偏差を平均値で割り百分率で表したものであり，ばらつき具合を相対的に表したものである．

$$\text{RSD}(\%) = \frac{\sigma}{\bar{x}} \times 100 \tag{8.2}$$

　一例を挙げると，分析値 10.5 mg L^{-1}，標準偏差が0.5 mg L^{-1}の分析結果の相対標準偏差は5％である．なお，分析値が百分率で記述されている場合，相対標準偏差と標準偏差を混同しやすいので注意が必要である．例えば，固体試料中の各成分の含有率（wt％）を分析した場合，平均値，標準偏差，RSDのすべてが百分率で表されることになる．

8.2.3　外れ値の取り扱い

　同一試料を繰り返し測定し，ほかのデータから大きく外れた値が得られた場合，この結果がランダムな誤差以外の要因（分析者のミス，装置の不具合など）であるなら，棄却すべきか検討が必要となる．例えば，図8.2のデータから得られる平均値および標準偏差は，それぞれ$\bar{x}$=189 mg L^{-1}，σ=52 mg L^{-1}である．このため，$\bar{x} \pm 2\sigma$の範囲は85 mg L^{-1}から293 mg L^{-1}であり，約95％の信頼水準で外れ値（345 mg L^{-1}）を棄却できる．

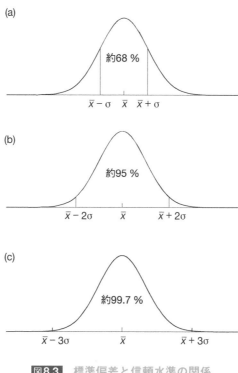

図8.3 標準偏差と信頼水準の関係

表8.1 測定値の棄却検定のためのQ値（95％信頼水準）

実験回数 n	3	4	5	6	7	8	9	10	11	12
Q値	0.970	0.829	0.710	0.625	0.568	0.526	0.493	0.466	0.444	0.426

　また，より計算が簡単なディーンとディクソンが示した検定法（Q検定）もしばしば用いられる．Q検定は，式(8.3)によって求めたQ値を表8.1の値と比較し，表8.1のQ値より計算によって得られたQ値の方が大きければ，95％の信頼水準で棄却できる．なお，Q検定で棄却できるのは1回であり，一つの外れ値を棄却後，残ったデータを再度Q検定することはできない．

・最大値を棄却したい場合

$$Q = \frac{（最大値）-（2番目に大きな値）}{（最大値）-（最小値）} \tag{8.3}$$

・最小値を棄却したい場合

$$Q = \frac{（2番目に小さな値）-（最小値）}{（最大値）-（最小値）} \tag{8.4}$$

　図8.2のデータをQ検定で計算するとQ=0.934となり，表8.1の n=11のQ値より大きい．このため，最大値を95％の信頼水準で棄却できると判断できる．なお，棄却検定によって棄却したデータは削除せず，分析値の計算から除くだけで，記録には残しておくべきである．それは，外れ値が頻出する場合，分析方法や分析者に問題があるなど，分析結果の管理上重要な情報のもとになるからである．なおQ検定は，90％や99％の信頼水準で検定を行う場合があるので，検定の信頼水準が何％である

か明記する必要がある.

8.2.4　精確さと正確さ

　分析の信頼性にかかわる用語に「精確さ」と「正確さ」がある.日本語での読みはともに「せいかくさ」であるが,英語にすると「精確さ」は"accuracy",「正確さ」は"trueness"となる[1].精確さと正確さの間には,精確さ＝正確さ(真度)＋測定のばらつき(精度) の関係が成り立ち,図8.4にその模式図を示す.得られた測定結果の平均値と真の値との差をかたよりと呼び,かたよりが小さい分析方法が,「正確さ」に優れた分析方法である.さらに,正確さと精度がともに優れた分析方法が「精確さ」に優れた分析方法といえる.なお,試料中に含まれる目的物質の含有量や濃度の真の値を分析者は知ることはできないため,厳密な意味での精確さは評価できない.そのため実際の分析では,均一性に優れ,かつ信頼できる分析値がついた標準物質の表示値を真の値の代わりに用いて精確さの評価を行っている.なお,標準物質の表示値には分析値に加え,不確かさ(uncertainty)と呼ばれる値が付与されている.不確かさは,測定の繰り返し再現性や試薬濃度の誤差など,考えられる誤差要因をすべて合成し求めた値であり,分析値のばらつきを示している.

　精確さと正確さについて,50 mLの水溶液をビーカーにはかり取る操作を例にとり説明する.熟練した作業者が50 mLの全量ピペットを用いて水溶液をはかり取った場合,図8.4(a) のように精確さに優れた結果が得られる.一方,初心者が同じ作業を行った場合,図8.4(b) のように正確さには優れるが,再現性に劣る結果が得られることが多い.50 mLの全量フラスコを用いて水溶液をはかり取った後,ビーカーに移し入れた場合,全量フラスコは受用の容器であるため,図8.4(c) のように精度には優れるが,移し入れた水溶液の体積は50 mLより少ない「かたより」が生じ,正確さに劣る結果が得られる.また,ビーカーの目盛を用いて水溶液をはかり取った場合,図8.4(d) のように正確さ,精度ともに劣った結果が得られることとなる.

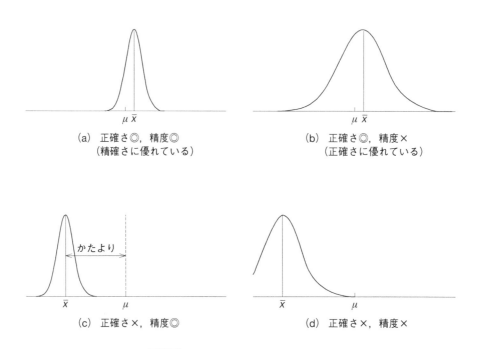

(a)　正確さ◎,精度◎
(精確さに優れている)

(b)　正確さ◎,精度×
(正確さに優れている)

(c)　正確さ×,精度◎

(d)　正確さ×,精度×

図8.4　正確さと精度の関係模式図

μ:真の値,$\bar{x}$:平均値

Coffee Break

溶液の希釈は複数回に分けて

　環境分析において，溶液を全量フラスコで希釈する操作が日常的に行われているが，希釈による誤差の拡大については注意されていないことが多い．そこで，ある溶液（濃度$1000 \pm 2\,\mu g\,L^{-1}$）の1,000倍希釈を例に挙げ，一度に高倍率の希釈を行った場合と低倍率の希釈を繰り返した場合の誤差について比較を試みた（図1）（式(8.9)を参照）．

・一度に1,000倍希釈する操作の希釈倍率

$$\frac{(100 \pm 0.1)}{(0.1 \pm 0.001)} = \frac{100}{0.1} \pm \sqrt{\left(\frac{1}{0.1} \times 0.1\right)^2 + \left(\frac{100}{0.1^2} \times 0.001\right)^2} = 1000 \pm 10\,倍希釈 \tag{1}$$

・10倍希釈を3回繰り返した場合の希釈倍率

$$\frac{(100 \pm 0.1)}{(10 \pm 0.02)} = \frac{100}{10} \pm \sqrt{\left(\frac{1}{10} \times 0.01\right)^2 + \left(\frac{100}{10^2} \times 0.02\right)^2} = 10 \pm 0.020\,倍希釈 \tag{2}$$

$$(10 \pm 0.020) \times (10 \pm 0.020) \times (10 \pm 0.020) = 10 \times 10 \times 10 \pm \sqrt{3 \times (10 \times 10 \times 0.020)^2}$$
$$= 1000 \pm 3.5\,倍希釈 \tag{3}$$

以上の結果より，各希釈法によって調製した溶液の濃度は式(4)および式(5)で求められる．

・一度に1,000倍希釈した場合の濃度

$$\frac{(1000 \pm 2\,\mu g\,L^{-1})}{(1000 \pm 10\,倍希釈)} = \frac{1000}{1000} \pm \sqrt{\left(\frac{1}{1000} \times 2\right)^2 + \left(\frac{1000}{1000^2} \times 10\right)^2} = 1.000 \pm 0.010\,\mu g\,L^{-1} \tag{4}$$

・10倍希釈を3回繰り返した場合の濃度

$$\frac{(1000 \pm 2\,\mu g\,L^{-1})}{(1000 \pm 3.5\,倍希釈)} = \frac{1000}{1000} \pm \sqrt{\left(\frac{1}{1000} \times 2\right)^2 + \left(\frac{1000}{1000^2} \times 3.5\right)^2} = 1.000 \pm 0.004\,\mu g\,L^{-1} \tag{5}$$

　このように，低希釈倍率の操作を繰り返した方が，希釈後の溶液濃度の誤差を小さくできることがわかる．また，この計算例では$100\,\mu L$採取時の誤差を$1\,\mu L$としたが，微少体積の溶液操作では，わずかな操作ミスにより数μL以上の誤差が容易に生じる．そのため，実際の実験操作では上記の計算値より大きな誤差が生じることが予想される．

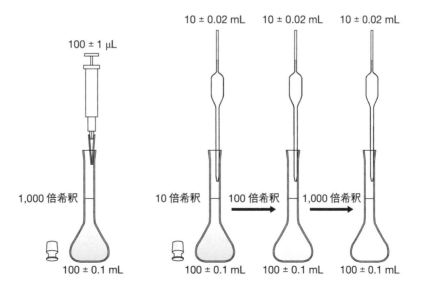

図1　希釈による誤差の比較例

8.3　有効数字と数値の丸め方

8.3.1　有効数字

　有効数字（significant figure）とは，測定の精度などを考慮に入れ，測定値や分析値として合理的根拠のある数字の桁数のことをいう．有効数字の桁数が異なると，表記された数字が示す範囲が以下のように変化する．

　　　"1,000"を有効数字別に表記すると？
　　　有効数字1桁　　　1×10^3　　　　　$500 \leqq x < 1,500$
　　　有効数字2桁　　　1.0×10^3　　　　$950 \leqq x < 1,050$
　　　有効数字3桁　　　1.00×10^3　　　$995 \leqq x < 1,005$

　このため，実験手順書に「溶液Aを2 mL加える」と書かれている場合と，「溶液Aを2.00 mL加える」と書かれている場合では，実験操作に大きな違いがある．前者は溶液Aを1.5 mL以上2.5 mL未満の体積で加える操作を示しているため，駒込ピペットやメスシリンダーなどを用いて加えればよい．一方，後者は溶液Aを1.995 mL以上，2.005 mL未満の体積で加える操作を示しているため，全量ピペットやビュレットなどを用いて，精確に2 mL加える操作を行う必要がある．

8.3.2　数値の丸め方

　測定精度などを考慮して有効数字の桁を求め，その桁数に測定値や分析値を四捨五入することを数値を丸めるという．また，有効数字n桁目の1単位のことを「丸めの幅」という．以下に数値の丸めの具体例を示す．

　　　例8.1　12.34を丸めの幅0.1（有効数字3桁）で丸める　　　⇒　　　　　12.3
　　　例8.2　1,234を丸めの幅10（有効数字3桁）で丸める　　　⇒　　　　1.23×10^3
　　　　　注 1,240と記述すると，有効数字が4桁なのか3桁なのかわかりにくい．

　なお，数字を丸める際に四捨五入の原則に従わないケースがある．これは，すべてのデータを四捨五入の原則にしたがって処理すると，1〜4は切り捨て5〜9は切り上げとなり，切り上げの確率が高く，丸めた数値が大きめになる．そのため，数値を丸める際，与えられた数値に等しく近い，二つの隣り合う整数倍がある場合，丸めた数値として偶数倍の方を選ぶ（JIS Z 8401　規則A）[2]．以下に具体例を示す．

　なお，パソコンの表計算ソフトなどで数値を丸める場合，上記の規則に従わず四捨五入の原則に従い数値が丸められる．そのため，JIS Z 8401では規則Bとして，四捨五入の原則による数値の丸め方も許容している．

　　　例8.3　23.45を丸めの幅0.1で丸める
　　　　　⇒23.4 ← 23.45 → 23.5　二つの整数倍に等しく近いので，偶数倍の23.4に丸める．
　　　例8.4　23.55を丸めの幅0.1で丸める
　　　　　⇒23.5 ← 23.55 → 23.6　二つの整数倍に等しく近いので，偶数倍の23.6に丸める．

例8.5　23.451を丸めの幅0.1で丸める

⇒23.4 ← 23.451 → 23.5　　23.5の方が近いので，与えられた数値に近い23.5に丸める．

8.3.3　誤差を含む数値の演算

有効数字の演算について考えるには，誤差を含む数値の加算，減算，乗算，除算による誤差の計算を知る必要がある．以下に，誤差σを含む数値計算の公式を示す．

$$\sigma = \sqrt{\left(\frac{\partial f}{\partial x_1}\sigma_1\right)^2 + \left(\frac{\partial f}{\partial x_2}\sigma_2\right)^2 + \cdots + \left(\frac{\partial f}{\partial x_n}\sigma_n\right)^2} \tag{8.5}$$

$(x_1 \pm \sigma_1) + (x_2 \pm \sigma_2)$ の場合，$f = x_1 + x_2$ であるので，

$$(x_1 \pm \sigma_1) + (x_2 \pm \sigma_2) = (x_1 + x_2) \pm \sqrt{\left(\frac{\partial}{\partial x_1}(x_1+x_2)\times\sigma_1\right)^2 + \left(\frac{\partial}{\partial x_2}(x_1+x_2)\times\sigma_2\right)^2}$$
$$= (x_1+x_2) \pm \sqrt{(\sigma_1^2 + \sigma_2^2)} \tag{8.6}$$

同様に $(x_1 \pm \sigma_1) - (x_2 \pm \sigma_2)$ の公式は式(8.7)となる．

$$(x_1 \pm \sigma_1) - (x_2 \pm \sigma_2) = (x_1 - x_2) \pm \sqrt{\sigma_1^2 + \sigma_2^2} \tag{8.7}$$

また，乗算，除算についても式(8.8)，式(8.9)で表される．

$$(x_1 \pm \sigma_1) \times (x_2 \pm \sigma_2) = (x_1 \times x_2) \pm \sqrt{\left(\frac{\partial}{\partial x_1}(x_1 \times x_2)\times\sigma_1\right)^2 + \left(\frac{\partial}{\partial x_2}(x_1 \times x_2)\times\sigma_2\right)^2}$$
$$= (x_1 \times x_2) \pm \sqrt{(x_2 \cdot \sigma_1)^2 + (x_1 \cdot \sigma_2)^2} \tag{8.8}$$

$$\frac{(x_1 \pm \sigma_1)}{(x_2 \pm \sigma_2)} = \frac{x_1}{x_2} \pm \sqrt{\left(\frac{\partial}{\partial x_1}\left(\frac{x_1}{x_2}\right)\times\sigma_1\right)^2 + \left(\frac{\partial}{\partial x_2}\left(\frac{x_1}{x_2}\right)\times\sigma_2\right)^2}$$
$$= \frac{x_1}{x_2} \pm \sqrt{\left(\frac{1}{x_2} \cdot \sigma_1\right)^2 + \left(\frac{x_1}{x_2^2} \cdot \sigma_2\right)^2} \tag{8.9}$$

計算の一例を挙げると，210 gの試料A（有効数字2桁）と2.15 g（有効数字3桁）の試料Bを混合した場合，全体の質量とその誤差は以下の計算により求められる．

なお，有効数字の2桁における210 gは，205 g以上，215 g未満の幅を持つ数値を意味するが，ここでは便宜上210 ± 5 gのように表記し計算を行った．

$$(210 \pm 5) + (2.15 \pm 0.005) = (210 + 2.15) \pm \sqrt{(5^2 + 0.005^2)} = 212 \pm 5 \,\text{g} \tag{8.10}$$

さらに，混合後のBの質量濃度［％］とその誤差は以下の計算により求められる．

$$\frac{(2.15 \pm 0.005)}{(212 \pm 5)} \times 100 = \frac{2.15}{212} \times 100 \pm \sqrt{\left(\frac{1}{212}\times0.005\right)^2 + \left(\frac{2.15}{212^2}\times5\right)^2} \times 100 = 1.01 \pm 0.02 \,\% \tag{8.11}$$

試料Bを有効数字3桁で採取したにもかかわらず，有効数字2桁の試料Aと混合したため，混合後のBの質量濃度［％］は，有効数字2桁の計算結果が得られた．一方，試料Aを有効数字3桁（210 ± 0.5 g）で採取した場合，混合後の試料Bの質量濃度は1.014 ± 0.003 ％となり，有効数字3桁の結果が得られた．

以上の計算結果より，有効数字3桁の分析結果を得るためには，試料の採取から測定まで，すべての測定操作を有効数字3桁以上で行う必要があることがわかる．

【引用文献】

1) JIS Z 8402-1:1999　測定方法及び測定結果の精確さ（真度及び精度）

2) JIS Z 8401:1999　数値の丸め方

【参考文献】

• 上本道久，分析化学における測定値の正しい取り扱い方，日刊工業新聞社（2011）

〈演習問題〉

[1] 以下の数値群の平均値と中央値を有効数字3桁で求めよ．

11.2,　6.14,　11.2,　11.5,　11.6,　7.45,　11.5,　13.5,　6.35,　12.4

[2] 以下の与えられた数値について，（JIS Z 8401　規則A方式で）指示された有効数字の桁に丸めよ．

(1)　21.53　　　　　有効数字3桁

(2)　0.00352　　　　有効数字2桁

(3)　1525　　　　　有効数字2桁

(4)　28.65　　　　　有効数字3桁

(5)　0.05485　　　　有効数字3桁

[3] 以下の誤差を含む数値の計算結果を求めよ．

(1)　$(114.5 \pm 0.3) \times 10$

(2)　$(12.5 \pm 0.3) + (2.5 \pm 0.5)$

(3)　$(1.00 \pm 0.05) \times (3.25 \pm 0.04)$

(4)　$(2.051 \pm 0.003) / (100.0 \pm 0.1)$

(5)　$(1.00 \pm 0.05) \times (3.25 \pm 0.04) / (50.00 \pm 0.06)$

第 **9** 章

濃度計算と検量線

第9章で学ぶこと
- 物質の含有量（濃度）の記述方法と計算方法
- 単位の異なる濃度の換算方法
- 濃度の決定方法と検量線
- 検出限界と定量下限

9.1 濃度の記述方法

9.1.1 量の表記方法

　物質の「量」は，「10 g」のように数値と単位（unit）の積として表される．なお，数値と単位の積であるため，数値と単位との間には積を意味する半角スペースが入れられる．単位には，国際単位系（The International System of Units : SI）およびSIと併用が認められている非SI単位が用いられる．SI単位は，SI基本単位とSI組立単位（付表C.2参照）および24種類のSI接頭語（付表C.3参照）から構成されている．また，非SI単位の中で，時間や角度の単位など人類の歴史や文化にねざし，広く普及している単位はSI単位との併用が認められている[1]．付表C.4にSI単位と併用が認められている非SI単位を示す．一例を挙げると，体積を表すSI単位はm^3であるが，リットル（$1\,L = 10^{-3}\,m^3 = 1\,dm^3$）はSI単位との併用が認められている．

9.1.2 分率による濃度の記述

　試料1 kg中に10 gの目的物質が含まれる場合，その濃度は$10\,mg\,g^{-1}$，すなわち$1.0 \times 10^{-2}\,g\,g^{-1}$で表される．なお，"$g\,g^{-1}$"は，同じ次元の単位の割り算であるため，この濃度には単位が存在しない．このような無次元の濃度のことを分率といい，代表的なものにパーセント（%）がある．単位が存在しない無次元の分率の値を記述する方法はいくつかの種類があり，そのすべてを以下に示す．

（1）無名数で記述する．
　　表記例　質量分率 0.05（例：5 g/100 g），体積分率 0.05（例：5 mL/100 mL）など

（2）組立単位を用いて記述する．
　　表記例　$5.0\,mg\,g^{-1}$，$5.0\,\mu g\,g^{-1}$など

（3）数値に続けて，百分率（%），千分率（‰，パーミル），百万分率（ppm），十億分率（ppb），一兆分率（ppt），千兆分率（ppq）を記入する．
　　なお，W_aを目的物質の質量[g]，W_tを試料の総質量[g]，V_aを目的物質の体積[dm^3]，V_tを試料の総体積[dm^3]，M_aを目的物質の物質量[mol]，M_tを試料の総物質量[mol]とした場合，各分率は以下のように計算できる．

・百分率（%, percent）

質量分率の場合　　　　　　　　$C\ \% = \dfrac{W_a}{W_t} \times 100$　　　　　　　　　　　　　　　　(9.1)

体積分率の場合　　　　　　　　$C\ \% = \dfrac{V_a}{V_t} \times 100$　　　　　　　　　　　　　　　　(9.2)

モル分率の場合　　　　　　　　$C\ \% = \dfrac{M_a}{M_t} \times 100$　　　　　　　　　　　　　　　　(9.3)

・千分率（‰, per mill）

質量分率の場合　　　　　　　　$C\ ‰ = \dfrac{W_a}{W_t} \times 1000$　　　　　　　　　　　　　　(9.4)

体積分率の場合　　　　　　　　$C\ ‰ = \dfrac{V_a}{V_t} \times 1000$　　　　　　　　　　　　　　(9.5)

モル分率の場合　　　　　　　　$C\ ‰ = \dfrac{M_a}{M_t} \times 1000$　　　　　　　　　　　　　　(9.6)

・百万分率（ppm, parts per million）

質量分率の場合　　　　　　　　$C\ \mathrm{ppm} = \dfrac{W_a}{W_t} \times 10^6$　　　　　　　　　　　　(9.7)

体積分率の場合　　　　　　　　$C\ \mathrm{ppm} = \dfrac{V_a}{V_t} \times 10^6$　　　　　　　　　　　　(9.8)

モル分率の場合　　　　　　　　$C\ \mathrm{ppm} = \dfrac{M_a}{M_t} \times 10^6$　　　　　　　　　　　　(9.9)

・十億分率（ppb, parts per billion）

質量分率の場合　　　　　　　　$C\ \mathrm{ppb} = \dfrac{W_a}{W_t} \times 10^9$　　　　　　　　　　　　(9.10)

体積分率の場合　　　　　　　　$C\ \mathrm{ppb} = \dfrac{V_a}{V_t} \times 10^9$　　　　　　　　　　　　(9.11)

モル分率の場合　　　　　　　　$C\ \mathrm{ppb} = \dfrac{M_a}{M_t} \times 10^9$　　　　　　　　　　　　(9.12)

・一兆分率（ppt, parts per trillion）

質量分率の場合　　　　　　　　$C\ \mathrm{ppt} = \dfrac{W_a}{W_t} \times 10^{12}$　　　　　　　　　　　(9.13)

体積分率の場合　　　　　　　　$C\ \mathrm{ppt} = \dfrac{V_a}{V_t} \times 10^{12}$　　　　　　　　　　　(9.14)

モル分率の場合　　　　　　　　$C\ \mathrm{ppt} = \dfrac{M_a}{M_t} \times 10^{12}$　　　　　　　　　　　(9.15)

表9.1　水との混合比で表すことのできる試薬

試薬名	化学式	濃度 %（質量）	物質量濃度（概略値） mol L^{-1}	密度（20 ℃） g mL^{-1}
塩酸	HCl	35.0～37.0	11.7	1.18
硝酸	HNO$_3$	60～61	13.3	1.38
過塩素酸	HClO$_4$	60.0～62.0	9.4	1.54
フッ化水素酸	HF	46.0～48.0	27.0	1.15
臭化水素酸	HBr	47.0～49.0	8.8	1.48
ヨウ化水素酸	HI	55.0～58.0	7.5	1.70
硫酸	H$_2$SO$_4$	95.0以上	17.8以上	1.84以上
リン酸	H$_3$PO$_4$	85.0以上	14.7以上	1.69以上
酢酸	CH$_3$COOH	99.7以上	17.4以上	1.05以上
アンモニア水	NH$_3$	28.0～30.0	15.4	0.90
過酸化水素	H$_2$O$_2$	30.0～35.5	—	1.11

〔JIS K 0050:2011　化学分析方法通則をもとに作成〕

・千兆分率（ppq，parts per quadrillion）

質量分率の場合　　　　　　　$C\,\mathrm{ppq}=\dfrac{W_a}{W_t}\times10^{15}$　　　　　　　　　　　　　　　（9.16）

体積分率の場合　　　　　　　$C\,\mathrm{ppq}=\dfrac{V_a}{V_t}\times10^{15}$　　　　　　　　　　　　　　　（9.17）

モル分率の場合　　　　　　　$C\,\mathrm{ppq}=\dfrac{M_a}{M_t}\times10^{15}$　　　　　　　　　　　　　　　（9.18）

表記例　5.0 %（例：50 g/1000 g），5.0 ‰（例：5 g/1000 g），5.0 ppm（例：5 mg/1000 g），
　　　　5.0 ppb（例：5 μg/1000 g）など．

なお，質量分率，体積分率またはモル分率のいずれであるかを区別して表記する必要がある場合，%（質量），%（体積），%（モル），%（mass），%（vol），%（mole）のように記述する．

(4) 試薬と水の混合比を試薬名(a+b)または化学式(a+b)で記述する．なお，aが試薬，bが水の体積を示す．

　　　表記例　硝酸 10 mL + 水 40 mL：硝酸(1+4)，塩酸 10 mL + 水 90 mL：HCl(1+9) など．
　　　なお，この記述方法が適用可能な薬品は表9.1に記載された試薬に限定される[2]．

9.1.3　分率以外の記述

　　　分率による濃度の記述以外には，溶液 1 L 中に含まれる目的物質の質量を表す質量濃度 "g L^{-1}" や，溶液 1 L 中に含まれる溶質の物質量を表すモル濃度（物質量濃度）"mol L^{-1}" のように，単位体積に含まれる目的物質の量で濃度を記述する方法がある．環境分析，特に環境水の分析では，この記述法で濃度を表記することが多い．なお，温度変化により水や気体の体積は変化するので，温度によって濃度が変化することが欠点である．

また，水溶液中に含まれる目的物質の濃度を表す際，水溶液の密度が1に近いため$mg\ L^{-1}$を"ppm"，$\mu g\ L^{-1}$を"ppb"と呼称する場合があるが，厳密には異なる単位であり，同じように扱うことはできないので注意が必要である．

9.1.4 単位の換算例

一つの単位系で濃度が判明していれば，異なる単位系への換算は容易にできる．ここでは，硝酸水溶液を例にして単位換算の一例を紹介する（図9.1）．

例9.1　濃度60.0 %（mass）の硝酸水溶液（密度$1.38\ kg\ L^{-1}$）をモル濃度[$mol\ L^{-1}$]へ換算する.

考え方　モル濃度へ換算するには，試料1 L中に何molの硝酸が存在するのかを考える．

① 1 Lの硝酸水溶液の質量を計算する．密度$1.38\ kg\ L^{-1}×1\ L=1.38\ kg$

② 硝酸の質量を計算する．$1.38\ kg×0.600$（濃度60.0 %）$=0.828\ kg=828\ g$

③ 硝酸の物質量を計算する．$828\ g/63.01\ g\ mol^{-1}$（硝酸のモル質量）$\fallingdotseq 13.1\ mol$

つまり，濃度60.0 %硝酸水溶液は，モル濃度で表すと$13.1\ mol\ L^{-1}$の硝酸水溶液である．

例9.2　$1.00\ mol\ L^{-1}$の硝酸水溶液（密度$1.031\ kg\ L^{-1}$）を質量パーセント濃度へ換算する.

考え方　質量パーセント濃度へ換算するには，総質量に占める硝酸の割合を考える．

① 1 Lの硝酸水溶液の質量を計算する．密度$1.031\ kg\ L^{-1}×1\ L=1.031\ kg=1031\ g$

② 1 L中に含まれる硝酸の質量を計算する．$1.00\ mol×63.01\ g\ mol^{-1}=63.01\ g$

③ 質量パーセント濃度に換算する．$63.01\ g/1031\ g×100\fallingdotseq 6.11$ %（mass）

つまり，$1.00\ mol\ L^{-1}$の硝酸水溶液は，6.11 %（mass）の硝酸水溶液である．

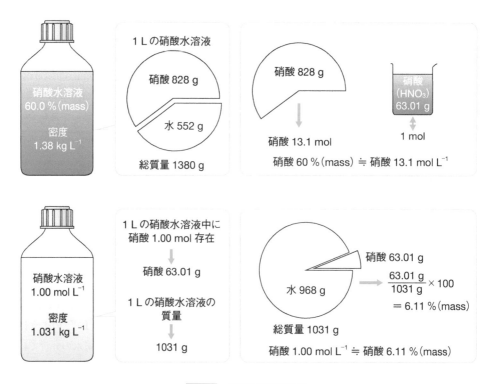

図9.1　硝酸の濃度換算

9.2　検量線

　濃度を測定する方法には，相対分析法と絶対分析法の2種類がある．一般的に，機器を用いた分析手法の大半は相対分析法である．相対分析法は，濃度が既知である標準試料などを測定し，濃度と信号強度をプロットした検量線（calibration curve）を作成後，未知試料を測定した際に得られる信号強度を検量線から濃度に換算することで定量を行う．一方，絶対分析法は，濃度を測定する際に検量線を必要としない分析方法であり，重量分析法や電量滴定法，同位体希釈法などが知られている．環境分析の分野では，主に相対分析法による測定が用いられる．しかし，水質基準の蒸発残留物においては，検液の質量を測定した後に水分を蒸発させ，残留物の質量を測定することで値が得られる絶対分析法が用いられる場合もある．

　相対分析法で用いられる検量線の作成方法には，信号強度と濃度の相関をとる強度法のほかに，内標準法，標準添加法などがある．各検量線の作成方法と用途を以下に解説する．

9.2.1　強度法

　強度法では，既知濃度の分析対象とする物質を含む試料を準備し，試料を測定した際に得られる信号強度と検体中の分析対象物質の濃度との関係をグラフ化して未知試料の定量を行う．この方法は，検量線法の中でもっともよく用いられる．強度法による検量線の一例を図9.2に示す．例えば，未知試料を測定した場合に得られた信号強度が3,650の場合，検量線から未知試料に含まれる分析対象物質濃度は32.6 mg L^{-1}であることがわかる．強度法で正確な結果を得るためには，検量線作成用の溶液に含まれるマトリックス（未知試料の主成分など，未知試料に多量に含まれる化学物質）の種類・濃度を未知試料中のものとできる限り一致させることが必要になる．

9.2.2　内標準法（強度比法）

　内標準法では，検量線作成用の試料と未知試料に既知量の内標準物質を加え，分析対象物質／内標準物質の強度比を測定することによって未知試料の定量を行う．内標準法では，以下の条件を満たす物質を内標準物質として用いる．

　・分析対象物質と化学的な特性がよく似ていること．
　・分析対象物質の測定を妨害しないものであること．

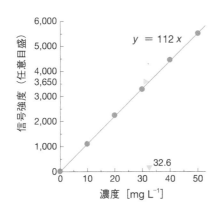

図9.2　強度法によって作成された検量線の一例

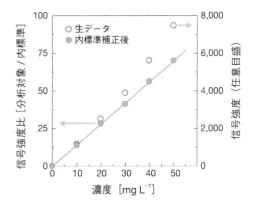

図9.3　内標準法によって作成された検量線の一例

・未知試料中に内標準物質が含まれていないこと，もしくは，濃度が既知であること．

　分析機器への試料導入量が変動したり，試料溶媒の揮発などが生じたりした場合，分析対象元素の信号強度の変動が観測される．この信号強度の変動は，強度法では分析値の誤差に直結するが，内標準法では既知濃度の内標準物質の信号強度を同時に測定することで，この信号の変動を補正できる．例えば，揮発しやすい溶媒に含まれる物質を，低濃度試料から順に測定して検量線を作成する場合，容器を密封しなければ溶媒が徐々に揮発し，見かけ上分析対象物質の濃度が上昇する．そのため，高濃度側の試料になるにつれて濃縮率が高まるため，二次曲線の検量線が得られる（図9.3生データ）．一方，溶媒が蒸発しても試料中に含まれる分析対象物質と内標準物質の比は一定であるため，内標準補正を行うことにより，検量線はよい直線性を示し，溶媒蒸発による影響を避けることができる（図9.3内標準補正後）．

9.2.3　標準添加法

　標準添加法では，未知試料を複数個に分割し，それぞれに既知量の分析対象物質を加え，信号強度と添加量の関係をグラフ化することにより定量を行う．標準添加法による溶液の調製方法の一例を図9.4に示す．未知試料溶液の一定体積を分取したものを複数個準備し，各溶液に既知量の分析対象物質を加え一定体積にしたものを測定する．信号強度と添加量をプロットしたグラフを図9.5(a)に示す．標準添加法では，原点を通過しないグラフが得られ，添加量が0のときに得られる信号強度が未知試料に含まれる分析対象物質によるものである．そのため，分取した試料中に含まれる分析対象物質の量（または濃度）は，検量線とx軸の交点のマイナス符号を外した値に相当する．例えば，図9.4で未知試料溶液から分取した体積が5.00 mL，図9.5の検量線によって得られた含有量が0.97 mgの場合，得られた含有量を分取した体積で除することにより，未知試料中の分析対象物質の濃度を190 mg L^{-1}と求められる．

　標準添加法は，未知試料のマトリックスが複雑で，マトリックスを合わせた標準液を調整することが困難な場合に有効な方法である．

9.3　検出限界と定量下限

　環境分析において，測定に用いた手法の検出限界や定量下限の値は非常に重要な情報となる．例えば，「地下水の水質汚濁に係る環境基準について」では，全シアンは「検出されないこと」とあるが，これは測定方法の欄に掲げる方法により測定した場合において，その結果が当該方法の定量下限を下回る必要があることを示している．

　検出限界（detection limit, limit of detection, lower limit of detection）とは，ある測定法で検出可能な最少濃度（最少量）のことであり，検出下限とも呼ばれる．一般的に検出限界は，ブランクシグナルまたは空試験値の平均値から標準偏差の3倍離れた信号値に相当する濃度（量）とされ，式(9.19)によって求められる．

$$DL = 3\sigma/S \tag{9.19}$$

　　　　DL：検出限界

　　　　σ：ブランクシグナルまたは空試験値の標準偏差

　　　　S：検量線の傾き

　一方，定量下限（quantitation limit, limit of quantitation, minimum limit of determination）は，定量値を求めることが可能な最少濃度もしくは最少量のことを意味している．すなわち，検出限界は分析

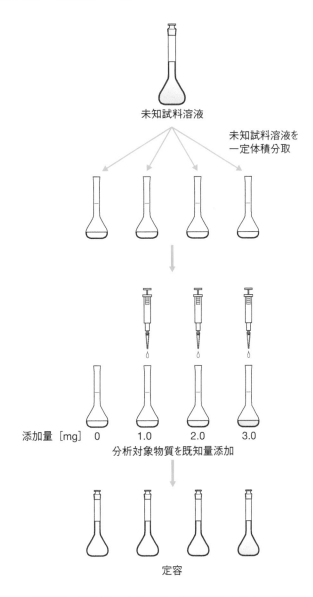

図9.4 標準添加法のための溶液調製方法の一例

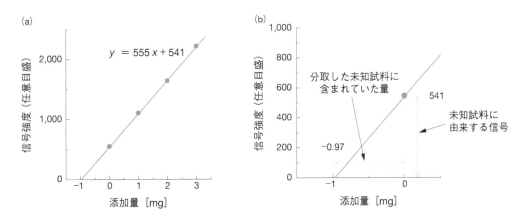

図9.5 標準添加法によって得られた検量線の一例

装置の電気信号として得られる最少濃度（最少量）であり，定量下限は信頼性を持って数値を得られる最少濃度（最少量）のことを意味している．このため，必ず「検出限界＜定量下限」の関係が成立する．定量下限は，一般的にブランクシグナルまたは空試験値の平均値から標準偏差の10倍離れた信号値に相当する濃度（量）とされ，式(9.20)によって求められる．

$$QL = 10\,\sigma/S \tag{9.20}$$

　　　　QL：定量下限

　　　　σ：ブランクシグナルまたは空試験値の標準偏差

　　　　S：検量線の傾き

　なお，検出限界や定量下限の計算方法には，ここで紹介した以外の方法もある．興味のある方は文献[3] を参照してほしい．

【引用文献】

1）産業技術総合研究所 計量標準総合センター（訳・監修），国際文書第8版 国際単位系（SI）日本語版（2006）
2）JIS K 0050:2011　化学分析方法通則
3）上本道久，ぶんせき，216（2010）

〈演習問題〉

1　表の空欄（①〜⑧）をうめよ．

	名称	単位
SI基本単位		
長さ	メートル	m
質量	キログラム	kg
時間	秒	s
電流	アンペア	A
熱力学温度	ケルビン	（　①　）
物質量	（　②　）	mol
光度	カンデラ	cd
SI組立単位		
面積	平方メートル	m^2
体積	立方メートル	m^3
速度	メートル毎秒	$m\,s^{-1}$
質量密度	キログラム毎立方メートル	$kg\,m^{-3}$
平面角	ラジアン	rad（　③　）
周波数	ヘルツ	Hz（s^{-1}）
力	ニュートン	N（$m\,kg\,s^{-2}$）
圧力	パスカル	Pa（　④　）
仕事	ジュール	J（　⑤　）
仕事率	ワット	W（$m^2\,kg\,s^{-3}$）
電圧	ボルト	V（　⑥　）
電荷	クーロン	C（$s\,A$）
セルシウス温度	セルシウス度	℃（　⑦　）
放射能	ベクレル	Bq（s^{-1}）
線量当量	シーベルト	Sv（　⑧　）

2 以下に検量線用試料と未知試料の測定結果を示す．強度法で検量線を作成し，未知試料の濃度を求めよ．

検量線用試料		未知試料	
濃度 [%]	信号強度	No.	信号強度
0	0	1	322
1.00	150	2	524
2.00	300	3	115
3.00	450		
4.00	600		
5.00	750		

3 以下の値を指定した単位に換算せよ．
(1) 塩酸 35.0 %（mass）　⇒　$mol\,L^{-1}$ へ
　　ただし，塩酸のモル質量は $36.5\,g\,mol^{-1}$，密度は $1.18\,kg\,L^{-1}$ とする．
(2) 鉄 $1.00\,nmol\,L^{-1}$　⇒　$\mu g\,L^{-1}$ へ
　　ただし，鉄の原子量は 55.8 とする．
(3) 硫酸 $1.00\,mol\,L^{-1}$　⇒　%（mass）へ
　　ただし，硫酸のモル質量は $98.1\,g\,mol^{-1}$，密度は $1.06\,kg\,L^{-1}$ とする．

4 濃度 $1,000\,mg\,L^{-1}$ のナトリウム標準液（水溶液）と濃硝酸を用い，ナトリウムの濃度が $20\,mg\,L^{-1}$ かつ硝酸濃度が $0.1\,mol\,L^{-1}$ となる水溶液を $100\,mL$ 調製したい．必要なナトリウム標準液と濃硝酸の体積を $0.01\,mL$ の単位まで求めよ．なお，使用する濃硝酸の濃度は $13.3\,mol\,L^{-1}$ とする．

5 濃度 $1,000\,mg\,L^{-1}$ の鉄標準液（$1.0\,mol\,L^{-1}$ 硝酸水溶液）と濃硝酸を用い，鉄の濃度が $50\,mg\,L^{-1}$ かつ硝酸濃度が $0.1\,mol\,L^{-1}$ となる水溶液を $100\,mL$ 調製したい．必要な鉄標準液と濃硝酸の体積を $0.01\,mL$ の単位まで求めよ．なお，使用する濃硝酸の濃度は $13.3\,mol\,L^{-1}$ とする．
ヒント：鉄標準液にも硝酸が含まれることに注意．

6 表に示すように，工場排水と銅標準液を 7 個の $100\,mL$ メスフラスコにそれぞれとり，蒸留水で標線まで希釈して，標準添加法による原子吸光分析を行った．試料中の銅（II）の濃度 [$\mu g\,mL^{-1}$] はいくらか．

工場排水 [mL]	$100\,\mu g\,mL^{-1}$ Cu（II）標準液 [mL]	吸光度
0.00	0.00	0.003
10.00	0.00	0.048
10.00	1.00	0.083
10.00	2.00	0.117
10.00	3.00	0.153
10.00	4.00	0.189
10.00	5.00	0.224

第10章　化学平衡

第10章で学ぶこと
- 酸塩基平衡，錯生成平衡，酸化還元平衡，沈殿平衡
- 化学平衡に基づく容量分析の基礎
- 二相間の分配平衡
- 分配平衡を利用した溶媒抽出と固相抽出

10.1　はじめに

　水試料中に含まれるさまざまな物質を化学的に分離・濃縮し定量するためには，溶液内での化学平衡について理解する必要がある．本章では，酸塩基平衡，錯生成平衡，酸化還元平衡，沈殿平衡，分配平衡などのさまざまな化学平衡に関する基本的な考え方を解説する．具体的には，まず化学平衡を利用した代表的な定量分析法である容量分析の基礎を解説する．次に，各種の化学平衡とそれに関係する容量分析，および代表的な物質分離法である溶媒抽出や固相抽出について，相互に関連づけながら紹介する．

10.2　容量分析の基礎

　ある化学平衡

$$A+B \rightleftharpoons C+D \tag{10.1}$$

の平衡定数が十分に大きく，ほぼ定量的（化学量論的）に反応が右側に進行するとき，反応に要したBの物質量を正確に求めることができれば，それに対応するAの物質量を知ることができる．二つの水溶液を混合した場合を考えてみよう．反応に要したB水溶液の体積と濃度，およびA水溶液の体積を正確に知ることができれば，A水溶液の濃度を求められる．この考え方に基づいて行う定量分析を容量分析（volumetric analysis）という．濃度既知のB水溶液を標準液（standard solution）といい，実験的には，この標準液を反応の終点に達するまで少量ずつ滴下していくことから，容量分析で行う実験操作を滴定（titration）という．

　容量分析を行うには，まず濃度既知の標準液を調製することが必要である．純度が高くかつ化学的に安定な一部の試薬については，適切な条件で加熱し，その一定量を天秤ではかり取って水や適切な酸で一定体積とすることにより標準液を調製できる．このような試薬を標準物質（reference material）または標準試薬（standard reagent）といい，標準物質から調製した標準液を一次標準液という．JISが定める標準物質を表10.1に示す[1]．一定体積の溶液を調製する際には全量フラスコ（volumetric flask，付録B参照）を用いる．それ以外の試薬の標準液については，一次標準液を用いた容量分析により正確な濃度を求める．この操作を標定（standardization）といい，標定によって濃度が求められた標準液を二次標準液という．

　一定体積の試料溶液を正確にはかり取るには，全量ピペット（volumetric pipette，付録B参照）を

表10.1 JISが定める容量分析用標準物質

用途	標準物質	化学式
中和滴定	アミド硫酸（スルファミン酸）	$HOSO_2NH_2$
	炭酸ナトリウム	Na_2CO_3
	フタル酸水素カリウム	$C_6H_4(COOH)(COOK)$
キレート滴定	亜鉛	Zn
	銅	Cu
酸化還元滴定	シュウ酸ナトリウム	$Na_2C_2O_4$
	二クロム酸カリウム	$K_2Cr_2O_7$
	ヨウ素酸カリウム	KIO_3
沈殿滴定	塩化ナトリウム	$NaCl$
	フッ化ナトリウム	NaF

［JIS K 8005:2016　容量分析用標準物質をもとに作成］

用い試料溶液をコニカルビーカーなどの容器に移した後，これに反応の終点を知るための指示薬（indicator）やそのほか必要な試薬を加える．これに標準液を滴下する際にはビュレット（burette，付録B参照）を用い，ビュレットに刻まれた目盛を用いて滴下した体積を知る．

　容量分析に適用される化学平衡は，主に酸塩基平衡，錯生成平衡，酸化還元平衡，沈殿平衡の4種類であり，化学量論的に反応が進行することのほかに，反応が迅速であることが求められる．それぞれの平衡と容量分析への適用については，10.4節以降で解説する．また，酸・塩基の考え方について10.3節で解説する．

10.3　アレニウスとブレンステッド−ローリーの酸・塩基の考え方

　降水や河川水などの自然水にとって，その酸性度は重要な分析項目の一つである．また，環境分析の対象となるさまざまな物質の中には，酸性あるいは塩基性のものが少なくない．このような物質のふるまいを理解するためには，まず酸・塩基の考え方を理解しておくことが重要である．

　酸（acid）・塩基（base）の定義としては，スヴァンテ・アレニウス，ヨハンス・ブレンステッドとマーチン・ローリー，ギルバート・ルイスのそれぞれが提示した概念が知られている．このうち，ルイスの概念については10.6節で解説する．

　アレニウスの定義によれば，酸とは「水に溶けて水素イオンを出すもの」，塩基とは「水に溶けて水酸化物イオンを出すもの」とされている．この定義によれば，酸と塩基が反応すると塩と水が生じる．例えば酸HClと塩基NaOHとの反応の場合，

$$HCl + NaOH \rightleftharpoons NaCl + H_2O \tag{10.2}$$

となり，塩NaClと水H_2Oが生じる．このことからわかるように，アレニウスの概念は，水溶液中での反応のみを想定して考えられたものである．

　ブレンステッド−ローリーの定義は，これとは大きく異なる．酸とは「プロトンをほかに供与できるもの」，塩基とは「ほかからプロトンを受容できるもの」とされている．ここでいう「プロトン（H^+）」はアレニウスの概念における「水素イオン」とは異なるものである．アレニウスの概念における「水素イオン」は，ブレンステッド−ローリーの概念では正確には「オキソニウムイオン」と称され，H_3O^+と表される．

　　オキソニウムイオン H_3O^+ は水 H_2O がプロトン H^+ を受容することによって生じる．これを平衡式で表すと，

$$H_2O + H^+ \rightleftharpoons H_3O^+ \tag{10.3}$$

となる．（裸の H^+ は実際には存在できないので，これは一種の半反応式である．）この式(10.3)で見る限り，H_2O は塩基であり，H_3O^+ は酸である．一方，水酸化物イオン OH^- は H_2O が H^+ を放出することによって生じ，これは

$$H_2O \rightleftharpoons OH^- + H^+ \tag{10.4}$$

という平衡式で表される．この場合では H_2O は酸であり，OH^- は塩基ということになる．このように，ブレンステッド–ローリーの概念における酸と塩基は相対的なものであり，H^+ を介した酸・塩基の組み合わせが生じる．この組み合わせ（H_3O^+ と H_2O，H_2O と OH^-）を共役酸塩基対（conjugate acid–base pair）という．H_2O は，酸 H_3O^+ の共役塩基であると同時に，塩基 OH^- の共役酸でもある．アレニウスの概念において水の電離と称している平衡は，ブレンステッド–ローリーの概念では H_2O 分子からほかの H_2O 分子への H^+ の受け渡しとなり，式(10.3)と式(10.4)とを足し合わせた

$$2H_2O \rightleftharpoons H_3O^+ + OH^- \tag{10.5}$$

という平衡式で表される．この平衡を水の自己プロトン解離（autoprotolysis）といい，水のイオン積（$K_w = 1.0 \times 10^{-14}$）とは実は式(10.5)の平衡定数を意味する．（溶媒である H_2O の活量は1と考えられているため，見かけ上分母が消える．）このことからわかるように，ブレンステッド–ローリーの概念は自己プロトン解離が可能なすべての溶媒に適用可能である．

　　水溶液中における酸 HA の強さについて考えてみよう．HA が H^+ を放出する反応は

$$HA \rightleftharpoons A^- + H^+ \tag{10.6}$$

で表される．溶媒である H_2O 分子は H^+ を受容できることから，式(10.6)と式(10.3)を足し合わせた

$$HA + H_2O \rightleftharpoons H_3O^+ + A^- \tag{10.7}$$

という平衡を考えたとき，HA が H_3O^+ より強い酸であれば，この平衡は右へ大きくかたより，HA のほぼすべてが H^+ を放出してしまうことになる．すなわち，水溶液中では H_3O^+ より強い酸が存在できず，その強さは H_3O^+ の強さにまで抑え込まれる．同様に，OH^- より強い塩基も水溶液中では存在できない．これを水平化効果（leveling effect）という．

10.4　酸・塩基とpH

　　分析化学において酸・塩基を考えるときには一般にブレンステッド–ローリーの概念が有効であるが，酸と塩基の反応，いわゆる中和反応を考えるときにはアレニウスの概念が主に適用される．すなわち，酸と塩基が（放出される水素イオン・水酸化物イオンの物質量として）同じ量存在すれば，完全に塩と水になる．

　　水溶液中において，酸 HA は酸解離平衡（acid-dissociation equilibrium）状態

$$HA \rightleftharpoons H^+ + A^- \tag{10.8}$$

にあり，この平衡の平衡定数 K_a を酸解離定数（acid-dissociation constant）といい，

$$K_a = \frac{[H^+][A^-]}{[HA]} \tag{10.9}$$

で表される．同様に塩基 BOH は塩基解離平衡（base-dissociation equilibrium）状態

$$BOH \rightleftharpoons B^+ + OH^- \tag{10.10}$$

にあり，平衡定数 K_b

$$K_b = \frac{[\text{B}^+][\text{OH}^-]}{[\text{BOH}]} \tag{10.11}$$

を塩基解離定数（base-dissociation constant）という．なお，アンモニアNH_3のように解離できるOH^-を持たない（厳密にはアレニウスの塩基に該当しない）物質の場合は，溶媒である水分子を加えて

$$NH_3 + H_2O \rightleftharpoons NH_4^+ + OH^- \tag{10.12}$$

のように考えることにより，同様の取り扱いが可能になる．（溶媒である水分子の活量は1であるため，平衡定数には組み込まれない．）このとき，アンモニウムイオンNH_4^+（ブレンステッド-ローリーの概念におけるNH_3の共役酸）の酸解離平衡を考えると，

$$K_{a,NH_4^+} \times K_{b,NH_3} = [\text{H}^+][\text{OH}^-] = K_w = 1.0 \times 10^{-14} \tag{10.13}$$

となる．

　このような酸・塩基の解離平衡は平衡定数の小さな弱酸・弱塩基で重要となるため，実際にはpHと同じように

$$pK_a = -\log K_a \tag{10.14}$$

$$pK_b = -\log K_b \tag{10.15}$$

の形で取り扱われることが多い．ただし，塩基については共役酸のpK_aを用いることも少なくない．（特に，アミノ酸などの両性化合物については，混乱を避けるためpK_bはほとんど用いられない．）主な弱酸，弱塩基のpK_a，pK_bの値をそれぞれ付表B.1，付表B.2に示す．

Pick up

pH と「p 関数」

　水素イオン濃度$[\text{H}^+]$は水試料の酸性・塩基性を評価するのに重要な値であるが，水溶液中では通常，10^{-14}～1 mol L^{-1}の範囲の$[\text{H}^+]$を取り扱う．この範囲では桁の変動幅が大きく，しかも数値が非常に小さくなるので，実数値のままでは扱いにくい場合がしばしばある．このため，第3章で示したように，水素イオン濃度指数pHとして

$$pH = -\log[\text{H}^+] \tag{1}$$

がしばしば用いられる．（正確には，水素イオン濃度ではなく水素イオン活量を用いる．）このとき，$[\text{H}^+]$とpHとでは数値の大小関係が逆転するので，pHの数値については「高い」「低い」という表現が通常用いられる．

　pHの「p」は，いうなれば「$-\log$」という意味を持つ演算子と考えることができる．実際，同じように

$$pOH = -\log[\text{OH}^-] \tag{2}$$

という表記も用いられる．さらに，1よりはるかに小さな数値を示すことが多いK_a，K_bや溶解度積（K_{sp}）などの物理定数についても，同様にpK_a，pK_b，pK_{sp}などのp関数を用いた表記法がしばしば用いられる．

　酸塩基平衡（acid-base equilibrium）は，直接的には水溶液中の水素イオン濃度$[\text{H}^+]$，すなわち水素イオン濃度指数pHという形で現れてくるため，pHを計算することは重要である．そこで，弱酸HAの水溶液（濃度C_{HA}）を例として，pHの計算方法を考えてみよう．

(1) 必要な方程式を立てる

方程式を立てる際には，次の3点を考える.

①物質収支（mass balance）：加えた物質と平衡状態にある化学種との量的関係

$$C_{HA} = [HA] + [A^-] \tag{10.16}$$

②電荷収支（charge balance）：水溶液の電気的中性

$$[H^+] = [A^-] + [OH^-] \tag{10.17}$$

③質量作用の法則（mass-action law）：溶媒も含め，すべての化学平衡を考える

$$K_a = \frac{[H^+][A^-]}{[HA]} \tag{10.18}$$

$$K_w = [H^+][OH^-] \tag{10.19}$$

今回の場合，未知数が$[H^+]$，$[OH^-]$，$[HA]$，$[A^-]$の四つであるのに対し，方程式も四つあるので，解くことが可能になる．実際，$[H^+]$について整理すると

$$[H^+]^3 + K_a[H^+]^2 - (K_a C_{HA} + K_w)[H^+] - K_a K_w = 0 \tag{10.20}$$

という三次式が得られる.

Pick up

物質収支と電荷収支

「質量保存の法則」が成り立っていることを前提として考えるのが物質収支である．例示した式(10.16)を言葉で説明すると，酸HAの"A"に着目して考えたとき，加えられたHAは水溶液中でHAかA^-のいずれかの形でのみ存在するということを示している（図1(a)）.

一方，溶液の「電気的中性」を前提として考えるのが電荷収支である．すなわち，溶液全体を見たとき，イオンの持つ正電荷の総量と負電荷の総量は等しくなければならない．例示した式(10.17)は，この水溶液中に存在する陽イオン（H^+）の正電荷総量と陰イオン（A^-とOH^-）の負電荷総量が等しいということを示している（図1(b)）.

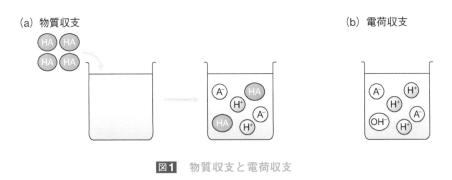

(a) 物質収支   (b) 電荷収支

図1 物質収支と電荷収支

---

(2) 適切な仮定をして近似を行う

弱酸の水溶液であるから$[H^+] > [OH^-]$であることは間違いない．したがって，極端に濃度C_{HA}が小さくない（酸が薄くない）限り，$[H^+] \gg [OH^-]$と仮定することができる．この場合，式(10.17)が

$$[H^+] = [A^-] \tag{10.21}$$

と近似され，これと式(10.16)，式(10.18)より

$$K_a = \frac{[H^+]^2}{C_{HA} - [H^+]} \tag{10.22}$$

$$\therefore \quad [H^+]^2 + K_a[H^+] - K_a C_{HA} = 0 \tag{10.23}$$

という二次式が得られ，計算は容易になる．さらに，濃度 C_{HA} が十分大きい（濃い）場合は，$C_{HA} \gg [H^+]$ という仮定も可能になり，式(10.22)はさらに簡略化され

$$K_a = \frac{[H^+]^2}{C_{HA}} \tag{10.24}$$

$$\therefore \quad [H^+] = \sqrt{K_a C_{HA}} \tag{10.25}$$

$$\therefore \quad pH = \frac{pK_a - \log C_{HA}}{2} \tag{10.26}$$

となる．なお，得られた $[H^+]$ の値については，仮定の妥当性を検証する必要がある．

　同様の方法により，弱酸 HA と強塩基 BOH の塩である BA の水溶液（濃度 C_{BA}）について pH を計算しよう．この場合，塩 BA は水溶液中で完全に電離するが，生じた A^- の一部は加水分解を受ける．

$$A^- + H_2O \rightleftharpoons HA + OH^- \tag{10.27}$$

この加水分解反応の平衡定数が

$$\frac{[HA][OH^-]}{[A^-]} = \frac{K_w}{K_a} \tag{10.28}$$

で表されることを考慮して方程式を立てると，

$$C_{BA} = [B^+] \tag{10.29}$$

$$C_{BA} = [HA] + [A^-] \tag{10.30}$$

$$[B^+] + [H^+] = [A^-] + [OH^-] \tag{10.31}$$

$$\frac{K_w}{K_a} = \frac{[HA][OH^-]}{[A^-]} \tag{10.32}$$

$$K_w = [H^+][OH^-] \tag{10.33}$$

となる．この場合，$[OH^-] \gg [H^+]$ と仮定して $[OH^-]$ について解くと，

$$[OH^-]^2 + \frac{K_w}{K_a}[OH^-] - \frac{K_w C_{BA}}{K_a} = 0 \tag{10.34}$$

となる．C_{BA} が十分大きい（濃い）場合は $C_{BA} \gg [OH^-]$ という仮定も可能になり，

$$[OH^-] = \sqrt{\frac{K_w C_{BA}}{K_a}} \tag{10.35}$$

$$\therefore \quad pH = 14 - \frac{pK_w - \log C_{BA} - pK_a}{2} = 7 + \frac{\log C_{BA} + pK_a}{2} \tag{10.36}$$

　さまざまなケースについて，適切な仮定を行った場合に得られる最終的な pH の計算結果を表10.2 に示す．

　弱酸 HA とその強塩基塩 BA（例えば酢酸と酢酸ナトリウム）の両方を比較的高い濃度で含む水溶液は，新たに酸や塩基を少量添加しても pH が変化しにくいため，pH を一定にして実験を行いたいときなどによく用いられる．このような溶液を緩衝液（buffer）という．

　HA，BA それぞれの濃度を C_{HA}, C_{BA} とすると，BA は完全に解離するが，生じた A^- に対する加水分解は HA が共存するため起こりにくい．逆に HA のさらなる酸解離も A^- の共存により阻害される．結果として $[HA] = C_{HA}$，$[A^-] = C_{BA}$ の近似が成り立ち，

表10.2　さまざまな水溶液についての pH の計算値

溶質	pH の計算値（仮定の内容）
強酸 HA（濃度 C_{HA}）	$pH = -\log C_{HA}$ （$[H^+] \gg [OH^-]$）
弱酸 HA（濃度 C_{HA}）	$pH = (pK_a - \log C_{HA})/2$ （$[H^+] \gg [OH^-]$，$C_{HA} \gg [H^+]$） $pH = -\log \{(-K_a + \sqrt{K_a^2 + 4K_a C_{HA}})/2\}$ （$[H^+] \gg [OH^-]$）
強塩基 BOH（濃度 C_{BOH}）	$pH = 14 + \log C_{BOH}$ （$[OH^-] \gg [H^+]$）
弱塩基 BOH（濃度 C_{BOH}）	$pH = 14 - (pK_b - \log C_{BOH})/2$ （$[OH^-] \gg [H^+]$，$C_{BOH} \gg [OH^-]$） $pH = 14 + \log \{(-K_b + \sqrt{K_b^2 + 4K_b C_{BOH}})/2\}$ （$[OH^-] \gg [H^+]$）
強酸と強塩基の塩 BA （濃度 C_{BA}）	$pH = 7$
強酸と弱塩基の塩 BA （濃度 C_{BA}）	$pH = 7 - (\log C_{BA} + pK_b)/2$ （$[H^+] \gg [OH^-]$，$C_{BA} \gg [H^+]$） $pH = -\log [\{-(K_w/K_b) + \sqrt{(K_w/K_b)^2 + 4K_w C_{BA}/K_b}\}/2]$ （$[H^+] \gg [OH^-]$）
弱酸と強塩基の塩 BA （濃度 C_{BA}）	$pH = 7 + (\log C_{BA} + pK_a)/2$ （$[OH^-] \gg [H^+]$，$C_{BA} \gg [OH^-]$） $pH = 14 + \log [\{-(K_w/K_a) + \sqrt{(K_w/K_a)^2 + 4K_w C_{BA}/K_a}\}/2]$ （$[OH^-] \gg [H^+]$）
二塩基酸の一ナトリウム塩 NaHA（濃度 C_{NaHA}）	$pH = (pK_{a1} + pK_{a2})/2$ （$C_{NaHA} \gg K_{a1}$，$C_{NaHA} \gg K_w/K_{a2}$）

$$K_a = \frac{[H^+][A^-]}{[HA]} = \frac{[H^+]C_{BA}}{C_{HA}} \tag{10.37}$$

$$\therefore \quad pH = pK_a + \log \frac{[A^-]}{[HA]} = pK_a + \log \frac{C_{BA}}{C_{HA}} \tag{10.38}$$

となる．この溶液に酸を少量添加した場合，増加した H^+ は多量にある A^- と反応して HA となり，逆に塩基を少量添加した場合は，増加した OH^- は多量にある HA と反応して A^- と H_2O になる．すなわち，いずれの場合も pH の変化は最小限に抑えられる．特に $C_{HA} = C_{BA}$ のとき（$pH = pK_a$），緩衝作用がもっとも強い．

　緩衝液は，特定の pH で反応を行わせたいときに利用される．例えば，EDTA を用いるキレート滴定において，試料溶液の pH を EDTA と目的金属イオンとの反応に適した pH に保つため，滴定に先立ち，試料溶液に所定の pH の緩衝液を添加する．

　よく用いられる緩衝液の例を **表10.3** に示す．

表**10.3**　緩衝液の例

種類	作り方
塩酸–塩化カリウム緩衝液（pH 1.00〜2.20）	$0.2\ mol\ L^{-1}$の塩化カリウム溶液25 mLに$0.2\ mol\ L^{-1}$の塩酸を適量（67〜3.9 mL）加え，水で100 mLに希釈する．
酢酸–酢酸ナトリウム緩衝液（pH 3.19〜6.22）	$0.1\ mol\ L^{-1}$の酢酸（v_a mL）と$0.1\ mol\ L^{-1}$の酢酸ナトリウム（v_b mL）とを（$v_a : v_b = 32 : 1 \sim 1 : 32$）の割合で混合する．
アンモニア–塩化アンモニウム緩衝液（pH 8.0〜11.0）	$0.1\ mol\ L^{-1}$の塩化アンモニウム（v_a mL）と$0.1\ mol\ L^{-1}$のアンモニア水（v_b mL）とを（$v_a : v_b = 32 : 1 \sim 1 : 32$）の割合で混合する．

ほかに，フタル酸水素カリウム–水酸化ナトリウム緩衝液（pH 4.10〜5.90），リン酸二水素カリウム–水酸化ナトリウム緩衝液（pH 5.80〜8.00），ホウ酸–水酸化ナトリウム緩衝液（pH 8.00〜10.20），トリス（ヒドロキシメチル）アミノメタン–塩酸緩衝液（pH 7.20〜9.10）などがある．

10.5　中和滴定

　アレニウスの概念に基づいて酸・塩基を考えると，酸と塩基が（放出される水素イオン・水酸化物イオンの物質量として）同じ量存在すれば，完全に塩と水になる．この考え方をもとにして溶液試料中の酸や塩基を定量する容量分析法を中和滴定（neutralization titration）または酸塩基滴定（acid–base titration）という．

　中和滴定に用いる標準液には，塩基溶液の濃度決定では塩酸HClなどの強酸水溶液を，酸溶液の濃度決定では水酸化ナトリウムNaOHなどの強塩基水溶液を用いるのが一般的である．強酸標準液の標定は，通常は炭酸ナトリウムNa$_2$CO$_3$を用いた中和滴定で行う．塩酸標準液の場合を例に挙げると，反応式は

$$Na_2CO_3 + 2HCl \longrightarrow 2NaCl + H_2O + CO_2 \uparrow \tag{10.39}$$

のようになる．強塩基標準液を標定する場合は，上記の方法で標定した強酸標準液を用いた中和滴定によるのが一般的である．

　容量分析においては，すべての物質が過不足なく反応する点，すなわち当量点（equivalent point）を滴定の終点とすることが原則である．中和滴定の終点を決定するにあたっては，滴定溶液のpHの変化を知ることが重要になる．滴定溶液の場合でも，10.4節に述べたように①物質収支，②電荷収支，③質量作用の法則の三つに注意して方程式を立て，適切な近似を適用すればpHを計算できる．ただし，滴定の場合には二つの溶液が混合されるため，体積が増大して溶液が薄められることに注意する必要がある．

　強酸を強塩基で，またはその逆で滴定する場合には，中和された残り（不足分もしくは過剰分）の強酸または強塩基の水溶液と考え，体積に注意して濃度を計算すればpHが求められる．また，当量点での滴定溶液の状態は強酸と強塩基の塩の水溶液となっているため，濃度によらずpH=7となる．

　弱酸を強塩基で滴定する場合，当量点では「弱酸と強塩基の塩」の水溶液となっており，pHは7よりも高くなる．また，当量点前の滴定溶液は「弱酸」と「弱酸と強塩基の塩」の混合溶液となっており，10.4節に述べた緩衝液の状態と考えることができる．一方，弱塩基を強酸で滴定する場合はちょうど話が逆になり，当量点のpHは7より低くなる．代表的な滴定曲線の例を図10.1に示す．

　当量点前後では，滴定溶液のpHが大きく変化する．したがって，それ自体が酸もしくは塩基であり，共役酸塩基の色調が著しく異なる指示薬を用いれば，滴定の終点を目視で決定することができる．このような指示薬を酸塩基指示薬（acid–base indicator）という．代表的な酸塩基指示薬を表10.4に示す[2]．滴定の条件に合わせて適切な酸塩基指示薬を選択することが重要である．

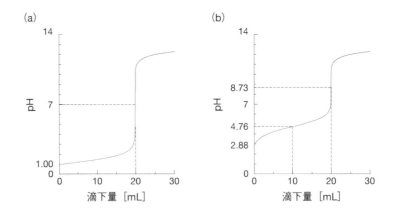

図10.1　中和滴定における代表的な滴定曲線の例

(a) 0.100 mol L^{-1} HCl（強酸）20.00 mL を 0.100 mol L^{-1} NaOH（強塩基）で滴定した場合
(b) 0.100 mol L^{-1} CH₃COOH（弱酸，$pK_a = 4.76$）20.00 mL を 0.100 mol L^{-1} NaOH（強塩基）で滴定した場合

表10.4　代表的な酸塩基指示薬

物質名	酸性色	変色域pH	塩基性色
チモールブルー（酸性側）	赤	1.2～2.8	黄
2,6-ジニトロフェノール	無色	2.4～4.0	黄
ブロモフェノールブルー	黄	3.0～4.6	青紫
メチルオレンジ	赤	3.1～4.4	橙黄
ブロモクレゾールグリーン	黄	3.8～5.4	青
メチルレッド	赤	4.2～6.3	黄
p-ニトロフェノール	無色	5.0～7.0	黄
ブロモチモールブルー	黄	6.0～7.6	青
フェノールレッド	黄	6.8～8.4	赤
クレゾールレッド	黄	7.2～8.8	赤
チモールブルー（塩基性側）	黄	8.0～9.6	青
フェノールフタレイン	無色	8.3～10.0	紅
チモールフタレイン	無色	9.3～10.5	青
アリザリンイエローGG	黄	10.0～12.0	褐色

［日本分析化学会（編），改訂六版 分析化学便覧，丸善出版（2011），p.693，表8.110を改変］

10.6　錯生成とキレート滴定

　共有結合が形成されるとき，通常は二つの原子の最外殻電子のうち対をつくっていない不対電子同士が共有されて共有電子対となり，結合を生じる．

$$\text{X·} + \text{·Y} \longrightarrow \text{X:Y} \tag{10.40}$$

しかし，一方の原子の非共有電子対がもう一方の原子の空の最外殻電子軌道に供与されて共有電子対となる場合がある．

$$\text{M} + \text{:L} \longrightarrow \text{M:L} \tag{10.41}$$

このようなタイプの共有結合を特に配位結合（coordination bond）といい，配位結合を持つ化合物を配位化合物（coordination compound）という．金属イオンの最外殻には空の電子軌道が数多くあるため，配位結合によってほかの分子やイオンと結合することができる．この場合，電子対を与える側

の化学種を配位子 (ligand) といい，生成した化合物を一般に錯体 (complex) という．

この考え方を酸・塩基の定義に導入したのがルイスの概念である．ルイスの概念においては，酸は「電子対受容体」，塩基は「電子対供与体」と定義される．H^+ は電子を持たず，共有結合形成の際に必ず電子対を受容することになるため，酸と定義される．また，金属イオンは酸に，配位子は塩基に分類されることになり，錯生成反応を酸塩基反応と考えていることがわかる．またこの考え方では，酸と塩基が反応すると必ず新たな共有結合が生じることになる．

錯生成反応では，1個の金属イオンM（ここでは電荷を省略する）に対して複数個の配位子Lが配位結合する場合が数多く存在する．錯体 ML_n の生成平衡を議論する際には，2通りの表現方法を考えることができる．一つは

$$ML_{n-1}+L \rightleftharpoons ML_n \tag{10.42}$$

のように配位子Lを1個ずつ結合させていく考え方（逐次反応）で，その平衡定数

$$K_n = \frac{[ML_n]}{[ML_{n-1}][L]} \tag{10.43}$$

を逐次安定度定数 (stepwise stability constant) という．もう一つは

$$M+nL \rightleftharpoons ML_n \tag{10.44}$$

のように配位子Lを n 個一気に結合させる（全反応）考え方で，その平衡定数

$$\beta_n = \frac{[ML_n]}{[M][L]^n} (=K_1 K_2 \cdots K_n) \tag{10.45}$$

を全安定度定数 (overall stability constant) という．なお，水溶液中の金属イオンは溶媒である水分子の配位を受けているため，錯生成反応は厳密には配位子交換反応である．

Pick up

配位数と錯体の立体構造

錯体において，金属イオンに配位結合している原子の数をその金属イオンの配位数 (coordination number) という．配位数は金属イオンの種類や電荷（酸化数），結合する配位子の種類などによってさまざまに変化するが，多くの金属イオンでは配位数は2～6の範囲となる．また，配位数は錯体の立体構造とも密接に関係している．金属イオンの主な配位数と錯体の立体構造を表1に示す．

表1 金属イオンの主な配位数と錯体の立体構造

配位数	2	4		6
立体構造	直線型（結合角180°）	正四面体型（結合角109.5°）	正方形型（結合角90°）	正八面体型（結合角90°）

　　複数の配位結合を形成できる多座配位子のことをキレート試薬（chelating reagent）といい，その錯体をキレート（chelate）という．単座配位子との錯生成では，配位子と配位水分子が1:1で交換するのに対し，キレート試薬との錯生成では一度に多数の配位水分子が放出されるためエントロピーの面で有利に作用する．これをキレート効果（chelate effect）という．

　　錯生成を利用して定量を行う容量分析を錯滴定（complexometric titration）といい，キレート試薬を用いるものを特にキレート滴定（chelatometric titration）という．中でも六座配位子であるエチレンジアミン四酢酸（ethylenediaminetetraacetic acid：EDTA，化学種としては以下 H_4edta と記す．図10.2(a)）は多くの金属イオン M^{n+} と安定な1：1錯体 $M(edta)^{(4-n)-}$（図10.2(b)）を生成することから，キレート滴定によく用いられる．（実際には，水溶性の高い二ナトリウム塩 Na_2H_2edta が用いられる．）主な金属イオンと $edta^{4-}$ との錯体の全安定度定数を付表B.3に示す．キレート滴定は，天然水の硬度を求める方法としてよく用いられる．

　　H_4edta は四塩基酸（$pK_{a1}=1.99$，$pK_{a2}=2.67$，$pK_{a3}=6.16$，$pK_{a4}=10.26$）[3] であるため，試料溶液のpHによって実際に錯生成反応に関与する $edta^{4-}$ の割合が大きく変化し，高pH条件ほど錯生成に有利になる．EDTAの各化学種中の存在率とpHとの関係を図10.3に示す．しかし，pHが高くなると金属イオン M^{n+} は加水分解を受けて $M(OH)_i^{(n-i)+}$ となり，これは $edta^{4-}$ との錯生成に不利に作用する．特に無電荷の水酸化物沈殿が生じた場合は錯生成を大きく阻害する．これらのことを考慮して，測定対象となる金属イオンに応じて最適なpH条件を設定することが重要になる．

　　キレート滴定の終点では，加えられたキレート試薬と錯生成していない金属イオン M^{n+} がほとんどなくなる．この状態を識別するため，指示薬としてはそれよりも M^{n+} との錯生成能が弱く，かつ M^{n+} との錯生成によって色調が変化するような別のキレート試薬（金属指示薬，metallochromic indicator）を用いる．代表的な金属指示薬を表10.5に示す．終点前では金属指示薬は金属イオン M^{n+} と錯体を形成しているが，終点では滴定に用いるキレート試薬との競争反応により金属イオンから引き離されて遊離型に変化する．

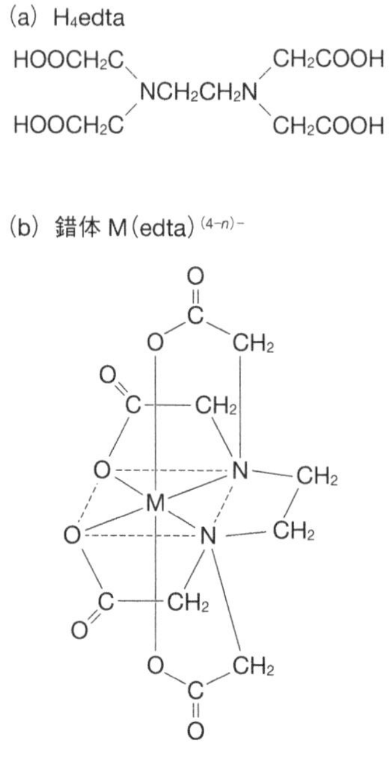

(a) H_4edta

(b) 錯体 $M(edta)^{(4-n)-}$

図10.2　H_4edta の構造式と錯体 $M(edta)^{(4-n)-}$ の立体構造

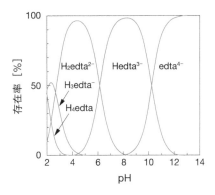

図10.3　EDTAの各化学種中の存在率とpHとの関係

表10.5　代表的な金属指示薬

エリオクロムブラックT（BTまたはEBT）

キシレノールオレンジ（XO）

2-ヒドロキシ-1-（2-ヒドロキシ-4-スルホ-1-ナフチルアゾ）-3-ナフトエ酸（NN）

ムレキシド（MX）

> **Pick up**
>
> ### 天然水の錯化容量
>
> 　重金属の毒性はその化学形態によって異なるが，一般に単独の重金属イオンの状態がもっとも毒性が強く，錯体を形成すると毒性は弱められる．天然水中にはさまざまな有機・無機の配位子が溶存しており，重金属イオンが混入した場合にはこれらが重金属イオンに配位して錯生成することによりその毒性が弱められる．（例えば，溶存腐植物質はカルボキシ基や芳香族ヒドロキシ基などを多数有しており，これらが重金属イオンに配位できる．）したがって，溶存する配位子の量は，その天然水の持つ環境保全能力を示す一つの指標となる．
>
> 　すべての配位子を個別に定量することは事実上不可能であるため，総合的な指標として錯化容量（complexing capacity）が用いられる．これは，天然水に特定の金属イオン（一般に銅イオン Cu^{2+} が用いられる）を加えたときに錯体となった量を指し，単位 [mol L^{-1}] で表される．実験的には，天然水に一定量の Cu^{2+} を加え，Cu^{2+} のまま残った量を測定することにより求められる．

10.7　酸化・還元と酸化還元滴定

　ある化学種が電子を放出することを酸化（oxidation）といい，逆に電子を受け取ることを還元（reduction）という．均一溶液中では電子が単独で存在することはないため，酸化と還元が同時に起こる．このときの化学平衡を酸化還元平衡（redox equilibrium）という．

　ブレンステッド–ローリーの酸・塩基概念で考えられた共役酸塩基対のように，電子を介在させた酸化体（oxidant, Ox）と還元体（reductant, Red）との半反応式を

$$Ox + ne^- \rightleftharpoons Red \tag{10.46}$$

のように考えられる．この半反応を電池における電極反応に見立てると，その電極電位 $E_{Ox/Red}$ は Ox および Red の活量 a_{Ox}，a_{Red} を用いて次のように表される．

$$E_{Ox/Red} = E^\circ_{Ox/Red} - \frac{RT}{nF} \ln \frac{a_{Red}}{a_{Ox}} \tag{10.47}$$

式(10.47)はネルンスト式と呼ばれ，電気化学反応の基本式である（第12章参照）．ここで，F はファラデー定数，R は気体定数，T は絶対温度である．一般には，温度を25℃とし，活量を濃度で近似した次の式が用いられる．

$$E_{Ox/Red} = E^\circ_{Ox/Red} - \frac{0.0592}{n} \log \frac{[Red]}{[Ox]} \tag{10.48}$$

$E^\circ_{Ox/Red}$ は標準酸化還元電位（standard redox potential）と呼ばれ，各電極反応に固有の定数である．一般に，$E^\circ_{Ox/Red}$ の値が大きいほど酸化体の酸化力が強く，逆に小さいほど還元体の還元力が強い．なお，電位は相対値でしか測定できないので，標準水素電極（normal hydrogen electrode：NHE，第12章参照）における電極反応

$$2H^+ (a_{H^+} = 1) + 2e^- \rightleftharpoons H_2 (p_{H_2} = 1.013 \times 10^5 \, Pa) \tag{10.49}$$

の電極電位 E_{H^+/H_2} を温度によらず0Vと定義し，特に指定がなければすべての電極電位はこれに対する相対値として表すと定められている．よく使われる酸化還元系の $E^\circ_{Ox/Red}$ を付表 B.4 に示す．

　酸化還元平衡と標準酸化還元電位の間には密接な関係がある．二つの半反応式

$$\mathrm{Ox}(1)+m e^{-} \rightleftharpoons \mathrm{Red}(1) \tag{10.50}$$

$$\mathrm{Ox}(2)+n e^{-} \rightleftharpoons \mathrm{Red}(2) \tag{10.51}$$

の組み合わせで構成される酸化還元平衡

$$n\mathrm{Ox}(1)+m\mathrm{Red}(2) \rightleftharpoons n\mathrm{Red}(1)+m\mathrm{Ox}(2) \tag{10.52}$$

の平衡定数

$$K=\frac{[\mathrm{Red}(1)]^{n}[\mathrm{Ox}(2)]^{m}}{[\mathrm{Ox}(1)]^{n}[\mathrm{Red}(2)]^{m}} \tag{10.53}$$

について考えてみよう．平衡状態にあるとき各化学種の濃度は変化しないため，二つの電極電位

$$E_{\mathrm{Ox}(1)/\mathrm{Red}(1)}=E^{\circ}_{\mathrm{Ox}(1)/\mathrm{Red}(1)}-\frac{0.0592}{m}\log\frac{[\mathrm{Red}(1)]}{[\mathrm{Ox}(1)]} \tag{10.54}$$

$$E_{\mathrm{Ox}(2)/\mathrm{Red}(2)}=E^{\circ}_{\mathrm{Ox}(2)/\mathrm{Red}(2)}-\frac{0.0592}{n}\log\frac{[\mathrm{Red}(2)]}{[\mathrm{Ox}(2)]} \tag{10.55}$$

は等しくならなければならない．すなわち，

$$E^{\circ}_{\mathrm{Ox}(1)/\mathrm{Red}(1)}-\frac{0.0592}{m}\log\frac{[\mathrm{Red}(1)]}{[\mathrm{Ox}(1)]}=E^{\circ}_{\mathrm{Ox}(2)/\mathrm{Red}(2)}-\frac{0.0592}{n}\log\frac{[\mathrm{Red}(2)]}{[\mathrm{Ox}(2)]} \tag{10.56}$$

したがって，

$$\log K=\frac{m n(E^{\circ}_{\mathrm{Ox}(1)/\mathrm{Red}(1)}-E^{\circ}_{\mathrm{Ox}(2)/\mathrm{Red}(2)})}{0.0592} \tag{10.57}$$

となる．すなわち，標準酸化還元電位の差が大きな酸化還元平衡ほど平衡定数 K が大きくなる．ただし，K が大きくても反応速度が遅いため反応が進行しない場合もあるので注意が必要である．

　酸化還元平衡を利用して酸化性物質や還元性物質の定量を行う容量分析法を酸化還元滴定（redox titration）という．式 (10.52) の反応を利用して Red(2) を Ox(1) で滴定する酸化還元滴定を行ったときの当量点における電極電位を考えてみよう．当量点においては，加えられた Ox(1) と最初に存在した Red(2) の物質量の比が $n:m$ の関係にある．これが同一溶液中で式 (10.52) にしたがって平衡状態となっているから，平衡時には

$$[\mathrm{Ox}(1)]:[\mathrm{Red}(2)]=[\mathrm{Red}(1)]:[\mathrm{Ox}(2)]=n:m \tag{10.58}$$

したがって

$$[\mathrm{Ox}(1)][\mathrm{Ox}(2)]=[\mathrm{Red}(1)][\mathrm{Red}(2)] \tag{10.59}$$

となる．このとき二つの電極電位が等しいから，これを電極電位 E とすると式 (10.54) および式 (10.55) より

$$\begin{aligned} (m+n)E&=mE_{\mathrm{Ox}(1)/\mathrm{Red}(1)}+nE_{\mathrm{Ox}(2)/\mathrm{Red}(2)} \\ &=mE^{\circ}_{\mathrm{Ox}(1)/\mathrm{Red}(1)}+nE^{\circ}_{\mathrm{Ox}(2)/\mathrm{Red}(2)}-0.0592\log\frac{[\mathrm{Red}(1)][\mathrm{Red}(2)]}{[\mathrm{Ox}(1)][\mathrm{Ox}(2)]} \\ &=mE^{\circ}_{\mathrm{Ox}(1)/\mathrm{Red}(1)}+nE^{\circ}_{\mathrm{Ox}(2)/\mathrm{Red}(2)} \end{aligned} \tag{10.60}$$

したがって，

$$E=\frac{mE^{\circ}_{\mathrm{Ox}(1)/\mathrm{Red}(1)}+nE^{\circ}_{\mathrm{Ox}(2)/\mathrm{Red}(2)}}{m+n} \tag{10.61}$$

と求められる．中和滴定における pH と同様に，酸化還元滴定における E の値は当量点近傍において大きく変化するため，これに近い条件（電位）で酸化還元反応を起こすような変色試薬を指示薬として用いることができる．代表的な酸化還元指示薬を表 10.6 に示す[2]．

　酸化還元滴定法として，過マンガン酸カリウム滴定法とヨウ素還元滴定法がよく知られているが，これらにおいては通常の酸化還元指示薬は用いられない．過マンガン酸カリウム $KMnO_4$ は，硫酸酸

表10.6　代表的な酸化還元指示薬

物質名	酸化型の色	変色点の電位[V] (vs. NHE, pH 0)	還元型の色
ニトロフェロイン	薄青	1.25	赤
フェロイン	薄青	1.14	赤
p-ニトロジフェニルアミン	紫	1.06	無色
エリオグラウシンA	赤	1.00	緑
ジフェニルアミン	紫	0.76	無色
メチレンブルー	緑青	0.53	無色
インジゴスルホン酸	青	0.29	無色

[日本分析化学会（編），改訂六版 分析化学便覧，丸善出版（2011），p.693，表8.111を改変]

性条件下で強い酸化剤として作用する.

$$MnO_4^- + 8H^+ + 5e^- \rightleftharpoons Mn^{2+} + 4H_2O \tag{10.62}$$

過マンガン酸イオンMnO_4^-が赤紫色を呈するのに対し，マンガンイオンMn^{2+}は薄桃色で，希薄溶液ではほとんど色を識別できない. そこで，硫酸酸性に調整した還元性試料溶液にKMnO₄標準液を滴下し，MnO_4^-の赤紫色が消えなくなった点を終点とすることで還元性物質の定量が可能になる. （厳密には，MnO_4^-の赤紫色は通常の酸化還元指示薬の色ほど濃くはないため，着色分が過剰となり，終点の補正を必要とする.）過マンガン酸カリウム滴定法は，第3章で紹介した環境水中や排水中の化学的酸素要求量（chemical oxygen demand：COD）の測定に用いられるもっとも一般的な酸化還元滴定法である.

　ヨウ素還元滴定法（iodometry）は，酸化性試料溶液にヨウ化物イオンI^-を過剰に加え，

$$2I^- \rightleftharpoons I_2 + 2e^- \tag{10.63}$$

の反応により生じたヨウ素I_2（正確には過剰のI^-と反応し，I_3^-錯イオンとして存在する）をチオ硫酸ナトリウム（$Na_2S_2O_3$）標準液で酸化還元滴定して定量を行う方法である.

$$I_2 + 2S_2O_3^{2-} \rightleftharpoons 2I^- + S_4O_6^{2-} \tag{10.64}$$

この方法は，I_2を定量することにより，還元剤として消費されたI^-を間接的に定量する方法である. I_3^-は水溶液中で黄色を呈するが，黄色の消失は極めて識別しにくいため，反応が進行して黄色が薄くなった時点で滴定溶液にデンプン溶液を加える. デンプンの高分子鎖はI_3^-と反応して紫色の錯体を形成するため，さらに滴定を続けて紫色が消失した点を終点とする. （デンプンはI_3^-の存否を示す指示薬であり，酸化還元指示薬ではない.）第3章で紹介したように，環境水中の溶存酸素量（dissolved oxygen：DO）の定量には，ヨウ素還元滴定法がよく用いられる. なお，I_2標準液（過剰のI^-を含む）を用いて還元性物質を直接滴定するヨウ素酸化滴定法（iodimetry）も存在し，こちらの場合はデンプン錯体による紫色呈色を終点とする.

10.8　沈殿生成と沈殿滴定

　陽イオンM^{b+}と陰イオンX^{a-}からなる難溶性の塩M_aX_bの固体と，その飽和水溶液との間では，次のような溶解平衡が成立する.

$$M_aX_b（固体）\rightleftharpoons aM^{b+} + bX^{a-} \tag{10.65}$$

この溶解平衡を考えるとき，固体状態のM_aX_bはその量にかかわらず活量を1とみなすことができるため，次のような平衡定数を考えればよい.

$$K_{sp} = [M^{b+}]^a [X^{a-}]^b \tag{10.66}$$

この平衡定数K_{sp}をM_aX_bの溶解度積（solubility product）という．溶解の逆反応が沈殿生成であるから，溶解度積の値が小さいほど式(10.65)の反応は左に進行しやすい，すなわち，沈殿を生成しやすいということになる．代表的な塩や水酸化物の溶解度積を付表B.5に示す．

この平衡は沈殿の存在を前提としているので，M^{b+}を含む水溶液とX^{a-}を含む水溶液を混合したときに沈殿が生じるかどうかは，計算上得られる$[M^{b+}]^a [X^{a-}]^b$の値（これをイオン積（ionic product：IP）という）とK_{sp}とを比較すればわかる．すなわち，$IP = K_{sp}$のときが飽和状態であり，$IP < K_{sp}$では未飽和状態で沈殿は生じない．$IP > K_{sp}$のときは過飽和状態であり，式(10.65)にしたがって$IP = K_{sp}$となるまで沈殿が生成することになる．

難溶性塩の水への溶解度は，K_{sp}を用いて計算で求められる．しかし，難溶性塩を構成するイオン（M^{b+}またはX^{a-}）を含む水溶液に対する溶解度はそれよりも低下する．この現象を共通イオン効果（common ion effect）というが，これはル・シャトリエの原理に基づき式(10.65)の平衡が左側（沈殿生成側）に移動することに対応している．

沈殿生成を利用して定量を行う容量分析を沈殿滴定（precipitation titration）という．溶解度積が小さく，沈殿生成速度が比較的速い沈殿生成反応がこの方法に適用可能である．沈殿滴定は，沈殿生成により新たな相（固相）が生じるという点でほかの容量分析法と大きく異なる．

沈殿滴定の中でもっとも広く用いられているのは，硝酸銀（$AgNO_3$）標準液を用いる塩化物イオンCl^-などの定量で，これは銀滴定（argentometry）と呼ばれている．$AgNO_3$標準液の標定は，塩化ナトリウム$NaCl$を用いた沈殿滴定で行うのが一般的である．海水や汽水中における塩分の主成分は$NaCl$と考えてよいことから，銀滴定により塩分量を決定することが可能である．

銀イオンAg^+によるCl^-の沈殿滴定の場合，当量点では加えられたAg^+の総物質量が測定溶液中の

Pick up

共沈

沈殿が生成する際，溶液中のほかの成分が取り込まれる現象を共沈（coprecipitation）という．共沈は，沈殿表面のイオンの電荷によりほかの成分が引き寄せられる吸着（adsorption）や，沈殿粒子が成長する過程でほかの成分が包み込まれる吸蔵（occlusion）などによって引き起こされる（図1）．

純粋な沈殿を得るためには，共沈を避けることが必要である．しかし，逆に水溶液試料中の微量成分を効率よく捕集・濃縮する目的で共沈を利用することも可能であり，環境試料分析における前処理法の一つとして利用されている．

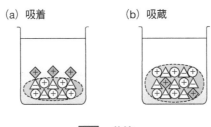

(a) 吸着　　(b) 吸蔵

図1　共沈

Cl⁻の総物質量と等しいため，滴定溶液においては

$$[Ag^+]=[Cl^-]=\sqrt{K_{sp,AgCl}}=\sqrt{1.77\times10^{-10}}=1.3\times10^{-5}\,mol\,L^{-1} \tag{10.67}$$

となる．当量点を過ぎると新たな沈殿生成はほとんど見られなくなるが，目視でこれを確認することは極めて困難である．滴定終点の決定に際しては，当量点以後のAg⁺の急激な増大を何らかの方法で確認する必要がある．一つの手段として，塩化銀AgClより沈殿生成しにくいAg(I)塩であるクロム酸銀（Ag₂CrO₄，赤色，$K_{sp,Ag_2CrO_4}=1.12\times10^{-12}$）を生成させる方法がある．この方法をモール法といい，指示薬としてクロム酸カリウムK₂CrO₄を一定量加えて（試料溶液のpHに応じて橙〜黄色を呈する）滴定を行い，赤色沈殿が生じ始めた点を終点とする．

10.9　分配平衡と溶媒抽出

　互いに混ざり合わない二つの液相の間で溶質を分配させることによりこれを分離する操作を，溶媒抽出（solvent extraction）という．通常は，水溶液の相（水相，aqueous phase，添字aqで表す）から疎水性有機溶媒の相（有機相，organic phase，添字orgで表す）へと溶質を分配させて分離を行う．

　ある溶質Sについて，水相と有機相との間の分配平衡（distribution equilibrium）

$$S_{(aq)}\rightleftharpoons S_{(org)} \tag{10.68}$$

を考えてみよう．この平衡の平衡定数K_Dは分配係数（distribution coefficient）と呼ばれ，

$$K_D=\frac{[S]_{org}}{[S]_{aq}} \tag{10.69}$$

で表される．実際には溶質Sは両相でさまざまな化学形態をとる場合がある．そのため，両相の溶質S全濃度の比Dを分配比（distribution ratio）として定義すると，複数の化学形態が存在する場合，分配係数K_Dと分配比Dとは一致しない．例えばカルボン酸RCOOHの分配の場合，RCOOHの分配平衡のほかに，水相におけるRCOOHの酸解離平衡と有機相におけるRCOOHの二量体（図10.4）生成平衡を考える必要があるため，全体の化学平衡は図10.5のようになる．

　このとき，酸解離定数

$$K_a=\frac{[H^+]_{aq}[RCOO^-]_{aq}}{[RCOOH]_{aq}} \tag{10.70}$$

および二量体生成平衡定数

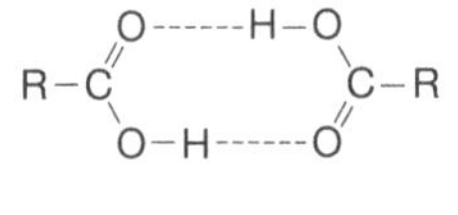

図10.4　カルボン酸RCOOHの二量体の構造

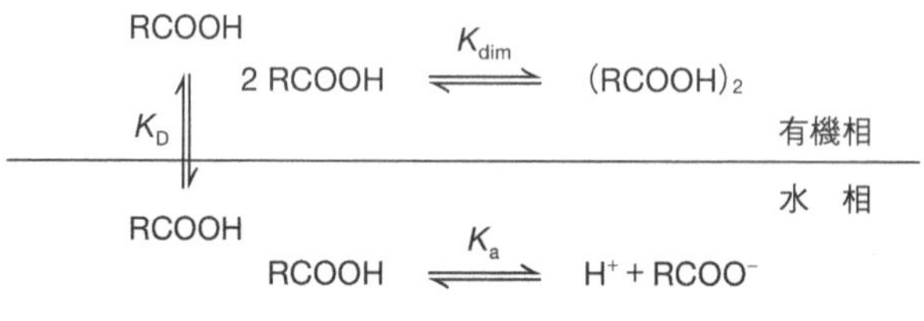

図10.5　RCOOHの化学平衡の模式図

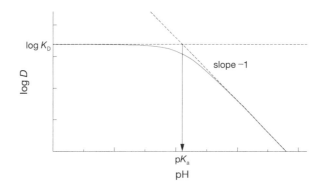

図10.6　二量体生成が無視できる場合における RCOOH の $\log D$ と水相 pH との関係

$$K_{\mathrm{dim}} = \frac{[(\mathrm{RCOOH})_2]_{\mathrm{org}}}{[\mathrm{RCOOH}]_{\mathrm{org}}^2} \tag{10.71}$$

より，分配比 D は

$$D = \frac{[\mathrm{RCOOH}]_{\mathrm{org}} + 2[(\mathrm{RCOOH})_2]_{\mathrm{org}}}{[\mathrm{RCOOH}]_{\mathrm{aq}} + [\mathrm{RCOO}^-]_{\mathrm{aq}}} = \frac{K_{\mathrm{D}}(1 + 2K_{\mathrm{dim}}[\mathrm{RCOOH}]_{\mathrm{org}})}{1 + K_{\mathrm{a}}/[\mathrm{H}^+]_{\mathrm{aq}}} \tag{10.72}$$

となり，二量体生成が無視できる場合には式(10.72)は

$$D = \frac{[\mathrm{RCOOH}]_{\mathrm{org}}}{[\mathrm{RCOOH}]_{\mathrm{aq}} + [\mathrm{RCOO}^-]_{\mathrm{aq}}} = \frac{K_{\mathrm{D}}}{1 + K_{\mathrm{a}}/[\mathrm{H}^+]_{\mathrm{aq}}} \tag{10.73}$$

となる．この場合における RCOOH の $\log D$ と水相 pH との関係を図10.6に示す．

　溶媒抽出は物質分離を目的に行うため，目的の物質をどれだけ有機相に移す（抽出する）ことができたかを評価することが重要になる．そこで，この抽出の度合いを評価するための指標として抽出百分率（percent extraction：$\%E$）が用いられる．溶質 S の $\%E$ は

$$
\begin{aligned}
\%E &= 100 \times \frac{(\text{有機相中の S の全物質量})}{(\text{S の総物質量})} \\
&= 100 \times \frac{(\text{有機相中の S の全物質量})}{(\text{有機相中の S の全物質量}) + (\text{水相中の S の全物質量})}
\end{aligned} \tag{10.74}
$$

と定義される．したがって，水相と有機相の体積をそれぞれ V_{aq}, V_{org} とすると，$\%E$ と D との関係式は

$$\%E = \frac{100}{1 + V_{\mathrm{aq}}/DV_{\mathrm{org}}} = \frac{100D}{D + V_{\mathrm{aq}}/V_{\mathrm{org}}} \tag{10.75}$$

となり，$V_{\mathrm{aq}} = V_{\mathrm{org}}$ の場合には

$$\%E = \frac{100D}{D + 1} \tag{10.76}$$

となる．すなわち，$V_{\mathrm{aq}} > V_{\mathrm{org}}$ として抽出の際に濃縮を試みる場合には，より大きな D の値が求められる．

　溶媒抽出では，分配を効率よく行うために両相の接触を促進する必要がある．そのため，実験には主に分液漏斗（separating funnel，付録B参照）が用いられる．

　溶媒抽出のもっとも代表的な応用例に，金属イオンのキレート抽出（chelate extraction）がある．これは，金属イオンと負電荷を有するキレート試薬とを錯生成させ，生じた中性のキレート錯体を有機相に抽出する方法である．用いられるキレート試薬の例を表10.7に示す．

　有機相に溶解した一塩基酸のキレート試薬 HR を用いて金属イオン M^{n+} をキレート抽出する場合の

表10.7　キレート抽出に用いられるキレート試薬の例

ジエチルジチオカルバミン酸ナトリウム（NaDDTC）

8-キノリノール（8-ヒドロキシキノリン, オキシン）（HQ）

ジフェニルチオカルバゾン（ジチゾン）（HDz）

テノイルトリフルオロアセトン（HTTA）

1-(2-ピリジル)アゾ-2-ナフトール（HPAN）

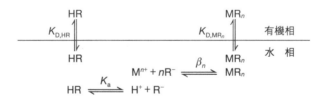

図10.7　キレート試薬 HR を用いて M^{n+} をキレート抽出する場合の化学平衡の模式図

模式図を図10.7に示す．抽出は四つの化学平衡によって構成されており，その平衡定数はそれぞれ

$$K_{D,HR} = \frac{[HR]_{org}}{[HR]_{aq}} \tag{10.77}$$

$$K_a = \frac{[H^+]_{aq}[R^-]_{aq}}{[HR]_{aq}} \tag{10.78}$$

$$\beta_n = \frac{[MR_n]_{aq}}{[M^{n+}]_{aq}[R^-]_{aq}{}^n} \tag{10.79}$$

$$K_{\mathrm{D,MR}_n} = \frac{[\mathrm{MR}_n]_{\mathrm{org}}}{[\mathrm{MR}_n]_{\mathrm{aq}}} \tag{10.80}$$

である．抽出過程全体を示す抽出平衡（extraction equilibrium）は

$$\mathrm{M}^{n+}{}_{(\mathrm{aq})} + n\mathrm{HR}_{(\mathrm{org})} \rightleftharpoons \mathrm{MR}_{n(\mathrm{org})} + n\mathrm{H}^{+}{}_{(\mathrm{aq})} \tag{10.81}$$

であるから，その平衡定数である抽出定数（extraction constant）K_{ex}は

$$K_{\mathrm{ex}} = \frac{[\mathrm{MR}_n]_{\mathrm{org}}[\mathrm{H}^+]_{\mathrm{aq}}{}^n}{[\mathrm{M}^{n+}]_{\mathrm{aq}}[\mathrm{HR}]_{\mathrm{org}}{}^n} = \frac{K_{\mathrm{D,MR}_n}\beta_n K_{\mathrm{a}}{}^n}{K_{\mathrm{D,HR}}{}^n} \tag{10.82}$$

となる．水相中の中性錯体MR_nおよびそのほかの錯体の濃度を無視できると仮定すると，M^{n+}の分配比Dは

$$D = \frac{[\mathrm{MR}_n]_{\mathrm{org}}}{[\mathrm{M}^{n+}]_{\mathrm{aq}}} = K_{\mathrm{ex}}\frac{[\mathrm{HR}]_{\mathrm{org}}{}^n}{[\mathrm{H}^+]_{\mathrm{aq}}{}^n} \tag{10.83}$$

$$\therefore \quad \log D = \log K_{\mathrm{ex}} + n\log[\mathrm{HR}]_{\mathrm{org}} + n\mathrm{pH} \tag{10.84}$$

で表される．式(10.84)からわかるように，K_{ex}が大きい金属イオンはより低いpHで高い抽出率を達成できるため，水相のpHを制御することで選択的な抽出分離が可能となる．

Pick up

陰イオン界面活性剤のイオン会合抽出

　溶媒抽出のもう一つの応用例に，イオン会合抽出（ion association extraction）がある．イオン種を単独で有機相に分配させることは不可能であるが，反対電荷の疎水性イオンが存在すれば，これとのセットで有機相への抽出が可能となる場合がある．イオン会合抽出では，多くの場合，陽陰両イオンからなるイオン対（ion-pair）が中性種として抽出されるが，両イオンが電気的中性を保ちつつ別個に抽出される場合もある．

　ドデシル硫酸ナトリウム（NaDS，図1(a)）などの陰イオン界面活性剤は，メチレンブルー（MBCl，図1(b)）などの陽イオン性色素を用いて有機相にイオン会合抽出することができる．このとき，抽出平衡は

$$\mathrm{DS}^-{}_{(\mathrm{aq})} + \mathrm{MB}^+{}_{(\mathrm{aq})} \rightleftharpoons \mathrm{MB}^+\cdot\mathrm{DS}^-{}_{(\mathrm{org})} \tag{1}$$

のようになる．この方法では陰イオン界面活性剤の種類を区別することは難しいが，陰イオン界面活性剤の総電荷とつり合う陽イオン性色素が有機相に抽出されるため，有機相中の色素を定量することにより陰イオン界面活性剤の総量を見積ることができる．

(a) ドデシル硫酸ナトリウム

(b) メチレンブルー

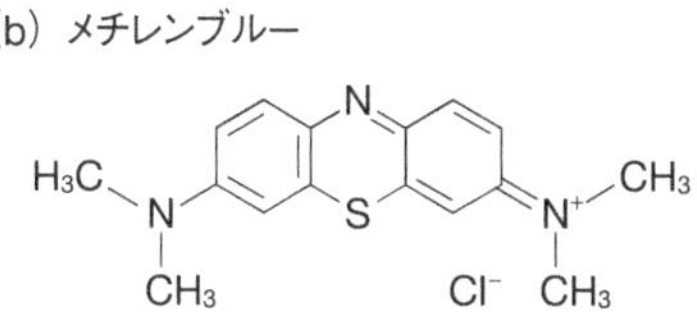

図1　ドデシル硫酸ナトリウムとメチレンブルー

10.10　固相への分配と固相抽出

　溶媒抽出は，原理上有機溶媒の使用が避けられない．健康や環境負荷，安全などの問題から，有機溶媒の使用は避けられる傾向にあり，溶媒抽出に代わる新たな物質分離法の開発が求められている．有機溶媒の代わりに固相を用い，固相への分配を利用して物質分離を行う操作を固相抽出（solid phase extraction）という．固相抽出は，環境分析における試料前処理法としてよく用いられるようになってきている（第3章参照）．

　溶媒抽出と異なり，固相はその表面でしか物質を捕集できない．そこで，固相の土台となる基材には，多孔質シリカゲルやスチレン-ジビニルベンゼン共重合体など，機械的強度に優れ，かつ大きな表面積を確保できる素材が主に用いられる．また，限られた表面積で効率よい捕集を行うために，表面上にさまざまな化学修飾が施される．

　固相抽出における代表的な捕集機構を表10.8に示す．シリカゲル表面にオクタデシル基（$-C_{18}H_{37}$）やフェニル基（$-C_6H_5$）などの疎水基を導入した固相，あるいはスチレン-ジビニルベンゼン共重合体に対しては，試料物質は疎水性相互作用に基づいて捕集される．この機構は，通常の溶媒抽出に近いしくみである．これに対し，基材表面にシアノプロピル基（$-C_3H_6CN$）やジオール基（$-CH(OH)-CH_2OH$）などの極性基を導入した場合には，試料物質は双極子-双極子相互作用や水素結合など，その極性に起因する相互作用に基づいて捕集される．

　基材表面にイオン性の官能基を結合させたものはイオン交換体（ion-exchanger）もしくはイオン交換樹脂（ion-exchange resin）と呼ばれ，反対電荷のイオンを静電的に捕集する．官能基がスルホ基（$-SO_3H$）やカルボキシ基（$-COOH$，塩基性で負電荷を有する）など陰イオン性のものの場合は，陽イオンを捕集できるため陽イオン交換体（cation-exchanger）と呼ばれる．逆に，官能基が第四級アンモニウム基（$-NR_3^+Cl^-$）や第三級アミノ基（$-NR_2$，酸性で正電荷を有する）など陽イオン性の場合は，陰イオン交換体（anion-exchanger）と呼ばれる．さらに，基材表面にキレート官能基を修飾したものはキレート樹脂（chelating resin）と呼ばれ，錯生成反応により金属イオンを選択的に捕集できる．

表10.8　固相抽出における代表的な捕集機構

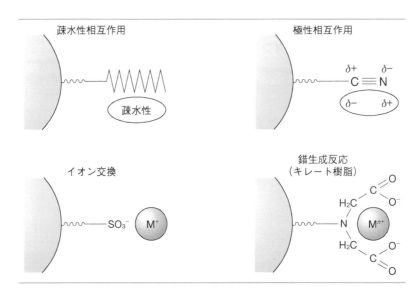

　固相抽出の操作は，バッチ法（batch method）とカラム法（column method）に大別される．バッチ法では，微粉末もしくは微粒子の固相を試料溶液中に分散させ，よくかき混ぜて目的成分を捕集する．ろ過や遠心分離によって溶液から固相を分離した後，適切な溶離液を用いて捕集されている目的成分を溶出させる．これに対しカラム法では，円筒状の管に固相粒子を充填してカラムとし，その上部から試料溶液を通過させて目的成分を捕集する．その後，溶離液を上から流して目的成分を溶出させる．

【引用文献】

1）JIS K 8005:2016　容量分析用標準物質
2）日本分析化学会（編），改訂六版 分析化学便覧，丸善出版（2011），p.693
3）J. G. Speight, Lange's Handbook of Chemistry 16th ed., McGraw-Hill（2005），Table 2.59

【参考文献】

• 水町邦彦，（化学サポートシリーズ）酸と塩基，裳華房（2003）
• 日本分析化学会（編），分析化学実験の単位操作法，朝倉書店（2004）
• 岡田哲男，垣内隆，前田耕治，分析化学の基礎，化学同人（2012）
• 田中元治，赤岩英夫，溶媒抽出化学，裳華房（2000）
• ジーエルサイエンス（編），固相抽出ガイドブック，ジーエルサイエンス（2012）

〈演習問題〉

1 次の水溶液について，物質収支と電荷収支の式を答えよ．

(1) 濃度 C_X のシュウ酸（$H_2C_2O_4$）水溶液

(2) 濃度 C_Y の塩化アンモニウム（NH_4Cl）水溶液

(3) 濃度 C_Z のリン酸水素二ナトリウム（Na_2HPO_4）水溶液

2 次の水溶液の pH を求めよ（付表 B.1 参照）．

(1) $3.0 \times 10^{-3}\,mol\,L^{-1}$ HCOOH

(2) $3.0 \times 10^{-5}\,mol\,L^{-1}$ HNO$_3$

(3) $1.0 \times 10^{-7}\,mol\,L^{-1}$ HCl

3 $0.100\,mol\,L^{-1}$ NH$_3$ 水溶液 20.0 mL を $0.100\,mol\,L^{-1}$ HCl で中和滴定する．次の問いに答えよ（付表 B.2 参照）．

(1) 当量点までに滴下される $0.100\,mol\,L^{-1}$ HCl の体積を求めよ．

(2) 当量点における滴定溶液の pH を求めよ．

(3) 半当量点（当量点までの滴下量の半分が滴下された状態）における滴定溶液の pH を求めよ．

4 Al^{3+} を含む水溶液 20.0 mL に $1.00 \times 10^{-2}\,mol\,L^{-1}$ EDTA 標準液を 50.0 mL 加え，錯生成せずに残った EDTA を $1.00 \times 10^{-2}\,mol\,L^{-1}$ ZnCl$_2$ 標準液で滴定したところ（この操作を逆滴定という），終点までに 14.2 mL を要した．最初の水溶液中の Al^{3+} の濃度を求めよ．

5 酸化還元反応

$$Ce^{4+} + Fe^{2+} \rightleftharpoons Ce^{3+} + Fe^{3+}$$

の平衡定数 K を求めよ（付表 B.4 参照）．

6 CaSO$_4$ の水および $0.100\,mol\,L^{-1}$ Na$_2$SO$_4$ への溶解度をそれぞれ求めよ．ただし，溶解度の単位は $mol\,L^{-1}$ とする（付表 B.5 参照）．

7 気体の H$_2$S を水溶液に十分吹き込むと，水溶液の pH によらず $[H_2S] = 0.10\,mol\,L^{-1}$ となる．次の問いに答えよ（付表 B.1，B.5 参照）．

(1) 気体の H$_2$S を吹き込んだ pH 4.00 および pH 8.00 の水溶液における $[S^{2-}]$ を求めよ．

(2) Fe^{2+} を $1.0 \times 10^{-2}\,mol\,L^{-1}$ 含む水溶液に気体の H$_2$S を吹き込んだとき，FeS の沈殿が生じないようにするためには，水溶液の pH をどのように調整すればよいか．また，Fe^{2+} の 99.9 % 以上を沈殿させる場合はどうか．

8 モール法による沈殿滴定の終点決定を正確に行うためには，滴定溶液中の CrO$_4^{2-}$ 濃度を適切に設定することが重要である．NaCl 水溶液を AgNO$_3$ 標準液で滴定する際，当量点より前に赤色沈殿が生じないようにするには，CrO$_4^{2-}$ 濃度をどのように調整すればよいかを求めよ（付表 B.5 参照）．

9　8-キノリノール（HQ）は，水溶液中で次の酸解離平衡状態にある.

$$H_2Q^+ \rightleftharpoons H^+ + HQ \qquad pK_{a1} = 4.91$$

$$HQ \rightleftharpoons H^+ + Q^- \qquad pK_{a2} = 9.81$$

また，トルエン–水間におけるHQの分配係数は$K_D = 10^{2.21}$である. 次の問いに答えよ.

(1)　トルエン–水間におけるHQの分配比DをK_{a1}, K_{a2}, K_Dを用いた式で表せ.

(2)　HQを1.00×10^{-2} mol L^{-1}含むトルエン相20.0 mLをpH 10.00の水相50.0 mLと振とうした. 平衡時にpHが変化しなかったと仮定して，水相に分配したHQの全物質量を求めよ.

10　水相のpHによって抽出率が変化するような抽出系において，目的成分の50 %が抽出される（% $E = 50$ %）ようなpH条件のことを半抽出pH（$pH_{1/2}$）という. 式(10.81)で示されるキレート抽出系において，(1)水相と有機相の体積が等しい場合（$V_{aq} = V_{org}$），(2)有機相の体積が水相の1/10（$V_{aq} = 10V_{org}$）の場合のそれぞれにおける$pH_{1/2}$を，K_{ex}と$[HR]_{org}$を用いて表せ.

光分析法

第11章

第11章で学ぶこと

- 光分析に関する基礎概念
- 紫外・可視吸光光度法，蛍光光度法，赤外分光法
- 原子スペクトル分析法（原子吸光分析法，誘導結合プラズマ発光分析法，誘導結合プラズマ質量分析法）
- X線分析法（X線分光法，X線回折法，X線吸収法）
- 走査電子顕微鏡

11.1　光分析の基礎

11.1.1　光の分類，波長とエネルギーとの関係

　可視光は電磁波の一種であり，電磁波とは電場と磁場を周期的に振動させながら空間を伝搬する波のことである．レントゲン撮影で照射されるX線や電子レンジや放送・通信で用いられる電波も電磁波である．可視光線，X線，そして電波は電磁波として一つにくくられているにもかかわらず，エネルギー（あるいは波長）の違いによりその性質は大きく異なる．本章では，便宜上，電磁波を光と総称することにする．

　図11.1に，代表的な光の名称と波長，エネルギーの関係を示すとともに，それらの特徴をまとめた．光（電磁波）は波長の短い順（すなわちエネルギーが高い順）に，γ線，X線，紫外線，可視光線，赤外線，そして電波に分類される．ただし，γ線，X線はエネルギー領域（波長領域）が一部重なっておりエネルギー（あるいは波長）では区別できない．両者は発生機構によって区別され，原子核のエネルギー準位間の遷移に由来するものをγ線，軌道電子の遷移などに由来するものをX線と呼ぶ．γ線，X線とも物質を透過する能力を持つ．紫外線は波長領域10 nm～380 nmの光であり，真空紫外（10 nm～200 nm）と近紫外（200 nm～380 nm）に細分される．可視光線は私たちが目で見ることのできる光であり，波長領域はおおよそ380 nm～800 nmである．赤外線は可視光線よりも波長が長く，波長領域は800 nm～1 mmにわたる．赤外線の波長領域は非常に広いため，近赤外光（およそ800 nm～2,500 nm），中赤外（2,500 nm～4,000 nm），遠赤外（4,000 nm～1 mm）に細分される．赤外分光法では主に中赤外線が用いられる．赤外線よりも波長の長い領域は，マイクロ波，短波，中波，長波といったいわゆる電波と呼ばれる領域である．

　光のエネルギー（ここではジュール単位としている）E[J]と波長λ[m]の関係（式(11.3)）は，プランクの式（式(11.1)）と式(11.2)から導かれる．ここで，hはプランク定数（$h=6.626\times10^{-34}$ J s），cは光速（$c=2.998\times10^{8}$ m s^{-1}，真空中），νは光の振動数［s^{-1}］である．

$$E=h\nu \tag{11.1}$$

$$c=\nu\lambda \tag{11.2}$$

したがって，式(11.1)と式(11.2)より，

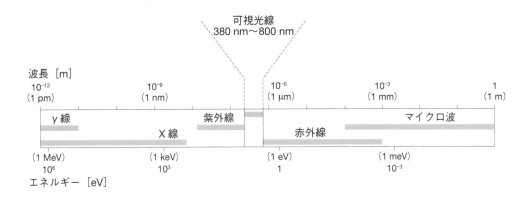

光の種類	X線		紫外・可視光線		赤外線
波長 (エネルギー)	10 pm〜10 nm (約 100 eV〜約 100 keV)		10 nm〜800 nm (約 1 eV〜約 100 eV)		800 nm〜1 mm (約 1 meV〜約 1 eV)
相互作用	電子による 散乱	内殻電子の 励起	外殻軌道間 電子遷移	分子軌道間 電子遷移	分子の振動 準位間の吸収
分析手法	X線回折法	蛍光X線 分析法 XAFS法	原子吸光分析法 誘導結合 プラズマ発光 分析法	紫外・可視 吸光光度法 蛍光光度法	赤外分光法
主な分析目的	結晶性物質の 同定 結晶構造解析	元素の定性・ 定量分析 状態分析	元素の定性・ 定量分析	分子の定性・ 定量分析	分子の定性・定量分析 多重結合・官能基の決定

図11.1　光の種類と特徴

図の青の範囲：よく利用される波長領域，水色の範囲：まれに利用される波長領域.

$$E = \frac{hc}{\lambda} \tag{11.3}$$

となり，光のエネルギー E と波長 λ とは反比例の関係にある.

　光の波長やエネルギーを表す単位は光の種類によって慣用的に異なり，γ線やX線では電子遷移に関係するエネルギー [eV] が，紫外・可視光では波長 [nm] が，そして赤外光では波長の逆数である [cm^{-1}] がよく用いられる.

11.1.2　光の単色化（分光）

　太陽や白熱電球から発せられる光はさまざまな波長からなる連続光である．細く絞った太陽光が三角プリズムを通過すると，波長の異なる光は屈折率の違いにより分解され，色の帯（バンド）となって観察される．大気中の水滴がプリズムと同様に太陽光を波長の違いにより分けた結果，観測される現象が虹である．このように，波長の異なる光が混ざっている状態から，波長ごとに光を分ける操作を分光という．分光操作により分けられた単一波長の光を単色光という．単色光は連続光の分光により得られるだけでなく，ナトリウムランプ，レーザーポインター，あるいはLEDからの光としても身近に存在している.

　分光を行うための素子として，プリズム，回折格子（グレーティング），分光結晶が用いられる．分光の原理を図11.2に示す．プリズムでは，光の屈折率が波長によって異なることに基づいて光が分光される（図11.2(a)）．回折格子は光の回折現象と光の干渉作用を利用して，特定の波長の光を特定の方向に反射させるようにした光学素子である．回折格子を少しずつ回転させ，回折格子への光の

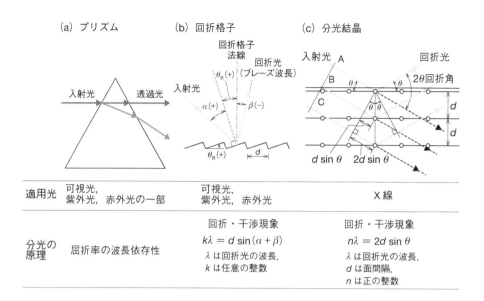

図11.2　分光の原理

入射角を変えることで，分光される光の波長を連続的に変えることができる（図11.2(b)）．分光結晶はX線の分光に用いられ，代表的なものにフッ化リチウムやゲルマニウムなどの単結晶がある（図11.2(c)）．

11.1.3　光と物質の相互作用による吸光，発光現象

　　光が物質に照射されると，散乱，回折，吸収といった現象が起こる．このうち，吸収は光のエネルギーが物質に移行する物理的な現象であり吸光と呼ばれる．吸光が起こると光の強度は低下する．基底状態（E_g）と励起状態（E_e）の差に相当するエネルギー（$h\nu$）を持つ光が物質に照射されると，光は吸収され，光を吸収した物質は励起状態となる（図11.3(a)）．励起された物質が基底状態に戻る際，多くの場合励起エネルギーは熱になり散逸する．

　　紫外光や可視光の持つエネルギーは，分子や原子の電子遷移に相当するので，紫外光や可視光を吸収すると，分子や原子の中にある電子が励起される．蛍光性物質の場合，励起された電子はエネルギー差（$h\nu'$）に相当する波長の光を発して基底状態に戻る．このとき発生する光が蛍光である（図11.3(b)）．励起状態からの電子遷移の起こりやすさに制約があるため，電子は励起状態（E_e）よりもやや低い安定なエネルギーレベル（$E_{e'}$）から基底状態に戻る．このため，蛍光波長は励起波長よりも長くなる．

　　光のエネルギーだけでなく，熱エネルギー，電気エネルギー，あるいは化学的なエネルギーによっ

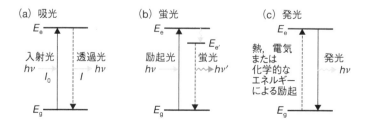

図11.3　吸光，蛍光，発光

ても物質は励起されることがある（図11.3(c)）．蛍光と同様に，励起された物質が基底状態に戻るときに発光が観察されることがある．化学的なエネルギーで励起された分子からの発光は化学発光と呼ばれる．

　図11.3に示したエネルギー遷移についての概念図は，原子や分子の吸光・発光現象を理解するのに便利である．注意しなければならないことは，図11.1に示したように，光の種類によって，物質との相互作用が異なることである．したがって，光分析では測定したい物質の物性に応じて，分光法を適切に選択する必要がある．

　分子の吸光・発光現象に基づく分光法は一般に分子スペクトル分析法と呼ばれ，代表的なものに紫外・可視吸光光度法，蛍光光度法，および赤外分光法などがある．これらは環境分析にもよく用いられている．一方，原子の吸光・発光現象に基づく分光法は一般に原子スペクトル分析法と呼ばれる．原子スペクトル分析法の中でも，原子吸光分析法，誘導結合プラズマ発光分析法，誘導結合プラズマ質量分析法が，環境試料中の微量元素種の測定によく用いられている．これらの分析法については11.2節以降で解説する．

11.1.4　ランベルト-ベールの法則，吸収スペクトル

　光が物質に吸収される程度を表す物理量が吸光度 A である．吸光度 A は，透過率 T（入射光強度 I_0 と透過光強度 I の比，すなわち $T = I/I_0$）の逆数の対数として以下で定義される．

$$A = \log\frac{1}{T} = -\log T \tag{11.4}$$

吸光度 A は，溶液中に存在する光を吸収する物質の濃度 C と，溶液を光が通過する距離 l とに比例する（ランベルト-ベールの法則，Lambert-Beer Law）（Pick up 参照）．すなわち，試料中の光を吸収する物質の濃度 C，光が試料を透過する距離（光路長）L，吸光度 A は以下のような関係にある．

$$A = \varepsilon CL \tag{11.5}$$

ここで，ε は物質に固有の比例係数であり，C の単位が $[\text{mol L}^{-1}]$，L の単位が $[\text{cm}]$ の場合，モル吸光係数と呼ばれ，物質と媒質および測定波長と温度が決まると固有の値をとる．この関係から，吸光度を測定することで分析対象物質の濃度を測定できる．

　照射する光の物質への吸収されやすさは，光の波長ごとに異なる．太陽光のように各波長の光をバランスよく含んでいる光は白色に見えるが，特定の光が吸収されバランスが崩れると色として観察される．例えば，血液が赤く見えるのは，血液中のヘモグロビンが赤色以外の光を吸収するためである．そこで，光の吸収されやすさ（主に，吸光度が使われる）を波長ごとに連続的にプロットすることで，吸収スペクトルと呼ばれる曲線が得られる．吸収スペクトルには物質に含まれる元素や官能基などに関するさまざまな情報が含まれる．

Pick up

色素の「濃さ（濃度）」と色の「濃さ」

　かき氷のシロップには鮮やかな色彩のものがあり，見ているだけでも楽しいものである．鮮やかな色彩のもとは，安全な食用色素である．シロップをたくさんかけるほど，かき氷の溶けた後の液は濃くなる．当たり前のことではあるが，色素をたくさん加えれば溶液の色は濃くなる．では，両者の関係はいったいどうなっているのだろうか．ちょっと味気なくなるが，もう少し厳密に考えてみよう．ここでは，「色の濃さ」を光がシロップを通ったときの減衰する割

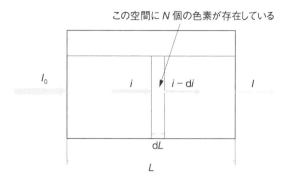

この空間に N 個の色素が存在している

図1　かき氷のシロップを透過する光の減衰

合（透過率 T, 本文参照）として考える.

　光は光子と呼ばれる一定のエネルギーを持つ粒子とみなすことができる. 光子が物質に衝突すると, 光のエネルギーが物質に移動し, 結果として光は物質に吸収される. 衝突の回数は光子の数（光の強さ）と物質の数に比例する.

　かき氷のシロップを図1に示すような四角いガラス容器に入れたとしよう. この四角いガラス容器の中に, 距離 dL の微小空間を考える. ここを強度 i の光が通過すると, 光の強さは $-di$ だけ減少する. このとき, 微小空間内に含まれる色素の数を N とすると,

$$-di = k_1 Ni \quad (k_1：比例定数) \tag{1}$$

となる. 微小距離 dL 中に含まれる色素の数 N は色素濃度と微小空間の体積（これは距離 dL に比例する）に比例するため, 色素の濃度を C とすると,

$$N = k_2 C\,dL \quad (k_2：比例定数) \tag{2}$$

となる. 色素の光学特性がその濃度に依存しなければ, 式(2)を式(1)に代入することができ, 式(3)が得られる.

$$-di = kCi\,dL \quad (k = k_1 k_2：比例定数) \tag{3}$$

　色素濃度 C の溶液に, 光の強度（単位断面積を通過する光子の数）I_0 の単色光が試料に入射され, 距離（光路長）L だけ光が溶液中を透過して色素に吸収された結果, その強度が I に減少する場合を考えると, 式(3)を変形して

$$-\frac{di}{i} = kC\,dL \tag{4}$$

となり, さらに I_0 から I まで, 0 から L まで両辺を積分すると,

$$\ln I_0 - \ln I = kCL \tag{5}$$

となる. これを常用対数で表し変形すると, 式(6)が得られる.

$$\log \frac{I_0}{I} = -\log T = \frac{k}{2.303}CL \tag{6}$$

$(k/2.303)$ を ε で表せば,

$$-\log T = \varepsilon CL \tag{7}$$

　式(7)がいわゆるランベルト–ベールの法則である. 式(7)の意味するところは, 溶液の「色の濃さ」は, 色のもとである色素の「濃度」とは比例関係にはないということである. そして, その対数値として定義される吸光度 $A = -\log T$ が濃度と比例する. ただし, 色素濃度が光学特性に影響しないことが前提であり, 色素同士の相互作用が生じるような高濃度領域では比例関

係が成立しなくなる．これに対して，非常に小さい吸光度しか与えないような濃度の場合には，吸光度を測定できる装置があれば，式(7)からその濃度を計算できる．ランベルト-ベールの法則はどんな種類の光を用いても成立する．

11.2　紫外・可視吸光光度法

11.2.1　特徴

紫外・可視吸光光度法（ultraviolet and visible absorption spectroscopy：UV-vis）では，波長200 nm〜380 nmの近紫外光あるいは波長380 nm〜800 nmの可視光を用い，吸光度を測定する分析法である．この方法では紫外・可視領域に吸収を持つ多くの有機化合物や金属イオン・金属錯体などが分析対象となる．この方法では，主に液体試料が測定される．紫外・可視吸光光度法は簡便性と精確性を兼ね備えているだけでなく，適切な発色試薬を用いることで比較的高感度な分析が可能である．紫外・可視吸光光度法を環境分析に用いる場合，その定量下限はおよそ数$mg\ L^{-1}$程度である．コスト，簡便性，汎用性から，紫外・可視吸光光度法はもっとも汎用されている分析方法の一つである．

11.2.2　原理

紫外光や可視光は分子軌道間の電子遷移に相当するエネルギーを持ち，分子軌道間の電子遷移により物質に吸収される．紫外・可視吸光光度法により分析対象物質の濃度が測定される原理はランベルト-ベールの法則に基づいている．分析対象物質の濃度と吸光度との関係から，検量線が作成される．検量線の傾きであるモル吸光係数は分析感度の指標となる．例えば，銅の高感度試薬であるテトラキス（4-カルボキシフェニル）ポルフィリン（TCPP）（TCPP-銅錯体のモル吸光係数は4.46×10^5 [$L\ mol^{-1}\ cm^{-1}$])[1]）を用いれば，$2 \times 10^{-7}\ mol\ L^{-1}$（約$12\ \mu g\ L^{-1}$）の銅イオンを直接測定（吸光度0.089）できることになる．

11.2.3　装置構成

測定には紫外・可視分光光度計が用いられる．図11.4(a)に現在広く普及しているダブルビーム型紫外・可視分光光度計の装置構成を示す．光源には，紫外光用の重水素ランプと可視光用のタングステンランプが使われる．光源を出た光は回折格子，出射スリット，フィルターを経て単色化され，ハーフミラーで二分された後に，試料セルと参照セルにそれぞれ入射する．試料セル，参照セルそれぞれの透過光の強度を検出器で測定し，その強度から試料の吸光度を求める．この際，試料セルには分析対象物質の溶液を，参照セルには溶媒のみを入れて測定すれば，溶媒の吸光度を差し引いた分析対象物質のみの吸光度を得ることができる．

ダブルビーム型紫外・可視分光光度計には，試料側の光と参照側の光の強度比から吸光度を算出するため，光源出力のゆらぎ（経時変化）の影響を受けないことという特長がある．試料の吸光度が大きくなるほど透過光は微弱になるため，一般的に検出器には高感度な光電子増倍管が用いられ，吸光度の大きな領域での定量性を確保している．

11.2.4　試料調製と分析例

紫外・可視吸光光度法で環境試料などを測定する場合には，試料をいったん溶液化する必要がある．固体試料の場合には，無機酸などを用いて分解することで溶液化する方法が一般的に行われている．

(a) 装置構成

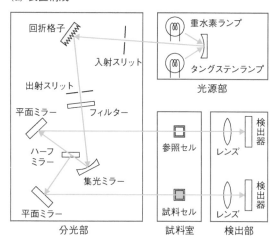

(b) クロム-ジフェニルカルバゾン錯体の吸収スペクトル

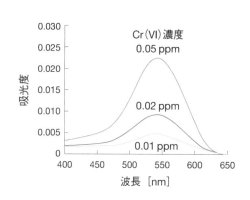

図11.4　ダブルビーム型紫外・可視分光光度計の装置構成とスペクトル例
[(a)：澤田清（編），若手研究者のための機器分析ラボガイド，講談社（2006）を参考に作成]

また，気体試料では，吸収液に分析する気体を吸収させて試料溶液とする．

環境分析では分析対象物質をそのまま紫外・可視吸光光度法で測定することもあるが，分析対象物質が紫外・可視領域に吸収を持たない場合には，分析対象物質と反応する発色試薬を加え，測定に適した形態に誘導体化してから吸光度を測定する．

試料溶液の測定は光学セルと呼ばれる光を通過させることのできる容器を用いて行う．測定する波長領域が可視部のみである場合は，光学ガラス製のセルや，ポリスチレン，ポリメチルメタクリレートといったプラスチック製のセルを用いることができる．一方，測定波長領域が紫外部におよぶ場合は，石英製のセルを用いる必要がある．光がセルを通過する距離は光路長と呼ばれ，通常は光路長 1 cm のセルが用いられる．

紫外・可視吸光光度法では，吸光度が 0.16〜1.0 程度の範囲で誤差が小さくなる[2]．したがって，正確な測定を行うためには，吸光度の値がこの範囲に入るように検量線を作成し，測定試料の吸光度もこの範囲に入るように分析対象物質の濃度を調整する．

紫外・可視吸光光度法による金属イオンの分析法が公定分析法（例えば，「JIS K 0102　工場排水試験方法」）に多く採用されている．分析例として，発色試薬としてジフェニルカルバジドを用い，水溶液中の CrO_4^{2-} といった Cr(VI) イオンを分析した際に得られる吸収スペクトルを図11.4(b)に示す．ジフェニルカルバジドは Cr(III) イオンとは反応せず，Cr(VI) イオンのみと反応して赤色の錯体を形成する．この錯体は 540 nm 付近に吸収極大を持つ吸収スペクトルを示す．540 nm における吸光度から Cr(VI) イオンを選択的に定量できる（3.3.3項参照）．

Coffee Break

スマートフォンを利用した比色分析

分光分析は定量分析にも定性分析にも適用できるもっとも汎用性の高い手法である．一般的な定量分析では，卓上型の分光光度計を用いてスペクトルや吸光度，蛍光強度などを取得し，検量線を作成して濃度を決定する．市販されている汎用型の分光光度計は波長制御の精密さや検出感度の高さから，精確な分析機器として広く使われている．しかし，持ち運びの不便さや

電源確保の困難さから，汎用型の分光光度計はフィールドでのその場分析や，環境水のモニタリングなどには不向きである．

　上述の課題を克服する一つの方法として，スマートフォンで撮影したデジタルカラー画像を利用する比色分析法が注目されている．総務省統計によると，2019年における日本のスマートフォンの個人所有率は67.6％であり，スマートフォンはもっとも身近な電子デバイスとなっている．スマートフォンを所持する誰もが手軽に比色分析を実施できるようになる．

　さて，スマートフォンを用いてどのように比色分析を行うのか．人間の目だけでわずかな色の違いを判断すると主観が入ってしまう．そこで，客観的に評価するための手法として，色を表すための数値表現である「表色系」を利用する．すなわち，指示薬や呈色試薬による色の変化を表色系により数値化し，それを比色分析のためのパラメーターとして利用する．

　それでは，具体的な例として，スマートフォンで取得した画像を用いて塩基性過マンガン酸カリウム法による環境水のCOD_{OH}を決定してみよう．基準スペクトルの加算に基づくRGB系やXYZ系などの表色系がよく知られているものの，ここでは色の間隔が均質である$L^*a^*b^*$表色系を用いた分析法について紹介する．まず図1(a)のように，さまざまな濃度のグルコースを含むNaOH塩基性条件下の過マンガン酸カリウム水溶液のスマートフォン画像を取得する[3]．次に，ImageJなどの画像処理ソフトウェアを用いて得られた溶液部分の$L^*a^*b^*$を抽出する（図1(b)）．そして，以下の式に定義される色差を計算する．これは，二つの色がどれだけ異なるのかを，色度座標上の距離により定量化したものである．例えば，ブランク試料の色が(L_1^*, a_1^*, b_1^*)と表されるとき，(L_2^*, a_2^*, b_2^*)と表される試料溶液の色との色差ΔE_{21}^*は以下のように表される．

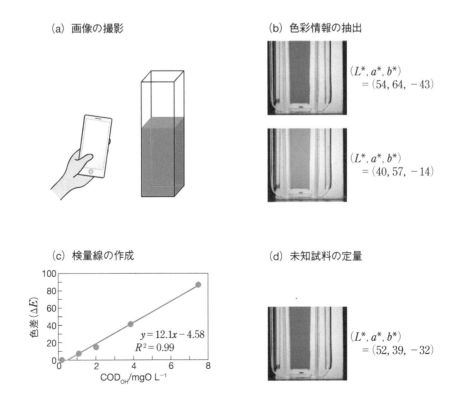

(a) 画像の撮影

(b) 色彩情報の抽出

(L^*, a^*, b^*)
$= (54, 64, -43)$

(L^*, a^*, b^*)
$= (40, 57, -14)$

(c) 検量線の作成

色差 (ΔE)

$COD_{OH}/\text{mgO L}^{-1}$

$y = 12.1x - 4.58$
$R^2 = 0.99$

(d) 未知試料の定量

(L^*, a^*, b^*)
$= (52, 39, -32)$

図1　スマートフォン画像を用いた比色分析のフロー

$$\Delta E_{21}^* = \sqrt{(L_2^* - L_1^*)^2 + (a_2^* - a_1^*)^2 + (b_2^* - b_1^*)^2}$$

グルコースを含まない塩基性KMnO₄水溶液を基準とし，さまざまなグルコース濃度を含む呈色試薬との色差をCOD$_{OH}$に対してプロットすることで，図1(c) に示すような検量線が得られる．紫から緑への色の変化が色差という一次元のパラメーターで直線的に変化している．この検量線を用いて，貯留池のCOD$_{OH}$を計測したところ，得られたΔE^*は27.38であり（図1(d)），検量線からCOD$_{OH}$は2.65 mgO/Lと算出された．分光光度計により計測すると，2.42 mgO/Lであり，実用的には十分な結果が得られた．一連の定量操作は，アプリ化すればスマートフォン完結型の比色分析も可能となる．すでに，スマートフォンを用いた比色分析に適した呈色試薬が開発され，溶液のpHやタンパク質，*in vivo* でのグルコース，そして農薬中の発がん性物質の定量などが行われている．「スマホ分析」は新たな簡易計測システムとしてその地位を確立しつつある．

11.3　蛍光光度法

11.3.1　特徴

蛍光光度法（fluorescence spectrometry：FL）では，分析対象物質に光を照射した際に発する蛍光の強度を測定することにより，分析対象物質を定量する分析法である．一般に，蛍光光度法は高い感度を有しており，吸光光度法に比べて1〜3桁程度高感度である．蛍光光度法も紫外・可視吸光光度法と同様に，簡便性に優れた方法である．

11.3.2　原理

蛍光性物質に光を照射すると，励起された蛍光性物質は蛍光を発して基底状態に戻る．分析対象となる蛍光性物質の濃度が低い条件（蛍光性物質の吸光度としておよそ0.05以下）では，蛍光強度と蛍光性物質の濃度との間に比例関係が成立する．しかしながら，原理上，蛍光性物質の濃度が高くなると比例関係から外れるようになる[4]．

蛍光性物質を特徴づけるスペクトルには，励起スペクトルと蛍光スペクトルの2種類がある．励起スペクトルは蛍光スペクトルにおける極大波長（極大蛍光波長）に測定波長を固定し，励起波長を走査し，波長ごとの蛍光強度を測定することで得られる．吸収された励起光のエネルギーが蛍光に使われることから，励起スペクトルと蛍光スペクトルはほぼ同じ波長領域に現れ，ほぼ同一の形状となる．蛍光スペクトルは，逆に，励起スペクトルにおける極大波長（極大励起波長）に励起光波長を固定し，蛍光波長を走査し，波長ごとの蛍光強度を測定することで得られる．励起スペクトルの極大波長は図11.3(b)の$E_e - E_g$に，蛍光スペクトルの極大波長は$E_c - E_g$にそれぞれ対応している．したがって，蛍光スペクトルのピーク波長は，通常，励起スペクトルのピーク波長よりも長波長側に位置する．

11.3.3　装置構成

蛍光分光光度計の装置構成を図11.5(a)に示す．装置は，試料に単色光を照射して励起する光源部，試料を入れるセル室，試料から放出される蛍光を検出する検出部に分けられる．光源部と検出部にはそれぞれ回折格子を含む分光部が備えられている．光源であるキセノンランプから放出された連続光は光源側の分光部により分光され，セル室の試料に照射される．セル室において試料から発する蛍光はあらゆる方向に放出されるので，散乱光や迷光の影響を避けるために検出部側の分光部は励起光の

(a) 装置構成

(b) 3,5-ジアセチル-1,4-ジヒドロルチジンの
　　励起・蛍光スペクトル

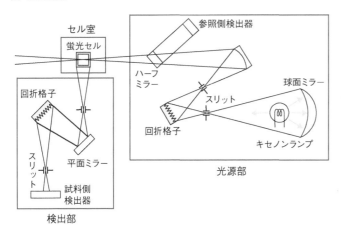

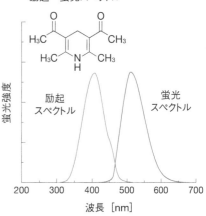

図11.5　蛍光分光光度計の装置構成とスペクトル例

[(a)：澤田清（編），若手研究者のための機器分析ラボガイド，講談社（2006）を参考に作成]

光軸に対し垂直方向に設置される．分光部で分光された蛍光は検出部の光電子増倍管で電流に変換され，蛍光強度として測定される．励起波長および蛍光波長の走査は，それぞれの回折格子を回転させ，入射角を変化させることで行う．

　試料への励起光の導入方向と蛍光の観測方向が直交しており（図11.5(a)），また，励起光として紫外光を用いる場合が多いといった理由から，測定には石英製の四面透明セルが用いられる．

11.3.4　試料調製と分析例

　蛍光光度法は吸光光度法と同様に，液体試料の分析によく用いられる．試料を溶液化する方法は吸光光度法と同様である．分析対象物質が蛍光性物質の場合には，そのまま蛍光分光光度計で分析できる．環境分析で蛍光光度法により直接分析できる物質は主として蛍光性を有するフミン類に限られ，蛍光性でない物質を測定する場合には，蛍光誘導体化試薬を用いて分析対象物質を蛍光性物質に変換してから測定を行う．蛍光光度法により，アルカリ土類金属イオン，希土類金属イオン，3族元素（アルミニウムなど）などの無機イオンやホルムアルデヒドが感度よく測定される．

　蛍光光度法で定量分析を行う場合には，濃度消光や温度消光，あるいは夾雑物による蛍光の再吸収など，蛍光強度に影響する要因に注意する必要がある．夾雑物の中でも，特にハロゲン化物イオン（Cl^- や I^- など）や重金属イオンは蛍光を強く消光することがある．そのため，環境分析のようにさまざまなマトリックスを含む試料に対して蛍光光度法を適用する際には，注意が必要である．

　11.3.2項でも述べたように，蛍光光度法では検量線が比例関係を示す範囲が狭いことから，この範囲内に試料中の分析対象物質の濃度を調整することが必要になる．

　分析例として，アセチルアセトンを蛍光誘導体化試薬としてホルムアルデヒドを測定した蛍光スペクトルを図11.5(b) に示す．ホルムアルデヒドは酢酸アンモニウムの存在下でアセチルアセトンと反応し，蛍光性を有する3,5-ジアセチル-1,4-ジヒドロルチジンを生成する．この物質は510 nm付近に極大波長を持つ蛍光スペクトルを与える．510 nmにおける蛍光強度を測定することによりホルムアルデヒドを定量できる（2.8.2項参照）．

11.4　赤外分光法

11.4.1　特徴

　赤外分光法（infrared spectroscopy：IR）は赤外光（波長約800 nm〜1 mm）の吸収に基づく分析法である．赤外分光法は主に分子の定性分析や官能基の同定に用いられているだけでなく，大気中ガス成分の連続モニタリング（2.5節参照）や室内環境におけるVOCの測定（5.3.1項参照）といった定量分析にも利用されている．一方，水は赤外線を強く吸収するので，赤外分光法は水溶液試料の分析には適さない．

11.4.2　原理

　赤外光が持つエネルギーは分子の振動や回転の遷移準位に相当することから，赤外光を吸収することにより分子の振動状態や回転状態は変化する．赤外光が気体分子に吸収される原理を「Pick up」にまとめた．赤外線の吸収に関しても，分析対象物質の濃度と吸光度の間には比例関係が成立する（ランベルト–ベールの法則）．これにより，大気中のガス成分が定量できる．

　赤外光が吸収される波長は分子中の多重結合や官能基の種類によりほぼ決まっており，測定された赤外吸収スペクトルはその物質内に含まれる結合や官能基を反映した固有のパターンを示す．このパターンから分析対象物質に含まれている官能基を同定できる．また，多くの有機化合物について吸光スペクトル形状がデータベース化されており，有機化合物の定性分析に利用できる．

　赤外分光法で測定される吸収スペクトルには，横軸に波数[cm^{-1}]，縦軸に透過率[%]が慣例的に用いられる．波数[cm^{-1}]とは，光が1 cm進むときの光の振動数に相当する．例えば，波数が2,000 cm^{-1}の赤外線の波長は1/2,000 cm（＝5,000 nm）である．高波数側は高い振動数側あるいは短波長側に相当することから，赤外吸収スペクトルでは，高波数側が左で，低波数側が右になる（図11.6(b)）．

11.4.3　装置構成

　赤外分光光度計は分光の方式により，分散型とフーリエ変換（Fourier transform：FT）型に分けられる．従来普及していた赤外分光光度計は，モノクロメーターを備えた分散型である．近年主流となっているのはフーリエ変換赤外分光光度計（Fourier transform infrared spectrometer：FT-IR）であり，その光学系の概略を図11.6(a)に示す．光学系には回折格子ではなく，マイケルソン干渉計

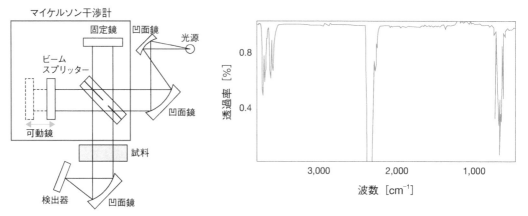

（a）光学系

（b）CO_2 のスペクトル例

図11.6　フーリエ変換赤外分光光度計の光学系とスペクトル例

が用いられている．光源からの赤外光はマイケルソン干渉計に入射するとビームスプリッターにより二分され，一方は固定鏡，もう一方は可動鏡で反射された後，再びビームスプリッターで合成され，試料を透過した後，検出器で電気信号に変換される．可動鏡を動かし，一方の光路長を正確に変えながら光の強度を測定すると，二つの光の干渉による時間依存干渉パターン（インターフェログラム）が測定される．コンピューターによりインターフェログラムをフーリエ変換することで赤外吸収スペクトルが得られる．

11.4.4　試料調製と分析例

　赤外分光法では分析対象の性状により試料調製法が異なる．試料がどのような性状であっても，セルの窓材に用いられる無機結晶が測定において重要な役割を果たす．無機結晶として赤外光を吸収しにくい塩化カリウム KCl，臭化カリウム KBr，フッ化カルシウム CaF_2，臭化タリウム TlBr およびヨウ化タリウム TlI がよく用いられる．KClや KBr は耐水性には乏しいものの，広い波数領域にわたって使用できる．CaF_2 は 1,000 cm^{-1} 以下の低波数領域で使用できないが，耐水性が高く取り扱いが容易である．TlBrやTlIは毒性が強いものの，結晶は水に難溶で使用可能な波数領域が非常に広い．

　分析例として，気体セルを用いて二酸化炭素を測定した赤外吸収スペクトルを図11.6(b) に示す．二酸化炭素は 2,400 cm^{-1} 付近に非常に強い吸収を持つため，赤外分光法により大気中の二酸化炭素濃度を精度よく定量できる．

　液体および気体試料の測定には，上記の窓材で試料を挟んで固定化する専用のセルが用いられる．気体試料は吸光度が小さいため，気体測定用セルには光路長が長くなるよう光軸方向に長い筒状のセルや，内部で多重反射を起こすような工夫がなされているセルが用いられる．粉末固体試料は KBr と混合した後に高圧をかけてディスク状に成形してから測定される．

　多くの固体や液体試料を直接測定することができる方法として，全反射減衰（attenuated total reflection：ATR）法が使われることがある．この方法では高屈折率プリズム上に試料を接触させ，プリズム側から入射した赤外光を試料界面で全反射させ，試料側に染み出した光（エバネッセント光）を測定する．ATR法は透過法に比べると定量性に劣るが，特別な前処理を行わずに測定できる利点がある．

　環境分析において赤外分光法はガス分析に威力を発揮する．温室効果ガスの分析については2.5節を参照してほしい．また，総揮発性有機化合物（TVOC）の測定にも赤外分光法が使われている．

Pick up

気体分子の振動と赤外線吸収

　極性を持つ分子は赤外線吸収作用がある．気体分子の赤外線吸収の要素として，双極子モーメント I がある．原子間距離 r の二原子分子内で，電荷 Q の大きさで，分子内でδ＋とδ－に分極している場合，双極子モーメントは $I=Qr$ で表される．双極子モーメントが0でなければ赤外線吸収作用を持つ．しかし，二酸化炭素 CO_2 分子について考えると，O，C，Oの3原子が一直線上に並んでいるため，CO_2 分子の双極子モーメントは元来0である．しかし，このように対称性のある分子でも，分子振動を行うことで双極子モーメントが発生する（図1）．単純な対称伸縮振動では $I=0$ のままであるが，非対称伸縮振動や変角振動を行うことで双極子モーメントが発生し絶えず変化する．電荷を持った部位が振動しているので，この振動とエネルギー的に合致した電磁波（赤外線）との相互作用によって，光吸収を行い，気体分子の振動レベルが励

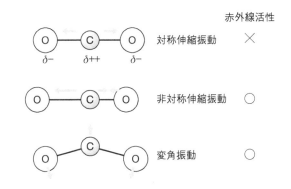

図1　CO_2の振動と赤外線活性

起する．また，励起状態に到達した振動レベルがもとの準位に戻るときに赤外線を発する．

　赤外線吸収について単純な二原子分子（例えば，塩化水素HClのような極性を持った気体分子）について考えよう．二つの原子がばねで接合した古典力学的な調和振動子とみなし，ばねがyだけ変位した状態を考えると，ばねにかかる力Fはフックの法則（Hooke's law）より，

$$F = ky \tag{1}$$

となる．ここで，kは古典力学でいうばね定数であり，ばねの素材や太さに依存する．ただし分子の場合，ばねで接続しているわけではないので力定数と呼び，原子間の結合に依存する．原子間距離が変位した場合のエネルギーEは力Fを変位yで積分して与えられる．

$$E = \int F\,dy = \frac{1}{2}ky^2 \tag{2}$$

すなわち，変位yに対して放物線をとる関数となる（図2(a)）．

　また，仮想的にばねで接続された原子間距離は，一定の周期で伸縮を繰り返す．このときの自然振動数ν_mはフックの法則，ニュートンの法則より次式で与えられる[5]．

$$\nu_m = \frac{1}{2\pi}\sqrt{\frac{k}{\mu}} \tag{3}$$

ここで，μは換算質量（reduced mass）と呼ばれ，二つの原子の質量（m_1, m_2）の調和平均

(a) 古典力学における調和振動子

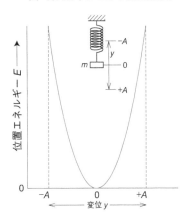

(b) 量子効果も考慮した非調和振動子

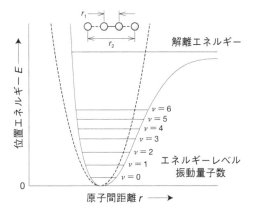

図2　振動のポテンシャルエネルギー

[D. A. Skoog, et al., Principles of Instrumental Analysis 6th ed.（2007），p.433, Figure 16-3 を改変]

の半分である.

$$\frac{1}{\mu}=\frac{1}{m_1}+\frac{1}{m_2}, \qquad \mu=\frac{m_1 m_2}{m_1+m_2} \tag{4}$$

このように二原子分子の振動数は，構成する原子の質量によって決定される．例えば，質量の大きな分子は小さい振動数で振動する．また，力定数 k は原子同士の結合状態によって決定される．例えば，C–C 単結合の力定数は化合物によらずほぽ一定の値をとる．二重結合や三重結合になると，ほぼ2倍，3倍の値となり，古典力学でばね定数がばねの太さに比例することと同じである.

ただし，分子を扱う場合，古典力学以外に量子効果を取り入れなくてはならない．つまり，古典力学の調和振動子モデルのように連続したエネルギー状態をとるわけではなく，0より始まる整数の量子数 v によって示される飛び飛びのエネルギーをとり（図2(b)），振動量子数 v におけるエネルギー E_v は次式で与えられる.

$$E_v=\left(v+\frac{1}{2}\right)\frac{h}{2\pi}\sqrt{\frac{k}{\mu}}=\left(v+\frac{1}{2}\right)h\,v_{\mathrm{m}} \tag{5}$$

ここで，h はプランク定数である．振動量子数 v が1変化したときのエネルギー変化 ΔE は次式で与えられる.

$$\Delta E=h\,v_{\mathrm{m}}=\frac{h}{2\pi}\sqrt{\frac{k}{\mu}} \tag{6}$$

つまり，振動準位の変化にともなうエネルギー変化は分子の自然振動数 v_{m} にプランク定数 h を乗じたものとなる．この準位の変化が振動数 v_{IR} を持つ赤外線の吸収によって起こる場合，赤外線のエネルギー（$h v_{\mathrm{IR}}$）がこの振動準位間のエネルギー差 ΔE に等しいときに，赤外線を吸収して分子のエネルギーレベルが上がる．すなわち，分子の自然振動数 v_{m} と等しい振動数を持つ赤外線（v_{IR}）を吸収することになる.

11.5　原子吸光分析法

11.5.1　特徴

原子吸光分析法（atomic absorption spectrometry：AAS）は，加熱などにより測定対象とする元素を原子蒸気にし，発生した原子蒸気による光の吸収を吸光度として測定する分析法である．原子吸光分析法では，主に金属元素を測定対象とする．ただし，ジルコニウム Zr，タンタル Ta，希土類などの原子化しにくい金属元素もあり，これらの測定には適さない.

現在広く用いられている原子吸光分析法には主としてフレーム型と電気加熱型がある．フレーム原子吸光分析法（flame atomic absorption spectrometry：FAAS）では mg L^{-1} 以下，電気加熱原子吸光分析法（electrothermal atomic absorption spectrometry：ETAAS）では μg L^{-1} 以下の溶存元素種を測定できる．原子吸光分析法では，紫外・可視吸光光度法や蛍光光度法と異なり，分析対象物の誘導体化を行うことなく元素の定量ができるという利点がある.

11.5.2　原理

物質を高温で加熱すると，物質を構成する原子はばらばらの状態（原子蒸気）になる．原子蒸気中に光を透過させると，特定の波長の光が原子に吸収される．この原子による光の吸収現象は原子吸光

と呼ばれ，図11.3(a)により説明される．すなわち，基底状態（E_g）にある原子は励起状態（E_e）とのエネルギー差に相当する波長の光を吸収し，励起される．原子蒸気中では原子が互いに孤立しており，外殻軌道の電子がより高エネルギーの軌道に遷移することにより励起状態となる．そのため軌道準位差に相当する単色性の高い吸収が生じ，原子吸光では線状のスペクトルが観察される．

　原子吸光分析法においてもランベルト–ベールの法則が成立し，原子蒸気中に存在する原子の個数と吸光度との間には比例関係が成り立つ．ここで，原子蒸気中に存在する原子の個数は試料中に含まれる分析対象元素の濃度に比例するので，試料中に含まれる分析対象元素の濃度と吸光度とは比例する．

11.5.3　装置構成

　原子吸光光度計はその原子化法の違いから，フレーム型，電気加熱型，水素化物発生型，および冷蒸気型などに分類される．水素化物発生型は揮発性の水素化物を形成するヒ素As，セレンSeなどの分析に使用される（3.3.3項(1)C参照）．冷蒸気型は水銀Hgの分析にのみ使用される（3.3.3項(1)D参照）．ここでは，汎用されているフレーム型および電気加熱型の原子吸光光度計について解説する．

　図11.7(a)はフレーム型装置の原子化部の概略である．試料溶液は噴霧室内に助燃ガス（空気など）とともに一定速度で吸入され霧状となる．そのうち微粒子となった試料溶液のみが，助燃ガスと燃料ガス（アセチレンなど）の混合ガスとともにバーナーヘッドへと導かれる．混合ガスは2,000℃前後のフレーム（化学炎）を形成し，このフレーム中で試料溶液の微粒子は熱解離し，原子蒸気が形成される．この原子蒸気による光の吸収を測定することにより，元素が定量される．フレーム型装置では，原子蒸気中を透過する光の光路長を長くして高い感度が得られるよう，幅約1mm，長さ50～100mmのスリットを持つバーナーヘッド（スリットバーナーまたは魚尾型バーナーと呼ばれる）が装備されている．このバーナーヘッド上に，光束方向に沿って幅の狭い長いフレームが形成される．

　一方，電気加熱型装置の原子化部では，図11.7(b)に示すような黒鉛チューブや金属ボードを用いて，試料を電気的に加熱する．10μL程度の試料溶液をマイクロピペットなどでチューブ内に導入した後，約100℃で試料溶液を乾燥させ，続いておよそ400℃～700℃まで昇温し試料に含まれる有機

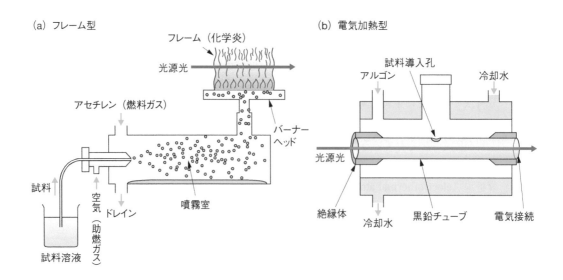

（a）フレーム型　　　　　　　　　　　　　（b）電気加熱型

図11.7　原子吸光光度計の原子化部

［澤田清（編），若手研究者のための機器分析ラボガイド，講談社（2006）を参考に作成］

物を灰化させる．その後，最高3,000℃程度まで急速昇温して試料中の元素を原子化させ，原子蒸気による吸光シグナルを測定する．

　電気加熱型の特長として，消費される試料量がわずかであることと，高感度であることが挙げられる．高感度となる理由は，フレーム型とは異なり導入された試料がほとんど損失することなく原子化されることに加え，狭いチューブ内に原子蒸気が閉じ込められることで，原子密度が大きな原子蒸気中を光が通過するからである．また，電気加熱型の場合，フレーム型では取り扱いが困難な高粘性の試料や固体試料にも対応できる．

　その一方，電気加熱型には，「検量線の直線範囲が狭く，試料中に共存するほかの元素からの妨害を受けやすい」「目的元素が黒鉛チューブと炭化物を形成すると原子化効率が低下する」という短所があり，測定の際には注意が必要である．これらの短所から，電気加熱型は定量性や再現性の点でフレーム型に劣るといえる．

　原子吸光分析法の光源には，分析対象元素と同じ元素を陰極に埋め込んだホロカソードランプがよく用いられる．ホロカソードランプに通電することにより，原子軌道の準位差に相当する波長の光が放出される（図11.3(c)）．原理上，放出された光の波長は原子吸光の波長と同一になる．原子発光，原子吸光の波長は元素ごとに固有であることから，原子吸光分析法では分析対象元素の数だけホロカソードランプが必要にはなるものの，選択性の高い分析が可能である．

11.5.4　試料調製と分析例

　フレーム原子吸光分析法では，試料は液体であることが求められる．したがって，固体試料は前処理として酸などで分解し，溶液化する必要がある．これに対して，電気加熱原子吸光分析法では，固体試料にも粘度の高い試料にも対応できる．ただし，固体試料を直接測定する場合には精度（再現性）が低下することがある．

　水試料中に含まれる金属元素を定量する場合には，溶解している金属元素の加水分解を避けるために試料溶液は酸を添加して酸性にしておく必要がある．一般にフレーム原子吸光分析法では塩酸あるいは硝酸が，電気加熱原子吸光分析法では硝酸が試料に添加される．

　原子吸光分析法は共存成分の影響を受けやすいこともあり，その除去や目的成分の濃縮を目的とした分離濃縮法が前処理として行われることがある．「JIS K 0102　工場排水試験方法」では，原子吸光分析法の前処理として溶媒抽出法が採用されている．例えば，排水試料中に含まれるCu(II)イオンを測定する場合，Cu(II)イオンを1-ピロリジンカルボジチオ酸錯体を抽出試薬として，4-メチル-2-ペンタノンに抽出し，有機相をフレーム原子吸光光度計に直接導入して測定する．そのほか，具体的な分析例については，3.3.3項を参照してほしい．

11.6　誘導結合プラズマ発光分析法

11.6.1　特徴

　誘導結合プラズマ発光分析法（inductively coupled plasma optical emission spectrometry：ICP-OES）は，高温のプラズマであるICP中で熱励起された原子から生じる光の強度を測定する分析法である．ICP-OESは多元素同時分析が可能なことに加え，高温のアルゴンプラズマの使用により，原子吸光分析法では測定が困難なジルコニウムZr，タンタルTa，希土類などの金属元素も高感度に分析できる．このため，ICP-OESは環境試料に含まれる元素の分析法として広く利用されている．

11.6.2 原理

　　ネブライザーと呼ばれる噴霧器によって霧状にした試料溶液をICP（温度6,000〜10,000 K）中に導入すると，溶媒の蒸発，原子化，イオン化といったプロセスを経て，試料中に含まれる元素はそれぞれ固有の波長の光を放出する．この発光は，基底状態（E_g）にある原子の外殻電子がアルゴンプラズマの熱エネルギーによってさらにエネルギーの高い軌道に遷移することで励起状態（E_e）になり，その後基底状態に戻る際に生じる（図11.3(c)）．このような熱励起された原子からの発光現象を原子発光と呼ぶ．原子発光の波長は原子軌道の準位差に相当することから元素に固有である．したがって，原子発光の波長から元素の定性分析を，その強度から元素の定量分析を行うことができる．

　　試料噴霧量の変動やプラズマ炎のゆらぎなどに起因する物理干渉を抑制するために，ICP-OESによる測定では内標準物質としてイットリウムなどを添加することがある．この場合，イットリウムの発光強度と目的元素の発光強度との比を測定値として検量線を作成する．

11.6.3 装置構成

　　ICP-OES装置は，試料導入部，励起源部，測光部から構成される．図11.8に試料導入部と励起源部とを模式的に示す．試料導入部は試料溶液を霧化するためのネブライザーと大きな液滴を除去するためのスプレーチャンバーとから構成される．励起源部であるICP中に噴霧され，熱励起された原子が発光する．

　　ICP-OES装置は測光部の分光方法の違いによって，シーケンシャル型とマルチ型に分けられる．シーケンシャル型では，回折格子によりICPからの発光を分光した後，波長ごとの強度を測定する．回折格子で分光することから波長分解能に優れている．一方，試料に含まれている多元素を測定するためには，波長を掃引し分析対象元素の発光強度を逐次的に測定する必要がある．このため，シーケンシャル型では厳密な意味で同時分析を行っておらず，測定時間がある程度必要である．これに対し，マルチ型では複数の検出器またはCCDなどの二次元検出器を用いて複数波長の発光強度を同時に測

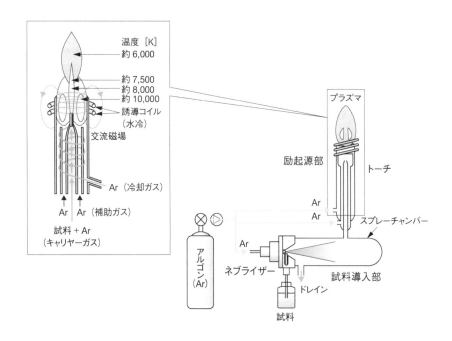

図11.8 ICP-OES装置の構成

[澤田清（編），若手研究者のための機器分析ラボガイド，講談社（2006）を参考に作成]

定する．これにより，マルチ型では複数の分析対象元素を同時分析することが可能であり，シーケンシャル型に比べ1回の測定を迅速に行うことができる．

11.6.4　試料調製と分析例

ICP-OESの試料調製は，基本的にフレーム原子吸光分析法と同じであり，測定に用いられる試料溶液に塩酸や硝酸を添加して酸性にしておく必要がある．具体的な分析例については，3.3.3項を参照してほしい．

11.7　誘導結合プラズマ質量分析法

11.7.1　特徴

誘導結合プラズマ質量分析法（inductively coupled plasma mass spectrometry：ICP-MS）は，アルゴンプラズマ中でイオン化した元素を質量分析計へと導入し，元素の定性・定量分析を行う分析法である．ICP-MSは厳密には光を用いる分析法ではないが，原子吸光分析法（AAS）や誘導結合プラズマ発光分析法（ICP-OES）と同じく原子スペクトル分析法の一つとして扱われる．

ICP-MSはもっとも高感度な元素分析法の一つであり，水溶液中に含まれる数ng L^{-1}程度の極微量元素を測定できる．本書で解説する原子スペクトル分析法の検出感度を比較すると，多くの元素に関して，FAAS<ICP-OES<ETAAS<ICP-MSの順に感度が高くなる（表3.6および図3.9参照）．

11.7.2　原理

高温のICP中では熱により原子化した元素がさらにイオン化する（11.6.2項参照）．ICP中でイオン化した元素は，インターフェースを介して真空に保たれたイオンレンズを経て質量分析計へ導入される．イオンはイオンレンズで質量分析計の入口に収束され，質量分析計で質量電荷比の違いにより分離検出される．なお，質量分析計については第13章で解説する．

検出器に質量分析計を用いることから，ICP-MSでは分析対象元素の同位体を質量分離し，同位体組成比を決定できる．また，同位体希釈法とICP-MSを組み合わせた同位体希釈/質量分析法（isotope dilution-mass spectrometry：ID/MS）では，検量線を用いることなく低濃度の分析対象元素を定量できる．ID/MSでは，まず，試料溶液中に含まれる分析対象元素の安定同位体の同位体比を測定しておく．続いて，特定の同位体が濃縮され，天然とは異なる同位体組成となった元素を試料溶液に加え，再度，同位体比を測定する．元素の添加前後の同位体比と添加した元素の物質量から，分析対象元素の濃度を決定する[6]．

11.7.3　装置構成

ICP-MSは，主に試料導入部，イオン化部（ICP），インターフェース，イオンレンズ，質量分析計およびイオン検出部によって構成される．試料導入部は，ネブライザーとスプレーチャンバーとから構成されICP-OESと基本的には同じである．インターフェースは，大気圧下のプラズマ炎と高真空の質量分析部を接続する重要な部分であり，中心に小さな穴を持つサンプリングコーンとスキマーコーンと呼ばれる部品より構成される．サンプリングコーンはプラズマ炎の先端に配置され，プラズマ中でイオン化した原子を質量分析計へ取り込む．

ICP-MSの質量分析計には四重極型，磁場型，飛行時間型が主に用いられている．このうち，四重極型は構造が簡単なことからもっとも一般的に利用されており，近年ではイオンレンズと質量分析計

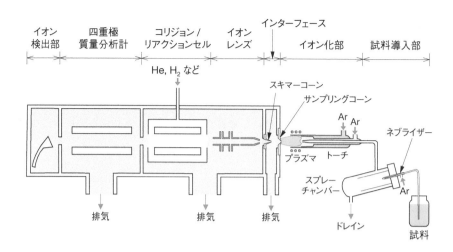

イオン検出部　四重極質量分析計　コリジョン／リアクションセル　イオンレンズ　インターフェース　イオン化部　試料導入部

He, H₂ など

スキマーコーン
サンプリングコーン
Ar　Ar
ネブライザー
プラズマ　トーチ
スプレーチャンバー
Ar
排気　排気　排気
ドレイン
試料

図11.9　四重極型ICP-MSの装置構成

の間に，コリジョン／リアクションセル[7, 8]と呼ばれる機構を組み込んだ装置（図11.9）が広く普及している．コリジョン／リアクションセルを有するICP-MS装置は，イオンとセル内のHeガスやH₂ガスなどを衝突／反応させることにより，スペクトル干渉を引き起こす分子イオンなど（例えばCaやFe，Seの測定を妨害するAr⁺やArO⁺，Ar₂⁺など）の影響を低減できるため，環境分析の分野においても利用されている．

11.7.4　試料調製と分析例

「JIS K 0102　工場排水試験方法」では，銅Cu，亜鉛Zn，鉛Pb，カドミウムCd，およびマンガンMnの分析においてICP-MSが採用されている．鉛Pbの同位体比は地域によって異なるため，ICP-MSにより試料中の鉛同位体比を測定することで，その試料の起源を明らかにすることが可能となる．ICP-MSのための試料調製は，フレーム原子吸光分析法や誘導結合プラズマ発光分析法（ICP-OES）と同じであり，測定に用いられる試料溶液は硝酸を添加して酸性にしておく必要がある．具体的な分析例については，3.3.3項を参照してほしい．

ICP-MSでも物理干渉を抑制するために，イットリウムなどの内標準物質を試料溶液に添加することがある．

11.8　蛍光X線分析法

11.8.1　特徴

蛍光X線分析法（X-ray fluorescence spectroscopy：XRF）は，試料にX線を照射した際に発生する蛍光X線を測定する分析法である．測定可能な元素は，装置によって違いはあるが，一般的にエネルギー分散方式の装置ではナトリウムNa〜ウランUを分析対象とする．また，波長分散方式の装置ではベリリウムBe〜ウランUを分析対象とすることが多い．XRFは分析可能な濃度範囲が広く（元素によっては数ppmから100 ％まで分析可能），固体試料を迅速かつ非破壊で測定できることから，環境分析では土壌や岩石などの分析に用いられている．

11.8.2　原理

　X線が物質に照射されると，入射したX線の一部は吸収・散乱される．散乱X線には，入射したX線と同波長のX線（弾性散乱，トムソン散乱）と入射したX線に比べてわずかに波長が長いX線（非弾性散乱，コンプトン散乱）とがある．また，X線の吸収にともなって元素に固有の波長を持つ特性X線が発生する．このX線の波長は，入射したX線波長に比べて長いことから，蛍光X線とも呼ばれる．

　蛍光X線の発生原理を図11.10に示す．物質にX線が照射されると，最初に原子の内殻電子が原子の外に飛び出す現象が生じる（この電子は光電子と呼ばれる）．続いて，その空孔に上の準位の電子が速やかに遷移する．このとき，準位差に相当するエネルギー（波長）を持った蛍光X線を放出する．この蛍光X線のエネルギーは元素に固有の値を持つため，エネルギーを調べることにより元素の種類を知ることができる．また，その強度から元素の量を測定することも可能である．

　K殻に生じた空孔にL殻の電子が遷移して発生する蛍光X線をKα線，K殻に生じた空孔にM殻の電子が遷移して発生する蛍光X線をKβ線と呼ぶ．同様に，L殻に生じた空孔にM殻の電子が遷移して発生する蛍光X線をLα線，L殻に生じた空孔にN殻の電子が遷移して発生する蛍光X線をLβ線と呼ぶ．

　XRFでは，分析試料中の元素の存在量が多くなるほど，その元素から発生する蛍光X線の強度が強くなる．これにより，濃度既知の標準試料を複数測定して検量線を作成できる．しかし，蛍光X線の強度は試料の組成に影響される．標準試料の組成と分析試料の組成が異なる場合，共存元素の効果を算術的に補正する必要がある．標準試料が用意できない場合，理論計算を用いたファンダメンタルパラメーター法（FP法）を適用することにより，簡易的な定量分析を行うことも可能である．

11.8.3　装置構成

　XRFには，大きく分けてエネルギー分散（Energy Dispersive X-ray Spectroscopy：EDSまたはEDX）と波長分散（Wavelength Dispersive X-ray Spectroscopy：WDSまたはWDX）の二つの方式がある．図11.11(a)にEDS方式の装置（ED-XRF）の構成を示す．主としてX線源と検出器から構成され，機械的な可動部分がない．試料から発生した蛍光X線の検出には半導体検出器が用いられる．半導体検出器は，単独でX線のエネルギー（波長）と強度を測定できるため，分光光学系が不要である．そのため装置は小型であり，携帯型の装置も存在する．また，試料と検出器を接近させることが容易であるため，蛍光X線の検出効率が高いが，WDS方式に比べエネルギー（波長）分解能が劣る．

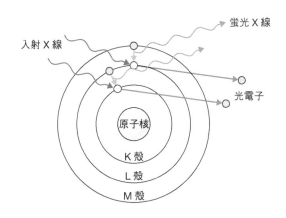

図11.10　蛍光X線の発生原理

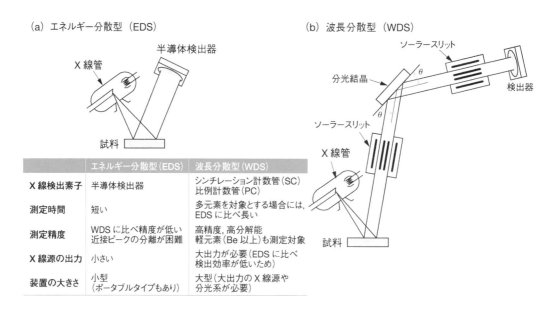

（a）エネルギー分散型（EDS）
X線管
半導体検出器
試料

（b）波長分散型（WDS）
ソーラースリット
分光結晶
θ
検出器
θ
ソーラースリット
X線管
試料

	エネルギー分散型（EDS）	波長分散型（WDS）
X線検出素子	半導体検出器	シンチレーション計数管（SC） 比例計数管（PC）
測定時間	短い	多元素を対象とする場合には， EDSに比べ長い
測定精度	WDSに比べ精度が低い 近接ピークの分離が困難	高精度，高分解能 軽元素（Be以上）も測定対象
X線源の出力	小さい	大出力が必要（EDSに比べ 検出効率が低いため）
装置の大きさ	小型 （ポータブルタイプもあり）	大型（大出力のX線源や 分光系が必要）

図11.11 蛍光X線分析装置の構成と特徴

[中嶋暉躬（監訳），分析化学アトラス，文光堂（1994）を参考に作成]

　一方，WDS方式の装置（**WD-XRF**）は，試料から発生した蛍光X線を，分光結晶で分光する（図11.11(b)）．光学系は，分光結晶への入射角θを変化させ，検出器を分光結晶との角度をθに保つように分光結晶面を中心とする円周上に動かすことができるようにつくられている．このような機構をゴニオメーターと呼ぶ．その詳細については文献[9]を参照してほしい．この場合，ブラッグ条件（11.9.2項参照）を満たす入射角θの値において，X線が強く検出される．分光結晶の面間隔が既知であるため，入射角θの値から検出したX線の波長がわかる．そのため，入射角θを走査しながらX線の強度を測定することにより，蛍光X線のスペクトルを得ることができる．

11.8.4　試料調製と分析例

　XRFでは，固体試料の直接測定が可能であるため，試料の前処理は不要であることが多い．なお，軽元素を感度よく測定するため，試料室を真空にして分析することがある．試料室を真空にする場合，粉末状の試料は測定中に飛散するおそれがあるので，事前にプレス機などでしっかりと押し固める必

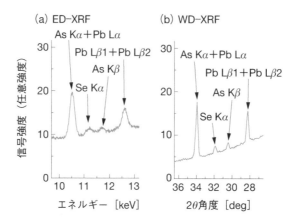

（a）ED-XRF
As Kα+Pb Lα
Pb Lβ1+Pb Lβ2
As Kβ
Se Kα
信号強度（任意強度）
エネルギー [keV]

（b）WD-XRF
As Kα+Pb Lα
Pb Lβ1+Pb Lβ2
As Kβ
Se Kα
2θ角度 [deg]

図11.12 ヒ素および鉛含有試料の分析例

要がある．また，真空にする代わりに，試料室をヘリウムなどで置換して測定できる装置も市販されている．ヘリウム置換型では，試料を大気圧で測定できるので，水溶液試料の測定も可能である．

図11.12は，同じ試料をED-XRFとWD-XRFとで測定し，得られたスペクトルを比べたものである．ヒ素Asや鉛Pbは汚染土壌の分析で重要な元素であるが，どちらの方式の装置を用いても，As Kα線とPb Lα線とが干渉し合う．そのため，鉛とヒ素が共存した試料では，Pb Lβ1+Pb Lβ2線やAs Kβ線を測定に用いる（図11.12）．図11.12より，WD-XRFは分解能に優れるため，各ピークを明瞭に分離して検出できることがわかる．

11.9　粉末Ｘ線回折法

11.9.1　特徴

Ｘ線回折法（X-ray diffraction：XRD）は，結晶性物質の原子や分子の配列に関する情報を得るための分析法である．結晶構造に特有な散乱X線の回折パターンを得ることによって，試料の同定（定性分析）を行うことができる．XRDは非破壊分析であり，結晶性の固体物質であればあらゆる試料が分析対象となる．なお，検出感度は高くなく，微量成分の検出限界は0.1〜10％程度である．

11.9.2　原理

結晶性物質は原子やイオンが三次元に規則的な配列をとる．そのため，結晶性物質中には原子やイオンによって構成される格子面が複数存在し，一つの格子面は結晶中に一定の間隔で層状に並んでいる．この間隔を面間隔と呼ぶ．

結晶性物質に対してX線を入射すると，結晶を構成する原子により散乱が生じる．ここで，ある格子面に対して入射角θでX線を照射し，散乱X線を角度θの方向から観測する場合を考えよう（図11.13）．このとき，X線の波長をλ，格子面の面間隔をdとすると，式(11.6)で表されるブラッグ条件を満たす場合，X線の振動の位相が一致して互いに強め合い，回折X線として検出される．

$$n\lambda = 2d \sin\theta \quad (n = 1, 2, 3, \cdots) \tag{11.6}$$

入射X線の波長λは既知であるので，散乱X線がピークとして強く検出されたときの角度θの値から，試料中に存在する格子面の面間隔dが算出できる．格子面でのX線の散乱強度は，一般的に格子面を構成する原子やイオンの密度が高いほど，格子面がより電子の多い重元素で構成されるほど強くなる傾向がある．

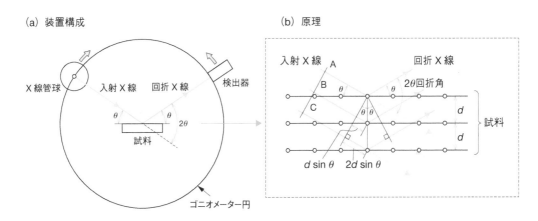

図11.13　Ｘ線回折の装置構成と原理

粉末XRDでは，結晶試料を微細な粒子に粉砕し，試料板に充填して測定を行うため，試料中の結晶粒子一つ一つはランダムな方向を向く．その結果，結晶中に含まれるすべての面間隔に対応する回折ピークが得られる．

11.9.3 装置構成

粉末XRDは，主にX線源，試料台，検出器およびゴニオメーターによって構成される．X線源には，一般的に銅CuやクロムCr，モリブデンMoなどをターゲットとしたX線管が用いられる．検出器には，シンチレーションカウンター（Scintillation counter：SC）が主に用いられるが，近年では一次元，二次元のX線検出が可能な半導体検出器やCCDカメラ，イメージングプレートなどが用いられる場合もある．X線源と検出器はゴニオメーターに固定され，X線入射角と検出器の角度を変えながら測定できる．

11.9.4 試料調製と分析例

粉末XRD測定では，まず試料をメノウ乳鉢などを用いて粒径数μmまで粉砕する必要がある．粉末状とした試料を試料板に充填した後，入射角θを走査しながらX線を照射し，散乱X線の強度を測定する．横軸に走査角2θを，縦軸に測定された散乱X線の強度をプロットすることで，XRDパターンが得られる．XRDパターンに現れたピークの回折角2θの値から，その回折が生じた格子面の面間隔がわかる．このとき，散乱X線の強度はその格子面を構成する原子やイオンの密度および元素種を反映する．

結晶性物質の化学組成が同じであっても結晶構造が異なれば（多形と呼ばれる），異なるXRDパターンを示す．そこで，測定されるXRDパターンと，既知物質のXRDパターンを集めたデータベースとを比較することにより，試料の同定を行うことができる．結晶粒子の粉砕が不十分な場合や，結晶が配向する場合には，XRDパターンのピーク強度を比較する際に注意が必要である．

典型的な分析例として，NaClのXRDパターンを図11.14に示す．200面による回折が$2\theta=32.800°$に最大ピークとして現れる．また，環境分析の分析例として，アスベストのXRDパターンを図5.8に示した．

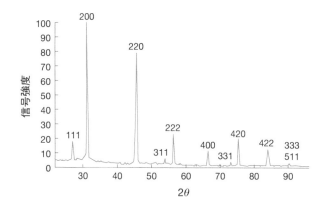

図11.14 NaCl の XRD パターン

測定条件：Cu Kα線（波長0.154 nm），図中の数字は反射指数を表す．
[https://universe-review.ca/I13-04-XRD.jpg を一部改変]

11.10　X線吸収微細構造法

11.10.1　特徴

　　入射X線のエネルギーを変化させながら物質に対するX線の吸収量を計測すると，X線吸収スペクトルを得ることができる．このX線吸収スペクトルに出現する振動構造を解析することにより，吸収原子まわりの局所構造解析や吸収原子の酸化状態・配位元素の種類の特定といった化学状態分析を行う分析法をX線吸収微細構造（X-ray Absorption Fine Structure：XAFS）法と呼ぶ．

　　元素に特有のX線吸収端を選択することで，多様な元素が混在している試料中の特定元素だけに注目した測定を行うことができる．よって，XAFS法は，環境試料中に含まれる微量な化学種や，高温高圧の地球内部・隕石・エアロゾルといった地球化学試料，生物を含む地球表層環境に存在する多様な物質などの非破壊状態分析を行うことが可能で，有力な環境分析手法の一つとして注目されている．

11.10.2　原理

　　X線が物質に吸収されると，X線のエネルギーにより原子中の電子が励起され，光電子の波として放出される（図11.10）．横軸に入射するX線のエネルギー，縦軸にX線の吸光度（吸収係数）をプロットしてX線吸収スペクトルを作成すると，あるエネルギーでX線吸収係数の著しい増大が観察される．このエネルギーは内殻電子を励起できるエネルギーで，物質に含まれる元素に固有であり，X線吸収端と呼ばれる（図11.15）．吸収端以降は，入射X線のエネルギーの増大にともない，X線吸収は緩やかに減衰していく．吸収原子まわりにほかの原子が存在するときには，光電子の波は周辺の原子により散乱され，その一部は吸収原子の方向に戻っていく（後方散乱）．このとき，吸収原子から放出される光電子の波と散乱原子から戻ってくる電子の波が干渉し合い（図11.15），吸収原子の電子の遷移確率が変化し，X線の吸収効率もこれに対応して変化する．その結果，X線吸収スペクトルにはX線吸収端の前後約1,000 eVの範囲で複雑な振動構造が現れる（図11.15）．この振動構造には，散乱原子の種類や数，吸収原子と散乱原子間の距離など，吸収原子の周囲の配位環境が反映される．それらのうち，吸収端前後の数百eVの範囲に明瞭に現れる振動構造をX線吸収端近傍構造（X-ray Absorption Near Edge Structure：XANES）と呼び，XANESよりも高いエネルギー位置で広範にわたり観察される振動構造を広域X線吸収振動構造（Extended X-ray Absorption Fine Structure：EXAFS）と呼ぶ（図11.15）．一般的には，XANESとEXAFSをあわせてX線吸収微細構造（XAFS）

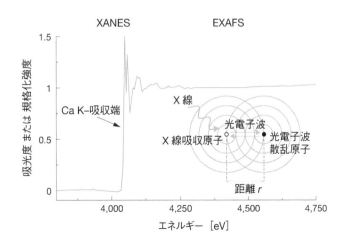

図11.15　CaCO₃（Calcite）のX線吸収スペクトル

と呼んでいる．EXAFS振動を吸収原子の動径構造関数として扱うEXAFS解析法により，ガラスや溶融体・溶液など，多くの物質の局所構造が明らかとなってきた[10, 11, 12]．また，XANES領域から読み取ることのできるX線吸収端のエネルギー位置は，吸収元素の酸化数や電子状態に応じて変化する（化学シフト）ので，酸化数や電子状態が既知である参照試料と比較することで，試料中の目的元素の酸化状態を推定できる．さらに，X線吸収スペクトルは足し合わせることができ，試料中に複数の化合物が存在していた場合には，それらの和としてスペクトルが得られる．そこで，試料中に存在する可能性のある化合物のX線吸収スペクトルを任意の割合で足し合わせて，実試料のスペクトルを復元することで，実試料に含まれる化学種の存在比を算出することができる．

11.10.3　装置構成

　XAFS測定は，適切な量・濃度の試料をX線の光路に置くだけで，固体・液体・気体など多様な形態の試料を，化学的な分解・前処理を行うことなく，そのまま非破壊で行うことができる．また，高温・低温装置や高圧装置などを用いることにより，極端な条件下における物質をその場で測定することもできる．XAFS測定の装置構成を図11.16に示す．連続X線（白色X線）であるシンクロトロン放射光から任意のエネルギーのX線（単色X線）を分光結晶で取り出し，試料に照射する．このときの入射X線の強度I_0と透過X線の強度I_tから吸光度μtを算出する．

$$\mu t = \ln \frac{I_0}{I_t} \tag{11.7}$$

ここで，μは吸収係数，tは試料厚みである．

　横軸に入射X線のエネルギー，縦軸にμtをプロットしたものがX線吸収スペクトルとなる（図11.15）．XAFS測定には高強度のシンクロトロン放射光がよく用いられるが，X線管球から発生する連続X線を光源とする実験室系のXAFS装置も使用されている．ただし，市販の装置ではX線の強度が低いため，測定には時間を要する．X線検出器には，電離箱，半導体検出器（solid state detector：SSD），シリコンドリフト検出器（silicon drift detector：SDD），シンチレーションカウンターなどが用いられる．

　通常，XAFS測定は透過モードで行われる．ただし，環境試料など複雑なマトリックスの中の微量元素を測定する場合には，X線吸収に付随して発生する蛍光X線の強度I_fをモニターする蛍光モードによる測定が有効である（図11.16，式(11.8)）．

$$\mu t \propto \frac{I_f}{I_0} \tag{11.8}$$

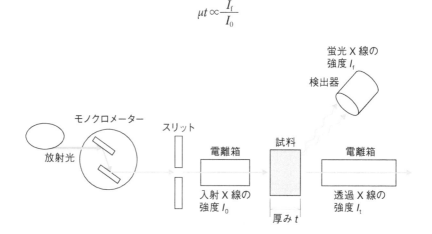

図11.16　XAFS装置の構成

多くの場合蛍光X線の強度I_fは微弱であり，この蛍光X線の検出には立体角を大きく設計した電離箱（ライトル型検出器）やSSD，SDDを用いる．試料中に含まれるさまざまな元素から発生する蛍光X線や散乱X線のうち，目的元素の蛍光X線ピークに関心領域（Region of Interest：ROI）を設定して，選択的に目的元素のみのX線吸収スペクトルを測定する．

11.10.4 試料調製と分析例

XAFS測定は，試料をX線の光路に置くだけで測定できるが，透過モードでは紫外・可視吸光光度法や赤外分光法と同様に，均質で適切な厚みの試料を準備する必要がある．このため，分析対象元素の濃度が高い固体試料の場合には，均質になるよう試料を粉砕し，X線吸収が少ないバインダーで希釈したのち，厚みが一定なディスク状に調製する必要がある．一方，蛍光モードによるXAFS測定では，透過モードよりも均質さの制限がないが，分析対象元素の濃度が高いと試料内で蛍光X線の自己吸収が起き，蛍光XAFSスペクトルはゆがんでしまう．蛍光モードは微量元素の測定に適しているといえる．

土壌におけるXANESやEXAFSの分析例については4.6節を参照してほしい．

11.11 走査電子顕微鏡

11.11.1 特徴

近年，環境分析では，PM$_{2.5}$やアスベストのような微小試料（μmレベル）の観察や成分分析が重要視されるようになっている．顕微鏡の分解能は，測定に用いる光源の波長の半分程度であるため，光学顕微鏡の分解能は数百nmで限界に達し，μmレベルの微小試料を鮮明に観察することは困難である．そのため，このような微小試料の観察には光学顕微鏡に比べて波長が短い電子線を光源とした走査電子顕微鏡（Scanning Electron Microscope：SEM）が用いられる．SEMの分解能は最高で約1nmに達するため，微小な粒子などの観察に適している．さらに，元素分析用の検出器を取り付けることにより，微小試料の化学成分についても知ることができることも特徴の一つである．

11.11.2 原理

固体試料表面に電子線が入射すると，入射した電子（一次電子）によって励起された原子から二次電子が放出される．さらに，入射した一次電子の一部は，試料内部で進行方向を変え試料表面から飛び出す（反射電子と呼ばれる）．そのため，細く絞った電子線をプローブとして試料に照射しながら走査し，試料表面から放出される二次電子や反射電子を検出すると，試料の形状を観察することができる．また，電子線を照射した場所からは，二次電子や反射電子以外に元素に固有の特性X線が発せられる．この特性X線をEDS検出器やWDS検出器（11.8.3項参照）で測定することにより，電子線照射部の元素を知ることができる（図11.17(a)）．なお，数台のWDS検出器を備え，分析を主眼において製造された装置は電子線マイクロアナライザー（Electron Probe Micro Analyzer：EPMA）と呼ばれる．

11.11.3 装置構成

SEM装置は，電子プローブを得るための光学系，試料台，二次電子や特性X線などを検出するための検出器，および装置内部を真空にするための真空排気系で構成される（図11.17(b)）．なお光学系は，電子線を発生させる電子銃，電子線を収束させるためのレンズ系，電子線を走査するための走

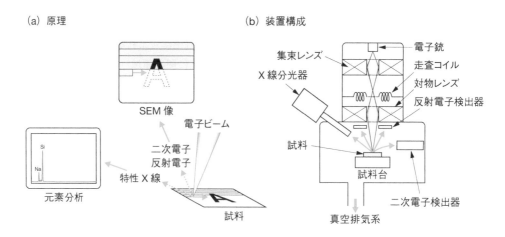

図11.17　SEMの原理と装置構成

査コイルなどによって構成される．電子銃には，物質（通常，タングステンや六ホウ化ランタンLaB$_6$が用いられる）を加熱すると放出される熱電子を利用した熱電子銃に加え，とがらせた金属などに強電界を印加して電子を放出させる電界放出電子銃（Field Emission electron gun：FEG）などが利用される．FEGは，熱電子銃に比べて非常に輝度が高く，電子源の大きさも小さい．そのため，FEGは高分解能SEM用の電子銃に用いられる．

11.11.4　試料調製と分析例

　　SEMの装置内部は，通常10^{-3}Pa以下の高真空に保たれる．そのため，試料は事前に十分に乾燥させる必要がある．また，粉末試料は試料室内で飛散するおそれがあるので，導電性両面テープなどを用いて試料台に固定される．さらに，非導電性の試料を測定すると，試料に入射した電子が試料に蓄積し，帯電状態を引き起こす（チャージアップと呼ばれる）．試料が帯電すると，電子ビームのゆがみを引き起こしSEM観察が困難になる．そのため，非導電性の試料は測定前に，カーボンや金，白金などを試料表面に蒸着させ，導電性を確保する必要がある．

　　分析例として，東京のお台場で捕集した大気浮遊粒子のSEM像とEDSスペクトルを図11.18に示す．捕集した場所が海沿いのため，海水に由来する海塩粒子（代表例：SEM像中央部の角ばった粒

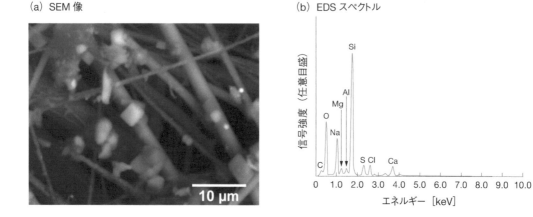

図11.18　大気浮遊粒子のSEM像とEDSスペクトル

子）が数多く捕集されており，分析結果にもナトリウムNaや塩素Clのピークが観察できる．なお，ケイ素Siの大きなピークは主に捕集に用いたガラス繊維フィルターに由来する.

【引用文献】

1) 五十嵐淑郎，小原昭，足立弘明，四ツ柳隆夫，分析化学，**36**，829（1986）

2) 日本分析化学会（編），（入門分析化学シリーズ）機器分析（1），朝倉書店（1995），p.72

3) 稲川有徳，上原伸夫，分析化学，**69**，693（2020）

4) 日本分析化学会九州支部（編），機器分析入門　改訂第3版，南江堂（2001），p.41

5) 本水昌二，磯崎昭徳，櫻川昭雄，井原敏博，内山一美，善木道雄，寺前紀夫，中釜達朗，平山和雄，三浦恭之，南澤宏明，森田孝節，（基礎教育シリーズ）分析化学　機器分析編，東京教学社（2011），p.38

6) 野々瀬菜穂子，日置昭治，倉橋正保，久保田正明，分析化学，**47**，239（1998）

7) 川端克彦，地球化学，**42**，157（2008）

8) 高橋純一，山田憲幸，分析化学，**53**，1257（2004）

9) 日本分析化学会X線分析研究懇談会（監修），中井泉（編），蛍光X線分析の実際，朝倉書店（2005）

10) D. Sayers, F. Lytle and E. Stern, *Adv. X-ray Anal.*, **13**（1970），p.248

11) D. Sayers, E. Stern and F. Lytle, *Phys. Rev. Lett.*, **27**, 1（1971），p.204

12) 太田俊明（編），X線吸収分光法，アイピーシー（2002）

【参考文献】

• 中嶋暉躬（監訳），分析化学アトラス，文光堂（1994）

• 日本化学会（編），大場茂，矢野重信（編），（化学者のための基礎講座）X線構造解析，朝倉書店（1999）

• 保母敏行，小熊幸一（編），理工系機器分析の基礎，朝倉書店（2001）

• 澤田清（編），若手研究者のための機器分析ラボガイド，講談社（2006）

• 高木誠（編），ベーシック分析化学，化学同人（2006）

• 平井昭司（監修），日本分析化学会（編），現場で役立つ分析化学の基礎，オーム社（2006）

• 日本分析化学会（編），（分析化学実技シリーズ）吸光・蛍光分析，共立出版（2011）

• 日本分析化学会（編），（分析化学実技シリーズ）原子吸光分析，共立出版（2011）

• 日本分析化学会（編），（分析化学実技シリーズ）蛍光X線分析，共立出版（2012）

• 日本分析化学会（編），（分析化学実技シリーズ）ICP発光分析，共立出版（2013）

〈演習問題〉

1 以下の光（電磁波）をエネルギーの高いものから順に並べ替えよ．また，この順序が波長の長さの順序とは逆になることを説明せよ.

マイクロ波・可視光線・紫外線・赤外線・遠赤外線・X線

2 蛍光X線分析法（XRF）の特徴を長所と短所に分けて説明せよ.

3 原子吸光分析法（AAS）と誘導結合プラズマ発光分析法（ICP-OES）を比較し，その相違点を以下の観点から述べよ.

・原子化（励起）温度　・検出感度　・多元素の同時測定　・装置の運転コスト

4　ある溶液1L中に分子量180の溶質が2.0×10^{-3}g含まれており，光路長1cmのセルを用いて吸光度を測定したところ，吸光度は0.400であった．この溶質のモル吸光係数を求めよ．

5　ある波長に光吸収ピークを有する色素の溶液を光路長1cmのセルに入れ，光吸収ピーク波長の透過率を測定したところ，透過率は0.0004（0.04%）であった．同じセルを用いて溶液中の色素を正確に定量したい場合，溶液を何倍に希釈するのが好ましいか考えよ．ただし，吸光光度法により正確に定量するには，吸光度は0.16〜1.0の範囲にあるとよい．また，希釈を行わない場合，最適なセルの光路長を以下より選べ．

光路長：5cm，1cm，5mm，1mm，0.5mm，0.1mm

6　アスベストの一種であるクリソタイル（白石綿）を粉末XRDで分析したところ，得られたXRDパターンには，$2\theta = 12.10°$に200面と呼ばれる格子面からの回折ピークが観察された．クリソタイルの200面の面間隔を求めよ．ただし，このピークは一次の回折ピーク（$n=1$）であり，X線源にはCu Kα線（$\lambda = 0.15418$nm）を用いるものとする．

電気化学分析法

第12章で学ぶこと
- ポテンシオメトリーの原理
- pHガラス膜電極の応答原理
- イオン電極の応答原理と適用例

12.1　はじめに

　電気化学検出の原理は，二つの電極とそれらの電極が浸されている電解質溶液から構成された電池において，電極と溶液（あるいは気体）の間で起こる電気化学反応（電子の授受反応）に基づいている．電気化学測定法は大きく二つに分けられる．構成された電池の二つの電極端子間の起電力を測定し，その起電力の値から分析対象物を定量するポテンシオメトリーと，二つの電極端子を外部電源に接続し，電圧を印加することにより電極と溶液の間で電気化学反応を引き起こし，その際の電流値（あるいは電流値と電圧値の関係）から分析対象物を定量するアンペロメトリー（あるいはボルタンメトリー）とがある．

　ポテンシオメトリーはガルバニ電池（電極間を短絡すると自発的に電極反応が進行し，化学反応を電気エネルギーに変換できる電池）を構成し，電池に電流が流れないようにして電池の起電力を測定する方法である．溶存酸素（dissolved oxygen：DO）量を測定するガルバニ式DO電極はその例である．pHガラス膜電極による水素イオン濃度測定も，ガラス膜を挟む両側の溶液中の水素イオン濃度の差異によって発生する濃淡電池の起電力を測定するので，ポテンシオメトリーである．

　一方，アンペロメトリーは電池に外部電源から電圧を印加して流れた電流を測定する方法であり，ポーラロ式DO電極による溶存酸素量測定はその例である．本章では，ポテンシオメトリーを中心に電気化学検出の基礎を解説するとともに，pHガラス膜電極の応答原理について解説する．

12.2　ポテンシオメトリーの基礎　──電池の起電力──

　図12.1のように，水素電極と銀–塩化銀電極の二つの電極が，水素イオンおよび塩化物イオンの活量がそれぞれa_{H^+}およびa_{Cl^-}からなる塩酸水溶液に浸されているハーンド電池を考えてみよう．水素電極は，水素ガスが白金電極表面に接触するように圧力p[Pa]で吹き込まれ，気–液–固の三つの相がお互いに接触している．銀–塩化銀電極は，銀電極の表面が塩化銀の薄い層で覆われている．構成された電池図は式(12.1)のように表記される．

$$Pt(s)\,|\,H_2(g, p\,[Pa])\,|\,HCl(aq, a_{H^+}, a_{Cl^-})\,|\,AgCl(s)\,|\,Ag(s) \tag{12.1}$$

ここで，縦線の記号|は，溶液–電極界面や溶液–気体界面を示す．

　電極界面で起こる電極反応を還元反応で表すと，式(12.2)，(12.3)となる．

$$白金電極（左側電極）：H^+(aq)+e \longrightarrow 1/2H_2(g) \tag{12.2}$$

$$銀–塩化銀電極（右側電極）：AgCl(s)+e \longrightarrow Ag(s)+Cl^-(aq) \tag{12.3}$$

全電池反応は，正電荷が電池の左側から右側へ移動するように，すなわち，電池図(12.1)の左側電極をアノードとして酸化反応が，右側電極をカソードとして還元反応が起こるとして記述する決まり（右側電極反応式(12.3)から左側電極反応式(12.2)を引くこと）になっているので，この場合の全電池反応は式(12.4)で表される．

$$全電池反応：AgCl(s) + 1/2H_2(g) \longrightarrow Ag(s) + H^+(aq) + Cl^-(aq) \tag{12.4}$$

AgCl(s)とAg(s)の活量を1とし，そのほかの電極反応に関与する成分を活量で表すと，全電池反応式(12.4)の反応ギブズエネルギー $\Delta_r G$ は式(12.5)で与えられる．

$$\Delta_r G = \Delta_r G^\circ + RT \ln \frac{a_{H^+} \cdot a_{Cl^-}}{a_{H_2}^{1/2}} \tag{12.5}$$

ここで，$\Delta_r G^\circ$ は標準反応ギブズエネルギーであり，R は気体定数（8.314 J mol^{-1} K^{-1}），T は絶対温度[K]である．

z を電極反応に関与する電子数（この場合，$z=1$ である），F をファラデー定数（9.65×10^4 C mol^{-1}）とし，電池の起電力（電池反応が平衡状態にあり，電池内に流れる電流が0のときの両電極端子間の電位差）E_{cell} と反応ギブズエネルギーの関係（$-zFE_{cell} = \Delta_r G$）を用いると，電池図(12.1)の起電力は標準起電力 E_{cell}° と電解質溶液中の電極反応に関与する成分の活量を用いて式(12.6)のように表される．

$$E_{cell} = E_{cell}^\circ - \frac{RT}{zF} \ln \frac{a_{H^+} \cdot a_{Cl^-}}{a_{H_2}^{1/2}} \tag{12.6}$$

このように，電池は二つの電極系を組み合わせて構成するので，それぞれの電極には半電池として固有の電極電位（溶液相に対する電極相の内部電位）の寄与を割り当てられる．水素電極は，割り当ての基準となる電極であり，電極反応に関与する水素ガスおよび水素イオンの活量が1である標準水素電極の電極電位を $E^\circ(H^+/H_2) = 0.0$ V と定義している．したがって，標準水素電極を左側電極として構成した電池の起電力は右側電極の電極電位となる．図12.1のハーンド電池の起電力は，右側電極である銀–塩化銀電極の電極電位 $E_{(AgCl/Ag, Cl^-)}$ を与えており，式(12.7)で表される．これをネルンスト式という．

$$E_{(AgCl/Ag, Cl^-)} = E^\circ_{(AgCl/Ag, Cl^-)} - \frac{RT}{F} \ln a_{Cl^-} \tag{12.7}$$
$$= E^\circ_{(AgCl/Ag, Cl^-)} - 0.0592 \log a_{Cl^-} \quad (V, 25\,℃)$$

ここで，$E^\circ_{(AgCl/Ag, Cl^-)}$ は銀–塩化銀電極の標準電極電位であり，25℃において0.222 Vである．

式(12.7)からわかるように，銀–塩化銀電極の電極電位は，電極反応に関与する塩化物イオンの活

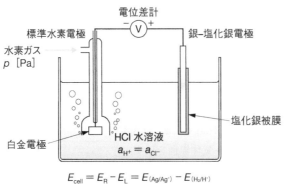

図12.1 ハーンド電池の構成とその起電力の測定　　図12.2 銀–塩化銀電極

量によって定まる．25℃では塩化物イオンの活量が10倍に増加すると，電極電位が59.2（=2.303RT/F）mVだけ減少することを示している．したがって，銀-塩化銀電極の電極電位がわかれば，溶液中の塩化物イオンの活量がわかるので，塩化物イオンの定量が可能である．一方，標準水素電極はポテンシオメトリーの基準電極（比較電極）として重要な電極であるが，水素ガスを必要とするなど，取り扱いに不便があるので，一般には銀-塩化銀電極が比較電極として汎用されている．図12.2に示すように，比較電極として用いる場合には，内部溶液として1 mol L^{-1} KCl溶液や飽和KCl溶液が封液されており，それぞれの場合の電極電位は25℃で0.236 V および0.197 Vと一定であり，電極が浸されている電解質溶液の種類や濃度に依存しない．

Pick up

活量

　溶液中の溶質（分子，イオン）は，それらがほかの溶質からの影響を受けないで完全に独立して存在するとすれば，その濃度のとおりに作用する．しかし，ある程度以上の濃度になると，溶質間の相互作用が無視できなくなる．特に，溶質が電解質の場合には，溶質間に静電的相互作用が働き，異種電荷のイオン間の引力によって，各イオンの有効濃度（独立に作用するイオンの濃度）が減少する．そのような溶液における溶質の有効濃度に相当する値を活量と呼ぶ．この考えは，1907年にギルバート・ルイスによって提案された．例えば，溶液中のイオン化学種iの濃度C_iと活量a_iとの関係は，次のように表される．

$$a_i = f_i C_i \tag{1}$$

　f_iは活量係数と呼ばれ，濃度に対する，溶質間の相互作用が無視できないときの有効濃度の比率とみなすことができる．

　通常，化学平衡や水素イオン濃度指数pHの説明において，簡単のために「濃度」が用いられることが多い．しかし，いずれの定数も「活量」を用いた場合にのみ一定である．特に，pHは水素イオンの活量で定義，測定されていることから，その厳密な測定および解析の際には「活量」を用いなければならない．

12.3　pH ガラス膜電極の応答原理

　pHという量はデンマークのセレン・セーレンセンにより，水溶液中の水素イオンのモル濃度を10^{-p}のように指数で表すために，「水素イオン指数」として提案されたことに由来する．試料溶液のpHは水素電極やガラス膜電極と比較電極から構成される電池の起電力の測定によって得られる．起電力は活量に関連するので，pHは水素イオンのモル濃度ではなく，水素イオンの活量a_{H^+}を用いて式（12.8）で定義される．

$$pH = -\log a_{H^+} \tag{12.8}$$

　水素イオンの単独の活量は測定できないので，実際には水素イオン濃度の異なる二つの溶液について，次の電池の起電力からpHが操作的に定義されている．すなわち，12.2節で示した水素イオンに可逆的に応答する水素電極を用いて，二つの溶液Xおよび溶液Sに対して，次の電池図（12.9）の起電力E_XおよびE_Sを測定する．

$$\text{Pt(s)} \,|\, \text{H}_2\text{(g)} \,|\, 溶液X \,\|\, 濃 KCl \,|\, 比較電極$$
$$\text{Pt(s)} \,|\, \text{H}_2\text{(g)} \,|\, 溶液S \,\|\, 濃 KCl \,|\, 比較電極 \qquad (12.9)$$

ここで，電池図中の記号 ‖ は溶液と溶液の界面を示すもので，溶液の濃度や種類によって溶液を構成する陰陽イオンの移動速度の差異により液間電位差が生じる場合があるが，この記号は液間電位差が無視できる場合に用いられる．

溶液Xおよび溶液SのpHをそれぞれpH(X)およびpH(S)とすると，pH(X)は式(12.10)で求められる．

$$\text{pH(X)} = \text{pH(S)} + \frac{(E_\text{X} - E_\text{S})F}{RT \ln 10} \qquad (12.10)$$

式(12.10)は二つの溶液のpHの差が定義されているにすぎないので，pHの基準となる標準液が必要である．国内ではJISにより，6種のpH標準液の規格（K 0018〜K 0023）が制定されている．水素電極は，基準電極として重要な電極であり，pHの定義の基本となる電極であるが，水素ガスを使用するなど取り扱いに不便であるので，今日のpH測定にはガラス膜電極が用いられる．pHの定義についても水素電極の場合と同様に式(12.10)で求められ，pH標準液を用いて校正される．

試料溶液のpH測定は，図12.3のようにpHガラス膜電極と比較電極を試料溶液に浸し，電極間の電位差（起電力）をpHメーターで測定し，メーター内で式(12.10)に基づいて演算された結果がpHとして表示される．近年は外部比較電極と一体化した複合ガラス電極が普及している（図12.4）．ガラス膜電極の感応部は，球状の薄いガラス膜からできており，通常，内部比較電極として銀-塩化銀電極が内蔵されて，その内部液として塩化物イオンを含むpH 7の緩衝液が用いられる．ガラス膜の電気抵抗は数MΩ〜数十 MΩと高いので，pHメーターには高入力抵抗の電位差計が用いられる．

pH測定用のガラス膜として，二酸化ケイ素SiO$_2$[72.2 %（モル）]，酸化ナトリウムNa$_2$O[21.4 %（モル）]，酸化カルシウムCaO[6.4 %（モル）]の組成を持つコーニング015ガラスがよく知られている．より優れた性能を目指してガラス膜組成が検討され，SiO$_2$[63 %（モル）]，酸化リチウムLi$_2$O[28 %（モル）]，酸化セシウムCs$_2$O[2 %（モル）]，酸化バリウムBaO[5 %（モル）]，酸化ランタンLa$_2$O$_3$[2 %（モル）]の組成を持つガラスが高い性能を示すことが報告されている．SiO$_2$の結晶である石英は，ケイ素原子を中心として酸素原子が結合した四面体構造を単位とする秩序ある構造である．これにアルカリ金属やアルカリ土類金属の酸化物などを加えて溶融した，いわゆるガラスはO/Si比が大

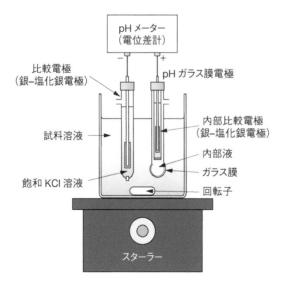

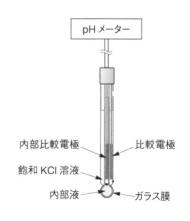

図12.3 pHガラス膜電極によるpH測定　　　　**図12.4** 複合ガラス電極

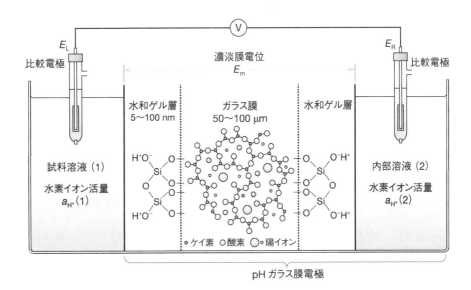

図12.5　pHガラス膜電極の構造

きくなり，ケイ素原子と酸素原子の結合が一部切断されて負電荷を生じ，それがナトリウムイオンやカルシウムイオンによって電気的に中和された不規則な三次元の網目構造をとる．二次元で表したガラス膜の構造を図12.5に示す．ガラス膜の電気伝導性は，ガラス膜に含まれる陽イオンの移動によって保たれている．このガラス膜が水と接すると，表面のナトリウムイオンやカルシウムイオンが溶出し，ガラス層の電気的中性を保つために水素イオンがガラス膜に侵入する．このようにして，ガラス膜表面には水和したケイ酸ゲル層が生成する．図12.5に示すように，ガラス膜の厚みは50〜100 μm程度であり，水と接した表面の水和ゲル層の厚みは5〜100 nm程度である．水和ゲル層中の水素イオンは，ガラス膜に生成した負電荷を持つ陰イオン交換基（SiO$^-$サイト）を介在して溶液中のナトリウムイオンと次のようにイオン交換反応が起こると考えられている．

$$H^+（ガラス膜水和ゲル層）+Na^+(aq) \longrightarrow Na^+（ガラス膜水和ゲル層）+H^+(aq) \tag{12.11}$$

　ガラス膜電極の応答原理は，薄いガラス膜を挟む異なる濃度（活量）の水素イオン溶液間に発生する濃淡膜電位に基づいている．ガラス膜の両側の試料溶液(1)および内部溶液(2)の水素イオンの活量をそれぞれ$a_{H^+}(1)$および$a_{H^+}(2)$とし，試料溶液と内部溶液に比較電極として銀–塩化銀電極が浸されているとすると，この電池は電池図(12.12)で表される．

$$(-)Ag(s)|AgCl(s)|KCl（飽和溶液）\| 試料溶液(H^+(aq), a_{H^+}(1))|ガラス膜|$$
$$内部溶液(H^+(aq), a_{H^+}(2)) \| KCl（飽和溶液）|AgCl(s)|Ag(s)(+) \tag{12.12}$$

　ガラス膜電極の応答機構については，諸説が提案されているが，現在のところ，アイゼンマンらによって提案されている水和ゲル層中の固定負電荷にともなう溶液–ガラス界面における界面電位差と水和ゲル層内の拡散電位の和で表される濃淡膜電位で説明されている．ガラス膜の左右の比較電極の電極電位をそれぞれE_LおよびE_Rとすると，電池図(12.12)の起電力E_{cell}は，$E_{cell}=E_R-E_L+E_m$であるので，式(12.13)のように簡略化される．

$$E_{cell}=constant+\frac{RT}{F}\ln[a_{H^+}(1)+k^{pot}_{H^+,Na^+}a_{Na^+}(1)]$$

$$=constant+\frac{2.303RT}{F}\log[a_{H^+}(1)+k^{pot}_{H^+,Na^+}a_{Na^+}(1)] \tag{12.13}$$

式(12.13)をニコルスキー・アイゼンマン式という．ここで，$k_{\mathrm{H^+,Na^+}}^{\mathrm{pot}}$ はpHガラス膜電極の選択係数と呼ばれ，水素イオン応答に対するナトリウムイオンの妨害を示す尺度である．すなわち，ネルンスト式にさらに，妨害するイオンの項（ここでは，ナトリウムイオン）が加えられたものである．式(12.13)からわかるように，起電力は試料溶液の水素イオンの活量の対数に比例し，試料溶液にナトリウムイオンが存在する場合，その活量と選択係数の積に相当する電位が加わり，水素イオン活量の測定に妨害を与える．しかし，市販のpHガラス膜電極のナトリウムイオンに対する選択係数は極めて小さいので，ナトリウムイオンの妨害を受けることはない．その場合，式(12.13)の定数をE'で表すと，試料溶液のpHと式(12.14)の関係がある．

$$E_{\mathrm{cell}} = E' - \frac{2.303\,RT}{F}\mathrm{pH} = E' - 59.2\mathrm{pH} \quad (\mathrm{mV}, 25\,℃) \tag{12.14}$$

25℃では，pHの1単位の変化に対する起電力の電位変化は59.2 mV（$2.303\,RT/F$）である．pHガラス膜電極でpHを測定する場合は，JISで決められたpHの標準の緩衝液を利用して必ずpHメーターを校正する．通常は，中性リン酸pH標準液（pH 6.86）を用いて，pHメーターのゼロ点調整をしたのち，試料溶液に近いpH標準液（例えば，試料溶液のpHが酸性であれば，フタル酸pH標準液（pH 4.01）のような酸性側の標準液）でスパン調整をする．この調整を繰り返して，pHメーターを校正する．pHガラス膜電極は通常，pH 1〜11程度の溶液について測定できるが，アルカリ性溶液ではナトリウムイオンの妨害にともなうアルカリ誤差が問題になり，試料溶液中の電解質濃度が高い場合などには液間電位差が問題となる場合もあるので注意が必要である．

12.4　イオン電極の構造と応答原理

　イオン電極は，**イオン選択性電極**（ion selective electrode）とも呼ばれ，溶液中のあるイオンに対して選択的に応答し，そのイオンの活量に対応した起電力を生じる電極である．イオン電極は，起電力を生じる感応膜の種類によって，**固体膜電極**（solid-state membrane electrode）と**液体膜電極**（liquid membrane electrode）に大別される．また，pHガラス膜電極やイオン電極の感応膜表面を多孔性のガ

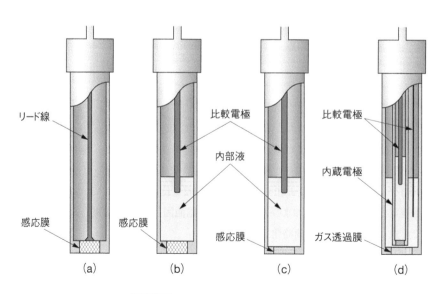

図12.6　イオン電極の種類と構造

（a）固体膜電極（リード線接続），（b）固体膜電極（内部液と比較電極装備），（c）液体膜電極，（d）隔膜形電極

ス透過膜で覆った隔膜形電極（ガス透過膜電極：gas-selective membrane electrode）もある．図12.6に固体膜電極，液体膜電極および隔膜形電極の模式図を示す．これまで，多様なイオン電極が開発・市販されており，環境水や工場用水・排水などに含まれるさまざまなイオンの測定に使用されている．

　なお，イオン電極による測定方法は，JIS K 0122：1997　イオン電極測定方法通則に規定されており，JIS K 0102：2016　工場排水試験方法には，塩化物イオン，シアン化物イオン，フッ化物イオン，およびアンモニウムイオンの測定にイオン電極法が採用されている．ここでは，これらのイオンの測定に用いられる電極の特徴と実際の分析に用いる上での注意事項について述べる．

12.4.1　塩化物イオン電極

　塩化物イオン電極の感応膜は，銀-塩化銀電極と同じく塩化銀を主体としているが，塩化銀と硫化銀の混合物が用いられている．これは，硫化銀の存在により，試料中の酸化還元性の化学種や光の影響を軽減するためである．図12.6（a）に示すように，電極の構造は感応膜の内側表面に銀などのリード線が直接つながれている．この電極の電位（E）は，感応膜表面と試料溶液界面における溶解平衡によって定まる銀イオンの活量（a_{Ag^+}）によって決まり，次式で表される．

$$E = E' + S \log a_{Ag^+} \tag{12.15}$$

ここで，E'は定数であり，Sはネルンスト係数（$2.303RT/zF = 59.2\,\mathrm{mV}/z$，$25\,^\circ\mathrm{C}$）である．塩化物イオン電極の感応膜表面における銀イオンの活量は，感応膜の塩化銀の溶解平衡（$AgCl \rightleftarrows Ag^+ + Cl^-$）とその溶解度積$K_{\mathrm{sp,AgCl}}$（$= a_{Ag^+} \cdot a_{Cl^-}$）によって定まるので，イオン電極の電位は，銀-塩化銀電極と同様に式（12.16）で表される．

$$E = E' + S \log(K_{\mathrm{sp,AgCl}}) - S \log a_{Cl^-} = E'' - S \log a_{Cl^-} \tag{12.16}$$

ここで，E''は定数であり，a_{Cl^-}は溶液中の塩化物イオンの活量である．

　溶液中に塩化物イオンのほかに応答を妨害するJ^-イオンが共存する場合，塩化物イオン電極の電位は，式（12.13）と同様にニコルスキー・アイゼンマン式で表される．

$$E = E'' - S \log(a_{Cl^-} + k_{Cl^-,J}^{\mathrm{pot}} \, a_J) \tag{12.17}$$

ここで，$k_{Cl^-,J}^{\mathrm{pot}}$は塩化物イオン電極の$J^-$イオンに対する選択係数であり，$a_J$は試料液中の$J^-$イオンの活量である．塩化物イオン電極の妨害イオンとしては，臭化物イオンおよびヨウ化物イオンがあり，それらの選択係数はそれぞれ10^2および10^6程度である．これは，選択係数がハロゲン化銀の溶解度積によって決まることを示している．硫化物イオンの妨害は大きく，共存が許されない．環境水などのマトリックスが不明な試料に対しては，硝酸カリウムなどの電極の応答に影響を与えないイオン強度調整剤（無関係電解質）を加えて試料溶液のイオン強度を一定にして測定する．これにより，塩化物イオンの$1\,\mathrm{mol\,L^{-1}} \sim 5 \times 10^{-5}\,\mathrm{mol\,L^{-1}}$の濃度範囲において，ネルンスト応答が得られる．他のイオン電極に対しても適切なイオン強度調整剤が提案されている．

12.4.2　シアン化物イオン電極

　シアン化物イオン電極の感応膜は，ヨウ化物イオン電極と同じヨウ化銀と硫化銀の混合膜である．ヨウ化物イオン電極がシアン化物イオンに応答するのは，次の反応により電極表面から遊離したヨウ化物イオンに応答するからである．

$$AgI + 2CN^- \longrightarrow Ag(CN)_2^- + I^- \tag{12.18}$$

　電極表面付近では，式（12.18）の反応で溶解したヨウ化物イオンが液本体側へ拡散し，シアン化物イオンは逆に電極表面側へ補給される．その結果，電極表面のヨウ化物イオンの活量は，式（12.18）の反応とヨウ化物イオンとシアン化物イオンとの対向拡散によって定まり，ヨウ化物イオン電極の電

位は次式のようにシアン化物イオンの活量で決まる.

$$E = E' - S \log a_{CN^-} \tag{12.19}$$

　試料中の遊離のシアン化物イオンを測定する場合には，$10\,mol\,L^{-1}$ NaOH水溶液を試料水の体積の1%程度添加して試料液のイオン強度を一定にするとともに，pHを12〜13程度に保つ．シアン化物イオン電極のネルンスト応答の下限濃度は$2 \times 10^{-5}\,mol\,L^{-1}$程度であるが，シアン化物イオン濃度が$10^{-2}\,mol\,L^{-1}$以上の試料液では，感応膜へのダメージが大きいので長時間の使用はできない．試料液中に亜鉛イオンや銅イオンなどの重金属イオンが共存する場合，EDTA溶液（$7.44\,g\,L^{-1}$）を添加して，重金属イオンのシアノ錯体を解離させ，遊離したシアン化物イオンを測定できるが，安定なシアノ錯体を形成する水銀イオンや銀イオンなどが共存する試料溶液には適用できない．共存可能な塩化物イオンと臭化物イオンの最大濃度は，それぞれシアン化物イオン濃度の10^6倍および10^3倍程度であるが，ヨウ化物イオンの最大濃度はシアン化物イオン濃度の10分の1程度である．また，硫化物イオンは妨害が大きいため，試料溶液に炭酸鉛の粉末を加え，硫化物イオンを硫化鉛として沈殿除去する方法が考案されている．全シアン計測法においては，従来の加熱蒸留法で生成したシアン化水素を水酸化ナトリウム溶液に捕集した後，シアン化物イオン電極法を適用する．

12.4.3　フッ化物イオン電極

　フッ化物イオン電極は，1%程度のフッ化ユウロピウムをドープしたフッ化ランタンの単結晶を感応膜としている．この電極は，図12.6（b）に示すように感応膜の内側にはフッ化ナトリウムと塩化ナトリウムの混合溶液からなる内部液と比較電極が備えられている．フッ化物イオン電極の電極電位は，感応膜を挟む試料液中と内部液中のフッ化物イオン活量によって発生する濃淡膜電位によって定まる．この電極は，塩化物イオン，臭化物イオン，硫酸イオン，炭酸水素イオンなどの共存の影響をまったく受けない．唯一の妨害イオンは水酸化物イオンで，共存可能な最大濃度はフッ化物イオンの濃度の10倍程度である．一方，フッ化物イオンは酸性領域では，HFやH_2F^+の形態で存在するので，試料液のpHを5〜5.5にして遊離のフッ化物イオンに解離させる．また，フッ化物イオンはアルミニウム（III）イオンや鉄（III）イオンと錯体を形成するので，クエン酸などの適切な錯生成剤を加え，フルオロ錯体を解離させて遊離のフッ化物イオンにする．このような目的のために，酢酸，塩化ナトリウムやシクロヘキサジアミン四酢酸（またはクエン酸）などからなる全イオン強度調整緩衝液（total ionic strength adjustment buffer：TISAB）が考案されている．

12.4.4　アンモニウムイオン電極

　工場排水試験方法でアンモニウムイオンを測定する場合には，図12.6（d）に示す構造の隔膜形アンモニウムイオン電極が用いられている．この電極の内部には，pHガラス膜電極が内蔵されている．ガラス膜電極の感応面は，厚みが0.1 mmで1.5 µm以下の孔径を持つポリフッ化ビニリデンなどの疎水性の多孔性膜で被覆されている．ガラス膜電極の感応面と多孔性膜の間には10 µm程度の隙間があり，そこには内部液として$0.1\,mol\,L^{-1}$ NH_4Cl溶液が保持されている．アンモニウムイオンを含む試料液に隔膜形アンモニウムイオン電極と比較電極を浸し，これに$10\,mol\,L^{-1}$ NaOH溶液を試料液体積の1%加えると，そこで生成したアンモニアガスが多孔性膜の細孔を透過して，次式のように，内部液中の水酸化物イオン濃度が増加する．

$$NH_3 + H_2O \longrightarrow NH_4^+ + OH^-, \quad [OH^-] = K_b[NH_3]/[NH_4^+] \tag{12.20}$$

ここで，K_bはアンモニアの塩基解離定数である．これにより，内蔵のガラス電極の電位は次式で示されるので，アンモニアガス濃度を求めることができる．

$$E = E' + S\log[\mathrm{H^+}] = E' + S\log(K_w/[\mathrm{OH^-}]) = E'' - S\log[\mathrm{NH_3}] \qquad (12.21)$$

ここで，K_wは水のイオン積であり，内部液の$\mathrm{NH_4^+}$濃度は実質的に変化せず一定である．電極の応答速度は，多孔性膜の厚さや内部液層の厚さなどによって決まるが，通常2～3分で電位は一定となる．

内部液は多孔性膜によって隔てられているので試料液とは混ざらず，試料液中のほとんどの共存イオンは影響しないが，ヒドラジンやメタノールアミンなどの揮発性のアミン類は多孔性膜を透過するので妨害する．

12.5 イオン電極の適用例

12.5.1 直接電位差分析法（検量線法）

イオン電極を用いて試料液中のイオンを定量する場合には，まず，1/10ごとに希釈した一連の標準液にイオン強度調整剤を添加した溶液に，イオン電極と比較電極を浸し（図12.3参照），電位差（起電力）を測定する．測定中は試料溶液を磁気かく拌器でかく拌する．測定した電位差を標準液中の目的イオンの濃度の対数に対してプロットして，検量線を作成する．ついで，試料液にイオン強度調整剤を加えた混合溶液に対して電位差を測定する．比較電極には，ダブルジャンクション式のものを用い，外筒液は液絡を通して測定中に少しずつ試料液に流出するので，目的のイオン電極を妨害しない電解質溶液を選択する．検量線の勾配が$2.303\,RT/zF$［mV］のほぼネルンスト応答していることを確認し，原則的にネルンスト応答をしている検量線の直線部分を用いて，試料液に対して測定した電位差から試料液中の目的イオンの濃度を求める．このような測定法を直接電位差分析法あるいは検量線法という．図12.7に隔膜形アンモニウム電極の検量線の例を示す．$10^{-1}\,\mathrm{mol\,L^{-1}}$～$5\times10^{-6}\,\mathrm{mol\,L^{-1}}$の濃度範囲においてネルンスト応答をする．

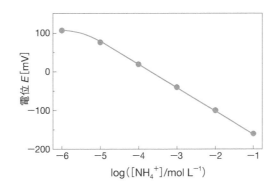

図12.7 直接電位差分析法（検量線法）
隔膜形アンモニウム電極の検量線

12.5.2 標準添加法

試料液のマトリックスが複雑あるいは不明な場合は，試料液に既知濃度の標準液を添加し，添加前と添加後の電位差から，試料液中の目的イオン濃度を測定する方法を標準添加法という．添加量は初期の電位から（20～50）/z_i［mV］以内になるように調整する．

今，目的イオンの濃度が未知の試料液中の濃度をC_Aとすると，イオン電極の電位は次式で表される．

$$E_1 = E^\circ + S\log C_A \qquad (12.22)$$

ここで，Sはイオン電極のネルンスト係数であり，陽イオンでは正の符号であり，陰イオンでは負の

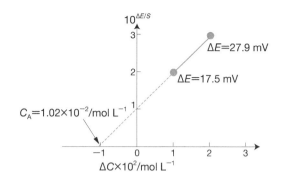

図12.8　標準添加法

一つの試料液から同体積の溶液を二つはかり取り，それぞれに異なる既知濃度の標準液を加え，その濃度を$1.0×10^{-2}$ mol L^{-1}および$2.0×10^{-2}$ mol L^{-1}だけ変化させたとき，イオン電極の電位が17.5 mVおよび27.9 mV変化した．このとき，試料液中の目的イオン濃度は，$1.02×10^{-2}$ mol L^{-1}である．

符号である．この試料液に，目的イオン濃度がC_Sの標準液を体積V_Sだけ加えると，イオン電極の電位は次式で表される．

$$E_2 = E° + S \log\{(C_A V_A + C_S V_S)/(V_A + V_S)\} \tag{12.23}$$

ここで，V_Aは試料溶液の体積である．

したがって，標準液の添加前後の電位差ΔE（$=E_2 - E_1$）は次式で表される．

$$\Delta E = S \log\{(C_A V_A + C_S V_S)/(V_A + V_S)C_A\} \tag{12.24}$$

よって，未知濃度の試料液中の濃度C_Aは次式で与えられる．

$$C_A = C_S V_S/\{(V_A + V_S)10^{\Delta E/S} - V_A\} \tag{12.25}$$

ここで，試料液の体積に比べて添加した標準液の体積が無視できる場合，すなわち$V_S \ll V_A$の場合は，式(12.25)は次のようになる．

$$C_A = (C_S V_S/V_A) \times \{1/(10^{\Delta E/S} - 1)\} \tag{12.26}$$

右辺第1項は添加前後で増加した目的イオン濃度変化であるので，これをΔCとおくと，次式のように表される．

$$C_A = \Delta C/(10^{\Delta E/S} - 1) \tag{12.27}$$

分析操作としては，試料液に，目的イオンを試料液とほぼ同じ濃度レベルになるように，2点濃度を変えて標準液を添加する．イオン電極の電位変化ΔEから，$10^{\Delta E/S}$の値を求め，これを既知試料液の添加によって増加した目的イオンの濃度変化ΔCに対してプロットしたものが図12.8である．2点の外挿線と横軸の交点の値から，未知試料の濃度C_Aを決定できる．

【参考文献】
・玉虫怜太，高橋勝緒，エッセンシャル電気化学，東京化学同人（2000）
・鈴木周一（編），イオン電極と酵素電極，講談社（1981），pp.7-64
・佐藤弦，本橋亮一，pHを測る，丸善（1987）
・益子安，pHの理論と測定，東京化学同人（1967）
・JIS K 0122:1997　イオン電極測定方法通則
・電気化学会（編），電気化学便覧　第6版，丸善（1994），pp.609-612
・日本分析化学会（編），機器分析ガイドブック，丸善（1996），pp.423-450

〈演習問題〉

1 ダニエル電池：$Zn(s)|ZnSO_4(a_{Zn^{2+}}=0.10)\|CuSO_4(a_{Cu^{2+}}=0.0010)|Cu(s)$について，次の問いに答えよ．ただし，$Cu^{2+}(aq)/Cu(s)$および$Zn^{2+}(aq)/Zn(s)$標準電極電位はそれぞれ$+0.34$ Vおよび-0.76 Vとする．また，気体定数を8.314 J mol^{-1} K^{-1}，ファラデー定数を9.65×10^4 C mol^{-1}とする．

(1) 右側電極と左側電極の電極反応および全電極反応を示せ．

(2) 電極室の各イオンの活量を考慮し，電池の起電力を求めよ．

2 大気中には二酸化炭素を体積分率で0.04 %含む．いま大気と接触している水のpHを求めよ．ただし，水に対する二酸化炭素のヘンリー定数を4.0×10^{-7} mol L^{-1} Pa^{-1}とする．また，炭酸の酸解離定数を$K_{a1}=4.3\times10^{-7}$および$K_{a2}=4.8\times10^{-11}$とする．

3 pHガラス膜の両側の水溶液のpHが3.00異なるとき，25.0 ℃の場合と5.00 ℃の場合では，膜電位はどのくらい異なるか求めよ．ここで，絶対温度は273.15 Kとする．また，気体定数を8.314 J mol^{-1} K^{-1}，ファラデー定数を9.65×10^4 C mol^{-1}とする．

4 水素イオンに対するナトリウムイオンの選択係数が1×10^{-11}であるpHガラス膜電極を用いてpH 10.0の試料を測定するとき，試料中に活量1.0のナトリウムイオンが共存していた場合，pHの値に対してどの程度の測定誤差を与えるか．ニコルスキー・アイゼンマン式を利用して計算せよ．また，起電力では何mVの誤差を与えるか述べよ．

第13章 質量分析法

第13章で学ぶこと
- 質量分析法の原理と装置構成
- ハードなイオン化およびソフトなイオン化の意味
- 代表的なイオン化法の原理
- MS/MS法（タンデムMS）で行える応用的な測定方法

13.1 はじめに

質量分析法（mass spectrometry：MS）とは，各種の原子や分子の質量に関する情報を与える分析手法である．この質量情報に基づいて，分析対象物が原子の場合には原子量や同位体比，また分子の場合には分子量や分子構造などの解析を行うことができる．さらに，こうした知見に加えて，分析対象物の高感度な定量もしばしば可能である．そのため，MSは環境分析の分野において，大気・水・土壌試料中に含まれるさまざまな化学物質の定性および定量分析に威力を発揮する手法として広く普及している．特に，第14章で解説するクロマトグラフィーとの連結技法は，排ガスや工場排水などの複雑な組成の試料中に含まれる環境汚染物質の高感度かつ選択的な分析法として，JISによって規格化された種々の手法に採用されている（例えば，「JIS K 0125　用水・排水中の揮発性有機化合物試験方法」，「JIS K 0311　排ガス中のダイオキシン類の測定」など）．本章では，その原理や装置構成を，有機化合物を試料対象とした有機MSに注目して解説する．

図13.1に，質量分析計（mass spectrometer）の装置構成の概略を，そこで使われている主な手法とともに示す．図に示すように，装置の主な構成は試料導入部，イオン化部，質量分析部と検出部に分けられる．まず，試料導入部を介してイオン化部に導入された試料分子はそこでイオン化され，対

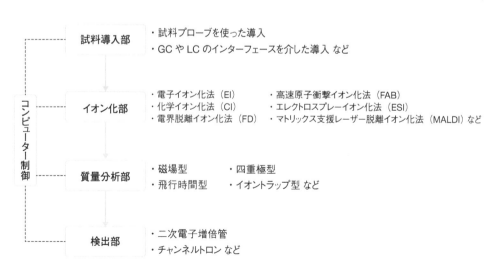

図13.1 質量分析計の装置構成の概略

応する正あるいは負のイオンに変換される．ついで，それらのイオンは，加速電圧を与えられることにより，質量分析部へと送られる．ここで，各イオンはその運動速度の違いや，電場や磁場などの場との相互作用の程度の差に基づいて，質量電荷比（mass to charge ratio：m/z，エム・オーバー・ジーと読む）ごとに分離され，最終的に検出部にて検出される．こうして得られる質量電荷比とイオン強度（すなわち，計測されるイオンの数）との関係をグラフ化したチャートをマススペクトル（質量スペクトル，mass spectrum）といい，このスペクトルデータに基づいて分析対象物の定性や定量が行われる．

　なお，質量分析計では，生じたイオンが空気中の分子と衝突して失活することを防ぐために，イオン化部（後述する大気圧イオン化法を除く），質量分析部と検出部は真空ポンプを用いて高い真空度に維持された状態で測定が行われる．

13.2　装置構成

13.2.1　イオン化部

　ここでは，電子イオン化法，化学イオン化法，エレクトロスプレーイオン化法およびマトリックス支援レーザー脱離イオン化法の4種を説明する．

（1）電子イオン化法

　1950年代に普及した電子イオン化（electron ionization：EI）法は，有機化合物のイオン化法として最初に登場した方法である．イオン化に先立って，試料成分をあらかじめ気化する必要があることから，イオン化できる分子量の上限は1,000程度である．図13.2にEI法の原理を示す．この方法では，まず，タングステンなどのフィラメントから発する熱電子を，気相中の試料分子Mの近傍をかすめるようにして通過させる．その際，熱電子が持つエネルギー（通常，70 eVに設定されることが多い）により，反応式(13.1)に示すように，試料分子M中の電子が1個失われ，対応する陽イオン$M^{+\bullet}$が生成する．

$$M + e^- \longrightarrow M^{+\bullet} + 2e^- \tag{13.1}$$

生成したイオン$M^{+\bullet}$はもとの化合物の質量を保持していることから分子イオン（molecular ion）と呼

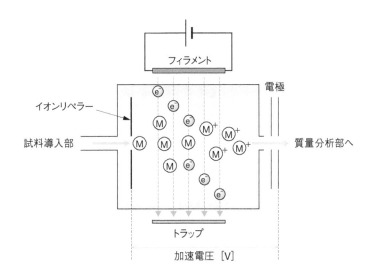

図13.2　電子イオン化法の原理

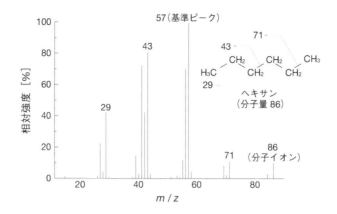

図13.3　EI法により得られた*n*-ヘキサンのマススペクトル

ばれ，その*m/z*の値から分子量情報を得ることができる．さらに，この分子イオンは，熱電子に由来する過剰なエネルギーにより，*m/z*のより小さな陽イオンやラジカルへと断片化される．化合物の安定性によっては分子イオンが完全に消失する程度まで断片化が進むことも少なくない．この現象はフラグメンテーション（fragmentation）と呼ばれ，その結果，生じたイオンをフラグメントイオン（fragment ion）という．

　例として，EI法により得られた*n*-ヘキサン（C_6H_{14}，分子量86）のマススペクトルを図13.3に示す．一般に，スペクトル中でもっとも強いピーク（ここでは*m/z* 57のピーク）は基準ピーク（base peak）と呼ばれ，そのピークの強度を100 %の基準に用いて，ほかのピークの強度を相対化してスペクトルが表示される．ここで，*m/z* 86のピークは質量情報を維持した分子イオンのピークであり，また*m/z* 71，57，43および29の一連のピーク群はヘキサン分子中の炭素-炭素結合の開裂によって生じたフラグメントイオンのピークである．こうしたスペクトルのパターンはその化合物の分子構造に依存して大きく変化するため，EI法により得られるマススペクトルは，人間に例えれば指紋に相当し，物質を同定するのに役立つ．ガスクロマトグラフィー（GC）をMSと直結したGC-MSの市販品では，数十万にのぼる膨大な数の化学物質のEI法によるマススペクトルを集約したライブラリーが搭載されており，このデータベースは環境科学関連の物質をはじめとするさまざまな試料対象の同定に利用されている．

> **Pick up**
>
> ## ハード，あるいはソフトなイオン化とは？
>
> 　質量分析法ではEI法のように，過剰なエネルギーによりフラグメンテーションが進行しやすいイオン化のことをハードなイオン化という．ハードなイオン化法により得られるフラグメントイオンは試料分子の構造解析に有用な情報を与えるが，この方法における大きな問題点として，試料分子の種類によっては分子イオンが得られないことが挙げられる．これに対して，フラグメンテーションの進行をかなり抑制して，もとの質量情報を持つイオンを優先的に生成する方法をソフトなイオン化という．1970年代に広く普及した化学イオン化法をきっかけとして，現在に至るまでさまざまなソフトなイオン化法が開発されている．これらの方法を利用すれば，従来のハードなイオン化では分子イオンを得ることが難しかった高分子化合物や不安定な化学種についても，場合によっては質量情報を得ることが可能になってきた．中でも，1990

年代に実用化され，ともに2002年度のノーベル化学賞の対象となったエレクトロスプレーイオン化法やマトリックス支援レーザー脱離イオン化法では，分子量が数十万におよぶタンパク質の直接イオン化が実現された．

（2）化学イオン化法

化学イオン化（chemical ionization：CI）法の構成はEI法とよく類似しているが，異なる点として，メタン，イソブタンやアンモニアなどの反応ガス（試薬ガスともいう）と呼ばれる気体がイオン化室内に導入される．CI法では，まず，フィラメントから発した熱電子によって，試料分子ではなく，反応ガス分子が先にイオン化される．このイオンがほかのガス分子と反応する結果，反応性の高いイオン種が生成する．例えば，メタンを反応ガスに用いた場合には，主にCH_5^+のようなイオンが生じ，これが試料分子に対してプロトンH^+を与えることによって，最終的に試料分子はプロトンが付加したイオン（プロトン付加分子）$[M+H]^+$に変換される（図13.4）．このように，CI法では，試料分子は熱電子のエネルギーを直接的に受けることなく，間接的にイオン化されることから，フラグメンテーションの進行を極力回避してイオン化を行うことができる．その一方で，EI法と同様に，イオン化に先立って，試料成分をあらかじめ気化させておく必要があるため，分子量1,000以上の高分子化合物のイオン化には適さない．

（3）エレクトロスプレーイオン化法

エレクトロスプレーイオン化（electrospray ionization：ESI）法は，大気圧下で試料分子をイオン化する大気圧イオン化法の一手法である．分析対象物をあらかじめ気体に変換することなく，試料溶液をそのまま使ってイオン化することが可能である．その装置構成を図13.5に示す．まず，数kVの高電圧を印加した金属キャピラリーからなるスプレー部に，液体クロマトグラフィー（LC）用ポンプやシリンジポンプを使って試料溶液を送る．このスプレー部は別途，窒素などの噴霧用ガスを通気させた二重構造になっており，ここから試料溶液は帯電した微小な液滴として大気圧下で噴霧される．例えば，金属キャピラリーに正の電圧を加えた場合には，表面上にプロトンなどのイオンが集まった形で正に帯電した液滴が噴霧される．次に，この液滴は真空下に置かれた加熱用キャピラリーを通過

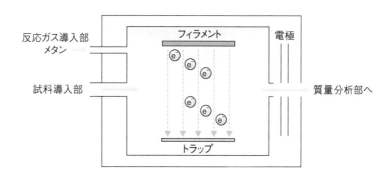

1. 反応ガス分子のイオン化：$CH_4 + e^- \longrightarrow CH_4^{+\cdot} + 2e^-$
2. 反応イオンの生成：$CH_4^{+\cdot} + CH_4 \longrightarrow CH_5^+ + CH_3^\cdot$
3. 試料分子のイオン化：$CH_5^+ + M \longrightarrow CH_4 + [M+H]^+$

図13.4　化学イオン化法の原理とイオン化の過程
実際にはイオン化の過程は複雑であるが，ここでは一部の反応式のみを記した．

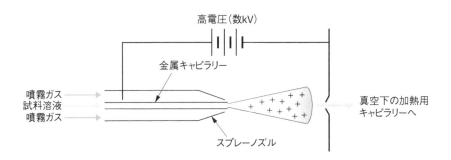

図13.5 エレクトロスプレーイオン化法の構成

する. その過程で溶媒が乾燥除去されていき, 液滴の体積は徐々に減少していく. やがて, 液滴表面上の陽イオン同士の電荷反発が強くなり, その力と液滴の表面張力とのバランスが崩れたとき, その液滴は爆発的に細分化する. この細分化が繰り返される過程で, 液滴表面にあった陽イオンが試料分子に付加して, 最終的に試料分子の気相イオンが生じる.

　ESIは, 無極性化合物のイオン化が容易ではないという制限があるが, 以下に挙げるような利点を持つ.

　・分子量が数万〜10万におよぶタンパク質や複合糖鎖のソフトなイオン化が可能である.
　・複数の電荷を持つ多価イオンが生成しやすいため, 測定可能なm/zの上限がそれほど高くない質量分析部 (四重極型装置など) を使っても, 高分子量化合物の質量情報が得られる.

（4）マトリックス支援レーザー脱離イオン化法

　マトリックス支援レーザー脱離イオン化 (matrix-assisted laser desorption/ionization：MALDI) 法では, 前述したESI法と同様に, 難揮発性で熱的に不安定な高分子量化合物についても, そのフラグメンテーションを起こすことなく, 極めてソフトにイオン化できる. そのため, MALDI法は, タンパク質などの生体関連物質や合成高分子の分子量および分子構造の解析に有用な手法として, 生命科学や高分子科学の分野において広く利用されている. さらに, この方法により得られる主にタンパク質イオンからなるマススペクトルをもとに, 細菌やカビなどの微生物を分類・同定するシステムも実用化されており, その応用範囲は環境微生物学や臨床微生物学などの分野にも拡張されている.

　図13.6にMALDI-MSの装置構成の例とイオン化の原理を示す. まず, レーザーエネルギーを効率よく吸収する「マトリックス」と総称される大過剰の試薬化合物中に, 試料分子を均一に分散させた微細結晶を専用の試料プレート上に調製する. この試料プレートを装置本体に導入した後, 混合結晶の表面にレーザー光をパルス照射すると, まずマトリックス分子が光エネルギーを共鳴吸収し, 急速に加熱される結果, イオンとして気相へと放出される. この際, 試料分子については, レーザー照射による直接的な励起や気化はほとんど進行しないが, それらを取り囲んでいたマトリックス剤の気化にともない, 試料分子もほぼ同時に気相中に放出される. 引き続き, イオン化したマトリックス剤と一部の試料分子間でプロトン授与などが起こることによって試料分子はイオン化され, 質量分離された後に検出される. このように, MALDI法では, 試料分子は直接的に光エネルギーを受けることなく間接的にイオン化され, このことが極めてソフトなイオン化を達成できる要因となっている.

13.2.2　質量分析部

　イオン化部にてイオン化された試料成分は, 次に質量分析部においてm/zごとに分離される. これまでに, さまざまな質量分析部が開発されてきたが, ここでは代表的なものとして, 飛行時間型, 磁

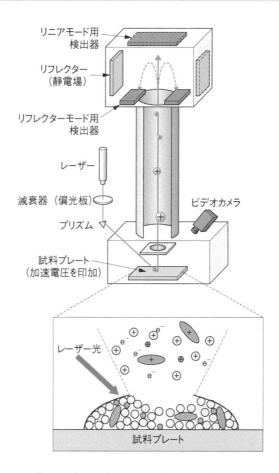

リニアモード用
検出器

リフレクター
（静電場）

リフレクターモード用
検出器

レーザー

減衰器（偏光板）

ビデオカメラ

プリズム

試料プレート
（加速電圧を印加）

レーザー光

試料プレート

図13.6 マトリックス支援レーザー脱離イオン化質量分析計の装置構成例とイオン化の原理
［日本分析化学会（編），（分析化学実技シリーズ）高分子分析，共立出版（2013），図7.4より］

場型，および四重極型の原理と特徴を表13.1にまとめた．

表13.1 主な質量分析部の原理と特徴

名称	原理	特徴
飛行時間型 (TOF) イオン化部／加速電圧／ドリフトチューブ／検出部／m/z 小／m/z 中／m/z 大	加速したイオンを電場も磁場もない空間（ドリフトチューブ）を飛行させると、質量のより小さいイオンは比較的速く、より大きなイオンは比較的遅く移動する。その結果、検出器に到達する時間が m/z ごとに異なることを利用して、イオンを分離する。	長所 ・原理上、測定可能な質量に上限がない。 ・導入されたイオンのすべてを検出できるので、比較的高感度である。 短所 ・パルス状にイオンを導入する必要があるため、クロマトグラフのように、連続的に試料が溶出される装置との連結が難しい。
磁場型 試料導入部／イオン化部／加速電圧／磁場 (B)／m/z 大／m/z 小／検出されるイオン／検出部	加速したイオンが磁場を通過する際、磁場から受けるローレンツ力により、そのイオンの軌道は円を描くように変化する。そのときのイオンの曲率が、m/z に応じて異なることに基づいて、イオンを分離する。	長所 ・磁場の前段あるいは後段に電場を連結した二重収束型では、個々のイオンの運動エネルギーのばらつきを収束させることにより、高分解能測定を行うことができる。 短所 ・装置が大型である。
四重極型 イオン化部／四重極に衝突するイオン／検出されるイオン／検出部	4本の平行に設置されたポール状の電極に、ある直流および交流電圧を印加する。この状態下で、加速したイオンを電極の隙間に導入すると、特定の m/z を持ったイオンのみが空隙を無事に通過する。このフィルターとしての機能を使って、イオンを分離する。	長所 ・装置が比較的小型かつ軽量である。 短所 ・分解能がそれほど高くはない。 ・測定可能な m/z の上限が約3,000と比較的小さい。

13.3　連結（ハイフネーテッド）技術

13.3.1　クロマトグラフィーとの連結技術

　GCやLCなどの各種クロマトグラフィー（第14章参照）をそれぞれMSと直結したGC/MSおよびLC/MSは，分離した成分の同定のみならず，その選択的かつ高感度な検出のために今や欠かせない技術となっている．これらの装置構成における重要な点として，個々の装置の要素技術もさることながら，それらを連結するためのインターフェース部の設計が挙げられる．

　GC/MSでは，従来汎用されていた充填カラムをMSに連結する際には，そのカラム流量が比較的大きいため，イオン化室の真空度を維持する目的から，試料成分を導入しつつも，移動相ガスのMS部への流入を防ぐ特殊なインターフェース部（ジェットセパレーター）が必要であった．これに対して，現在広く使用されている中空キャピラリーカラムでは，カラム流量が数mL min^{-1}程度と微量であることから，カラム出口部分をMS部のイオン化室に直結する方法により比較的容易にGC/MSを構成することが可能である．

　一方で，LC/MSでは，ほとんどの場合，ESIなどの大気圧イオン化法を採用し，そのイオン化室をインターフェース部として用いる装置構成が利用されている．ここでは，分離カラムからの溶出物を，金属キャピラリーを介して直接イオン化室に導入し，そこで試料分子をイオン化した後，生じたイオンを高い真空度に維持された質量分析部内へと導入する方法が用いられている．

Pick up

複合分析法（hyphenated analysis method）

　例えば，ガスクロマトグラフ（GC）や液体クロマトグラフ（LC）によって分離した試料成分を直接（オンラインで）質量分析計（MS）に導入することにより，その量，元素組成，および構造を成分ごとに分析できる．このように，従来，個々に利用されていた分析装置を組み合わせ，それぞれの長所を活かして分析する方法を「複合分析法」という．なお，その略語表記については，その際に組み合わせる対象が手法である場合にはGC/MS（ガスクロマトグラフィー質量分析法，gas chromatography-mass spectrometry）あるいはLC/MS（液体クロマトグラフィー質量分析法，liquid chromatography-mass spectrometry）のようにスラッシュ（/）を用いる．一方，組み合わせの対象が装置のときにはGC–MS（ガスクロマトグラフ質量分析計，gas chromatograph-mass spectrometer）あるいはLC–MS（液体クロマトグラフ質量分析計，liquid chromatograph-mass spectrometer）のようにハイフン(–)を用いる．

13.3.2　MS/MS法

　タンデム質量分析（MS/MS）とは，2台の質量分析部を直列に連結したシステムなどを用いて行われる技法であり，分析対象物の構造解析や定量に有用な方法として，環境分析の分野でも急速に普及しつつある．例として，図13.7に2台の質量分析部の間に衝突室を配置したMS/MSの装置構成と測定の流れを示す．このMS/MS法には，プロダクトイオンスキャン（product ion scan），プリカーサーイオンスキャン（precursor ion scan）およびニュートラルロススキャン（neutral loss scan）と呼ばれる3種類の測定方法が存在する．ここでは，もっともよく使われているプロダクトイオンスキャンについて説明する．

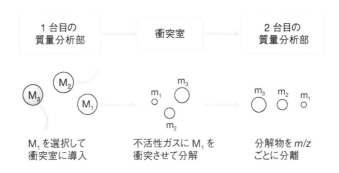

図13.7 MS/MSの構成とプロダクトイオンモードの概念

　まず，試料をイオン化した後，1台目の質量分析部において，特定の*m/z*を持つ成分（図中のM_1）を選んで通過させて，次の衝突室に導入する．そこで，導入したイオンをアルゴンなどの不活性ガスに衝突させて，より小さな*m/z*のイオンと中性物質に分解する．こうして生じたイオン群（図中のm_1〜m_3，これらをプロダクトイオンという）を2台目の質量分析部で測定してマススペクトルを得る．このMS/MS法は有機化合物の分子構造解析に有用であるだけでなく，GCやLCの後段に本法を連結することにより，複雑な組成を持つ試料に含まれる分析対象物を高感度かつ選択的に分析する場合にも威力を発揮する．例えば，ある分析対象物に固有のプロダクトイオンのみを検出してクロマトグラムを得ることにより，マトリックス成分による妨害を受けることなく，その分析対象物の高感度かつ選択的な分析を行える．このため，複雑な組成の試料を分析対象とすることが多い環境分析の分野において，MS/MS法は信頼性の高い定量を行うためのなくてはならない手法となりつつある．

【参考文献】
• 志田保夫，笠間健嗣，黒野定，高山光男，高橋利枝，これならわかるマススペクトロメトリー，化学同人（2001）
• 日本分析化学会（編），（分析化学実技シリーズ）有機質量分析，共立出版（2009）
• 日本分析化学会（編），改訂六版 分析化学便覧，丸善出版（2011），略語表

〈演習問題〉

1　質量分析計では，一般に装置内を高い真空度に維持した状態で測定が行われる．その理由を説明せよ．

2　質量分析法におけるハードおよびソフトなイオン化について説明せよ．

3　マススペクトルの横軸に，質量ではなく質量電荷比をとる理由について説明せよ．

クロマトグラフィー

第14章で学ぶこと
- クロマトグラフィーの原理と段（プレート）理論
- 液体クロマトグラフィーの装置構成と各構成要素の特徴
- ガスクロマトグラフィーの装置構成と各構成要素の特徴

14.1　はじめに

　クロマトグラフィーとは「複数の分析対象物が二相（移動相，固定相）間でそれぞれ分布する度合いに違いがある場合，一方の相（移動相）を移動させてこれらの成分を分離する方法」（JIS K 0211）である．通常は二相間における分析対象物の分配平衡あるいは吸着平衡などが利用される．移動相が液体あるいは気体の場合，それぞれ液体クロマトグラフィー（liquid chromatography：LC），ガスクロマトグラフィー（gas chromatography：GC）と呼ぶ．クロマトグラフィーは，環境水，工業排水，工業用水あるいは排ガスのように夾雑物の多い試料中の分析対象物を定量する場合には欠くことのできない方法である．例えば，水質試験では工業用水・排水中のポリ塩化ビフェニル（polychlorinated biphenyl：PCB）（JIS K 0093），揮発性有機化合物（JIS K 0125），農薬（JIS K 0128），ダイオキシン類（JIS K 0312），ビスフェノールAやフタル酸エステルなど（JIS K 0450）の分析に用いられている．

14.2　クロマトグラフィーの原理

　クロマトグラフィーは，理想的には分析対象物が分離部（カラム）内を移動するたびに分配（吸着）平衡が繰り返される多段向流抽出として説明される（段（プレート）理論）．分離の原理はLCでもGCでも基本的には同じである．

　例として，図14.1のように内壁に固定相を担持させたカラムに移動相を通過させる場合を考えてみよう．段理論ではカラムを等間隔で区切り，その各区間内（これを「段」と呼ぶ）において固定相–移動相間での分析対象物の平衡が瞬時に達成されると仮定する．C_m，C_sをそれぞれ区間内の移動相および固定相における分析対象物のモル濃度とすると，区間内における分配係数K_Dは濃度比として定義される．

$$K_D = \frac{C_s}{C_m} \tag{14.1}$$

　溶媒抽出のK_Dにおける試料相（水相）を移動相に，抽出相（有機相）を固定相にそれぞれ入れ替えたような式となる．固定相と移動相の体積（V_sおよびV_m）比を相比（$\beta = V_m/V_s$）とすると，K_Dは分析対象物の各相の物質量（n_sおよびn_m）の比と相比βを用いて表される．このときの物質量の比を保持係数kという．保持係数はクロマトグラフィーでは重要な因子の一つである．

$$k = \frac{n_s}{n_m} = \frac{C_s V_s}{C_m V_m} = \frac{K_D}{\beta} \tag{14.2}$$

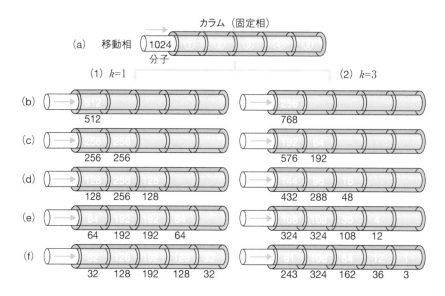

図14.1　カラム内での分析対象物の移動と分布

カラムの段数を5段，$\beta = 1$としている．白抜き数字および黒数字は，それぞれカラム内の移動相中および固定相中の分子数を表す．

$k = 1$（図中(1)）のとき，仮に1024分子の分析対象物がカラムに導入されるとすると，カラムの1段目（図中①）に入った分析対象物は瞬時に平衡状態となり，平衡後は各相に512分子存在する状態になる（図中(b)）．次に，移動相中の512分子のみが2段目（図中②）に移動し，各相に256分子存在する状態で平衡となる．このとき，1段目では固定相に存在していた512分子が移動相側に移って平衡状態となるので，平衡後は各相に256分子存在することになる（図中(c)）．このような考え方で3段目（図中③）から5段目（図中⑤）まで分析対象物が到達した場合，その分布は図中(d)から(f)のようになる．一方，$k = 3$のときの分析対象物の分布を示したのが図14.1(2)である．5段目（図中⑤）まで分析対象物が到達したときの分布（図中(f)）を$k = 1$の場合と比較すると，K_Dまたはkが大きい分析対象物ほど移動速度は遅く，カラムから溶出する時間も遅くなることがわかる．つまり，K_Dまたはkの差が大きくなると分析対象物が相互に分離されてカラムから溶出されることになる．これがクロマトグラフィーの原理である．

　図14.2(a)はカラムの段数（理論段数）が20段のカラムにおいて，移動相がカラム出口に到達したときの分析対象物の分布を示したものである．$k = 1$の分析対象物はカラムの中央まで進むが，固定相に比較的保持しやすい$k = 3$の分析対象物はカラムの長さに対して1/4しか進んでいないことがわかる．このとき，カラム内での分析対象物の分離は不完全である．クロマトグラフィーでは同じ長さのカラムでカラム内の段数が多く（理論段数が大きく）なるとピークの広がる段数に対してカラムの段数が多くなり，カラムの長さに対する分析対象物のピーク幅は相対的に小さくなる．図14.2(b)に，理論段数が100段のカラム内における分析対象物の分布を示した．図14.2(a)と比較して，二つの分析対象物の位置は変わらないがピーク幅が狭くなり，分析対象物はカラム内で相互にほぼ完全分離しているのがわかる．

　二つの分析対象物（aとbとする）の保持係数kの比（$\alpha = k_a / k_b$）を分離係数と呼ぶが，α値が同じでも大きい理論段数を有するカラムほどピーク幅が狭くなり良好な分離を達成できる．液–液平衡より気–液平衡の方が平衡化時間が早いことや移動相の体積V_mを小さくできることなどから，一般的に理論段数はLCよりGCの方が大きい．同じ長さのカラムを比較したとき，理論段数の大きいカラムの方が，より多くの分析対象物を分離することができる．つまり，理論段数の大きいカラムはカラム

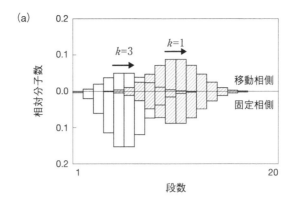

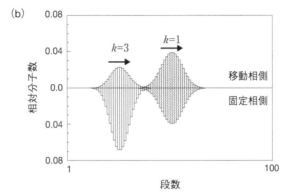

図14.2 移動相がカラム出口に到達したときのカラム内での分析対象物の分布

縦軸は試料導入量を1としたときの相対分子数を表す．横軸の「1」はカラム入口，(a)「20」および (b)「100」はカラム出口に相当する．カラムの段数を (a) 20段および (b) 100段，相比はともに$\beta=1$としている．

としての性能が高いことを意味する．LCの理論段数は数万～数十万段，GCは数十万～百万段程度である．

　ここで，カラムから分析対象物を溶出するのに要する時間を考えてみよう．移動相および分析対象物がカラム入口から出口に到達する時間をそれぞれt_0およびtとする（t_0をホールドアップ時間，tを分析対象物の保持時間と呼ぶ）．移動相流量が一定でピークの広がりが無視できるほど理論段数の大きいカラムを使用した場合，$k=1$および$k=3$のときはそれぞれ$t=2t_0$および$t=4t_0$となる．つまり，分析対象物の保持時間は保持係数kを用いて$t=(k+1)t_0$と表される．クロマトグラフィーではカラム出口に分析対象物を検出できる装置を接続し，ホールドアップ時間t_0および保持時間tを測定する．これらの測定値から保持係数kを求める場合には式(14.3)を用いる．

$$k=\frac{t-t_0}{t_0} \tag{14.3}$$

　分配係数K_Dは分析対象物固有の値であることから，測定によって求めた保持係数kは分析対象物の定性情報となる．また，検出信号の大きさから分析対象物を定量できる．

14.3　液体クロマトグラフィー

　LCは主に不揮発性の分析対象物，あるいは熱的に不安定な分析対象物の分離分析に適用される．実際には，移動相を高圧で送液し，短時間で高性能な分離が得られる高速液体クロマトグラフィー

(high performance liquid chromatography：HPLC) が各種分析で用いられる.

　HPLCは分離機構により，分配クロマトグラフィー，吸着クロマトグラフィー，親水性相互作用クロマトグラフィー（hydrophilic interaction chromatography：HILIC），イオン交換クロマトグラフィー（ion-exchange chromatography：IC），サイズ排除クロマトグラフィー（size exclusion chromatography：SEC）およびアフィニティークロマトグラフィーに大別される（JIS K 0124）. 代表的なカラム充填剤，特徴，主な分析対象を表14.1に示す. 表14.1に示すように，LCでは分析対象としてサイズの小さい無機イオンからサイズの大きいタンパク質まで，溶液に溶解するものであればその大部分を分析できる.

表14.1　LCの分離モード，充填剤，特徴と分析対象

分離モード	充填剤	特徴と主な分析対象
分配クロマトグラフィー（逆相分配，順相分配，逆相イオン対クロマトグラフィーを含む）	オクタデシル基，アミノ基などを導入したシリカゲル，ポーラスポリマーなど	・分配平衡に基づく分離. 広範囲な分析種に適用可能. ・低分子〜高分子化合物，同族体.
吸着クロマトグラフィー	シリカゲル，アルミナ，チタニア，カーボンなど	・吸着平衡に基づく分離. 非極性移動相を使用. ・極性化合物，異性体.
親水性相互作用クロマトグラフィー	アミノ基，ジオール基，両性イオン基などを導入したシリカゲル，シリカゲル，親水性ポーラスポリマーなど	・固定相と分析対象物質との親水性相互作用に基づく分離. ・高極性固定相を使用. ・糖，アミノ酸などの親水性化合物.
イオン交換クロマトグラフィー（イオン排除クロマトグラフィー，イオンクロマトグラフィーを含む）	スルホ基，カルボキシメチル基，第四級アンモニウム基，ジエチルアミノメチル基などのイオン交換基を導入したシリカゲルおよびポリマー	・イオン交換体とイオン性分析対象物質との静電的相互作用に基づく分離. ・イオン性化合物.
サイズ排除クロマトグラフィー（ゲルろ過クロマトグラフィー，分子ふるいクロマトグラフィーともいう）	デキストランゲル，アガロースゲル，ポリスチレンゲルなど	・ポリマー充填剤のネットワークや細孔による分子ふるい効果に基づく分離. ・タンパク質などの生体高分子，合成高分子.
アフィニティークロマトグラフィー	酵素，基質，抗原，抗体などを結合させた担体	・生物由来の分子識別能に基づく分離. ・選択性は極めて高い. ・生理活性物質.

［JIS K 0124:2011　高速液体クロマトグラフィー通則をもとに作成］

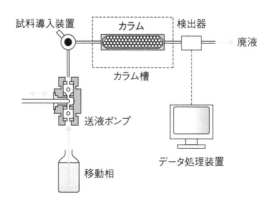

図14.3　LC装置の基本構成（JIS K 0124）

　図14.3に示すように，HPLC装置は移動相送液部，試料導入部，分離部（カラム），検出部およびデータ処理部から構成される．

　移動相送液部は溶離液槽および送液ポンプからなり，必要に応じて脱気装置（デガッサー）やグラジェント溶離装置を用いる．単一の移動相を用いる方法はイソクラティック溶離法と呼ばれ，一つの送液ポンプを用いたもっとも単純な送液部構成で実施可能である．一方，グラジェント溶離法は，時間の経過とともに溶離液の組成を変化させて分析対象物をカラムから溶離させる方法である．イソクラティック溶離法では溶出時間が大きく異なり，測定時間がかかるような分析系において測定時間を短縮する手段として有効である．通常のHPLCでは内径4〜6 mmのカラムで0.5〜2 mL min^{-1}程度の流量で送液する．

　試料導入部には試料溶液を一定量，再現性よく移動相内に導入できるループバルブ方式が用いられる．目安としては内径4〜6 mmのカラムを用いた場合，10〜20 µLの容量を有するサンプルループを用いる．装置にはマイクロシリンジなどを用いて手動で試料溶液を導入するマニュアルインジェクター（手動試料導入装置），多数の検体を順次自動で導入できるオートサンプラー（自動試料導入装置）などがある．

　分離部（カラム）には通常，直径1〜20 µmの比較的均一な粒度分布を持つ充填剤が内径1〜12 mm，長さ数十cm以下のステンレス鋼製あるいはPEEK樹脂製のクロマト管に充填され使用される．一般的な分析では粒径5 µm程度の充填剤を用いた内径4〜6 mm，長さ10〜30 cmのカラムが用いられる．

表14.2 LCに用いられる検出器の例

検出器名	原理・特徴	選択性*	検出限界 [g]	主な分析対象
紫外可視吸光光度検出器	紫外・可視部で光吸収を示す分析対象物の吸光度を検出する．フォトダイオードアレイ検出器の場合は定性情報として吸収スペクトルが取得できる．	有	10^{-11}	吸光物質
蛍光検出器	分析対象物の発する蛍光を検出する．	有	10^{-13}	蛍光物質
示差屈折率検出器	移動相と分析対象物との屈折率の差を検出する．	無	10^{-7}	有機化合物
電気化学検出器	電極により分析対象物の酸化および還元反応によって生じた電流を検出する．	有	10^{-12}	酸化還元物質
電気伝導度検出器	移動相と分析対象物との電気伝導度の差を検出する．	有	10^{-10}	イオン
質量分析計**	カラムから溶離された分析対象物をイオン化し，質量電荷比（m/z）に応じて検出する．	有	10^{-14}	有機化合物
蒸発光散乱検出器	移動相を蒸発させて分析対象物を球状微粒子とし，光を照射して生じる散乱光強度を検出する．	無	10^{-8}	有機化合物
荷電化粒子検出器	移動相を蒸発させて分析対象物を球状微粒子とし，コロナ電極によって帯電させたときの電荷量を検出する．	無	10^{-9}	有機化合物
ICP-OES	アルゴンの高周波誘導結合プラズマ（ICP）中に分析対象物を導入して気化励起させ，得られる原子発光強度を検出する．	有	10^{-11}	金属イオン
ICP-MS	ICPを用いて分析対象物（元素）をイオン化し，生成したイオンを質量分析計に導入して分析対象物（元素）の質量電荷比に応じて検出する．	有	10^{-14}	金属イオン

*試料に混在するほかの成分の影響を受けないで，分析対象物を測定する能力．
**第13章参照．
［JIS K 0124:2011　高速液体クロマトグラフィー通則をもとに作成］

このサイズのカラムでの試料負荷量の目安は数μgである.

　検出部には，分析対象物の紫外から可視領域の吸光度を測定する紫外可視吸光光度検出器などが用いられる．一般的に使用される検出器を**表14.2**にまとめた．吸光光度検出器や蛍光検出器など流通式の検出器では，複数のものが連結して用いられることがある．一方，質量分析計（MS）は比較的高価でかつ大型の検出器であるが，分析対象物あるいは構成する官能基などの質量情報がマススペクトルとして得られるため，選択性や定性能力が非常に高い．このため，近年，急速に普及している（第13章参照）.

　環境分析においてもっとも活用されているLCは，**イオンクロマトグラフィー**（ion chromatography：IC）である．ICの分離の機構はイオン交換であるが，ICが考案された当初は，イオン交換樹脂カラムで分離されたイオンを汎用性の高い電気伝導度法によって検出する点を特長とした．そのため，従来，定量が困難だった各種の陰イオンを簡単迅速に定量できるようになった．ICは，ハロゲン化物イオン，硝酸イオン，亜硝酸イオン，硫酸イオンなどの定量に適しており，水質分析および酸性雨の研究などに用いられている（2.6節参照）.現在では，感度と選択性の向上を目的として，紫外可視吸光光度検出器，蛍光検出器，ICP-MSなどの利用も試みられている.

14.4　ガスクロマトグラフィー

　GCは主に揮発性分析対象物の分離分析，あるいは高感度測定が必要な分離分析に適用される．GC装置は移動相（キャリヤーガス）流量制御部，試料導入部，分離部（カラム），カラム槽（オーブン），検出部およびデータ処理部から構成される．装置構成を**図14.4**に示す.

　キャリヤーガスにはヘリウムや窒素などが使われ，高圧ガス容器（ボンベ）より減圧弁を通じて装置に供給される．さらに装置内でマスフローコントローラー（mass flow controller：MFC）や圧力制御弁などで流量および圧力が調整され，一定流量で試料導入部へ供給される.

　試料導入に際しては気体試料はガスタイトシリンジを，液体試料はマイクロシリンジをそれぞれ用いる．気体試料の場合にはループバルブ方式も用いられる.

　カラムはキャピラリーカラムと充填カラムに大別される．キャピラリーカラムは中空構造になっており，カラム用キャピラリーの管壁に固定相液体を固定化したものや，吸着形充填剤の微粒子を管壁に固定化したもの（PLOT（porous layer open tubular）カラム）が用いられる．キャピラリーカラム用管の材料は金属や石英ガラスなどが用いられ，内径は0.1〜1.2 mm程度，長さは5〜100 m程度である．固定相液体を塗布したカラムや，固定相液体を塗布した後固定相分子間を化学的に架橋し，さら

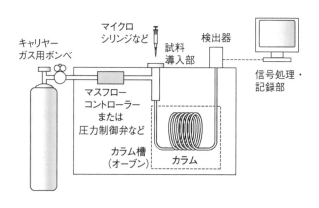

図14.4　GC装置の基本構成

にキャピラリー内表面へ化学結合したカラムなどがある．一方，キャピラリーカラムに用いられる吸着剤は数10μm程度の微粒子状であり，カラム内壁に塗布または直接付着させて用いられる．キャピラリーカラムで使用される固定相液体および吸着剤の例を表14.3に示す．キャピラリーカラムの固定相液体および吸着剤の膜厚はいずれも0.05〜20μm程度である．一般に，キャピラリーカラムは高い分離能を有する．

　充填カラムはパックドカラムともいい，充填用の管に分離用充填剤を詰めたものである．試料負荷量が比較的大きいのが特徴で，主にガス分析に使用される．充填カラムの内径は0.5〜6mm程度であり，内径0.5〜1mm程度のものは充填キャピラリーカラム（マイクロパックドカラム）とも呼ばれ，カラム長さは0.5〜20m程度である．充填剤は吸着形充填剤，分配形充填剤およびこれらを組み合わせたものが使用される．吸着形充填剤の種類はキャピラリーカラムで用いられている吸着剤（表14.3参照）と同じであるが，粒径が比較的大きい．分配形充填剤は担体に固定相液体を均一に含浸させたものである．

　検出部には熱伝導度検出器（thermal conductivity detector：TCD），水素炎イオン化検出器（flame ionization detector：FID）あるいはMS（第13章参照）などが用いられる．検出器の特徴などを表14.4に示す．

表14.3　GCの分離モード，キャピラリーカラム用固定相液体・吸着剤，特徴と分析対象

分離モード	固定相液体・吸着剤		特徴と主な分析対象
分配クロマトグラフィー	固定相液体	ジメチルポリシロキサン（無極性）	・沸点順の溶出. ・炭化水素，石油，溶剤，高沸点化合物.
		ジフェニル-ジメチルポリシロキサン（微〜中極性）	・フェニル基含有率に応じた芳香族化合物の保持. ・芳香族化合物，香料，環境試料.
		ジメチルアリレンポリシロキサン（ジメチルフェニレンポリシロキサン）（微〜中極性）	・芳香族化合物，含ハロゲン化合物，農薬.
		シアノプロピルフェニル-ジメチルポリシロキサン（中〜強極性）	・含酸素化合物の保持，異性体分離. ・含酸素化合物，農薬，ポリ塩化ビフェニル（PCB）.
		トリフルオロプロピル-ジメチルポリシロキサン（中〜強極性）	・含ハロゲン化合物の保持. ・含ハロゲン化合物，極性化合物，溶剤.
		ポリエチレングリコール（強極性）	・極性化合物の保持. ・農薬，脂肪酸メチルエステル（FAME）.
吸着クロマトグラフィー	吸着剤	合成ゼオライト	・水素，酸素，アルゴン，窒素，クリプトン，メタン，一酸化炭素，キセノンの順に溶出する.
		シリカゲル	・酸素，窒素，メタン，エタン，二酸化炭素，エチレン，アセチレンの順に溶出する.
		活性炭	・水素，酸素，窒素，一酸化炭素，メタン，二酸化炭素，アセチレン，エチレン，エタンの順に溶出する.
		アルミナ	・空気，一酸化炭素，メタン，エタン，エチレン，プロパン，アセチレン，プロピレンの順に溶出する.
		ポーラスポリマー（ポリスチレン-ジビニルベンゼン）	・低級アルコール，二酸化炭素，メタン，空気.

［JIS K 0114:2012　ガスクロマトグラフィー通則をもとに作成］

表14.4　GCに用いられる検出器の例

検出器名	原理・特徴	選択性*	検出 限界 [g]	主な 分析対象
熱伝導度検出器	化合物とキャリヤーガスとの熱伝導度の差を検出する.	無	10^{-9}	キャリヤーガス以外の成分
水素炎イオン化検出器	水素炎中で生成するCHラジカルなどからCHO⁺が生成し，炎中で生成した水と反応して生成したH₃O⁺をコレクター電極で捕集する.	無	10^{-11}	有機化合物
電子捕獲検出器	⁶³Niなどの線源から放射されるβ線によってキャリヤーガスと付加ガスから生じる二次電子が電子親和性化合物によって捕獲され，結果として生じる電流の減少を測定する.	有	10^{-13}	ハロゲン化合物，ニトロ化合物
炎光光度検出器	還元性の炎中で化合物が燃焼する際に，生成するS₂やHPOなどの励起化学種が発する特異的な波長の光を検出する.	有	10^{-12}	含硫黄，含リン，含スズ化合物
熱イオン化検出器	検出器内に空気と少量の水素とを供給し，アルカリ金属塩（ルビジウム塩など）を付着させたビーズに電流を流して過熱し，まわりにプラズマ状の雰囲気をつくる．この中から生じた電気陰性度の高い化学種と励起されたルビジウム原子との衝突によって生成した陰イオンを電気的に検出する.	有	10^{-12}	含窒素，含リン化合物
質量分析計**	カラムから溶離された分析対象物をイオン化し，質量電荷比（m/z）に応じて検出する.	有	10^{-15}	有機化合物

*試料に混在するほかの成分の影響を受けないで，分析対象物を測定する能力.
**第13章参照.
［JIS K 0114:2012　ガスクロマトグラフィー通則をもとに作成］

Coffee Break

GCによる都市大気中のオゾン前駆物質VOCの測定

　都市大気の汚染物質は，発生源から直接発生する一次汚染物質（一酸化炭素，二酸化硫黄，炭化水素，粉じんなど）と，大気中において化学変化によって生成する二次汚染物質（二酸化窒素，光化学オキシダント，エアロゾルなど）に分けられる．これらのうち，一次汚染物質の濃度は低減されてきたが，二次汚染物質の一つである光化学オキシダントの濃度は増加傾向にある．

　大気中には100種類以上の揮発性有機化合物（VOC）が存在する．VOCの中には，光化学大気汚染の原因物質だけでなく，人間の健康に有害な物質も含まれる．それらの中には，ベンゼンなど，環境基準が定められている物質もある．

　VOCにはオゾンを生成する能力があることが知られている．VOCのオゾン生成能力は化合物ごとに異なることから，一般に，その能力の高い成分が重視されている．環境中のオゾン濃度を，局所的に問題とする場合はオゾン生成能力が重要であり，地域全体に注目して問題にする場合はオゾン生成能力の低い成分の影響も考慮する必要がある．したがって，各VOC成分のオゾン生成能力と存在量（濃度）との積の総和を削減することが望まれる．

　日本では，移動発生源からのVOC対策が先行し，固定発生源からの対策は遅れていた．しかし，2004年5月の「大気汚染防止法」の改訂を機に，固定発生源対策が2006年4月に開始された．一方，欧州連合（EU）では，欧州オゾン指令（The European Ozone Directive）2002/3/ECが制定され，2003年から施行されている．この指令では，VOCをオゾン前駆物質と位置づけ，都市大気中の炭素数2〜9のVOC計30種を測定することが規定されている．その

目的は，VOC放出削減策の能率のチェック，オゾン生成および前駆物質の拡散過程の理解などである．図1のガスクロマトグラムは，その指令に関連した研究で測定されたものである．

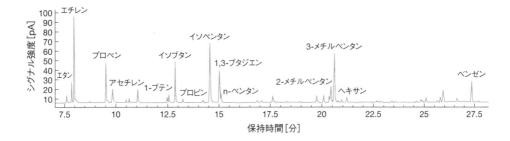

図1 三元触媒付きガソリンエンジンの排出ガス成分のガスクロマトグラム

カラム：PLOT（Al_2O_3/KCl，50 m×0.32 mm i.d., Agilent），キャリヤーガス：He

[A. Latella, G. Stani, L. Cobelli, M. Duane, H. Junninen, C. Astorga, B. R. Larsen, *J. Chromatogr. A*, **1071**, 29（2005），Fig. 3 より引用]

【参考文献】
- JIS K 0211:2005　分析化学用語（基礎部門）
- JIS K 0124:2011　高速液体クロマトグラフィー通則
- JIS K 0114:2012　ガスクロマトグラフィー通則
- 日本分析化学会（編），環境分析ガイドブック，丸善（2011）
- 日本分析化学会関東支部（編），高速液体クロマトグラフィーハンドブック 改訂2版，丸善（2000）
- 日本分析化学会ガスクロマトグラフィー研究懇談会（編），ガスクロ自由自在Q&A 準備・試料導入編，丸善（2007）
- 日本分析化学会ガスクロマトグラフィー研究懇談会（編），ガスクロ自由自在Q＆A 分離・検出編，丸善（2007）
- 日本分析化学会（編），機器分析の事典，朝倉書店（2005），pp.250-251, 266-268

〈演習問題〉

1　図14.1において，保持係数$k=1/3$のとき，分析対象物が5段目まで到達した状態（図中（f））において，各段の移動相および固定相に存在する分析対象物の分子数をそれぞれ求めよ．

2　カラム内の移動相体積をV_0，分析対象物をカラムから溶出させるのに必要な移動相体積をVとしたとき，保持係数kをV_0およびVで表せ．

3　分析対象物AおよびBをクロマトグラフィーにより分析したところ，Aは5.0分，Bは9.0分にそれぞれ溶出した．保持しない化合物の溶出時間が1.0分のとき，分析対象物AおよびBの保持係数kと二つの分析対象物の分離係数αを求めよ．

4　電気化学検出器と電気伝導度検出器の原理および適用できる分析対象物の違いについて100〜120字で説明せよ．

5　次の中でFIDでは検出できず，TCDを使用しなければならない分析対象物はどれか．
（a）メタン　（b）酸素　（c）窒素　（d）エチレン　（e）二酸化炭素

第15章 法律・国際規格

第15章で学ぶこと
- 環境関連法の歴史と法体系
- 環境分析が関連する主要な法律の概要

15.1　はじめに

　私たちが健康で快適な生活を送るためには，その周囲の環境が健全である必要がある．しかし，人間生活は環境の中に存在するため，その営みは環境の変化を引き起こす．環境を省みない人間活動は，環境を健全な生活に適さないものへと変化させる危険がある．環境関連の法令は，人間活動に環境への配慮を義務付け，人間生活の「安全・安心」を保持するために制定されている．

　環境分析は，大気や水，土壌などの性状が，環境関連の法令で定められた基準に適合しているかを判断するのに重要な役割を果たす．環境分析法は，公定分析法として官公庁の告示や日本産業規格（Japanese Industrial Standards：JIS）などが定められており，分析者はこれにしたがい分析を実施する．分析によって得られる値は，単なる数値ではなく，ときには国の政策決定の根拠となり，ときには損害賠償責任の有無を判断する根拠となる．環境分析に携わる者は，その責任を十分に理解して分析を実施する必要がある．

15.2　環境関連法の歴史

15.2.1　公害の顕在化と公害対策基本法の成立

　経済の発展と環境保全を両立させる考え方は，今でこそ一般的に浸透しているが，1960年代の高度経済成長時代までは，経済発展が最優先の課題であり，環境保全という考え方や行動は二の次となっていた．そうした社会情勢が，四大公害訴訟をはじめとする多くの公害問題を顕在化させた．

　国は多発する公害問題に対処すべく，1967年に公害対策基本法（昭和42年8月公布，施行）を制

表15.1　公害国会前後に制定された典型7公害に関する法律

典型7公害名	法律名	公布日	施行日
大気の汚染	大気汚染防止法	1968.6.10	1968.12.1
水質の汚濁	水質汚濁防止法	1970.12.25	1971.6.24
土壌の汚染	農用地の土壌の汚染防止等に関する法律	1970.12.25	1971.6.5
騒音	騒音規制法	1968.6.10	1968.12.1
振動	振動規制法	1976.6.10	1976.12.1
地盤の沈下	工業用水法	1956.6.11	1956.6.11
	建築物用地下水の採取の規制に関する法律	1962.5.1	1962.8.31
悪臭	悪臭防止法	1971.6.1	1972.5.31

定し，環境の維持されることが望ましい状態として環境基準を定めた．その後，1970年のいわゆる「公害国会」で，人間の生活圏とかかわりのある「大気」「水（河川や海域など）」「土壌」を中心とした個々の環境関連法（表15.1）が整備された．また，経済発展優先の制限（いわゆる調和条項）を受けていた公害対策基本法もこのとき改正された．公害対策基本法が定める「公害」とは，「大気の汚染」「水質の汚濁」「土壌の汚染」「騒音」「振動」「地盤の沈下」「悪臭」であり，これらは典型7公害と呼ばれる．この考え方は，後に制定される環境基本法においても引き継がれている．

15.2.2　環境問題の国際化と環境基本法の制定

公害対策基本法の施行により，いくつかの新たな公害が顕在化しつつも，日本全国の大気環境や水環境は徐々に改善され，公害による被害は減少していった．しかし1980年代ころから，経済の発展や国際化が急激に進み，それにともない環境問題も大きく変化した．例えばオゾン層の破壊や地球温暖化など，一国では解決できない問題が顕在化してきた．

1992年6月にはブラジルのリオデジャネイロで地球サミット（環境と開発に関する国連会議）が開催され，地球規模のパートナーシップを構築し，持続可能な開発を目標とする「リオ宣言」と，行動計画をまとめた「アジェンダ21」が採択された．

日本においても，従来の公害対策基本法では新たな地球規模の環境問題に対応できなくなったことから，1993年に環境基本法（平成5年11月公布，施行）が制定され，公害対策基本法は廃止された．この環境基本法が，現在の環境関連法の礎（図15.1）となっている．

法令は時代に合わせて改定される．本書を手にとって読む時点と執筆時点では，その内容が異なる可能性があることをご留意いただきたい．

Pick up

法令や条例を読む

本章では環境関連法の概要を解説するが，ここでは実際の法令や条例を調査するにあたっての注意事項を述べる．

「法令」は，一般に「法律」と「命令」に区分される．

　法律：国会の議決により制定される，憲法に次ぐ効力がある法．具体的な規制値や分析方法は記載されていない．

　命令：内閣が制定する「政令」や，「府令（内閣府令）」，「省令」などがある．

一方「条例」は，地方公共団体の議会が制定する法である．環境関連法においては，条例により国が定める一律基準よりも厳しい規制をかけることが可能である（上乗せ（基準値を厳しく）や横出し（規制項目の追加））．また，環境分析において基準値や分析方法を確認するために閲覧することが多い「告示」は，法令を補足する目的で国や地方公共団体が公布する文書で，実際の分析方法などが示されている．告示は改正される頻度が高いので注意が必要である．

実際の法律や命令の文書は，「e-Gov法令検索」や各官公庁のウェブサイトで閲覧が可能である．環境関連の法令を調べるときは，その目的（通常第1条に示される），規制対象物質と対象となる範囲・施設，規制値とその適用対象を正しく読み取ることが重要である．15.3節から15.6節では，各法律の第1条をあえて原文のまま掲載した．

なお，省令や告示は公布当時の省庁名が使用されているため，例えば現在，「環境庁告示」と「環境省告示」の両方が存在している（環境省は2001年に環境庁から改組され設置された）．

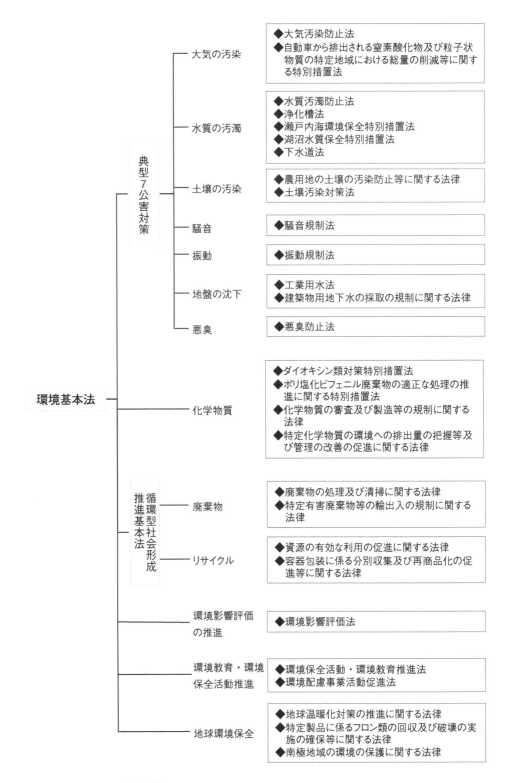

図15.1　環境基本法に関連する主要な法律の体系図

Coffee Break

神通川流域の土壌汚染

　四大公害病の一つイタイイタイ病は，岐阜県の神岡鉱山（現在はその跡地を利用してスーパーカミオカンデが設置されている）で採掘された鉱石から神通川に流出したカドミウムにより引き起こされた病気である．神通川の下流域では，広い範囲でカドミウムにより土壌が汚染された．この土壌の修復が，30年以上の月日をかけ，2012年3月に完了した（図1）．

図1　カドミウム汚染田復元記念碑（富山市婦中町）

15.3　環境基本法

環境基本法（平成5年11月公布）
（目的，原文のまま）
　第一条　この法律は，環境の保全について，基本理念を定め，並びに国，地方公共団体，事業者及び国民の責務を明らかにするとともに，環境の保全に関する施策の基本となる事項を定めることにより，環境の保全に関する施策を総合的かつ計画的に推進し，もって現在及び将来の国民の健康で文化的な生活の確保に寄与するとともに人類の福祉に貢献することを目的とする．

　環境基本法は，その名の通り環境関連法の基本理念を定めたものである．その基本理念は第三条から第五条で具体的に示されている．以下にその要約を示す．また第六条以降では，基本理念を達成するための国や地方公共団体，事業者，国民の果たすべき責務を規定している．

第三条（現在及び将来のための環境保全）：現在及び将来の世代の人間が，健全で恵み豊かな環境の恵沢を享受できるよう環境を保全していく．
第四条（持続的発展が可能な社会の構築）：環境への負荷が少ない健全な経済の発展を図りながら，持続的に発展することができる社会を構築する．
第五条（国際的協調による地球環境保全）：地球環境保全を，国際的協調の下に積極的に推進する．

15.3.1　環境基準

　　環境基準（第十六条）とは，「大気の汚染」「水質の汚濁」「土壌の汚染」「騒音」の四つの項目において，維持されることが望ましい基準，つまり努力目標を数値化したものである．この環境基準を達成するために，大気汚染防止法や水質汚濁防止法などにより，工場などを対象として排出規制が実施される．

　　2020年度の測定結果では，「大気の汚染」では微小粒子状物質（PM$_{2.5}$）や光化学オキシダントなど，「水質の汚濁」では河川の生物化学的酸素要求量（BOD）や海域の全窒素などの項目で環境基準を達成できていない．なお，光化学オキシダントの環境基準を満たしている測定局数は1％未満である．

　　環境分析化学が重要な役割を果たすのは，典型7公害の中で環境基準が規定されている4項目のうち，「大気の汚染」「水質の汚濁」「土壌の汚染」の3項目である．

15.4　大気の汚染

15.4.1　大気の汚染に係る環境基準（目標）

　　大気の汚染については，二酸化いおうや二酸化窒素，ベンゼンやトリクロロエチレンなどの揮発性有機化合物，微小粒子状物質などの項目について環境基準が設けられている（付表A.3参照）．このうち，微小粒子状物質は2009年に新たに追加された項目で，大気中に浮遊する粒子状物質のうち，粒径が2.5μm以下の粒子（いわゆるPM$_{2.5}$）が対象である．

　　「大気汚染に係る環境基準」は，全国いたる所に適用されるわけではなく，工業専用地域や車道，そのほか一般公衆が通常生活していない場所には適用されない．

15.4.2　大気汚染防止法による規制

> 大気汚染防止法（昭和43年6月公布）
> （目的，原文のまま）
> 　　第一条　この法律は，工場及び事業場における事業活動並びに建築物等の解体等に伴うばい煙，揮発性有機化合物及び粉じんの排出等を規制し，有害大気汚染物質対策の実施を推進し，並びに自動車排出ガスに係る許容限度を定めること等により，大気の汚染に関し，国民の健康を保護するとともに生活環境を保全し，並びに大気の汚染に関して人の健康に係る被害が生じた場合における事業者の損害賠償の責任について定めることにより，被害者の保護を図ることを目的とする．

　　大気汚染防止法の規制対象は，固定発生源（工場や事業場）から排出される「ばい煙」「特定物質」「揮発性有機化合物」「粉じん」「水銀」「有害大気汚染物質」，そして移動発生源（自動車）から排出される「自動車排出ガス」が挙げられる（付表A.8参照）．

（1）ばい煙

　　大気汚染防止法が定める「ばい煙」とは，いおう酸化物，ばいじん（いわゆるスス），有害物質（カドミウム及びその化合物，窒素酸化物ほか，全5項目）に大別される．

　　規制の対象となる「ばい煙発生施設」は，工場または事業場に設置される施設でばい煙を発生，排出するもののうち，大気汚染防止法施行令（以下，施行令）別表第一により定められたもの（ボイラーやガス発生炉など）である．

　　ばい煙の排出基準は，いおう酸化物やばいじん，有害物質ごとに大気汚染防止法施行規則（以下，

施行規則）で定められている．また，すべてのばい煙発生施設に適用される「一般排出基準」のほかに，条件付きで一般排出基準よりも厳しい基準が定められることがある．

（2） 特定物質

「特定物質」は，施行令第十条で定められている28項目である（アンモニアやシアン化水素，フェノールなど）．ばい煙発生施設および特定物質を発生する施設（特定施設）において，故障，破損などの事故によりばい煙または特定物質が大気中に多量に排出されたときは，その事故について応急の措置を講じ，速やかに復旧する義務がある．

（3） 揮発性有機化合物（VOC）

大気汚染防止法における「揮発性有機化合物」は，大気中に排出されたときに気体である有機化合物のうち，施行令第二条の二に掲げられたメタンやフロン類を除いた物質である．「揮発性有機化合物排出施設」は，施行令別表第一の二に定められている．

揮発性有機化合物の排出抑制については，法律による排出規制と，事業者が自主的に行う排出抑制の取り組みとを適切に組み合わせて，効果的な排出と飛散の抑制を図ること（ベスト・ミックス）が定められている．排出基準は，排出ガス1 m^{3}当たりに含まれる揮発性有機化合物の量を，炭素数が1の揮発性有機化合物の容量に換算したものが，排出施設ごとに定められている．

（4） 粉じん

「粉じん」とは，ものの破砕，選別などの処理にともない発生，飛散する物質を指し，「一般粉じん」と「特定粉じん」とに分けられる．特定粉じんは石綿（アスベスト）のみが対象である．

「粉じん発生施設」も「一般粉じん発生施設」と「特定粉じん発生施設」に分けられていて，それぞれ施行令別表第二および別表第二の二に規定されている．

特定粉じん（石綿）の排出基準は，工場または事業場の敷地境界線における大気中の濃度の許容限度（敷地境界基準，濃度10本 L^{-1}）が定められている．一般粉じんについては，排出基準ではなく，「構造並びに使用及び管理に関する基準」が施行規則別表第六に定められている．

（5） 水銀

2017年8月に発効された水銀に関する水俣条約の的確かつ円滑な実施を図るため，「水銀及びその化合物（水銀等）」の大気中への排出抑制が求められている．条約で規定される「水銀排出施設」では，施設の種類や規模ごとに水銀濃度の排出基準を定め，規制が実施される．また，「水銀等」の排出量が相当程度多く，排出を抑制することが適当な「要排出抑制施設」については，事業者が自主的な取り組みとして，排出抑制に必要な措置を講じる必要があると定められている．

（6） 有害大気汚染物質

「有害大気汚染物質」とは，人間が継続的に摂取した場合に健康を損なうおそれがある物質で，大気汚染の原因となるものを指し，該当する「可能性」のある物質として，2010年「中央環境審議会第9次答申」により248種類が挙げられている（2018年に「水銀及びその化合物」を除外）．有害大気汚染物質は，科学的知見を充実させ，将来における健康被害を未然に防止する施策を講じることとされている．また，ベンゼン，トリクロロエチレン，テトラクロロエチレンの3物質については，「指定物質」として抑制基準が定められている．

（7） 自動車排出ガス

自動車が一定の条件で運行する場合に排出される「自動車排出ガス」について，対象物質の濃度許容限度が定められている．対象物質としては，施行令第四条において，一酸化炭素，炭化水素，鉛化合物，窒素酸化物，粒子状物質の5項目が規定されている．

15.5　水質の汚濁

15.5.1　水質汚濁に係る環境基準（目標）

　　公共用水域（河川，湖沼，海域など）の水質汚濁に係る環境基準は，「人の健康の保護に関する環境基準」と「生活環境の保全に関する環境基準」に大別される．

　　「人の健康の保護に関する環境基準」は，重金属や揮発性有機化合物などの有害物質について，すべての公共用水域一律に基準が定められている（**付表A.4**別表1参照）．環境基準は適宜改定されることが明記されており，2009年には1,4-ジオキサンが追加され全27項目となった．

　　「生活環境の保全に関する環境基準」は，河川，湖沼，海域それぞれに指定された水域類型ごとに基準が定められており，水素イオン濃度（pH），生物化学的酸素要求量（BOD），溶存酸素量（DO）などの項目が対象となっている（**付表A.4**別表2参照）．

　　「水質汚濁に係る環境基準」を達成するために，工場や事業場から公共用水域に排出される水，および地下に浸透する水について，水質汚濁防止法により規制が行われている．水質汚濁防止法では，河川や海域などの「公共用水域」に直接排出される水が規制対象となるため，排水を下水道に流す場合は，水質汚濁防止法の規制対象外である．下水道に流す排水は，下水道法によって規制される．

　　なお，水質汚濁に係る環境基準としては，「地下水の水質汚濁に係る環境基準について」（環境庁告示第10号）が別途定められている（**付表A.5**参照）．

15.5.2　水質汚濁防止法による規制

> 水質汚濁防止法（昭和45年12月公布）
> （目的，原文のまま）
> 　　第一条　この法律は，工場及び事業場から公共用水域に排出される水の排出及び地下に浸透する水の浸透を規制するとともに，生活排水対策の実施を推進すること等によつて，公共用水域及び地下水の水質の汚濁（水質以外の水の状態が悪化することを含む．以下同じ．）の防止を図り，もつて国民の健康を保護するとともに生活環境を保全し，並びに工場及び事業場から排出される汚水及び廃液に関して人の健康に係る被害が生じた場合における事業者の損害賠償の責任について定めることにより，被害者の保護を図ることを目的とする．

　　水質汚濁防止法で規制の対象となる水は，水質汚濁防止法施行令（以下，施行令）別表第一で規定される「特定施設」を設置する工場や事業場（特定事業場）から，「公共用水域」に排出される水である．また，有害物質を製造，使用，処理する特定施設を設置する事業場（有害物質使用特定事業場）から地下に浸透する汚水（特定地下浸透水）も規制の対象となる．

　　水質汚濁防止法で全国一律に規制される物質は，「有害物質（カドミウム等の物質）」と「生活環境項目（水素イオン濃度等の項目）」の二つに分けられている（**付表A.9**参照）．

　　「有害物質」は，施行令で定められた重金属や揮発性有機化合物など28項目で，水質汚濁に係る環境基準の「人の健康の保護に関する環境基準」の項目とほぼ重複する．一律排水基準の各項目の許容限度（規制値）は，基本的に環境基準の10倍高い数値が設定されている．

　　「生活環境項目」は，水素イオン濃度（pH）や生物化学的酸素要求量（BOD），化学的酸素要求量（COD）などの15項目が定められている．この生活環境項目の一律排水基準は，1日当たりの平均的な排水量が50 m³以上である工場または事業場に適用される．また，BODは海域および湖沼以外の公

共用水域に排出される水に適用され，CODは海域および湖沼に排出される水に適用される．

　一律排水基準とは別に，地方公共団体では条例により一律排水基準よりも厳しい上乗せ（横出し）排水基準を定めることができる．例えば，神奈川県では一律排水基準にはないニッケルを規制項目に加えている．また，業種によっては現在の排水処理技術では排水基準を達成することが困難な場合がある．この場合，経過措置として業種を指定して暫定排水基準を設定することがある．

　水質汚濁防止法の排水基準を満たしているかを判断する分析方法は，「排水基準を定める省令の規定に基づく環境大臣が定める排水基準に係る検定方法」（昭和49年環境庁告示第64号）に規定される．この告示で示された検定方法は，「水質汚濁に係る環境基準について」（環境庁告示第59号）や「JIS K 0102　工場排水試験方法」，「JIS K 0125　用水・排水中の揮発性有機化合物試験方法」に示された分析方法を採用している．

15.5.3　閉鎖性水域における水質総量削減

　人口や産業の集中により大量の排水が流入する閉鎖性水域では，一律排水基準だけでは環境基準の達成が困難であることから，工場・事業場に加え，生活排水などを含めたすべての汚濁発生源からの汚濁負荷量について，総合的・計画的な削減が進められている．対象となる水域（指定水域）は東京湾，伊勢湾，瀬戸内海の3か所で，2022年に策定された第9次総量削減基本方針では，化学的酸素要求量（COD），窒素含有量およびりん含有量について，2024年度を目標年度とした削減目標量が示された．

15.5.4　下水道法

　下水道法による規制対象は，「公共下水道」に排出される排水である．規制対象となる項目や規制値は，水質汚濁防止法で規定される「特定施設」を設置する「特定事業場」であるかどうかで異なる（付表A.10参照）．また，排水の排出量が1日平均50 m³以上か未満か（地方公共団体によって数値は異なる）でも規制が異なる．下水の排除基準についても，条例により上乗せ基準の設定が可能である．

　公共下水道に排出される排水は，公共用水域に排出される前に終末処理場における処理が実施されるため，終末処理場で処理が可能な懸濁物質（浮遊物質量（SS））や易分解性有機物に係る項目（BOD）は，水質汚濁防止法よりも許容限度が高く設定されている．一方，水質汚濁防止法にはない「沃素消費量」が項目として存在する．

15.6　土壌の汚染

15.6.1　土壌の汚染に係る環境基準（目標）

　「土壌の汚染に係る環境基準」は，カドミウムなどの重金属類，ジクロロメタンなどの揮発性有機化合物，農薬類について項目が定められている（付表A.6参照）．各項目は，水質汚濁に係る環境基準とほぼ重複している．土壌では農用地（田）に限って，水質汚濁に係る環境基準にはない銅の環境基準が設定されている．

　各項目の測定方法は，土壌を直接分析するのではなく，「土壌の汚染に係る環境基準について」（環境庁告示第46号）の「付表」にある溶出試験を実施し，その検液を分析する．検液の分析方法は，水質汚濁に係る環境基準と同様に，環境庁告示第59号やJIS K 0102，JIS K 0125などが採用されている．

15.6.2　土壌汚染対策法の概要

> 土壌汚染対策法（平成14年5月公布）
>
> （目的，原文のまま）
>
> 　第一条　この法律は，土壌の特定有害物質による汚染の状況の把握に関する措置及びその汚染による人の健康に係る被害の防止に関する措置を定めること等により，土壌汚染対策の実施を図り，もって国民の健康を保護することを目的とする．

　工場や事業場で発生する排出ガスや排水は，たいていの場合，大気や公共用水域，公共下水道に排出せざるを得ない状況にある（もちろん適切な処理を実施したうえで）．一方，土壌環境には通常このような廃棄物を排出する必要はない．したがって土壌汚染対策法では，大気汚染防止法や水質汚濁防止法のように，工場や事業場を対象とした排出基準は定められていない．

　しかし，1970年の公害国会から30年以上，土壌への有害物質の排出は規制が行われてこなかったため，全国各地で人の健康をおびやかす土壌汚染が顕在化してきた．特に地下水を飲用として使用している地域では，土壌の汚染が地下水汚染につながるため，早急な対策が必要となった．土壌汚染対策法では，まず土壌汚染状況の把握が重要な課題として規定されている．土壌汚染の調査は，水質汚濁防止法上の特定施設の廃止や，土地の形質変更などを契機に実施される．土壌汚染が発覚した場合，都道府県知事はその土地を「指定区域」として公示する．指定区域の土壌については，その汚染状況により，立入制限や覆土，汚染土壌の封じ込め，浄化等の処理を実施する．

15.6.3　土壌汚染の調査

　土壌汚染対策法により調査対象として規定される「特定有害物質」（付表A.11参照）は，以下の三つに大別される．また，それぞれの特定有害物質群に対し，土壌ガス調査（環境省告示第16号），土壌溶出量調査（環境省告示第18号），土壌含有量調査（環境省告示第19号）が実施される．

- ・第一種特定有害物質（揮発性有機化合物，12物質）：土壌ガス調査＋土壌溶出量調査（土壌ガス調査で有害物質が検出された場合に実施）
- ・第二種特定有害物質（重金属など，9物質）：土壌溶出量調査＋土壌含有量調査
- ・第三種特定有害物質（農薬，PCB，5物質）：土壌溶出量調査

　土壌溶出量の基準は，通常の溶出量基準（土壌汚染対策法施行規則（以下，施行規則）別表第四）のほかに，第二溶出量基準（施行規則別表第三）が設定されている．溶出量基準，第二溶出量基準，また重金属などを対象とした含有量基準（施行規則別表第五）の3種類のうち，どの基準に適合していないのかを調査し，その調査結果からどのような土壌汚染対策を実施しなくてはいけないのかを法に基づき決定する．

Pick up

JIS K 0102　工場排水試験方法

　JIS K 0102は，環境分析には欠かすことのできないJISであり，分析対象は70以上におよぶ．多くの研究者が長い年月をかけて作り上げたものであり，また現在も内容の追加や改正が行われている．2013年の改正では，流れ分析法（ふっ素化合物など）やキレート樹脂による分離濃縮法（銅などの金属分析）が採用され，2019年の改正では，環境分析における省力化や環

境負荷の低減を目的に，ふっ素化合物や全シアンなどの蒸留操作に小型蒸留装置を新たに導入した．2021年からは，「JIS K 0101　工業用水試験方法」と統合し，新たに5部編成の規格群として分冊化する作業が進められていて，執筆時点では「JIS K 0102-1　工業用水・工場排水試験方法－第1部：一般理化学試験方法」が制定されている．

　　JIS K 0102の分析法は法律とも密接に結びついている．例えば「水質汚濁に係る環境基準」の項目のうち，「全シアン」の基準値「検出されないこと」とは，定められた測定方法の定量限界を下回ることと定義されている．つまり，JISの分析法における定量下限値が実質的な法律の基準値となっている．JIS本文は，日本産業標準調査会のウェブサイトで閲覧が可能である（閲覧には利用者登録が必要）．

15.7　国際規格

　　環境分析化学と関連が深い国際規格として，国際標準化機構（International Organization for Standardization：ISO）が発行する規格（いわゆるISO規格）が第一に挙げられる．ISOの規格は，Technical Committee（TC）と呼ばれる専門委員会によって検討され，標準化が実施される．ISO規格の作成には，日本の研究機関も多く参加している．

　　また，日本産業規格（JIS）にはISO規格を翻訳したものがあり，例えばJIS K 0400シリーズは，水質分析に関するISO規格を翻訳したものである．

（例）JIS K 0400-65-20（ISO 11083）水質-クロム(VI)の定量-1,5-ジフェニルカルバジド吸光光度法

　　水質汚濁防止法などが分析方法として指定する「JIS K 0102　工場排水試験方法」は，2008年の改正でISOの分析方法を各所に取り入れ，各項目の「備考」などに記載している．

Pick up

環境分析に携わる技術者のための資格

　　資格は，特定の環境分析事業を行うために不可欠なものであると同時に，技術者の分析技術が客観的に認められることで，分析依頼者の信用を得るのにも重要な役割を果たす．また，分析技術の自己研鑽の動機付けとしても重要である．以下に代表的な環境分析関連の資格を紹介する．

　　環境計量士：計量法に基づく国家資格．濃度関係，騒音・振動関係に区分される．事業所が計量証明事業を実施する場合，環境計量士の配置が必須である．

　　公害防止管理者：国家資格．発生公害の種類により13種に区分される．特定工場で必須．

　　作業環境測定士：国家資格．指定作業場にて作業環境測定（化学物質濃度など）を実施．

　　環境測定分析士：（一社）日本環境測定分析協会の民間資格．内容は環境計量士に近い．

【参考文献】
• 公害防止の技術と法規編集委員会（編），新・公害防止の技術と法規2008水質編Ⅰ・Ⅱ，産業環境管理協会（2008）
• 環境省ウェブサイト，https://www.env.go.jp/
• JIS K 0102　工場排水試験方法

〈演習問題〉

1　環境基本法が定める「公害」のうち，環境基準が定められているものを四つ挙げよ．

2　大気汚染防止法が定める「ばい煙」に該当しないものを選べ．
　　(a) 窒素酸化物　　(b) クロム及びその化合物　　(c) ばいじん　　(d) いおう酸化物

3　水質汚濁防止法が規制する「有害物質」に該当しないものを選べ．
　　(a) 砒素　　(b) 四塩化炭素　　(c) シマジン　　(d) 亜鉛

4　土壌汚染対策法で規定される第一〜第三種特定有害物質のうち，含有量試験が適用されるのはどの有害物質か述べよ．

演習問題解答

第2章

1 $n=CFt/22.4=15\times10^{-9}\times1.0\,\text{L min}^{-1}\times30\,\text{min}\div22.4\,\text{L}=20.1\times10^{-9}\,\text{mol}$ <u>20 nmol</u>

2 $Q=JSt=D(C/L)St$

$C=QL/DSt=0.230\,\mu\text{mol}\times0.0100\,\text{m}\div1.42\times10^{-5}\,\text{m}^2\,\text{s}^{-1}\div5.00\times10^{-4}\,\text{m}^2\div(24\times60\times60\,\text{s})=3.75\,\mu\text{mol m}^{-3}$

$C=3.75\times10^{-6}\,\text{mol m}^{-3}\times0.0224\,\text{m}^3\,\text{mol}^{-1}\times(298/273)=91.7\times10^{-9}$ <u>91.7 ppbv</u>

3 (1) グラフより，トルエンの減量速度は$7.35\,\text{mg d}^{-1}$，$24\,\text{h}\times60\,\text{min}$で割ると$5.10\,\mu\text{g min}^{-1}$

分子量92.13で割ると$0.0554\,\mu\text{mol min}^{-1}$ <u>$5.54\times10^{-8}\,\text{mol min}^{-1}$</u>

(2) 1分当たりに発生するトルエン蒸気の体積は，

$5.54\times10^{-8}\,\text{mol min}^{-1}\times22.4\,\text{L mol}^{-1}=1.24\times10^{-6}\,\text{L min}^{-1}$

トルエンの窒素ガスに占める割合は，$1.24\times10^{-6}\,\text{L min}^{-1}\div0.500\,\text{L min}^{-1}=2.48\times10^{-6}$ <u>2.48 ppmv</u>

(3) $0.15\,\text{g}\div7.35\,\text{mg d}^{-1}=20.4\,\text{d}$ <u>約20日間</u>

(4) 通気する窒素の流量を倍にする．

4 CO_2, CH_4, N_2O, CO, O_3, H_2O　この中でH_2Oがもっとも濃度が高い．

5 $m_\text{H}=1.0\times10^{-3}\,\text{kg}\div(6.0\times10^{23})=1.67\times10^{-27}\,\text{kg}$

$m_\text{C}=12.0\times10^{-3}\,\text{kg}\div(6.0\times10^{23})=20.0\times10^{-27}\,\text{kg}$

$\mu=(1.67\times20.0)\div(1.67+20.0)\times10^{-27}=1.54\times10^{-27}\,\text{kg}$

<u>$\nu_\text{m}=\dfrac{1}{2\pi}\sqrt{\dfrac{k}{\mu}}=9.07\times10^{13}\,\text{s}^{-1}$</u>

$\lambda=c/\nu_\text{m}=3.0\times10^8\,\text{m s}^{-1}\div9.07\times10^{13}\,\text{s}^{-1}=3.307\times10^{-6}$ <u>3.3 μm</u>

6 SO_2の吸収によって得られた硫酸の増加分を$a\,\text{mol L}^{-1}$とすると，mol m^{-3}による濃度は$1000\,a\,\text{mol m}^{-3}$

導電率$\kappa=\lambda_\text{H}\cdot C_\text{H}\cdot+\lambda_{SO_4^{2-}}\cdot C_{SO_4^{2-}}=0.03498\times2\times1000\,a+0.01600\times1000a=0.00200$

∴ $a=2.326\times10^{-5}\,\text{mol L}^{-1}$

1時間で通気したSO_2のモル数は，$2.326\times10^{-5}\,\text{mol L}^{-1}\times(20.0\,\text{mL}/1000\,\text{mL L}^{-1})\div0.90=5.17\times10^{-7}\,\text{mol}$

1時間に通気した大気のモル数は，$1.00\,\text{L min}^{-1}\times60\,\text{min}\div(22.4\,\text{L}\times298/273)=2.45\,\text{mol}$

SO_2濃度は，$5.17\times10^{-7}\,\text{mol}/2.45\,\text{mol}=2.11\times10^{-7}\,\text{mol/mol}=0.211\,\text{ppmv}$ <u>0.211 ppmv（または211 ppbv）</u>

7 I_2はO_3と化学量論的に1:1の関係にある．したがって吸収されたO_3量は，

$\text{mmol}O_3=0.040\,\text{mmol L}^{-1}\times0.21/0.90\times10\,\text{mL}/1000\,\text{mL L}^{-1}=0.0000933\,\text{mmol}$

$\text{mL}O_3=0.0000933\,\text{mmol}\times22.4\,\text{mL mmol}^{-1}=0.00209\,\text{mL}=2.09\,\mu\text{L}$

$\text{ppmv}O_3=2.09\,\mu\text{L}/(1.0\,\text{L min}^{-1}\times30\,\text{min})=0.0696\,\mu\text{mol/mol}$ <u>0.070 ppmv（または70 ppbv）</u>

第3章

1 酸化還元反応に基づいた当量関係より,

ヨウ素酸カリウムの物質量：$Na_2S_2O_3$の物質量＝1：6

となる. チオ硫酸ナトリウム水溶液のモル濃度を$x[mol\ L^{-1}]$とすると,

$$\frac{0.107}{214}\ mol : x[mol\ L^{-1}] \times 28.3\ mL \times 10^{-3}\ L\ mL^{-1} = 1 : 6$$

∴ 　$x=1.06 \times 10^{-1}\ mol\ L^{-1}$

2 (1) ウインクラー法の反応式より1 molのO_2は電子4 molを受容し, 1 molの$Na_2S_2O_3$は電子1 molを放出するから, 反応比は1：4である. DOを$x[mol\ L^{-1}]$とおくと, 次式が成り立つ.

$$1.06 \times 10^{-2}\ mol^{-1} \times 0.00934\ L = 4 \times x[mol\ L^{-1}] \times 0.100\ L$$

∴ 　$x=2.48 \times 10^{-4}\ mol\ L^{-1} = 7.936 \times 10^{-3}\ g\ L^{-1}$

(2) 飽和酸素濃度9.0 mg L^{-1}で5日間の酸素消費割合が0.4〜0.7の範囲ということより, 酸素の消費量は3.6〜6.3 mg L^{-1}となる. 試料のCODとBODが1：1で相関するので, 希釈後のCODが3.6〜6.3 mg L^{-1}の範囲に入るように希釈すればよいということになる. したがって, 20/6.3＝3.17倍から20/3.6＝5.55倍に希釈する.

実測上はこの範囲の中間である4倍前後に希釈することになり, 100 mLのフラン瓶で培養する場合には試料溶液25.0 mLをはかり取り希釈して測定する.

3 (1) COD_{Mn}は有機物の酸化に過マンガン酸カリウムを利用したCOD測定法であり, 塩化物イオンが少ない淡水の分析に用いられる. また, BODと比較的よい相関関係があり, BODの予備実験として用いられる. 日本では, 淡水に関する環境基準はCOD_{Mn}によって評価されている.

COD_{Cr}は有機物の酸化に二クロム酸カリウムを利用したCOD測定法であり, 全有機炭素量（TOC）に準じた値として欧米や発展途上国でしばしば測定されている.

いずれの測定方法も酸化還元反応を利用していることから, 塩化物イオンが多い試料の場合には硝酸銀により塩化物イオンを塩化銀として除去してから分析を行わなくてはならない.

(2) 滴定にかかわるMnO_4^-および$C_2O_4^{2-}$の酸化還元反応, ならびに酸性での酸素の還元反応は以下のように表される.

$$MnO_4^- + 5e^- + 8H^+ \longrightarrow Mn^{2+} + 4H_2O \qquad\qquad (1)$$

$$C_2O_4^{2-} \longrightarrow 2CO_2 + 2e^- \qquad\qquad (2)$$

$$O_2 + 4H^+ + 4e^- \longrightarrow 2H_2O \qquad\qquad (3)$$

試料中の被酸化性物質の放出したe^-の物質量（$x[mol]$）と$Na_2C_2O_4$の放出したe^-の物質量の和が, 加えた全$KMnO_4$が受け取るe^-の物質量に等しいので, 次式が得られる.

$$2.0 \times 10^{-3} \times \{(10.0+2.5)/1000\} \times 5 = 5.0 \times 10^{-3} \times (10.0/1000) \times 2 + x \qquad (4)$$

よって, 式(4)より$x=2.5 \times 10^{-5}\ mol$となる.

式(3)より, O_2の物質量は$(2.5 \times 10^{-5})/4\ mol$となる.

O_2のモル質量は$32\ g\ mol^{-1}$であるので, その質量$[mg]$は$\{(2.5 \times 10^{-5})/4\} \times 32 \times 10^3 = 0.20\ mg$となる.

試料水1 Lに換算すると, $0.20 \times (1000/50) = 4.0\ mg$である.

4 (1) ランベルト–ベールの法則より, 測定した溶液中の$Cr(\text{VI})$濃度は次式のように表される.

$$A = \varepsilon CL = 4.19 \times 10^4 \times C \times 1 = 0.50 \qquad ∴ \quad C = 1.19 \times 10^{-5}\ mol\ L^{-1}$$

クロムのモル質量$52.0\ g\ mol^{-1}$より,

$$C = 1.19 \times 10^{-5}\ mol\ L^{-1} \times 52.0\ g\ mol^{-1} = 6.19 \times 10^{-4}\ g\ L^{-1} = 0.619\ mg\ L^{-1}$$

これは測定溶液中の濃度であり, 定量操作の過程で, 試料溶液5.0 mLを50.0 mLに希釈していることから, もとの溶液中の$Cr(\text{VI})$の濃度は$0.619 \times 10 = 6.19\ mg\ L^{-1}$となる.

(2) 検量線の上限と下限の吸光度を濃度に換算すると以下のようになる.

下限：$A = \varepsilon CL = 4.19 \times 10^4 \times C \times 1 = 0.001$　　∴　$C = 2.39 \times 10^{-8}\,\text{mol L}^{-1}$

クロムのモル質量$52.0\,\text{g mol}^{-1}$より,

$C = 2.39 \times 10^{-8}\,\text{mol L}^{-1} \times 52.0\,\text{g mol}^{-1} = 1.24 \times 10^{-6}\,\text{g L}^{-1} = 1.24\,\mu\text{g L}^{-1}$

上限：$A = \varepsilon CL = 4.19 \times 10^4 \times C \times 1 = 1.000$　　∴　$C = 2.39 \times 10^{-5}\,\text{mol L}^{-1}$

クロムのモル質量$52.0\,\text{g mol}^{-1}$より,

$C = 2.39 \times 10^{-5}\,\text{mol L}^{-1} \times 52.0\,\text{g mol}^{-1} = 1.24 \times 10^{-3}\,\text{g L}^{-1} = 1.24\,\text{mg L}^{-1}$

定量操作の過程での10倍希釈を考慮すると, もとの溶液中のCr(Ⅵ)の定量範囲は,

<u>$1.24 \times 10^{-2}\,\text{mg L}^{-1} \sim 1.24 \times 10\,\text{mg L}^{-1}$</u> となる.

第4章

1　有機物：植物の分解残留物であり, 腐植と呼ばれる. 植物や土壌生物の栄養供給の役割を担っている.

無機物：岩石の風化で生じた細粒物質であり, その中心は粘土鉱物である. 粒子間の間隙は, 水と空気を保持する役目を果たしている.

水：植物の生育に必要な養分を含み, 土壌生物に水分を供給している. また, 土壌中の水の蒸発によって土壌が高温になるのを防ぐ働きをする.

空気：植物の根および土壌生物の呼吸に不可欠であり, 土壌生物に生息空間を提供している.

2　・土壌環境は場所によって変化が大きいため, 土壌環境の状況(地形, 種類, 利用状況)を予備調査する.

・試料を汚染しない採取器材を使用する.

・採取した土壌試料を密封できる容器を用意する.

・農耕地の場合は, 作物の種類, 肥培管理などを考慮し, その地域を代表する土壌を選ぶ.

・未耕地の場合は, 植物や周囲の影響が少ない場所を選ぶ.

3　まず, ほとんどの元素についてアルカリ融解法を用いた場合の分析値がもっとも高く, 全含有量を測定したいときはアルカリ融解法を用いる必要がある. ただし, セレンSeは, マイクロ波加熱酸分解法での値が高いことから, アルカリ融解法では高温加熱による揮散損失の可能性が推測され, アルカリ融解法は用いない方がよい.

銅Cu, カドミウムCd, 鉛Pbは, マイクロ波加熱酸分解法での値とアルカリ融解法での値とがほぼ同じであり, これら3元素の定量には, マイクロ波加熱酸分解法とアルカリ融解法のどちらを用いても差し支えない. 他方, アルミニウムAlは, マイクロ波加熱酸分解法での値がアルカリ融解法での値のほぼ半分であり, $1\,\text{mol L}^{-1}$塩酸抽出ではほとんど抽出されないため, この元素の定量にはアルカリ融解法の利用が不可欠である.

4　ダイオキシン類には, 分子内の塩素原子の数と置換位置が異なる数多くの異性体が存在する. ダイオキシン類の毒性は異性体によって異なるため, このうちの毒性が顕著に高い異性体に対して, ダイオキシン類の中でもっとも毒性が高い2,3,7,8-四塩化ジベンゾ-パラ-ジオキシン(2,3,7,8-TCDD)の毒性に対する比（毒性等価係数：TEF）が定められている. WHOが公表した毒性等価係数WHO-TEF（2006）では, 29種類の異性体のTEFが定められている. ダイオキシン類の毒性等量（TEQ）は, TEFが定められた異性体の濃度に, 各々の毒性等価係数を乗じた値の和であり, 2,3,7,8-TCDDの毒性に換算した濃度を意味する.

第5章

1　けん化（詳しくは『化学辞典』東京化学同人（1994）を参照）

2　以下の9種類が考えられる.

CDH_3, CD_2H_2, CD_3H, CD_4, $^{13}\text{CH}_4$, $^{13}\text{CDH}_3$, $^{13}\text{CD}_2\text{H}_2$, $^{13}\text{CD}_3\text{H}$, $^{13}\text{CD}_4$

3　VOC：volatile organic compounds，揮発性有機化合物

BVOC：biogenic，植物起源．植物が発生するイソプレンなどのVOC．

AVOC：anthropogenic，人為起源．トルエンやキシレンなど工業目的で製造された溶剤が揮散したVOC.

SVOC：semi，準（揮発性有機化合物）．フタル酸エステル類を代表とする比較的沸点が高いVOC.

TVOC：total，総（全）（揮発性有機化合物）．暫定目標値として400 μg m^{-3} と定められたVOCの総（全）量．

4

$$f_v = 100 \times 22.4 \times \frac{1}{30.0} \times \frac{273+25}{273} \times \frac{1.01 \times 10^5}{1.01 \times 10^5} = 81.50 \cdots \fallingdotseq 81.5 \text{ ppbv}$$

表5.2には，有効数字1桁に丸めた 0.08 ppmv（80 ppbv）が示されている．

5　アスベストは髪の毛の1/5000程度（0.02〜0.35 μm）の繊維状の鉱物であり，空気中に容易に飛散する．これを吸い込むと，長期間アスベストが肺に滞留することになる．針状のアスベストが長期間にわたって肺の細胞を刺激することで，悪性中皮腫や肺がんが発生するものと考えられている．

第6章

1　異常プリオンと呼ばれる感染性のタンパク質によって引き起こされる．

2　抗原と抗体の特異性を利用していることから前処理がほとんど不要であることや，自動化された機械を用いれば一度に多数の検査を短時間で行えることが挙げられる．

3　専門的な知識・経験，装置が不要で，短時間，安価，簡便に検査を行える点などが挙げられる．

4　感染性病原体や悪性腫瘍の検出，個人識別（親子鑑定，犯罪捜査），遺伝病の診断，作物鑑定（産地，遺伝子組換），考古学などの幅広い分野に応用されている．

5　耐熱性（90 ℃以上の高温下でも活性を保つ性質）を有する．

第7章

1　^{60}Co 1 gの原子数 N は，$6.02 \times 10^{23}/60$ ［個］

半減期 T を秒で表すと，$5.2 \times 60 \times 60 \times 24 \times 365$ ［秒］

したがって，放射能は以下のように求められる．

$-\mathrm{d}N/\mathrm{d}t = N \times 0.693/T = 4.24 \times 10^{13}$ ［Bq］

2　体内の ^{40}K の量は，$120 \times 0.012 \times 10^{-2}$ ［g］

そのときの ^{40}K の原子数 N は，$6.02 \times 10^{23} \times 120 \times 0.012 \times 10^{-2}/40$ ［個］

半減期 T を秒で表すと，$1.28 \times 10^9 \times 60 \times 60 \times 24 \times 365$ ［秒］

したがって，体内放射能は以下のように求められる．

$-\mathrm{d}N/\mathrm{d}t = N \times 0.693/T = 3.72 \times 10^3$ ［Bq］

3　(b)

第8章

1　平均値：10.3，中央値：11.4

2　(1) 21.5

　(2) 0.0035　or　3.5×10^{-3}

　(3) 1.5×10^3

　(4) 28.6

　(5) 0.0548　or　5.48×10^{-2}

3 (1) $(114.5 \pm 0.3) \times 10 = 1145 \pm 3$

(2) $(12.5 \pm 0.3) + (2.5 \pm 0.5) = 15.0 \pm 0.6$

(3) $(1.00 \pm 0.05) \times (3.25 \pm 0.04) = 3.25 \pm 0.2$

(4) $(2.051 \pm 0.003) / (100.0 \pm 0.1) = 0.02051 \pm 0.00004$

(5) $(1.00 \pm 0.05) \times (3.25 \pm 0.04) / (50.00 \pm 0.06) = 0.0650 \pm 0.0034$

⇒(3)の計算結果を使うと簡単に解ける

注 計算時には3.25 ± 0.2ではなく，丸める前の3.25 ± 0.17を使うこと．また，$f = x_1 \times x_2 / x_3$とすると

$$\frac{(x_1 \pm \sigma_1)(x_2 \pm \sigma_2)}{(x_3 \pm \sigma_3)} = \frac{x_1 x_2}{x_3} \pm \sqrt{\left(\frac{\partial}{\partial x_1}\left(\frac{x_1 x_2}{x_3}\right) \times \sigma_1\right)^2 + \left(\frac{\partial}{\partial x_2}\left(\frac{x_1 x_2}{x_3}\right) \times \sigma_2\right)^2 + \left(\frac{\partial}{\partial x_3}\left(\frac{x_1 x_2}{x_3}\right) \times \sigma_3\right)^2}$$

$$= \frac{x_1 x_2}{x_3} \pm \sqrt{\left(\frac{x_2}{x_3} \times \sigma_1\right)^2 + \left(\frac{x_1}{x_3} \times \sigma_2\right)^2 + \left(\frac{x_1 x_2}{x_3^2} \times \sigma_3\right)^2}$$

が成立するので，上式に代入すれば計算できる．

第9章

1 ①K，②モル，③$m\,m^{-1}$，④$m^{-1}\,kg\,s^{-2}$，⑤$m^2\,kg\,s^{-2}$，⑥$m^2\,kg\,s^{-3}\,A^{-1}$，⑦K，⑧$m^2\,s^{-2}$

2 未知試料1：2.14 %，未知試料2：3.49 %，未知試料3：0.76 %

3 (1) 1 Lの塩酸水溶液中の塩酸は，$1180\,g \times 0.35 = 413\,g$

413 gの塩酸は，$413\,g/36.5\,g\,mol^{-1} ≒ 11.3\,mol$

よって，35 %(mass)塩酸は <u>$11.3\,mol\,L^{-1}$</u>

(2) 鉄$1.00\,nmol\,L^{-1} \times 55.8\,g\,mol^{-1} = 55.8\,ng\,L^{-1} = $ <u>$0.0558\,\mu g\,L^{-1}$</u>

(3) 硫酸1.00 molは，$1.00\,mol \times 98.1\,g\,mol^{-1} = 98.1\,g$

1 Lの質量は，$1.06\,kg\,L^{-1} \times 1\,L = 1.06\,kg = 1060\,g$

硫酸の割合は，$98.1\,g/1060\,g ≒ 0.0925$

%(mass)に変換　$0.0925 \times 100 = $ <u>9.25 %(mass)</u>

4 $1{,}000\,mg\,L^{-1}$を$20\,mg\,L^{-1}$に薄めるので50倍希釈．

ナトリウム標準液は，$100\,mL/50 = $ <u>$2.00\,mL$必要．</u>

硝酸は，$13.3\,mol\,L^{-1}$を$0.1\,mol\,L^{-1}$に薄めるので，133倍希釈する必要がある．

そのため，硝酸は$100\,mL/133 = 0.752 ≒$ <u>$0.75\,mL$必要．</u>

5 $1{,}000\,mg\,L^{-1}$を$50\,mg\,L^{-1}$に薄めるので20倍希釈．

鉄標準液は，$100\,mL/20 = $ <u>$5.00\,mL$必要．</u>

鉄標準液は，硝酸水溶液であるため，

鉄標準液から硝酸は，$1.0\,mol\,L^{-1} \times 0.005\,L\,(5\,mL) = 0.005\,mol$の物質量供給される．

この，標準液から入る分を考慮する必要がある．

$0.1\,mol\,L^{-1}$硝酸水溶液100 mLに含まれる硝酸の物質量は，

$0.1\,mol\,L^{-1} \times 0.1\,L\,(100\,mL) = 0.01\,mol$であるので，

追加で加える必要がある硝酸の物質量は$0.01\,mol - 0.005\,mol = 0.005\,mol$である．

0.005 molの硝酸を含む$13.3\,mol\,L^{-1}$硝酸の体積を計算すると，

$0.005\,mol/13.3\,mol\,L^{-1} = 0.376\,mL ≒$ <u>$0.38\,mL$</u>となる．

6　蒸留水のみの吸光度を差し引いた吸光度 y と，添加した Cu(II) 標準液から計算した各溶液の Cu(II) 濃度 x [μg mL^{-1}] との関係をプロットすると，$y=0.0353x+0.0448$ で示される検量線が得られる．この直線と x 軸の交点の Cu(II) 濃度（1.27 μg mL^{-1}）は試料中の10分の1に相当する．よって，最初の試料中の Cu(II) 濃度は，<u>12.7 μg mL^{-1}</u>である．

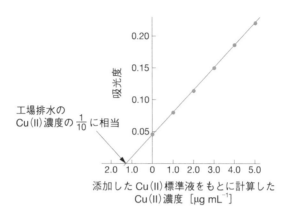

第10章

1　(1) 物質収支　$C_X=[H_2C_2O_4]+[HC_2O_4^-]+[C_2O_4^{2-}]$

　　　電荷収支　$[H^+]=[HC_2O_4^-]+2[C_2O_4^{2-}]+[OH^-]$

　(2) 物質収支　$C_Y=[NH_4^+]+[NH_3]$，$C_Y=[Cl^-]$

　　　電荷収支　$[NH_4^+]+[H^+]=[Cl^-]+[OH^-]$

　(3) 物質収支　$C_Z=[H_3PO_4]+[H_2PO_4^-]+[HPO_4^{2-}]+[PO_4^{3-}]$，$2C_Z=[Na^+]$

　　　電荷収支　$[Na^+]+[H^+]=[H_2PO_4^-]+2[HPO_4^{2-}]+3[PO_4^{3-}]+[OH^-]$

2　(1) HCOOH は弱酸（$pK_a=3.75$）である．

　　　$[H^+]\gg[OH^-]$ の近似は可能であるが，$C_{HCOOH}\gg[H^+]$ の近似は適用できない．

　　　$\therefore$　$pH=-\log\{(-K_a+\sqrt{K_a^2+4K_aC_{HCOOH}})/2\}=\underline{3.19}$

　(2) HNO$_3$ は強酸である．$[H^+]\gg[OH^-]$ の近似を適用して，$pH=-\log C_{HNO_3}=\underline{4.52}$

　(3) HCl は強酸であるが，この条件では $[H^+]\gg[OH^-]$ の近似は適用できない．

　　　（適用すると，$pH=-\log C_{HCl}=7.00$ となる．この場合，$[H^+]=[OH^-]=10^{-7.00}$ mol L^{-1} となり，$[H^+]\gg[OH^-]$ とはいえない．）

　　　$\therefore$　①物質収支　$[Cl^-]=C_{HCl}$

　　　　　②電荷収支　$[H^+]=[Cl^-]+[OH^-]$

　　　　　③質量作用の法則　$[H^+][OH^-]=K_w$ より

　　　　　$[H^+]^2-C_{HCl}[H^+]-K_w=0$

　　　　　$pH=-\log\{(C_{HCl}+\sqrt{C_{HCl}^2+4K_w})/2\}=\underline{6.79}$

3 (1) 滴下量をVとすると，（試料溶液中のNH_3の物質量）＝（加えられたHClの物質量）であるから，

$0.100 \times 20.0/1000 = 0.100 \times V/1000$　　$\therefore$　$V = \underline{20.0\ mL}$

(2) このときの滴定溶液は（$0.0500\ mol\ L^{-1}\ NH_3 + 0.0500\ mol\ L^{-1}\ HCl$）となっており，これは$0.0500\ mol\ L^{-1}\ NH_4Cl$溶液と同一である．

$[H^+] \gg [OH^-]$，$C_{NH_4OH} \gg [H^+]$の近似を適用して，$pH = 7 - (\log C_{NH_4OH} + pK_b)/2 = \underline{5.78}$

(3) このときの滴定溶液は（$(0.100 \times 2/3)\ mol\ L^{-1}\ NH_3 + (0.100 \times 1/3)\ mol\ L^{-1}\ HCl$）となっており，

これは，（$(0.100 \times 1/3)\ mol\ L^{-1}\ NH_4Cl + (0.100 \times 1/3)\ mol\ L^{-1}\ NH_3$）と同一である．

この溶液は$[NH_4^+] = [NH_3] = (0.100 \times 1/3)\ mol\ L^{-1}$の緩衝液であり，$pK_{a,NH_4^+} = 14 - pK_{b,NH_3} = 9.25$の関係と式(10.38)を用いて，$pH = pK_{a,NH_4^+} + \log([NH_3]/[NH_4^+]) = \underline{9.25}$

4 Al^{3+}と$EDTA$，Zn^{2+}と$EDTA$はいずれも1:1で反応する．加えられた$EDTA$，Zn^{2+}の物質量はそれぞれ$(1.00 \times 10^{-2} \times 50.0/1000)$mol，$(1.00 \times 10^{-2} \times 14.2/1000)$molであるから，$Al^{3+}$の物質量は$(1.00 \times 10^{-2} \times 35.8/1000) = 3.58 \times 10^{-4}$molとなる．

$\therefore$　最初の水溶液中のAl^{3+}の濃度は　$3.58 \times 10^{-4}/(20.0/1000) = \underline{1.79 \times 10^{-2}\ mol\ L^{-1}}$

5 式(10.57)より

$\log K = (E^\circ_{Ce^{4+}/Ce^{3+}} - E^\circ_{Fe^{3+}/Fe^{2+}})/0.0592 = (1.61 - 0.771)/0.0592 = 14.2$

$\therefore$　$K = 10^{14.2} = \underline{1.6 \times 10^{14}}$

6 溶解度をC_{CaSO_4}とすると，水への溶解の場合，$[Ca^{2+}] = [SO_4^{2-}] = C_{CaSO_4}$

$\therefore$　$K_{sp} = C_{CaSO_4}^2 = 4.93 \times 10^{-5}$より，$C_{CaSO_4} = \underline{7.02 \times 10^{-3}\ mol\ L^{-1}}$

一方，$0.100\ mol\ L^{-1}\ Na_2SO_4$への溶解の場合は，$[Ca^{2+}] = C_{CaSO_4}$，$[SO_4^{2-}] = C_{CaSO_4} + 0.100$となるため，

$K_{sp} = C_{CaSO_4}(C_{CaSO_4} + 0.100) \fallingdotseq C_{CaSO_4} \times 0.100 = 4.93 \times 10^{-5}$

$\therefore$　$C_{CaSO_4} = \underline{4.93 \times 10^{-4}\ mol\ L^{-1}}$

7 (1) $[S^{2-}]/[H_2S] = K_{a1}K_{a2}/[H^+]^2$であるから，

pH 4.00のとき　$[S^{2-}] = 0.10 \times 10^{(-6.97-12.90+2\times4.00)} = \underline{1.3 \times 10^{-13}\ mol\ L^{-1}}$

pH 8.00のとき　$[S^{2-}] = 0.10 \times 10^{(-6.97-12.90+2\times8.00)} = \underline{1.3 \times 10^{-5}\ mol\ L^{-1}}$

(2) 沈殿を生じさせないためには，$[Fe^{2+}][S^{2-}] \leq K_{sp,FeS} = 6.3 \times 10^{-18}$とする必要がある．

$[Fe^{2+}] = 1.0 \times 10^{-2}\ mol\ L^{-1}$であるから，$[S^{2-}] \leq K_{sp,FeS}/[Fe^{2+}] = 6.3 \times 10^{-16}\ mol\ L^{-1}$とすればよい．

(1)で示したように$[S^{2-}]/[H_2S] = K_{a1}K_{a2}/[H^+]^2$であるから，$[H^+] = \sqrt{K_{a1}K_{a2}[H_2S]/[S^{2-}]}$

$\therefore$　$[H_2S] = 0.10\ mol\ L^{-1}$より，$[H^+] \geq 1.5 \times 10^{-3}\ mol\ L^{-1}$，すなわち$\underline{pH \leq 2.83}$

一方，99.9%以上沈殿させたときは$[Fe^{2+}] \leq 1.0 \times 10^{-5}\ mol\ L^{-1}$となる．このとき，$[Fe^{2+}][S^{2-}] = K_{sp,FeS}$であるから，

$[S^{2-}] \geq 6.3 \times 10^{-13}\ mol\ L^{-1}$とすればよい．

$\therefore$　$[H^+] \leq 4.6 \times 10^{-5}\ mol\ L^{-1}$，すなわち$\underline{pH \geq 4.33}$

8 当量点において，$[Ag^+] = \sqrt{K_{sp,AgCl}} = \sqrt{1.77 \times 10^{-10}} = 1.3 \times 10^{-5}\ mol\ L^{-1}$

$[Ag^+]^2[CrO_4^{2-}] \leq K_{sp,Ag_2CrO_4} = 1.12 \times 10^{-12}$であれば，当量点より前に$Ag_2CrO_4$沈殿は生じないから，

$[CrO_4^{2-}] \leq K_{sp,Ag_2CrO_4}/[Ag^+]^2 = 1.12 \times 10^{-12}/(1.3/10^{-5})^2 = \underline{6.6 \times 10^{-3}\ mol\ L^{-1}}$とすればよい．

⑨　(1)　$D=[HQ]_{org}/([H_2Q^+]_{aq}+[HQ]_{aq}+[Q^-]_{aq})$

　　　　$=[HQ]_{org}/[HQ]_{aq}\{([H^+]_{aq}/K_{a1})+1+(K_{a2}/[H^+]_{aq})\}$

　　　　$=K_D/\{([H^+]_{aq}/K_{a1})+1+(K_{a2}/[H^+]_{aq})\}$

　　(2)　pH 10.00 のとき，$D=10^{2.21}/\{10^{(-10.00+4.91)}+1+10^{(-9.81+10.00)}\}=63.6$

　　　　∴　平衡時のトルエン相および水相の HQ 全濃度をそれぞれ C_{org}, C_{aq} とすると

　　　　$D=C_{org}/C_{aq}=63.6$, $C_{org}\times20.0/1000+C_{aq}\times50.0/1000=1.00\times10^{-2}\times20.0/1000$

　　　　これを解いて　$C_{org}=9.62\times10^{-3}\,mol\,L^{-1}$, $C_{aq}=1.51\times10^{-4}\,mol\,L^{-1}$. よって，全物質量は　$C_{aq}\times50.0/1000=\underline{7.55\times10^{-6}\,mol}$

⑩　(1)　$pH_{1/2}$ では $D=1$ となるので，式 (10.84) より

　　　　$\log D=\log K_{ex}+n\log[HR]_{org}+npH_{1/2}=0$

　　　　∴　$\underline{pH_{1/2}=-\log[HR]_{org}-(\log K_{ex})/n}$

　　(2)　$pH_{1/2}$ では $D=10$，すなわち $\log D=1$ となるので，

　　　　$\underline{pH_{1/2}=-\log[HR]_{org}-(\log K_{ex}/n)+(1/n)}$

第11章

①　X線，紫外線，可視光線，赤外線，遠赤外線，マイクロ波

波長とエネルギーとの間には，式 (11.3) に示されるように反比例の関係がある．このため，エネルギーの順序と波長の順序は逆になる．

②　長所

　・固体や液体の試料を直接非破壊で測定できる．

　・試料の前処理が比較的簡単 (場合によっては不要) である．

　・測定できる濃度範囲が広い (ppm オーダーから 100 % まで)．

　・大気圧下でも測定可能であり，必ずしも高真空を必要としない．

　短所

　・軽元素になるほど感度が低くなる (EDS の場合，通常 Na より重い元素が分析対象)．

③　・原子化 (励起) 温度

　　　AAS では 2,000〜3,000 ℃ 程度．ICP-OES では最高 10,000 ℃ 以上．

　・検出感度

　　　多くの元素に関して FAAS＜ICP-OES＜ETAAS

　・多元素の同時測定

　　　ICP-OES は可能．AAS は難あり (元素の種類だけホロカソードランプが必要)．

　・装置の運転コスト

　　　ICP-OES の方が高コスト (高価な Ar ガスを多量に消費する)．

④　溶液の濃度は $2.0\times10^{-3}/180\,mol\,L^{-1}$ となる．ランベルト−ベールの法則を表した式 (11.5) を変形し，各値を代入すると

$\varepsilon=A/LC=0.400/(1\cdot2.0\times10^{-3}/180)=\underline{3.6\times10^4\,L\,mol^{-1}\,cm^{-1}}$

⑤　高い定量性を求める場合，吸光度が 0.16〜1.0 の範囲にあることが好ましい．この溶液の吸光度は $A=-\log(0.0004)\propto3.4$ であり，濃度と吸光度は比例するため，希釈倍率を x とすると上記の濃度範囲に溶液を希釈するためには，$0.16<3.4/x<1.0$ となり，この不等式を解くと，$3.4<x<21.25$ となる．希釈操作や計算のしやすさを考慮すると，$\underline{5 倍や 10 倍に希釈}$することが適当である．

また，希釈を行わない場合，吸光度は光路長に比例するため，1 cm の 1/10 となる$\underline{光路長 1 mm のセル}$の使用がもっとも適切である．

⑥　ブラッグ条件式 (11.6) を変形し，各値を代入すると，$d=n\lambda/2\sin\theta=1\times0.15418/2\sin(12.10/2)=\underline{0.731\,nm}$

第12章

1 (1) 右側電極：$Cu^{2+}(aq) + 2e \longrightarrow Cu(s)$

左側電極：$Zn^{2+}(aq) + 2e \longrightarrow Zn(s)$

全電極反応は(右側電極反応)−(左側電極反応)で記述するので，以下となる．

$Cu^{2+}(aq) + Zn(s) \longrightarrow Cu(s) + Zn^{2+}(aq)$

(2) 全電極反応の反応ギブズエネルギーは，

$$\Delta_r G = \Delta_r G^\circ + RT \ln \frac{a_{Zn^{2+}}}{a_{Cu^{2+}}}$$

したがって，電極反応に関与する電子数は$z=2$であるので，起電力は両辺を$-RT/2F$で割ると

$$E_{cell} = E_{cell}^\circ - \frac{RT}{2F} \ln \frac{a_{Zn^{2+}}}{a_{Cu^{2+}}}$$

ここで，$E_{cell}^\circ = E_{(Cu^{2+}/Cu)}^\circ - E_{(Zn^{2+}/Zn)}^\circ$であり，$a_{Zn^{2+}}=0.10$，$a_{Cu^{2+}}=0.0010$なので，

電池の起電力$E_{cell} = (0.34\,V - (-0.76\,V)) - (0.0592/2)\log(0.10/0.0010) = 1.10\,V + 0.0592\,V = \underline{1.16\,V}$

2 大気圧中の二酸化炭素の体積分率が0.04 %である．大気中の二酸化炭素の分圧は$1.013 \times 10^5\,Pa \times 0.04/100 = 40.52\,Pa$であり，ヘンリー定数は$K_{CO_2} = 4.0 \times 10^{-7}\,mol\,L^{-1}\,Pa^{-1}$である．

水中に溶解した二酸化炭素の容量モル濃度は$C_{CO_2} = P_{CO_2}/K_{CO_2} = 40.52\,Pa/4.0 \times 10^{-7}\,mol\,L^{-1}\,Pa^{-1} = 1.62 \times 10^{-5}\,mol\,L^{-1}$，

したがって，$[H^+] = (C_{CO_2} \times K_{a1})^{1/2} = (1.62 \times 10^{-5} \times 4.3 \times 10^{-7})^{1/2} = 2.64 \times 10^{-6}$となる．

よって，$pH = -\log(2.64 \times 10^{-6}) = \underline{5.57}$

3 1 pH単位の変化におけるガラス膜電極の膜電位の変化[V]は$\Delta E_m = 2.303RT/F$である．したがって，25.0 ℃の場合は，

$2.303 \times 8.314 \times (273.15 + 25.0)/96500 = 0.05915\,V/pH$であるので，3pHでは，$3 \times 0.05915 = \underline{0.177\,V}$.

5.00 ℃の場合は，$2.303 \times 8.314 \times (273.15 + 5.00)/96500 = 0.05519\,V/pH$であるので，3pHでは，$3 \times 0.05519 = \underline{0.165\,V}$

4 ニコルスキー・アイゼンマン式の対数内の値は，$\log[a_{H^+}(1) + k_{H^+,Na^+}^{pot} a_{Na^+}(1)]$

pHガラス膜電極のナトリウムイオンに対する選択係数が$k_{H^+,Na^+}^{pot} = 1 \times 10^{-11}$とすると，ナトリウムイオンがない場合は，$a_{H^+} = 1 \times 10^{-10}$であり，ナトリウムイオンが存在する場合は，

$a_{H^+} + k_{H^+,Na^+}^{pot} a_{Na^+} = 1 \times 10^{-10} + 1 \times 10^{-11} \times 1.0 = 1.1 \times 10^{-10}$

pH値に対する誤差は，$-\log(1.1 \times 10^{-10}) - (-\log(1.0 \times 10^{-10})) = 9.96 - 10.0 = \underline{-0.04\,pH}$

したがって，起電力値に対する誤差は$0.04\,pH \times 59.2\,mV/pH = \underline{2.4\,mV}$

第13章

1 イオン化部にて生成したイオンが，空気中の分子と衝突して失活することを防ぐため．一般に，10^{-5}から10^{-8} torrの高い真空度に維持されることが多い．

2 イオン化の際に，過剰なエネルギーによりフラグメンテーションが進行しやすいイオン化のことをハードなイオン化という．一方，フラグメンテーションの進行をかなりの程度抑制して，もとの質量情報を持つイオンを優先的に生成する方法のことをソフトなイオン化という．

3 質量分析部において，電場や磁場とそれぞれのイオンとの間に生じる相互作用の程度は，それらのイオンの質量電荷比m/zに依存して変化するため．

第14章

1　図14.1（$k=3$）の固定相と移動相の数字が逆転し，かつ各段の数字が左右入れ替わったような分布になる．すなわち，移動相の分子数は左から3，36，162，324，243となり，固定相の分子数は左から1，12，54，108，81となる．

2　単位時間当たりの移動相流量をFとすると，$V_0=F \cdot t_0$，$V=F \cdot t$となることから，以下となる．

$k=(V-V_0)/V_0$

3　分析対象物AおよびBの保持係数をそれぞれk_A，k_Bとすると，以下となる．

$k_A=(5.0-1.0)/1.0=\underline{4.0}$，　$k_B=(9.0-1.0)/1.0=\underline{8.0}$，　$\alpha=8.0/4.0=\underline{2.0}$

注 k，αとも無次元数であることに注意．

4　電気化学検出器は電極での分析対象物の酸化または還元反応によって生じる電流を検出し，主に酸化還元物質の分析に用いられる．一方，電気伝導度検出器は移動相と分析対象物との電気伝導度の差を検出し，主にイオンを分析するときに用いられる．（113字）

5　(b)，(c)，(e)　注 分子内にCH結合を有しない分析対象物はFIDでは応答しない．

第15章

1　大気の汚染，水質の汚濁，土壌の汚染，騒音

2　(b)

3　(d)

4　第二種特定有害物質

付表

付表A.1　環境関連の主な法律

区分	法律名	公布日	施行日	最終改正[*]
基本法	公害対策基本法	1967.8.3	1967.8.3	廃止（1993.11.19）
	環境基本法	1993.11.19	1993.11.19	2021.5.19
大気の汚染	大気汚染防止法	1968.6.10	1968.12.1	2020.6.5
	自動車から排出される窒素酸化物及び粒子状物質の特定地域における総量の削減等に関する特別措置法	1992.6.3	1992.12.1	2019.5.24
水質の汚濁	水質汚濁防止法	1970.12.25	1971.6.24	2017.6.2
	浄化槽法	1983.5.18	1985.10.1	2019.6.12
	瀬戸内海環境保全特別措置法	1973.10.2	1973.11.2	2021.6.9
	湖沼水質保全特別措置法	1984.7.27	1985.3.21	2014.6.18
	下水道法	1958.4.24	1959.4.23	2022.5.20
土壌の汚染	農用地の土壌の汚染防止等に関する法律	1970.12.25	1971.6.5	2011.8.30
	土壌汚染対策法	2002.5.29	2003.2.15	2017.6.2
騒音	騒音規制法	1968.6.10	1968.12.1	2014.6.18
振動	振動規制法	1976.6.10	1976.12.1	2014.6.18
地盤の沈下	工業用水法	1956.6.11	1956.6.11	2014.6.13
	建築物用地下水の採取の規制に関する法律	1962.5.1	1962.8.31	2000.5.31
悪臭	悪臭防止法	1971.6.1	1972.5.31	2011.12.14

[*]改正法令の公布日，執筆時点

付表A.2　環境分析が関連する主な命令・告示

区分	命令・告示名	公布日	施行日	最終改正[*]
大気の汚染	政令第329号　「大気汚染防止法施行令」	1968.11.30	1968.12.1	2020.10.7
	厚生省・通商産業省令第1号　「大気汚染防止法施行規則」	1971.6.22	1971.6.24	2020.10.15
	環境庁告示第25号　「大気の汚染に係る環境基準について」	1973.5.8	–	1996.10.25
	環境庁告示第38号　「二酸化窒素に係る環境基準について」	1978.7.11	–	1996.10.25
	環境省告示第33号　「微小粒子状物質による大気の汚染に係る環境基準について」	2009.9.9	–	–
	環境庁告示第4号　「ベンゼン等による大気の汚染に係る環境基準について」	1997.2.4	–	2018.11.19
水質の汚濁	政令第188号　「水質汚濁防止法施行令」	1971.6.17	1971.6.24	2022.3.31
	総理府・通商産業省令第2号　「水質汚濁防止法施行規則」	1971.6.19	1971.6.24	2021.3.25
	総理府令第35号　「排水基準を定める省令」	1971.6.21	1971.6.24	2022.5.17
	環境庁告示第59号　「水質汚濁に係る環境基準について」	1971.12.28	–	2021.10.7
	環境庁告示第10号　「地下水の水質汚濁に係る環境基準について」	1997.3.13	–	2021.10.7
	環境庁告示第64号　「排水基準を定める省令の規定に基づく環境大臣が定める排水基準に係る検定方法」	1974.9.30	–	2019.3.20
土壌の汚染	政令第336号　「土壌汚染対策法施行令」	2002.11.13	2003.2.15	2018.9.28
	環境省令第29号　「土壌汚染対策法施行規則」	2002.12.26	2003.2.15	2022.3.24
	環境庁告示第46号　「土壌の汚染に係る環境基準について」	1991.8.23	–	2020.4.2
	環境省告示第16号　「土壌ガス調査に係る採取及び測定の方法を定める件」	2003.3.6	–	2020.3.30
	環境省告示第17号　「地下水に含まれる調査対象物質の量の測定方法を定める件」	2003.3.6	–	2020.4.2
	環境省告示第18号　「土壌溶出量調査に係る測定方法を定める件」	2003.3.6	–	2020.4.2
	環境省告示第19号　「土壌含有量調査に係る測定方法を定める件」	2003.3.6	–	2020.3.30
ダイオキシン類	環境庁告示第68号　「ダイオキシン類による大気の汚染，水質の汚濁（水底の底質の汚染を含む．）及び土壌の汚染に係る環境基準」	1999.12.27	–	2009.3.31

[*]改正法令・告示の公布日，執筆時点

付表A.3　大気の汚染に係る環境基準

昭和48年5月8日　環境庁告示第25号　「大気の汚染に係る環境基準について」

昭和53年7月11日　環境庁告示第38号　「二酸化窒素に係る環境基準について」

平成21年9月9日　環境省告示第33号　「微小粒子状物質による大気の汚染に係る環境基準について」

物質	環境上の条件	測定方法
二酸化いおう	1時間値の1日平均値が0.04 ppm 以下であり, かつ, 1時間値が0.1 ppm 以下であること.	溶液導電率法又は紫外線蛍光法
一酸化炭素	1時間値の1日平均値が10 ppm 以下であり, かつ, 1時間値の8時間平均値が20 ppm 以下であること.	非分散型赤外分析計を用いる方法
二酸化窒素	1時間値の1日平均値が0.04 ppm から0.06 ppm までのゾーン内又はそれ以下であること.	ザルツマン試薬を用いる吸光光度法又はオゾンを用いる化学発光法
浮遊粒子状物質	1時間値の1日平均値が0.10 mg/m^3 以下であり, かつ, 1時間値が0.20 mg/m^3 以下であること.	濾過捕集による重量濃度測定方法又はこの方法によって測定された重量濃度と直線的な関係を有する量が得られる光散乱法, 圧電天びん法若しくはベータ線吸収法
微小粒子状物質	1年平均値が15 µg/m^3 以下であり, かつ, 1日平均値が35 µg/m^3 以下であること.	濾過捕集による質量濃度測定方法又はこの方法によって測定された質量濃度と等価な値が得られると認められる自動測定機による方法
光化学オキシダント	1時間値が0.06 ppm 以下であること.	中性ヨウ化カリウム溶液を用いる吸光光度法若しくは電量法, 紫外線吸収法又はエチレンを用いる化学発光法

備考

・二酸化窒素について, 1時間値の1日平均値が0.04 ppm から0.06 ppm までのゾーン内にある地域にあっては, 原則として, このゾーン内において, 現状程度の水準を維持し, 又はこれを大きく上回ることとならないよう努めるものとする.

・浮遊粒子状物質とは, 大気中に浮遊する粒子状物質であって, その粒径が10 µm 以下のものをいう.

・微小粒子状物質とは, 大気中に浮遊する粒子状物質であって, 粒径が2.5 µm の粒子を50 % の割合で分離できる分粒装置を用いて, より粒径の大きい粒子を除去した後に採取する粒子をいう.

・光化学オキシダントとは, オゾン, パーオキシアセチルナイトレートその他の光化学反応により生成される酸化性物質(中性ヨウ化カリウム溶液からヨウ素を遊離するものに限り, 二酸化窒素を除く.)をいう.

・環境基準は, 工業専用地域, 車道その他一般公衆が通常生活していない地域又は場所については, 適用しない.

ベンゼン等による大気の汚染に係る環境基準

平成9年2月4日　環境庁告示第4号　「ベンゼン等による大気の汚染に係る環境基準について」

物質	環境上の条件	測定方法
ベンゼン	1年平均値が0.003 mg/m^3 以下であること.	キャニスター若しくは捕集管により採取した試料をガスクロマトグラフ質量分析計により測定する方法又はこれと同等以上の性能を有すると認められる方法
トリクロロエチレン	1年平均値が0.13 mg/m^3 以下であること.	
テトラクロロエチレン	1年平均値が0.2 mg/m^3 以下であること.	
ジクロロメタン	1年平均値が0.15 mg/m^3 以下であること.	

備考

・環境基準は, 工業専用地域, 車道その他一般公衆が通常生活していない地域又は場所については, 適用しない.

付表A.4　水質汚濁に係る環境基準

昭和46年12月28日　環境庁告示第59号　「水質汚濁に係る環境基準について」

別表1　人の健康の保護に関する環境基準

項目	基準値	測定方法
カドミウム	0.003 mg/L以下	日本産業規格K0102（以下「規格」という。）55.2，55.3又は55.4に定める方法
全シアン	検出されないこと.	規格38.1.2（規格38の備考11を除く．以下同じ。）及び38.2に定める方法，規格38.1.2及び38.3に定める方法，規格38.1.2及び38.5に定める方法又は付表1に掲げる方法
鉛	0.01 mg/L以下	規格54に定める方法
六価クロム	0.02 mg/L以下	規格65.2（規格65.2.2及び65.2.7を除く.）に定める方法（ただし，次の1から3までに掲げる場合にあっては，それぞれ1から3までに定めるところによる.） 1　規格65.2.1に定める方法による場合　原則として光路長50 mmの吸収セルを用いること. 2　規格65.2.3，65.2.4又は65.2.5に定める方法による場合（規格65.の備考11のb）による場合に限る.）試料に，その濃度が基準値相当分（0.02 mg/L）増加するように六価クロム標準液を添加して添加回収率を求め，その値が70〜120％であることを確認すること. 3　規格65.2.6に定める方法により汽水又は海水を測定する場合　2に定めるところによるほか，日本産業規格K0170-7の7のa）又はb）に定める操作を行うこと.
砒゚素	0.01 mg/L以下	規格61.2，61.3又は61.4に定める方法
総水銀	0.0005 mg/L以下	付表2に掲げる方法
アルキル水銀	検出されないこと.	付表3に掲げる方法
PCB	検出されないこと.	付表4に掲げる方法
ジクロロメタン	0.02 mg/L以下	日本産業規格K0125の5.1，5.2又は5.3.2に定める方法
四塩化炭素	0.002 mg/L以下	日本産業規格K0125の5.1，5.2，5.3.1，5.4.1又は5.5に定める方法
1,2-ジクロロエタン	0.004 mg/L以下	日本産業規格K0125の5.1，5.2，5.3.1又は5.3.2に定める方法
1,1-ジクロロエチレン	0.1 mg/L以下	日本産業規格K0125の5.1，5.2又は5.3.2に定める方法
シス-1,2-ジクロロエチレン	0.04 mg/L以下	日本産業規格K0125の5.1，5.2又は5.3.2に定める方法
1,1,1-トリクロロエタン	1 mg/L以下	日本産業規格K0125の5.1，5.2，5.3.1，5.4.1又は5.5に定める方法
1,1,2-トリクロロエタン	0.006 mg/L以下	日本産業規格K0125の5.1，5.2，5.3.1，5.4.1又は5.5に定める方法
トリクロロエチレン	0.01 mg/L以下	日本産業規格K0125の5.1，5.2，5.3.1，5.4.1又は5.5に定める方法
テトラクロロエチレン	0.01 mg/L以下	日本産業規格K0125の5.1，5.2，5.3.1，5.4.1又は5.5に定める方法
1,3-ジクロロプロペン	0.002 mg/L以下	日本産業規格K0125の5.1，5.2又は5.3.1に定める方法
チウラム	0.006 mg/L以下	付表5に掲げる方法
シマジン	0.003 mg/L以下	付表6の第1又は第2に掲げる方法
チオベンカルブ	0.02 mg/L以下	付表6の第1又は第2に掲げる方法
ベンゼン	0.01 mg/L以下	日本産業規格K0125の5.1，5.2又は5.3.2に定める方法
セレン	0.01 mg/L以下	規格67.2，67.3又は67.4に定める方法
硝酸性窒素及び亜硝酸性窒素	10 mg/L以下	硝酸性窒素にあっては規格43.2.1，43.2.3，43.2.5又は43.2.6に定める方法，亜硝酸性窒素にあっては規格43.1に定める方法
ふつ素	0.8 mg/L以下	規格34.1（規格34の備考1を除く.）若しくは34.4（妨害となる物質としてハロゲン化合物又はハロゲン化水素が多量に含まれる試料を測定する場合にあっては，蒸留試薬溶液として，水約200 mLに硫酸10 mL，りん酸60 mL及び塩化ナトリウム10 gを溶かした溶液とグリセリン250 mLを混合し，水を加えて1,000 mLとしたものを用い，日本産業規格K0170-6の6図2注記のアルミニウム溶液のラインを追加する.）に定める方法又は規格34.1.1 c）（注（2）第三文及び規格34の備考1を除く.）に定める方法（懸濁物質及びイオンクロマトグラフ法で妨害となる物質が共存しないことを確認した場合にあっては，これを省略することができる.）及び付表7に掲げる方法

ほう素	1 mg/L 以下	規格 47.1，47.3 又は 47.4 に定める方法
1,4-ジオキサン	0.05 mg/L 以下	付表 8 に掲げる方法

備考

1 基準値は年間平均値とする．ただし，全シアンに係る基準値については，最高値とする．

2 「検出されないこと」とは，測定方法の項に掲げる方法により測定した場合において，その結果が当該方法の定量限界を下回ることをいう．別表 2 において同じ．

3 海域については，ふっ素及びほう素の基準値は適用しない．

4 硝酸性窒素及び亜硝酸性窒素の濃度は，規格 43.2.1，43.2.3，43.2.5 又は 43.2.6 により測定された硝酸イオンの濃度に換算係数 0.2259 を乗じたものと規格 43.1 により測定された亜硝酸イオンの濃度に換算係数 0.3045 を乗じたものの和とする．

別表2　生活環境の保全に関する環境基準

1　河川

(1) 河川（湖沼を除く.）

ア

項目 類型	利用目的の適応性	基準値					該当水域
		水素イオン濃度（pH）	生物化学的酸素要求量（BOD）	浮遊物質量（SS）	溶存酸素量（DO）	大腸菌数	
AA	水道1級 自然環境保全 及びA以下の欄に掲げるもの	6.5以上 8.5以下	1 mg/L以下	25 mg/L以下	7.5 mg/L以上	20 CFU/ 100 mL以下	第1の2の (2)により 水域類型 ごとに指 定する水 域
A	水道2級 水産1級 水浴 及びB以下の欄に掲げるもの	6.5以上 8.5以下	2 mg/L以下	25 mg/L以下	7.5 mg/L以上	300 CFU/ 100 mL以下	
B	水道3級 水産2級 及びC以下の欄に掲げるもの	6.5以上 8.5以下	3 mg/L以下	25 mg/L以下	5 mg/L以上	1,000 CFU/ 100 mL以下	
C	水産3級 工業用水1級 及びD以下の欄に掲げるもの	6.5以上 8.5以下	5 mg/L以下	50 mg/L以下	5 mg/L以上	－	
D	工業用水2級 農業用水 及びEの欄に掲げるもの	6.0以上 8.5以下	8 mg/L以下	100 mg/L以下	2 mg/L以上	－	
E	工業用水3級 環境保全	6.0以上 8.5以下	10 mg/L以下	ごみ等の浮遊が認められないこと.	2 mg/L以上	－	
測定方法		規格12.1に定める方法又はガラス電極を用いる水質自動監視測定装置によりこれと同程度の計測結果の得られる方法	規格21に定める方法	付表9に掲げる方法	規格32に定める方法又は隔膜電極若しくは光学式センサを用いる水質自動監視測定装置によりこれと同程度の計測結果の得られる方法	付表10に掲げる方法	

備考
1　基準値は，日間平均値とする．ただし，大腸菌数に係る基準値については，90％水質値（年間の日間平均値の全データをその値の小さいものから順に並べた際の0.9×n番目（nは日間平均値のデータ数）のデータ値（0.9×nが整数でない場合は端数を切り上げた整数番目の値をとる.））とする（湖沼，海域もこれに準ずる.）.
2　農業用利水点については，水素イオン濃度6.0以上7.5以下，溶存酸素量5 mg/L以上とする（湖沼もこれに準ずる.）.
3　水質自動監視測定装置とは，当該項目について自動的に計測することができる装置であって，計測結果を自動的に記録する機能を有するもの又はその機能を有する機器と接続されているものをいう（湖沼，海域もこれに準ずる.）.
4　水道1級を利用目的としている地点（自然環境保全を利用目的としている地点を除く.）については，大腸菌数100 CFU/100 mL以下とする.
5　水産1級，水産2級及び水産3級については，当分の間，大腸菌数の項目の基準値は適用しない（湖沼，海域もこれに準ずる.）.
6　大腸菌数に用いる単位はCFU（コロニー形成単位（Colony Forming Unit））/100 mLとし，大腸菌を培地で培養し，発育したコロニー数を数えることで算出する.

（注）
1　自然環境保全：　　自然探勝等の環境保全
2　水道1級：　　　　ろ過等による簡易な浄水操作を行うもの
　　水道2級：　　　　沈殿ろ過等による通常の浄水操作を行うもの
　　水道3級：　　　　前処理等を伴う高度の浄水操作を行うもの
3　水産1級：　　　　ヤマメ，イワナ等貧腐水性水域の水産生物用並びに水産2級及び水産3級の水産生物用
　　水産2級：　　　　サケ科魚類及びアユ等貧腐水性水域の水産生物用及び水産3級の水産生物用
　　水産3級：　　　　コイ，フナ等，β-中腐水性水域の水産生物用
4　工業用水1級：　　沈殿等による通常の浄水操作を行うもの
　　工業用水2級：　　薬品注入等による高度の浄水操作を行うもの
　　工業用水3級：　　特殊の浄水操作を行うもの
5　環境保全：　　　　国民の日常生活（沿岸の遊歩等を含む.）において不快感を生じない限度

イ

項目 / 類型	水生生物の生息状況の適応性	基準値			該当水域
		全亜鉛	ノニルフェノール	直鎖アルキルベンゼンスルホン酸及びその塩	
生物A	イワナ，サケマス等比較的低温域を好む水生生物及びこれらの餌生物が生息する水域	0.03 mg/L以下	0.001 mg/L以下	0.03 mg/L以下	第1の2の(2)により水域類型ごとに指定する水域
生物特A	生物Aの水域のうち，生物Aの欄に掲げる水生生物の産卵場（繁殖場）又は幼稚仔の生育場として特に保全が必要な水域	0.03 mg/L以下	0.0006 mg/L以下	0.02 mg/L以下	
生物B	コイ，フナ等比較的高温域を好む水生生物及びこれらの餌生物が生息する水域	0.03 mg/L以下	0.002 mg/L以下	0.05 mg/L以下	
生物特B	生物A又は生物Bの水域のうち，生物Bの欄に掲げる水生生物の産卵場（繁殖場）又は幼稚仔の生育場として特に保全が必要な水域	0.03 mg/L以下	0.002 mg/L以下	0.04 mg/L以下	
測定方法		規格53に定める方法	付表11に掲げる方法	付表12に掲げる方法	

備考
1　基準値は，年間平均値とする（湖沼，海域もこれに準ずる．）．

（2） 湖沼（天然湖沼及び貯水量が1,000万立方メートル以上であり，かつ，水の滞留時間が4日間以上である人工湖）

ア

項目 類型	利用目的の適応性	基準値					該当水域
		水素イオン 濃度（pH）	化学的酸素 要求量 （COD）	浮遊物質量 （SS）	溶存酸素量 （DO）	大腸菌数	
AA	水道1級 水産1級 自然環境保全 及びA以下の欄に 掲げるもの	6.5以上 8.5以下	1 mg/L以下	1 mg/L以下	7.5 mg/L以上	20 CFU/ 100 mL以下	第1の2の (2)により 水域類型 ごとに指 定する水 域
A	水道2，3級 水産2級 水浴 及びB以下の欄に 掲げるもの	6.5以上 8.5以下	3 mg/L以下	5 mg/L以下	7.5 mg/L以上	300 CFU/ 100 mL以下	
B	水産3級 工業用水1級 農業用水 及びCの欄に掲げ るもの	6.5以上 8.5以下	5 mg/L以下	15 mg/L以下	5 mg/L以上	－	
C	工業用水2級 環境保全	6.0以上 8.5以下	8 mg/L以下	ごみ等の浮遊 が認められな いこと．	2 mg/L以上	－	
測定方法		規格12.1に定める方法又はガラス電極を用いる水質自動監視測定装置によりこれと同程度の計測結果の得られる方法	規格17に定める方法	付表9に掲げる方法	規格32に定める方法又は隔膜電極若しくは光学式センサを用いる水質自動監視測定装置によりこれと同程度の計測結果の得られる方法	付表10に掲げる方法	

備考
1 水産1級，水産2級及び水産3級については，当分の間，浮遊物質量の項目の基準値は適用しない．
2 水道1級を利用目的としている地点（自然環境保全を利用目的としている地点を除く．）については，大腸菌数100 CFU/100 mL以下とする．
3 水道3級を利用目的としている地点（水浴又は水道2級を利用目的としている地点を除く．）については，大腸菌数1,000 CFU/100 mL以下とする．
4 大腸菌数に用いる単位はCFU（コロニー形成単位（Colony Forming Unit））/100 mLとし，大腸菌を培地で培養し，発育したコロニー数を数えることで算出する．

（注）
1 自然環境保全：　自然探勝等の環境保全
2 水道1級：　　　ろ過等による簡易な浄水操作を行うもの
   水道2，3級：　　沈殿ろ過等による通常の浄水操作，又は，前処理等を伴う高度の浄水操作を行うもの
3 水産1級：　　　ヒメマス等貧栄養湖型の水域の水産生物用並びに水産2級及び水産3級の水産生物用
   水産2級：　　　サケ科魚類及びアユ等貧栄養湖型の水域の水産生物用及び水産3級の水産生物用
   水産3級：　　　コイ，フナ等富栄養湖型の水域の水産生物用
4 工業用水1級：　沈殿等による通常の浄水操作を行うもの
   工業用水2級：　薬品注入等による高度の浄水操作，又は，特殊な浄水操作を行うもの
5 環境保全：　　　国民の日常生活（沿岸の遊歩等を含む．）において不快感を生じない限度

イ

項目 類型	利用目的の適応性	基準値		該当水域
		全窒素	全燐	
I	自然環境保全及びII以下の欄に掲げるもの	0.1 mg/L以下	0.005 mg/L以下	第1の2の(2)により水域類型ごとに指定する水域
II	水道1, 2, 3級（特殊なものを除く.） 水産1種 水浴及びIII以下の欄に掲げるもの	0.2 mg/L以下	0.01 mg/L以下	
III	水道3級（特殊なもの）及びIV以下の欄に掲げるもの	0.4 mg/L以下	0.03 mg/L以下	
IV	水産2種及びVの欄に掲げるもの	0.6 mg/L以下	0.05 mg/L以下	
V	水産3種 工業用水 農業用水 環境保全	1 mg/L以下	0.1 mg/L以下	
測定方法		規格45.2, 45.3, 45.4又は45.6（規格45の備考3を除く. 2イにおいて同じ.）に定める方法	規格46.3（規格46の備考9を除く. 2イにおいて同じ.）に定める方法	

備考
1　基準値は，年間平均値とする.
2　水域類型の指定は，湖沼植物プランクトンの著しい増殖を生ずるおそれがある湖沼について行うものとし，全窒素の項目の基準値は，全窒素が湖沼植物プランクトンの増殖の要因となる湖沼について適用する.
3　農業用水については，全燐の項目の基準値は適用しない.
（注）
1　自然環境保全：　自然探勝等の環境保全
2　水道1級：　　　ろ過等による簡易な浄水操作を行うもの
　　水道2級：　　　沈殿ろ過等による通常の浄水操作を行うもの
　　水道3級：　　　前処理等を伴う高度の浄水操作を行うもの（「特殊なもの」とは，臭気物質の除去が可能な特殊な浄水操作を行うものをいう.）
3　水産1種：　　　サケ科魚類及びアユ等の水産生物並びに水産2種及び水産3種の水産生物用
　　水産2種：　　　ワカサギ等の水産生物用及び水産3種の水産生物用
　　水産3種：　　　コイ，フナ等の水産生物用
4　環境保全：　　　国民の日常生活（沿岸の遊歩等を含む.）において不快感を生じない限度

ウ

項目 類型	水生生物の生息状況の適応性	基準値			該当水域
		全亜鉛	ノニルフェノール	直鎖アルキルベンゼンスルホン酸及びその塩	
生物A	イワナ，サケマス等比較的低温域を好む水生生物及びこれらの餌生物が生息する水域	0.03 mg/L以下	0.001 mg/L以下	0.03 mg/L以下	第1の2の(2)により水域類型ごとに指定する水域
生物特A	生物Aの水域のうち，生物Aの欄に掲げる水生生物の産卵場（繁殖場）又は幼稚仔の生育場として特に保全が必要な水域	0.03 mg/L以下	0.0006 mg/L以下	0.02 mg/L以下	
生物B	コイ，フナ等比較的高温域を好む水生生物及びこれらの餌生物が生息する水域	0.03 mg/L以下	0.002 mg/L以下	0.05 mg/L以下	
生物特B	生物A又は生物Bの水域のうち，生物Bの欄に掲げる水生生物の産卵場（繁殖場）又は幼稚仔の生育場として特に保全が必要な水域	0.03 mg/L以下	0.002 mg/L以下	0.04 mg/L以下	
測定方法		規格53に定める方法	付表11に掲げる方法	付表12に掲げる方法	

エ

項目 類型	水生生物が生息・再生産する場の適応性	基準値 底層溶存酸素量	該当水域
生物1	生息段階において貧酸素耐性の低い水生生物が生息できる場を保全・再生する水域又は再生産段階において貧酸素耐性の低い水生生物が再生産できる場を保全・再生する水域	4.0 mg/L以上	第1の2の(2)により水域類型ごとに指定する水域
生物2	生息段階において貧酸素耐性の低い水生生物を除き，水生生物が生息できる場を保全・再生する水域又は再生産段階において貧酸素耐性の低い水生生物を除き，水生生物が再生産できる場を保全・再生する水域	3.0 mg/L以上	
生物3	生息段階において貧酸素耐性の高い水生生物が生息できる場を保全・再生する水域，再生産段階において貧酸素耐性の高い水生生物が再生産できる場を保全・再生する水域又は無生物域を解消する水域	2.0 mg/L以上	
測定方法		規格32に定める方法又は付表13に掲げる方法	✕

備考
1　基準値は，日間平均値とする.
2　底層近傍で溶存酸素量の変化が大きいことが想定される場合の採水には，横型のバンドン採水器を用いる.

2　海域

ア

項目 類型	利用目的の適応性	基準値					該当水域
		水素イオン濃度（pH）	化学的酸素要求量（COD）	溶存酸素量（DO）	大腸菌数	n-ヘキサン抽出物質（油分等）	
A	水産1級 水浴 自然環境保全 及びB以下の欄に掲げるもの	7.8以上 8.3以下	2 mg/L以下	7.5 mg/L以下	300 CFU/100 mL以下	検出されないこと.	第1の2の(2)により水域類型ごとに指定する水域
B	水産2級 工業用水 及びCの欄に掲げるもの	7.8以上 8.3以下	3 mg/L以下	5 mg/L以下	−	検出されないこと.	
C	環境保全	7.0以上 8.3以下	8 mg/L以下	2 mg/L以下	−	−	
測定方法		規格12.1に定める方法又はガラス電極を用いる水質自動監視測定装置によりこれと同程度の計測結果の得られる方法	規格17に定める方法（ただし，B類型の工業用水及び水産2級のうちノリ養殖の利水点における測定方法はアルカリ性法）	規格32に定める方法又は隔膜電極若しくは光学式センサを用いる水質自動監視測定装置によりこれと同程度の計測結果の得られる方法	付表10に掲げる方法	付表14に掲げる方法	✕

備考
1　自然環境保全を利用目的としている地点については，大腸菌数20 CFU/100 mL以下とする.
2　アルカリ性法とは次のものをいう.
　　試料50 mLを正確に三角フラスコにとり，水酸化ナトリウム溶液（10 w/v%）1 mLを加え，次に過マンガン酸カリウム溶液（2 mmol/L）10 mLを正確に加えたのち，沸騰した水浴中に正確に20分放置する. その後よう化カリウム溶液（10 w/v%）1 mLとアジ化ナトリウム溶液（4 w/v%）1滴を加え，冷却後，硫酸（2+1）0.5 mLを加えてよう素を遊離させて，それを力価の判明しているチオ硫酸ナトリウム溶液（10 mmol/L）ででんぷん溶液を指示薬として滴定する. 同時に試料の代わりに蒸留水を用い，同様に処理した空試験値を求め，次式によりCOD値を計算する.
　　COD（O_2 mg/L）= 0.08×〔(b)−(a)〕×f$Na_2S_2O_3$×1000/50
　　(a)：チオ硫酸ナトリウム溶液（10 mmol/L）の滴定値（mL）
　　(b)：蒸留水について行った空試験値（mL）
　　f$Na_2S_2O_3$：チオ硫酸ナトリウム溶液（10 mmol/L）の力価
3　大腸菌数に用いる単位はCFU（コロニー形成単位（Colony Forming Unit））/100 mLとし，大腸菌を培地で培養し，発育したコロニー数を数えることで算出する.
（注）
1　自然環境保全：　自然探勝等の環境保全
2　水産1級：　　　マダイ，ブリ，ワカメ等の水産生物用及び水産2級の水産生物用
　　水産2級：　　　ボラ，ノリ等の水産生物用
3　環境保全：　　　国民の日常生活（沿岸の遊歩等を含む.）において不快感を生じない限度

イ

項目 類型	利用目的の適応性	基準値		該当水域
		全窒素	全燐	
I	自然環境保全及びII以下の欄に掲げるもの （水産2種及び3種を除く．）	0.2 mg/L以下	0.02 mg/L以下	第1の2の(2)により水域類型ごとに指定する水域
II	水産1種 水浴及びIII以下の欄に掲げるもの （水産2種及び3種を除く．）	0.3 mg/L以下	0.03 mg/L以下	
III	水産2種及びIVの欄に掲げるもの （水産3種を除く．）	0.6 mg/L以下	0.05 mg/L以下	
IV	水産3種 工業用水 生物生息環境保全	1 mg/L以下	0.09 mg/L以下	
測定方法		規格45.4又は45.6に定める方法	規格46.3に定める方法	

備考　1　基準値は，年間平均値とする．
　　　2　水域類型の指定は，海洋植物プランクトンの著しい増殖を生ずるおそれがある海域について行うものとする．
　（注）
　　　1　自然環境保全：自然探勝等の環境保全
　　　2　水産1種：　　底生魚介類を含め多様な水産生物がバランス良く，かつ，安定して漁獲される
　　　　　水産2種：　　一部の底生魚介類を除き，魚類を中心とした水産生物が多獲される
　　　　　水産3種：　　汚濁に強い特定の水産生物が主に漁獲される
　　　3　生物生息環境保全：　　年間を通して底生生物が生息できる限度

ウ

項目 類型	水生生物の生息状況の適応性	基準値			該当水域
		全亜鉛	ノニルフェノール	直鎖アルキルベンゼンスルホン酸及びその塩	
生物A	水生生物の生息する水域	0.02 mg/L以下	0.001 mg/L以下	0.01 mg/L以下	第1の2の(2)により水域類型ごとに指定する水域
生物特A	生物Aの水域のうち，水生生物の産卵場（繁殖場）又は幼稚仔の生育場として特に保全が必要な水域	0.01 mg/L以下	0.0007 mg/L以下	0.006 mg/L以下	
測定方法		規格53に定める方法	付表11に掲げる方法	付表12に掲げる方法	

エ

項目 類型	水生生物が生息・再生産する場の適応性	基準値	該当水域
		底層溶存酸素量	
生物1	生息段階において貧酸素耐性の低い水生生物が生息できる場を保全・再生する水域又は再生産段階において貧酸素耐性の低い水生生物が再生産できる場を保全・再生する水域	4.0 mg/L以上	第1の2の(2)により水域類型ごとに指定する水域
生物2	生息段階において貧酸素耐性の低い水生生物を除き，水生生物が生息できる場を保全・再生する水域又は再生産段階において貧酸素耐性の低い水生生物を除き，水生生物が再生産できる場を保全・再生する水域	3.0 mg/L以上	
生物3	生息段階において貧酸素耐性の高い水生生物が生息できる場を保全・再生する水域，再生産段階において貧酸素耐性の高い水生生物が再生産できる場を保全・再生する水域又は無生物域を解消する水域	2.0 mg/L以上	
測定方法		規格32に定める方法又は付表13に掲げる方法	

備考　1　基準値は，日間平均値とする．
　　　2　底面近傍で溶存酸素量の変化が大きいことが想定される場合の採水には，横型のバンドン採水器を用いる．

付表A.5　地下水の水質汚濁に係る環境基準

平成9年3月13日　環境庁告示第10号　「地下水の水質汚濁に係る環境基準について」

別表

項目	基準値	測定方法
カドミウム	0.003 mg/L以下	日本産業規格（以下「規格」という.）K0102の55.2, 55.3又は55.4に定める方法
全シアン	検出されないこと.	規格K0102の38.1.2（規格K0102の38の備考11を除く. 以下同じ.）及び38.2に定める方法, 規格K0102の38.1.2及び38.3に定める方法, 規格K0102の38.1.2及び38.5に定める方法又は昭和46年12月環境庁告示第59号（水質汚濁に係る環境基準について）（以下「公共用水域告示」という.）付表1に掲げる方法
鉛	0.01 mg/L以下	規格K0102の54に定める方法
六価クロム	0.02 mg/L以下	規格K0102の65.2（規格K0102の65.2.2及び65.2.7を除く.）に定める方法（ただし，次の1から3までに掲げる場合にあっては，それぞれ1から3までに定めるところによる.） 1　規格K0102の65.2.1に定める方法による場合　原則として光路長50 mmの吸収セルを用いること. 2　規格K0102の65.2.3, 65.2.4又は65.2.5に定める方法による場合（規格K0102の65.の備考11のb）による場合に限る.）　試料に，その濃度が基準値相当分（0.02 mg/L）増加するように六価クロム標準液を添加して添加回収率を求め，その値が70～120%であることを確認すること. 3　規格K0102の65.2.6に定める方法により塩分の濃度の高い試料を測定する場合　2に定めるところによるほか，規格K0170-7の7のa）又はb）に定める操作を行うこと.
砒素	0.01 mg/L以下	規格K0102の61.2, 61.3又は61.4に定める方法
総水銀	0.0005 mg/L以下	公共用水域告示付表2に掲げる方法
アルキル水銀	検出されないこと.	公共用水域告示付表3に掲げる方法
PCB	検出されないこと.	公共用水域告示付表4に掲げる方法
ジクロロメタン	0.02 mg/L以下	規格K0125の5.1, 5.2又は5.3.2に定める方法
四塩化炭素	0.002 mg/L以下	規格K0125の5.1, 5.2, 5.3.1, 5.4.1又は5.5に定める方法
クロロエチレン（別名塩化ビニル又は塩化ビニルモノマー）	0.002 mg/L以下	付表に掲げる方法
1,2-ジクロロエタン	0.004 mg/L以下	規格K0125の5.1, 5.2, 5.3.1又は5.3.2に定める方法
1,1-ジクロロエチレン	0.1 mg/L以下	規格K0125の5.1, 5.2又は5.3.2に定める方法
1,2-ジクロロエチレン	0.04 mg/L以下	シス体にあっては規格K0125の5.1, 5.2又は5.3.2に定める方法, トランス体にあっては，規格K0125の5.1, 5.2又は5.3.1に定める方法
1,1,1-トリクロロエタン	1 mg/L以下	規格K0125の5.1, 5.2, 5.3.1, 5.4.1又は5.5に定める方法
1,1,2-トリクロロエタン	0.006 mg/L以下	規格K0125の5.1, 5.2, 5.3.1, 5.4.1又は5.5に定める方法
トリクロロエチレン	0.01 mg/L以下	規格K0125の5.1, 5.2, 5.3.1, 5.4.1又は5.5に定める方法
テトラクロロエチレン	0.01 mg/L以下	規格K0125の5.1, 5.2, 5.3.1, 5.4.1又は5.5に定める方法
1,3-ジクロロプロペン	0.002 mg/L以下	規格K0125の5.1, 5.2又は5.3.1に定める方法
チウラム	0.006 mg/L以下	公共用水域告示付表5に掲げる方法
シマジン	0.003 mg/L以下	公共用水域告示付表6の第1又は第2に掲げる方法
チオベンカルブ	0.02 mg/L以下	公共用水域告示付表6の第1又は第2に掲げる方法
ベンゼン	0.01 mg/L以下	規格K0125の5.1, 5.2又は5.3.2に定める方法
セレン	0.01 mg/L以下	規格K0102の67.2, 67.3又は67.4に定める方法
硝酸性窒素及び亜硝酸性窒素	10 mg/L以下	硝酸性窒素にあっては規格K0102の43.2.1, 43.2.3, 43.2.5又は43.2.6に定める方法, 亜硝酸性窒素にあっては規格K0102の43.1に定める方法
ふっ素	0.8 mg/L以下	規格K0102の34.1（規格K0102の34の備考1を除く.）若しくは34.4（妨害となる物質としてハロゲン化合物又はハロゲン化水素が多量に含まれる試料を測定する場合にあっては，蒸留試薬溶液として，水約200 mLに硫酸10 mL，りん酸60 mL及び塩化ナトリウム10 gを溶かした溶液とグリセリン250 mLを混合し，水を加えて1,000 mLとしたものを用い，規格K0170-6の6図2注記のアルミニウム溶液のラインを追加する.）に定める方法又は規格K0102の34.1.1 c）（注（2）第三文及び規格K0102の34の備考1を除く.）に定める方法（懸濁物質及びイオンクロマトグラフ法で妨害となる物質が共存しないことを確認した場合にあっては，これを省略することができる.）及び公共用水域告示付表7に掲げる方法

| ほう素 | 1 mg/L以下 | 規格K0102の47.1, 47.3又は47.4に定める方法 |
| 1,4-ジオキサン | 0.05 mg/L以下 | 公共用水域告示付表8に掲げる方法 |

備考

1　基準値は年間平均値とする．ただし，全シアンに係る基準値については，最高値とする．

2　「検出されないこと」とは，測定方法の欄に掲げる方法により測定した場合において，その結果が当該方法の定量限界を下回ることをいう．

3　硝酸性窒素及び亜硝酸性窒素の濃度は，規格K0102の43.2.1，43.2.3，43.2.5又は43.2.6により測定された硝酸イオンの濃度に換算係数0.2259を乗じたものと規格K0102の43.1により測定された亜硝酸イオンの濃度に換算係数0.3045を乗じたものの和とする．

4　1,2-ジクロロエチレンの濃度は，規格K0125の5.1，5.2又は5.3.2により測定されたシス体の濃度と規格K0125の5.1，5.2又は5.3.1により測定されたトランス体の濃度の和とする．

付表A.6　土壌の汚染に係る環境基準

平成3年8月23日　環境庁告示第46号　「土壌の汚染に係る環境基準について」

別表

項目	環境上の条件	測定方法
カドミウム	検液1Lにつき0.003 mg以下であり，かつ，農用地においては，米1kgにつき0.4 mg以下であること．	環境上の条件のうち，検液中濃度に係るものにあっては，日本産業規格K0102（以下「規格」という．）の55.2，55.3又は55.4に定める方法，農用地に係るものにあっては，昭和46年6月農林省令第47号に定める方法
全シアン	検液中に検出されないこと．	規格38に定める方法（規格38.1.1及び38の備考11に定める方法を除く．）又は昭和46年12月環境庁告示第59号付表1に掲げる方法
有機燐（りん）	検液中に検出されないこと．	昭和49年9月環境庁告示第64号付表1に掲げる方法又は規格31.1に定める方法のうちガスクロマトグラフ法以外のもの（メチルジメトンにあっては，昭和49年9月環境庁告示第64号付表2に掲げる方法）
鉛	検液1Lにつき0.01 mg以下であること．	規格54に定める方法
六価クロム	検液1Lにつき0.05 mg以下であること．	規格65.2（規格65.2.7を除く．）に定める方法（ただし，規格65.2.6に定める方法により塩分の濃度の高い試料を測定する場合にあっては，日本産業規格K0170-7の7のa）又はb）に定める操作を行うものとする．）
砒（ひ）素	検液1Lにつき0.01 mg以下であり，かつ，農用地（田に限る．）においては，土壌1kgにつき15 mg未満であること．	環境上の条件のうち，検液中濃度に係るものにあっては，規格61に定める方法，農用地に係るものにあっては，昭和50年4月総理府令第31号に定める方法
総水銀	検液1Lにつき0.0005 mg以下であること．	昭和46年12月環境庁告示第59号付表2に掲げる方法
アルキル水銀	検液中に検出されないこと．	昭和46年12月環境庁告示第59号付表3及び昭和49年9月環境庁告示第64号付表3に掲げる方法
PCB	検液中に検出されないこと．	昭和46年12月環境庁告示第59号付表4に掲げる方法
銅	農用地（田に限る．）において，土壌1kgにつき125 mg未満であること．	昭和47年10月総理府令第66号に定める方法
ジクロロメタン	検液1Lにつき0.02 mg以下であること．	日本産業規格K0125の5.1，5.2又は5.3.2に定める方法
四塩化炭素	検液1Lにつき0.002 mg以下であること．	日本産業規格K0125の5.1，5.2，5.3.1，5.4.1又は5.5に定める方法
クロロエチレン（別名塩化ビニル又は塩化ビニルモノマー）	検液1Lにつき0.002 mg以下であること．	平成9年3月環境庁告示第10号付表に掲げる方法
1,2-ジクロロエタン	検液1Lにつき0.004 mg以下であること．	日本産業規格K0125の5.1，5.2，5.3.1又は5.3.2に定める方法
1,1-ジクロロエチレン	検液1Lにつき0.1 mg以下であること．	日本産業規格K0125の5.1，5.2又は5.3.2に定める方法
1,2-ジクロロエチレン	検液1Lにつき0.04 mg以下であること．	シス体にあっては日本産業規格K0125の5.1，5.2又は5.3.2に定める方法，トランス体にあっては日本産業規格K0125の5.1，5.2又は5.3.1に定める方法
1,1,1-トリクロロエタン	検液1Lにつき1 mg以下であること．	日本産業規格K0125の5.1，5.2，5.3.1，5.4.1又は5.5に定める方法
1,1,2-トリクロロエタン	検液1Lにつき0.006 mg以下であること．	日本産業規格K0125の5.1，5.2，5.3.1，5.4.1又は5.5に定める方法
トリクロロエチレン	検液1Lにつき0.01 mg以下であること．	日本産業規格K0125の5.1，5.2，5.3.1，5.4.1又は5.5に定める方法
テトラクロロエチレン	検液1Lにつき0.01 mg以下であること．	日本産業規格K0125の5.1，5.2，5.3.1，5.4.1又は5.5に定める方法
1,3-ジクロロプロペン	検液1Lにつき0.002 mg以下であること．	日本産業規格K0125の5.1，5.2又は5.3.1に定める方法
チウラム	検液1Lにつき0.006 mg以下であること．	昭和46年12月環境庁告示第59号付表5に掲げる方法
シマジン	検液1Lにつき0.003 mg以下であること．	昭和46年12月環境庁告示第59号付表6の第1又は第2に掲げる方法
チオベンカルブ	検液1Lにつき0.02 mg以下であること．	昭和46年12月環境庁告示第59号付表6の第1又は第2に掲げる方法
ベンゼン	検液1Lにつき0.01 mg以下であること．	日本産業規格K0125の5.1，5.2又は5.3.2に定める方法
セレン	検液1Lにつき0.01 mg以下であること．	規格67.2，67.3又は67.4に定める方法
ふっ素	検液1Lにつき0.8 mg以下であること．	規格34.1（規格34の備考1を除く．）若しくは34.4（妨害となる物質としてハロゲン化合物又はハロゲン化水素が多量に含まれる試料を測定する場合にあっては，蒸留試薬溶液として，水約200 mLに硫酸10 mL，りん酸60 mL及び塩化ナトリウム10 gを溶かした溶液とグリセリン250 mLを混合し，水を加えて1,000 mLとしたものを用い，日本産業規格K0170-6の6図2注記のアルミニウム溶液のラインを追加する．）に定める方法又は規格34.1.1 c）（注（2）第三文及び規格34の備考1を除く．）に定める方法（懸濁物質及びイオンクロマトグラフ法で妨害となる物質が共存しないことを確認した場合にあっては，これを省略することができる．）及び昭和46年12月環境庁告示第59号付表7に掲げる方法
ほう素	検液1Lにつき1 mg以下であること．	規格47.1，47.3又は47.4に定める方法
1,4-ジオキサン	検液1Lにつき0.05 mg以下であること．	昭和46年12月環境庁告示第59号付表8に掲げる方法

備考　1　環境上の条件のうち検液中濃度に係るものにあっては付表に定める方法により検液を作成し，これを用いて測定を行うものとする．
　　　2　カドミウム，鉛，六価クロム，砒（ひ）素，総水銀，セレン，ふっ素及びほう素に係る環境上の条件のうち検液中濃度に係る値にあっては，汚染土壌が地下水面から離れており，かつ，原状において当該地下水中のこれらの物質の濃度がそれぞれ地下水1Lにつき0.003 mg，0.01 mg，0.05 mg，0.01 mg，0.0005 mg，0.01 mg，0.8 mg及び1 mgを超えていない場合には，それぞれ検液1Lにつき0.009 mg，0.03 mg，0.15 mg，0.03 mg，0.0015 mg，0.03 mg，2.4 mg及び3 mgとする．
　　　3　「検液中に検出されないこと」とは，測定方法の欄に掲げる方法により測定した場合において，その結果が当該方法の定量限界を下回ることをいう．
　　　4　有機燐（りん）とは，パラチオン，メチルパラチオン，メチルジメトン及びEPNをいう．
　　　5　1,2-ジクロロエチレンの濃度は，日本産業規格K0125の5.1，5.2又は5.3.2により測定されたシス体の濃度と日本産業規格K0125の5.1，5.2又は5.3.1により測定されたトランス体の濃度の和とする．

付表A.7　ダイオキシン類による汚染に係る環境基準

平成11年12月27日　環境庁告示第68号

「ダイオキシン類による大気の汚染，水質の汚濁（水底の底質の汚染を含む．）及び土壌の汚染に係る環境基準」

媒体	基準値	測定方法
大気	0.6 pg-TEQ/m³ 以下	ポリウレタンフォームを装着した採取筒をろ紙後段に取り付けたエアサンプラーにより採取した試料を高分解能ガスクロマトグラフ質量分析計により測定する方法
水質（水底の底質を除く．）	1 pg-TEQ/L 以下	日本産業規格K0312に定める方法
水底の底質	150 pg-TEQ/g 以下	水底の底質中に含まれるダイオキシン類をソックスレー抽出し，高分解能ガスクロマトグラフ質量分析計により測定する方法
土壌	1,000 pg-TEQ/g 以下	土壌中に含まれるダイオキシン類をソックスレー抽出し，高分解能ガスクロマトグラフ質量分析計により測定する方法（ポリ塩化ジベンゾフラン等（ポリ塩化ジベンゾフラン及びポリ塩化ジベンゾ-パラ-ジオキシンをいう．以下同じ．）及びコプラナーポリ塩化ビフェニルをそれぞれ測定するものであって，かつ，当該ポリ塩化ジベンゾフラン等を2種類以上のキャピラリーカラムを併用して測定するものに限る．）

備考
1　基準値は，2,3,7,8-四塩化ジベンゾ-パラ-ジオキシンの毒性に換算した値とする．
2　大気及び水質（水底の底質を除く．）の基準値は，年間平均値とする．
3　土壌中に含まれるダイオキシン類をソックスレー抽出又は高圧流体抽出し，高分解能ガスクロマトグラフ質量分析計，ガスクロマトグラフ四重極形質量分析計又はガスクロマトグラフ三次元四重極形質量分析計により測定する方法（この表の土壌の欄に掲げる測定方法を除く．以下「簡易測定方法」という．）により測定した値（以下「簡易測定値」という．）に2を乗じた値を上限，簡易測定値に0.5を乗じた値を下限とし，その範囲内の値をこの表の土壌の欄に掲げる測定方法により測定した値とみなす．
4　土壌にあっては，環境基準が達成されている場合であって，土壌中のダイオキシン類の量が250 pg-TEQ/g以上の場合（簡易測定方法により測定した場合にあっては，簡易測定値に2を乗じた値が250 pg-TEQ/g以上の場合）には，必要な調査を実施することとする．

付表A.8　大気汚染防止法による規制の概要

物質			対象となる施設など	排出基準など
ばい煙	いおう酸化物	SO_2等	ばい煙発生施設 （施行令別表第一）	・K値規制 ・総量規制
	ばいじん	スス等		・施設・規模ごとの排出基準
	有害物質	カドミウム及びその化合物，塩素及び塩化水素，弗素・弗化水素及び弗化珪素，鉛及びその化合物，窒素酸化物		・施設ごとの排出基準 ・総量規制（窒素酸化物のみ）
特定物質	28物質 （施行令第十条）	アンモニア，シアン化水素等	特定施設	・事故時の措置を規定
揮発性有機化合物（VOC）	大気中に排出されたときに気体である有機化合物	トルエン，キシレン等	VOC排出施設 （施行令別表第一の二）	・施設ごとの排出基準 ・自主的な排出抑制の取り組み
粉じん	一般粉じん	石綿以外の粉じん	一般粉じん発生施設 （施行令別表第二）	（構造並びに使用及び管理に関する基準）
	特定粉じん	石綿（アスベスト）	特定粉じん発生施設 （施行令別表第二の二）	・事業場の敷地境界基準
水銀	水銀及びその化合物（水銀等）		水銀排出施設	・施設・規模ごとの排出基準
			要排出抑制施設	・自主的な排出抑制の取り組み
有害大気汚染物質	247物質 （このうち，優先取組物質として22物質）	アセトアルデヒド，トルエン等	（科学的知見の充実の下に，将来の健康被害を未然に防止する措置を実施する）	
	指定物質	ベンゼン，トリクロロエチレン，テトラクロロエチレン	指定物質排出施設 （施行令別表第六）	・施設・規模ごとの抑制基準
自動車排出ガス	一酸化炭素，炭化水素，鉛化合物，窒素酸化物，粒子状物質		自動車	・量の許容限度

付表A.9 水質汚濁防止法の規定に基づく一律排水基準及び検定方法

昭和46年6月21日 総理府令第35号 「排水基準を定める省令」

昭和49年9月30日 環境庁告示第64号 「排水基準を定める省令の規定に基づく環境大臣が定める排水基準に係る検定方法」

総理府令第35号 別表第一（有害物質）

有害物質の種類	許容限度	検定方法（環境庁告示第64号）
カドミウム及びその化合物	一リットルにつきカドミウム〇・〇三ミリグラム	日本産業規格K〇一〇二（以下「規格」という.）五十五に定める方法（ただし、規格五十五・一に定める方法にあっては規格五十五の備考一に定める操作を行うものとする.）
シアン化合物	一リットルにつきシアン一ミリグラム	規格三十八・一・二（規格三十八の備考十一を除く. 以下同じ.）及び三十八・二に定める方法、規格三十八・一・二及び三十八・三に定める方法、規格三十八・一・二及び三十八・五に定める方法又は昭和四十六年十二月環境庁告示第五十九号（水質汚濁に係る環境基準について）（以下「告示」という.）付表一に掲げる方法
有機燐化合物（パラチオン，メチルパラチオン，メチルジメトン及びEPNに限る.）	一リットルにつき一ミリグラム	付表一に掲げる方法又はパラチオン，メチルパラチオン若しくはEPNにあっては規格三十一・一に定める方法（ガスクロマトグラフ法を除く.），メチルジメトンにあっては付表二に掲げる方法
鉛及びその化合物	一リットルにつき鉛〇・一ミリグラム	規格五十四に定める方法（ただし，規格五十四・一に定める方法にあっては規格五十四の備考一に定める操作を，規格五十四・三に定める方法にあっては規格五十二の備考九に定める操作を行うものとする.）
六価クロム化合物	一リットルにつき六価クロム〇・五ミリグラム	規格六十五・二・一に定める方法（着色している試料又は六価クロムを還元する物質を含有する試料で検定が困難なものにあっては，規格六十五の備考十一のb）の1）から3）まで及び規格六十五・一に定める方法）又は規格六十五・二・六に定める方法（ただし，塩分の濃度の高い試料を検定する場合にあっては，日本産業規格K〇一七〇-七の七のa）又はb）に定める操作を行うものとする.）
砒素及びその化合物	一リットルにつき砒素〇・一ミリグラム	規格六十一に定める方法
水銀及びアルキル水銀その他の水銀化合物	一リットルにつき水銀〇・〇〇五ミリグラム	告示付表二に掲げる方法
アルキル水銀化合物	検出されないこと.	告示付表三に掲げる方法及び付表三に掲げる方法
ポリ塩化ビフェニル	一リットルにつき〇・〇〇三ミリグラム	日本産業規格K〇〇九三に定める方法又は告示付表四に掲げる方法
トリクロロエチレン	一リットルにつき〇・一ミリグラム	日本産業規格K〇一二五の五・一，五・二，五・三・二，五・四・一又は五・五に定める方法
テトラクロロエチレン	一リットルにつき〇・一ミリグラム	日本産業規格K〇一二五の五・一，五・二，五・三・二，五・四・一又は五・五に定める方法
ジクロロメタン	一リットルにつき〇・二ミリグラム	日本産業規格K〇一二五の五・一，五・二，五・三・二又は五・四・一に定める方法
四塩化炭素	一リットルにつき〇・〇二ミリグラム	日本産業規格K〇一二五の五・一，五・二，五・三・二，五・四・一又は五・五に定める方法
一・二-ジクロロエタン	一リットルにつき〇・〇四ミリグラム	日本産業規格K〇一二五の五・一，五・二，五・三・二又は五・四・一に定める方法
一・一-ジクロロエチレン	一リットルにつき一ミリグラム	日本産業規格K〇一二五の五・一，五・二，五・三・二又は五・四・一に定める方法
シス-一・二-ジクロロエチレン	一リットルにつき〇・四ミリグラム	日本産業規格K〇一二五の五・一，五・二，五・三・二又は五・四・一に定める方法
一・一・一-トリクロロエタン	一リットルにつき三ミリグラム	日本産業規格K〇一二五の五・一，五・二，五・三・二，五・四・一又は五・五に定める方法

一・一・二-トリクロロエタン	一リットルにつき〇・〇六ミリグラム	日本産業規格K〇一二五の五・一,五・二,五・三・二,五・四・一又は五・五に定める方法
一・三-ジクロロプロペン	一リットルにつき〇・〇二ミリグラム	日本産業規格K〇一二五の五・一,五・二,五・三・二又は五・四・一に定める方法
チウラム	一リットルにつき〇・〇六ミリグラム	告示付表五に掲げる方法（ただし，前処理における試料の量は，溶媒抽出，固相抽出いずれの場合についても百ミリリットルとする.）
シマジン	一リットルにつき〇・〇三ミリグラム	告示付表六の第一又は第二に掲げる方法（ただし，前処理における試料の量は，溶媒抽出，固相抽出いずれの場合についても百ミリリットルとする.）
チオベンカルブ	一リットルにつき〇・二ミリグラム	告示付表六の第一又は第二に掲げる方法（ただし，前処理における試料の量は，溶媒抽出，固相抽出いずれの場合についても百ミリリットルとする.）
ベンゼン	一リットルにつき〇・一ミリグラム	日本産業規格K〇一二五の五・一,五・二,五・三・二又は五・四・二に定める方法
セレン及びその化合物	一リットルにつきセレン〇・一ミリグラム	規格六十七に定める方法
ほう素及びその化合物	海域以外の公共用水域に排出されるもの一リットルにつきほう素一〇ミリグラム 海域に排出されるもの一リットルにつきほう素二三〇ミリグラム	規格四十七に定める方法
ふつ素及びその化合物	海域以外の公共用水域に排出されるもの一リットルにつきふつ素八ミリグラム 海域に排出されるもの一リットルにつきふつ素一五ミリグラム	規格三十四・一（規格三十四の備考一を除く.），三十四・二若しくは三十四・四（妨害となる物質としてハロゲン化合物又はハロゲン化水素が多量に含まれる試料を測定する場合にあっては，蒸留試薬溶液として，水約二百ミリリットルに硫酸十ミリリットル，りん酸六十ミリリットル及び塩化ナトリウム十グラムを溶かした溶液とグリセリン二百五十ミリリットルを混合し，水を加えて千ミリリットルとしたものを用い，日本産業規格K〇一七〇−六の六図二注記のアルミニウム溶液のラインを追加する.）に定める方法又は規格三十四・一・一c)（注（2）第三文及び規格三十四の備考一を除く.）に定める方法及び告示付表七に掲げる方法
アンモニア，アンモニウム化合物，亜硝酸化合物及び硝酸化合物	一リットルにつきアンモニア性窒素に〇・四を乗じたもの，亜硝酸性窒素及び硝酸性窒素の合計量一〇〇ミリグラム	アンモニア又はアンモニウム化合物にあっては規格四十二・二,四十二・三，四十二・五,四十二・六又は四十二・七に定める方法（ただし，四十二・二,四十二・六又は四十二・七に定める方法により測定する場合において，規格四十二・一c)の蒸留操作を行うときは，規格四十二の備考二及び備考三に規定する方法を除く.）により検定されたアンモニウムイオンの濃度に換算係数〇・七七六六を乗じてアンモニア性窒素の量を検出する方法，亜硝酸化合物にあっては規格四十三・一に定める方法により検定された亜硝酸イオンの濃度に換算係数〇・三〇四五を乗じて亜硝酸性窒素の量を検出する方法，硝酸化合物にあっては規格四十三・二・五又は四十三・二・六に定める方法により検定された硝酸イオンの濃度に換算係数〇・二二五九を乗じて硝酸性窒素の量を検出する方法（ただし，亜硝酸化合物及び硝酸化合物にあっては，当該方法に代えて規格四十三・二・一（c)12）及び13）の式中「−C×1.348」を除く.）又は四十三・二・三（c)7）及びc)8）を除く.）に定める方法により検定された亜硝酸イオン及び硝酸イオンの合計の硝酸イオン相当濃度に換算係数〇・二二五九を乗じて亜硝酸性窒素及び硝酸性窒素の合計量を検出する方法とすることができる.）
一・四-ジオキサン	一リットルにつき〇・五ミリグラム	告示付表八に掲げる方法

備考
1　「検出されないこと.」とは，第二条の規定に基づき環境大臣が定める方法により排出水の汚染状態を検定した場合において，その結果が当該検定方法の定量限界を下回ることをいう.
2　砒素及びその化合物についての排水基準は，水質汚濁防止法施行令及び廃棄物の処理及び清掃に関する法律施行令の一部を改正する政令（昭和四十九年政令第三百六十三号）の施行の際現にゆう出している温泉（温泉法（昭和二十三年法律第百二十五号）第二条第一項に規定するものをいう. 以下同じ.）を利用する旅館業に属する事業場に係る排出水については，当分の間，適用しない.

総理府令第35号　別表第二（生活環境項目）

項目	許容限度	検定方法（環境庁告示第64号）
水素イオン濃度（水素指数）	海域以外の公共用水域に排出されるもの五・八以上八・六以下	規格十二・一に定める方法
	海域に排出されるもの五・〇以上九・〇以下	
生物化学的酸素要求量（単位　一リットルにつきミリグラム）	一六〇（日間平均一二〇）	規格二十一に定める方法
化学的酸素要求量（単位　一リットルにつきミリグラム）	一六〇（日間平均一二〇）	規格十七に定める方法
浮遊物質量（単位　一リットルにつきミリグラム）	二〇〇（日間平均一五〇）	告示付表九に掲げる方法
ノルマルヘキサン抽出物質含有量（鉱油類含有量）（単位　一リットルにつきミリグラム）	五	付表四に掲げる方法
ノルマルヘキサン抽出物質含有量（動植物油脂類含有量）（単位　一リットルにつきミリグラム）	三〇	
フェノール類含有量（単位　一リットルにつきミリグラム）	五	規格二十八・一（規格二十八の備考二及び備考三並びに規格二十八・一・三のただし書以降を除く。）に定める方法
銅含有量（単位　一リットルにつきミリグラム）	三	規格五十二・二，五十二・三，五十二・四又は五十二・五に定める方法
亜鉛含有量（単位　一リットルにつきミリグラム）	二	規格五十三に定める方法
溶解性鉄含有量（単位　一リットルにつきミリグラム）	一〇	規格五十七・二，五十七・三又は五十七・四に定める方法
溶解性マンガン含有量（単位　一リットルにつきミリグラム）	一〇	規格五十六・二，五十六・三，五十六・四又は五十六・五に定める方法
クロム含有量（単位　一リットルにつきミリグラム）	二	規格六十五・一に定める方法
大腸菌群数（単位　一立方センチメートルにつき個）	日間平均三,〇〇〇	下水の水質の検定方法に関する省令（昭和三十七年（／厚生省／建設省／令第一号）に規定する方法
窒素含有量（単位　一リットルにつきミリグラム）	一二〇（日間平均六〇）	規格四十五・一，四十五・二又は四十五・六（規格四十五の備考三を除く。）に定める方法
燐含有量（単位　一リットルにつきミリグラム）	一六（日間平均八）	規格四十六・三（規格四十六の備考九を除く。）に定める方法

備考
1　「日間平均」による許容限度は，一日の排出水の平均的な汚染状態について定めたものである.

2　この表に掲げる排水基準は，一日当たりの平均的な排出水の量が五〇立方メートル以上である工場又は事業場に係る排出水について適用する.

3　水素イオン濃度及び溶解性鉄含有量についての排水基準は，硫黄鉱業（硫黄と共存する硫化鉄鉱を掘採する鉱業を含む.）に属する工場又は事業場に係る排出水については適用しない.

4　水素イオン濃度，銅含有量，亜鉛含有量，溶解性鉄含有量，溶解性マンガン含有量及びクロム含有量についての排水基準は，水質汚濁防止法施行令及び廃棄物の処理及び清掃に関する法律施行令の一部を改正する政令の施行の際現にゆう出している温泉を利用する旅館業に属する事業場に係る排出水については，当分の間，適用しない.

5　生物化学的酸素要求量についての排水基準は，海域及び湖沼以外の公共用水域に排出される排出水に限つて適用し，化学的酸素要求量についての排水基準は，海域及び湖沼に排出される排出水に限つて適用する.

6　窒素含有量についての排水基準は，窒素が湖沼植物プランクトンの著しい増殖をもたらすおそれがある湖沼として環境大臣が定める湖沼，海洋植物プランクトンの著しい増殖をもたらすおそれがある海域（湖沼であって水の塩素イオン含有量が一リットルにつき九,〇〇〇ミリグラムを超えるものを含む.以下同じ.）として環境大臣が定める海域及びこれらに流入する公共用水域に排出される排出水に限つて適用する.

7　燐含有量についての排水基準は，燐が湖沼植物プランクトンの著しい増殖をもたらすおそれがある湖沼として環境大臣が定める湖沼，海洋植物プランクトンの著しい増殖をもたらすおそれがある海域として環境大臣が定める海域及びこれらに流入する公共用水域に排出される排出水に限つて適用する.

付表A.10　下水道法に基づき地方公共団体が定める下水排除基準（ダイオキシン類以外）

（注）本表は，対象項目の「表記順」「名称」は下水道法施行令を参考とし，「基準値」は東京都23区の資料をもとに作成した．

対象者	水質汚濁防止法上の特定施設の設置者		水質汚濁防止法上の特定施設を設置していない者	
対象物質または項目	平均排水量 50 m³/日以上	平均排水量50 m³/日未満	平均排水量 50 m³/日以上	平均排水量 50 m³/日未満
カドミウム及びその化合物	0.03 mg/L以下	0.03 mg/L以下	0.03 mg/L以下	0.03 mg/L以下
シアン化合物	1 mg/L以下	1 mg/L以下	1 mg/L以下	1 mg/L以下
有機燐化合物	1 mg/L以下	1 mg/L以下	1 mg/L以下	1 mg/L以下
鉛及びその化合物	0.1 mg/L以下	0.1 mg/L以下	0.1 mg/L以下	0.1 mg/L以下
六価クロム化合物	0.5 mg/L以下	0.5 mg/L以下	0.5 mg/L以下	0.5 mg/L以下
砒素及びその化合物	0.1 mg/L以下	0.1 mg/L以下	0.1 mg/L以下	0.1 mg/L以下
水銀及びアルキル水銀その他の水銀化合物	0.005 mg/L以下	0.005 mg/L以下	0.005 mg/L以下	0.005 mg/L以下
アルキル水銀化合物	検出されないこと	検出されないこと	検出されないこと	検出されないこと
ポリ塩化ビフェニル	0.003 mg/L以下	0.003 mg/L以下	0.003 mg/L以下	0.003 mg/L以下
トリクロロエチレン	0.1 mg/L以下	0.1 mg/L以下	0.1 mg/L以下	0.1 mg/L以下
テトラクロロエチレン	0.1 mg/L以下	0.1 mg/L以下	0.1 mg/L以下	0.1 mg/L以下
ジクロロメタン	0.2 mg/L以下	0.2 mg/L以下	0.2 mg/L以下	0.2 mg/L以下
四塩化炭素	0.02 mg/L以下	0.02 mg/L以下	0.02 mg/L以下	0.02 mg/L以下
一・二-ジクロロエタン	0.04 mg/L以下	0.04 mg/L以下	0.04 mg/L以下	0.04 mg/L以下
一・一-ジクロロエチレン	1 mg/L以下	1 mg/L以下	1 mg/L以下	1 mg/L以下
シス-一・二-ジクロロエチレン	0.4 mg/L以下	0.4 mg/L以下	0.4 mg/L以下	0.4 mg/L以下
一・一・一-トリクロロエタン	3 mg/L以下	3 mg/L以下	3 mg/L以下	3 mg/L以下
一・一・二-トリクロロエタン	0.06 mg/L以下	0.06 mg/L以下	0.06 mg/L以下	0.06 mg/L以下
一・三-ジクロロプロペン	0.02 mg/L以下	0.02 mg/L以下	0.02 mg/L以下	0.02 mg/L以下
テトラメチルチウラムジスルフィド（別名チウラム）	0.06 mg/L以下	0.06 mg/L以下	0.06 mg/L以下	0.06 mg/L以下
二-クロロ-四・六-ビス（エチルアミノ）-s-トリアジン（別名シマジン）	0.03 mg/L以下	0.03 mg/L以下	0.03 mg/L以下	0.03 mg/L以下
S-四-クロロベンジル＝N・N-ジエチルチオカルバマート（別名チオベンカルブ）	0.2 mg/L以下	0.2 mg/L以下	0.2 mg/L以下	0.2 mg/L以下
ベンゼン	0.1 mg/L以下	0.1 mg/L以下	0.1 mg/L以下	0.1 mg/L以下
セレン及びその化合物	0.1 mg/L以下	0.1 mg/L以下	0.1 mg/L以下	0.1 mg/L以下
ほう素及びその化合物	10 mg/L以下	10 mg/L以下	10 mg/L以下	10 mg/L以下
	230 mg/L以下	230 mg/L以下	230 mg/L以下	230 mg/L以下
ふつ素及びその化合物	8 mg/L以下	8 mg/L以下	8 mg/L以下	8 mg/L以下
	15 mg/L以下	15 mg/L以下	15 mg/L以下	15 mg/L以下
一・四-ジオキサン	0.5 mg/L以下	0.5 mg/L以下	0.5 mg/L以下	0.5 mg/L以下

有害物質

環境項目等							
	フェノール類		5mg/L以下	5mg/L以下	–	5mg/L以下	–
	銅及びその化合物		3mg/L以下	3mg/L以下	3mg/L以下	3mg/L以下	3mg/L以下
	亜鉛及びその化合物		2mg/L以下	2mg/L以下	2mg/L以下	2mg/L以下	2mg/L以下
	鉄及びその化合物（溶解性）		10mg/L以下	10mg/L以下	–	10mg/L以下	–
	マンガン及びその化合物（溶解性）		10mg/L以下	10mg/L以下	–	10mg/L以下	–
	クロム及びその化合物		2mg/L以下	2mg/L以下	2mg/L以下	2mg/L以下	2mg/L以下
	水素イオン濃度		5を超え9未満（5.7を超え8.7未満）	5を超え9未満（5.7を超え8.7未満）		5を超え9未満（5.7を超え8.7未満）	5を超え9未満（5.7を超え8.7未満）
	生物化学的酸素要求量		600mg/L未満（300mg/L未満）	–		600mg/L未満（300mg/L未満）	–
	浮遊物質量		600mg/L未満（300mg/L未満）	–		600mg/L未満（300mg/L未満）	–
	ノルマルヘキサン抽出物質含有量	鉱油類含有量	5mg/L以下	–		5mg/L以下	–
		動植物油脂類含有量	30mg/L以下	–		30mg/L以下	–
	窒素含有量		120mg/L未満	–		120mg/L未満	–
	燐含有量		16mg/L未満	–		16mg/L未満	–
	温度		45℃未満（40℃未満）	45℃未満（40℃未満）		45℃未満（40℃未満）	45℃未満（40℃未満）
	沃素消費量		220mg/L未満	220mg/L未満		220mg/L未満	220mg/L未満

備考

1　ほう素及びその化合物，ふっ素及びその化合物の基準のうち上段は「河川その他の公共用水域を放流先としている公共下水道」に排除する場合，下段は「海域を放流先としている公共下水道」に排除する場合の基準値．（事業場の所在地により異なる．）

2　網かけセルのうち 50 m³/日未満の特定施設の設置者に係るクロム及びその化合物の基準は，工場を設置している者又は平成13年4月1日以降に指定作業場を設置した者等に適用し，銅及びその化合物・亜鉛及びその化合物・フェノール類・鉄及びその化合物（溶解性）・マンガン及びその化合物（溶解性）の基準は，昭和47年4月2日以降に工場を設置した者又は平成13年4月1日以降に指定作業場を設置した者等に適用する．工場とは「都民の健康と安全を確保する環境に関する条例（平成12年東京都条例第215号）」第2条第7号に規定するもの，指定作業場とは同条第8号に規定するものである．

3　生物化学的酸素要求量，浮遊物質量，水素イオン濃度，温度に係る（　）内の数値は製造業又はガス供給業に適用する．

付表A.11 土壌汚染対策法に係る要件，測定方法

平成14年12月26日 環境省令第29号 「土壌汚染対策法施行規則」

平成15年3月6日 環境省告示第18号 「土壌溶出量調査に係る測定方法を定める件」

平成15年3月6日 環境省告示第19号 「土壌含有量調査に係る測定方法を定める件」

土壌溶出量調査に係る要件，測定方法

特定有害物質の種類	土壌溶出量基準（施行規則 別表第四）	第二溶出量基準（施行規則 別表第三）	測定方法（環境省告示第18号）
カドミウム及びその化合物	検液一リットルにつきカドミウム〇・〇〇三ミリグラム以下であること．	検液一リットルにつきカドミウム〇・〇九ミリグラム以下であること．	日本産業規格（以下「規格」という．）K0102の55.2，55.3又は55.4に定める方法
六価クロム化合物	検液一リットルにつき六価クロム〇・〇五ミリグラム以下であること．	検液一リットルにつき六価クロム一・五ミリグラム以下であること．	規格K0102の65.2（規格K0102の65.2.7を除く．）に定める方法（ただし，規格K0102の65.2.6に定める方法により塩分の濃度の高い試料を測定する場合にあっては，規格K0170-7の7のa）又はb）に定める操作を行うものとする．）
クロロエチレン	検液一リットルにつき〇・〇〇二ミリグラム以下であること．	検液一リットルにつきクロロエチレン〇・〇二ミリグラム以下であること．	平成9年3月環境庁告示第10号（地下水の水質汚濁に係る環境基準について）付表に掲げる方法
シマジン	検液一リットルにつき〇・〇〇三ミリグラム以下であること．	検液一リットルにつき〇・〇三ミリグラム以下であること．	昭和46年12月環境庁告示第59号（水質汚濁に係る環境基準について）（以下「水質環境基準告示」という．）付表6の第1又は第2に掲げる方法
シアン化合物	検液中にシアンが検出されないこと．	検液一リットルにつきシアン一ミリグラム以下であること．	規格K0102の38に定める方法（規格K0102の38.1.1及び38の備考11に定める方法を除く．）又は水質環境基準告示付表1に掲げる方法
チオベンカルブ	検液一リットルにつき〇・〇二ミリグラム以下であること．	検液一リットルにつき〇・二ミリグラム以下であること．	水質環境基準告示付表6の第1又は第2に掲げる方法
四塩化炭素	検液一リットルにつき〇・〇〇二ミリグラム以下であること．	検液一リットルにつき〇・〇二ミリグラム以下であること．	規格K0125の5.1，5.2，5.3.1，5.4.1又は5.5に定める方法
一・二-ジクロロエタン	検液一リットルにつき〇・〇〇四ミリグラム以下であること．	検液一リットルにつき〇・〇四ミリグラム以下であること．	規格K0125の5.1，5.2，5.3.1又は5.3.2に定める方法
一・一-ジクロロエチレン	検液一リットルにつき〇・一ミリグラム以下であること．	検液一リットルにつき一ミリグラム以下であること．	規格K0125の5.1，5.2又は5.3.2に定める方法
一・二-ジクロロエチレン	検液一リットルにつき〇・〇四ミリグラム以下であること．	検液一リットルにつき〇・四ミリグラム以下であること．	シス体にあっては規格K0125の5.1，5.2又は5.3.2に定める方法，トランス体にあっては規格K0125の5.1，5.2又は5.3.1に定める方法
一・三-ジクロロプロペン	検液一リットルにつき〇・〇〇二ミリグラム以下であること．	検液一リットルにつき〇・〇二ミリグラム以下であること．	規格K0125の5.1，5.2又は5.3.1に定める方法
ジクロロメタン	検液一リットルにつき〇・〇二ミリグラム以下であること．	検液一リットルにつき〇・二ミリグラム以下であること．	規格K0125の5.1，5.2又は5.3.2に定める方法
水銀及びその化合物	検液一リットルにつき水銀〇・〇〇〇五ミリグラム以下であり，かつ，検液中にアルキル水銀が検出されないこと．	検液一リットルにつき水銀〇・〇〇五ミリグラム以下であり，かつ，検液中にアルキル水銀が検出されないこと．	水銀にあっては水質環境基準告示付表2に掲げる方法，アルキル水銀にあっては水質環境基準告示付表3及び昭和49年9月環境庁告示第64号（環境大臣が定める排水基準に係る検定方法）（以下「排出基準検定告示」という．）付表3に掲げる方法
セレン及びその化合物	検液一リットルにつきセレン〇・〇一ミリグラム以下であること．	検液一リットルにつきセレン〇・三ミリグラム以下であること．	規格K0102の67.2，67.3又は67.4に定める方法
テトラクロロエチレン	検液一リットルにつき〇・〇一ミリグラム以下であること．	検液一リットルにつき〇・一ミリグラム以下であること．	規格K0125の5.1，5.2，5.3.1，5.4.1又は5.5に定める方法
チウラム	検液一リットルにつき〇・〇〇六ミリグラム以下であること．	検液一リットルにつき〇・〇六ミリグラム以下であること．	水質環境基準告示付表5に掲げる方法
一・一・一-トリクロロエタン	検液一リットルにつき一ミリグラム以下であること．	検液一リットルにつき三ミリグラム以下であること．	規格K0125の5.1，5.2，5.3.1，5.4.1又は5.5に定める方法
一・一・二-トリクロロエタン	検液一リットルにつき〇・〇〇六ミリグラム以下であること．	検液一リットルにつき〇・〇六ミリグラム以下であること．	規格K0125の5.1，5.2，5.3.1，5.4.1又は5.5に定める方法
トリクロロエチレン	検液一リットルにつき〇・〇一ミリグラム以下であること．	検液一リットルにつき〇・一ミリグラム以下であること．	規格K0125の5.1，5.2，5.3.1，5.4.1又は5.5に定める方法
鉛及びその化合物	検液一リットルにつき鉛〇・〇一ミリグラム以下であること．	検液一リットルにつき鉛〇・三ミリグラム以下であること．	規格K0102の54に定める方法
砒素及びその化合物	検液一リットルにつき砒素〇・〇一ミリグラム以下であること．	検液一リットルにつき砒素〇・三ミリグラム以下であること．	規格K0102の61に定める方法
ふっ素及びその化合物	検液一リットルにつきふっ素〇・八ミリグラム以下であること．	検液一リットルにつきふっ素二十四ミリグラム以下であること．	規格K0102の34.1（規格K0102の34の備考1を除く．）若しくは34.4（妨害となる物質としてハロゲン化合物又はハロゲン化水素が多量に含まれる試料を測定する場合にあっては，蒸留試薬溶液として，水約200 mLに硫酸10 mL，りん酸60 mL及び塩化ナトリウム10 gを溶かした溶液とグリセリン250 mLを混合し，水を加えて1,000 mLとしたものを用い，規格K0170-6の6図注記のアルミニウム溶液のラインを追加する．）に定める方法又は規格K0102の34.1.1c）（注(2)第3文及び規格K0102の34の備考1を除く．）に定める方法（懸濁物質及びイオンクロマトグラフ法で妨害となる物質が共存しないことを確認した場合にあっては，これを省略することができる．）及び水質環境基準告示付表7に掲げる方法

ベンゼン	検液一リットルにつき〇・〇一ミリグラム以下であること．	検液一リットルにつき〇・一ミリグラム以下であること．	規格 K0125の5.1，5.2又は5.3.2に定める方法
ほう素及びその化合物	検液一リットルにつきほう素一ミリグラム以下であること．	検液一リットルにつきほう素三十ミリグラム以下であること．	規格 K0102の47.1，47.3又は47.4に定める方法
ポリ塩化ビフェニル	検液中に検出されないこと．	検液一リットルにつき〇・〇〇三ミリグラム以下であること．	水質環境基準告示付表4に掲げる方法
有機りん化合物（パラチオン，メチルパラチオン，メチルジメトン及びEPNに限る.）	検液中に検出されないこと．	検液一リットルにつき一ミリグラム以下であること．	排出基準検定告示付表1に掲げる方法又は規格 K0102の31.1に定める方法のうちガスクロマトグラフ法以外のもの（メチルジメトンにあっては，排出基準検定告示付表2に掲げる方法）

土壌含有量調査に係る要件，測定方法

特定有害物質の種類	土壌含有量基準（施行規則　別表第五）	測定方法（環境省告示第19号）
カドミウム及びその化合物	土壌一キログラムにつきカドミウム四十五ミリグラム以下であること．	日本産業規格 K0102（以下「規格」という.）55に定める方法（準備操作にあっては，規格52の備考6に定める方法を除く.）
六価クロム化合物	土壌一キログラムにつき六価クロム二百五十ミリグラム以下であること．	規格65.2（規格65.2.7を除く.）に定める方法（ただし，規格65.2.6に定める方法により塩分の濃度の高い試料を測定する場合にあっては，日本産業規格 K0170-7の7のa）又はb）に定める操作を行うものとする.）
シアン化合物	土壌一キログラムにつき遊離シアン五十ミリグラム以下であること．	規格38に定める方法（規格38.1及び38の備考11に定める方法を除く.）
水銀及びその化合物	土壌一キログラムにつき水銀十五ミリグラム以下であること．	昭和46年12月環境庁告示第59号（水質汚濁に係る環境基準について）（以下「水質環境基準告示」という.）付表2に掲げる方法
セレン及びその化合物	土壌一キログラムにつきセレン百五十ミリグラム以下であること．	規格67.2，67.3又は67.4に定める方法
鉛及びその化合物	土壌一キログラムにつき鉛百五十ミリグラム以下であること．	規格54に定める方法
砒素及びその化合物	土壌一キログラムにつき砒素百五十ミリグラム以下であること．	規格61に定める方法
ふっ素及びその化合物	土壌一キログラムにつきふっ素四千ミリグラム以下であること．	規格34.1（規格34の備考1を除く.）若しくは34.4（妨害となる物質としてハロゲン化合物又はハロゲン化水素が多量に含まれる試料を測定する場合にあっては，蒸留試薬溶液として，水約200 mLに硫酸10 mL，りん酸60 mL及び塩化ナトリウム10 gを溶かした溶液とグリセリン250 mLを混合し，水を加えて1,000 mLとしたものを用い，日本産業規格 K0170-6の6図2注記のアルミニウム溶液のラインを追加する.）に定める方法又は規格34.1.1c）（注（2）第3文及び規格34の備考1を除く.）に定める方法及び水質環境基準告示付表7に掲げる方法
ほう素及びその化合物	土壌一キログラムにつきほう素四千ミリグラム以下であること．	規格47.1，47.3又は47.4に定める方法

付表B.1　主な弱酸の酸解離定数

酸	化学式	pK_{a1}	pK_{a2}	pK_{a3}	pK_{a4}
無機酸					
亜硝酸	HNO_2	3.14			
亜ヒ酸	$HAsO_2$	9.28			
亜硫酸	H_2SO_3	1.89	7.21		
クロム酸	H_2CrO_4	0.74	6.49		
次亜塩素酸	$HClO$	7.54			
シアン化水素酸	HCN	9.21			
炭酸	H_2CO_3	6.35	10.33		
ヒ酸	H_3AsO_4	2.22	6.76	11.50	
フッ化水素酸	HF	3.20			
ホウ酸	H_3BO_3	9.24	>14	>14	
硫化水素	H_2S	6.97	12.90		
硫酸	H_2SO_4	<0	1.99		
リン酸	H_3PO_4	2.15	7.20	12.32	
有機酸					
安息香酸	C_6H_5COOH	4.20			
イミノ二酢酸	$HN(CH_2COOH)_2$	2.54	9.12		
エチレンジアミン四酢酸	$(CH_2N(CH_2COOH)_2)_2$	1.99	2.67	6.16	10.26
ギ酸	$HCOOH$	3.75			
クエン酸	$C(CH_2COOH)_2(OH)COOH$	3.13	4.76	6.40	
クロロ酢酸	$CH_2ClCOOH$	2.87			
コハク酸	$(CH_2COOH)_2$	4.21	5.64		
酢酸	CH_3COOH	4.76			
サリチル酸	$C_6H_4(OH)COOH$	2.98	12.38		
シュウ酸	$(COOH)_2$	1.27	4.27		
酒石酸	$(CH(OH)COOH)_2$	3.04	4.37		
フェノール	C_6H_5OH	9.99			
フタル酸	$C_6H_4(COOH)_2$	2.95	5.41		

〔J. G. Speight, Lange's Handbook of Chemistry, 16th ed., McGraw–Hill（2005），Table 1.74，2.59 より抜粋，一部改変〕

付表B.2　主な弱塩基の塩基解離定数

塩基	化学式	pK_{b1}	pK_{b2}
アニリン	$C_6H_5NH_2$	4.60	
アンモニア	NH_3	4.75	
エチルアミン	$C_2H_5NH_2$	3.37	
エチレンジアミン	$NH_2CH_2CH_2NH_2$	4.08	7.15
キノリン	C_9H_7N	9.20	
ジエチルアミン	$(C_2H_5)_2NH$	3.20	
ジメチルアミン	$(CH_3)_2NH$	3.23	
トリエタノールアミン	$(HOC_2H_4)_3N$	6.24	
トリエチルアミン	$(C_2H_5)_3N$	3.28	
トリメチルアミン	$(CH_3)_3N$	4.20	
ピリジン	C_5H_5N	8.83	
メチルアミン	CH_3NH_2	3.38	

［J. G. Speight, Lange's Handbook of Chemistry, 16th ed., McGraw-Hill（2005），Table 1.74，2.59 より計算］

付表B.3　主な金属イオンとedta^{4-}との錯体の全安定度定数

金属イオン	$\log \beta_1$	金属イオン	$\log \beta_1$
Ag^+	7.32	Fe^{3+}	24.23
Al^{3+}	16.11	Hg^{2+}	21.80
Ba^{2+}	7.78	Mg^{2+}	8.64
Ca^{2+}	11.0	Mn^{2+}	13.8
Cd^{2+}	16.4	Ni^{2+}	18.56
Co^{2+}	16.31	Pb^{2+}	18.3
Cu^{2+}	18.7	Sr^{2+}	8.80
Fe^{2+}	14.30	Zn^{2+}	16.4

［J. G. Speight, Lange's Handbook of Chemistry, 16th ed., McGraw-Hill（2005），Table 1.76 より抜粋］

付表B.4　主な酸化還元系の標準酸化還元電位

半反応式	$E^\circ_{\text{Ox/Red}}$[V]（vs. NHE）
$S_2O_8^{2-}+2e^- \rightleftharpoons 2SO_4^{2-}$	2.01
$Co^{3+}+e^- \rightleftharpoons Co^{2+}$	1.82
$H_2O_2+2H^++2e^- \rightleftharpoons 2H_2O$	1.77
$MnO_4^-+4H^++3e^- \rightleftharpoons MnO_2+2H_2O$	1.695
$2HClO+2H^++2e^- \rightleftharpoons Cl_2+2H_2O$	1.63
$Ce^{4+}+e^- \rightleftharpoons Ce^{3+}$	1.61
$MnO_4^-+8H^++5e^- \rightleftharpoons Mn^{2+}+4H_2O$	1.51
$PbO_2+4H^++2e^- \rightleftharpoons Pb^{2+}+2H_2O$	1.455
$Cl_2+2e^- \rightleftharpoons 2Cl^-$	1.3595
$Cr_2O_7^{2-}+14H^++6e^- \rightleftharpoons 2Cr^{3+}+7H_2O$	1.33
$O_2+4H^++4e^- \rightleftharpoons 2H_2O$	1.229
$2IO_3^-+12H^++10e^- \rightleftharpoons I_2+6H_2O$	1.195
$Ag^++e^- \rightleftharpoons Ag$	0.7994
$Fe^{3+}+e^- \rightleftharpoons Fe^{2+}$	0.771
$O_2+2H^++2e^- \rightleftharpoons H_2O_2$	0.682
$H_3AsO_4+2H^++2e^- \rightleftharpoons HAsO_2+2H_2O$	0.560
$I_2+2e^- \rightleftharpoons 2I^-$	0.5355
$Fe(CN)_6^{3-}+e^- \rightleftharpoons Fe(CN)_6^{4-}$	0.356
$Sn^{4+}+2e^- \rightleftharpoons Sn^{2+}$	0.15
$S_4O_6^{2-}+2e^- \rightleftharpoons 2S_2O_3^{2-}$	0.08
$2H^++2e^- \rightleftharpoons H_2$	0
$Pb^{2+}+2e^- \rightleftharpoons Pb$	-0.126
$Fe^{2+}+2e^- \rightleftharpoons Fe$	-0.440
$2CO_2+2H^++2e^- \rightleftharpoons H_2C_2O_4$	-0.49
$Zn^{2+}+2e^- \rightleftharpoons Zn$	-0.7628

［喜多英明，魚崎浩平，電気化学の基礎，技報堂出版（1983），pp.254–259より抜粋］

付表B.5　主な難溶性塩，水酸化物の溶解度積

化学式	K_{sp}	化学式	K_{sp}
AgCl	1.77×10^{-10}	BaCO$_3$	2.58×10^{-9}
AgBr	5.35×10^{-13}	CaCO$_3$	2.8×10^{-9}
AgI	8.52×10^{-17}	MgCO$_3$	6.82×10^{-6}
CaF$_2$	5.3×10^{-9}	PbCO$_3$	7.4×10^{-14}
CuI(Cu^++I^-)	1.27×10^{-12}	SrCO$_3$	5.60×10^{-10}
Hg$_2$Cl$_2$(Hg$_2^{2+}$+2Cl$^-$)	1.27×10^{-12}	AgSCN	1.03×10^{-12}
Hg$_2$Br$_2$(Hg$_2^{2+}$+2Br$^-$)	6.40×10^{-23}	CuSCN(Cu^++SCN^-)	1.77×10^{-13}
Hg$_2$I$_2$(Hg$_2^{2+}$+2I$^-$)	5.2×10^{-29}	Ag$_2$CrO$_4$	1.12×10^{-12}
PbCl$_2$	1.70×10^{-5}	BaCrO$_4$	1.17×10^{-10}
Ag$_2$S	6.3×10^{-50}	PbCrO$_4$	2.8×10^{-13}
Bi$_2$S$_3$	1×10^{-97}	BaC$_2$O$_4$	1.6×10^{-7}
α–CoS	4.0×10^{-21}	CaC$_2$O$_4$	2.32×10^{-9}
β–CoS	2.0×10^{-25}	MgC$_2$O$_4$	4.83×10^{-6}
CuS	6.3×10^{-36}	SrC$_2$O$_4$	1.6×10^{-7}
FeS	6.3×10^{-18}	Al(OH)$_3$	1.3×10^{-33}
HgS（赤）	4×10^{-53}	AgOH	2.0×10^{-8}
HgS（黒）	1.6×10^{-52}	Ca(OH)$_2$	5.5×10^{-6}
MnS（非晶質）	2.5×10^{-10}	Cd(OH)$_2$	7.2×10^{-15}
MnS（結晶）	2.5×10^{-13}	Cu(OH)$_2$	2.2×10^{-20}
α–NiS	3.2×10^{-19}	Cr(OH)$_3$	6.3×10^{-31}
β–NiS	1.0×10^{-24}	Fe(OH)$_2$	4.87×10^{-17}
γ–NiS	2.0×10^{-26}	Fe(OH)$_3$	2.79×10^{-39}
PbS	8.0×10^{-28}	Mg(OH)$_2$	5.61×10^{-12}
α–ZnS	1.6×10^{-24}	Mn(OH)$_2$	1.9×10^{-13}
β–ZnS	2.5×10^{-22}	Ni(OH)$_2$	5.48×10^{-16}
BaSO$_4$	1.08×10^{-10}	Pb(OH)$_2$	1.43×10^{-15}
CaSO$_4$	4.93×10^{-5}		
PbSO$_4$	2.53×10^{-8}		
SrSO$_4$	3.44×10^{-7}		

〔J. G. Speight, Lange's Handbook of Chemistry, 16th ed., McGraw-Hill（2005），Table 1.71 より抜粋〕

付表C.1　基本物理定数の値

物理量	記号	数値	単位
真空中の透磁率	μ_0	$4\pi\times10^{-7}$	$\mathrm{N\,A^{-2}}$
真空中の光速度	c	2.99792458×10^{8}	$\mathrm{m\,s^{-1}}$
真空の誘電率	ε_0	$8.8541878128(13)\times10^{-12}$	$\mathrm{F\,m^{-1}}$
素電荷（電気素量）	e	$1.602176634\times10^{-19}$	C
プランク定数	h	6.62607015×10^{-34}	$\mathrm{J\,s}$
アボガドロ定数	N_A, L	6.02214076×10^{23}	$\mathrm{mol^{-1}}$
電子の質量	m_e	$9.1093837015(28)\times10^{-31}$	kg
陽子の質量	m_p	$1.67262192369(51)\times10^{-27}$	kg
ファラデー定数	F	$9.648533212...\times10^{4}$	$\mathrm{C\,mol^{-1}}$
ボーア半径	a_0	$5.29177210903(80)\times10^{-11}$	m
リュードベリ定数	R_∞	$1.0973731568160(21)\times10^{7}$	$\mathrm{m^{-1}}$
気体定数	R	$8.314462618...$	$\mathrm{J\,mol^{-1}\,K^{-1}}$
ボルツマン定数	k	1.380649×10^{-23}	$\mathrm{J\,K^{-1}}$
水の三重点	$T_\mathrm{tp}(\mathrm{H_2O})$	273.16	K
セルシウス温度の目盛のゼロ点	$t\,(0\,{}^\circ\mathrm{C})$	273.15	K
理想気体1モル（$1\times10^{5}\,\mathrm{Pa}$, $273.15\,\mathrm{K}$）の体積	V_0	22.41396954×10^{-3}	$\mathrm{m^3\,mol^{-1}}$

付表C.2　SI基本単位とSI組立単位の一例

	名称	単位
SI基本単位		
長さ	メートル	m
質量	キログラム	kg
時間	秒	s
電流	アンペア	A
熱力学温度	ケルビン	K
物質量	モル	mol
光度	カンデラ	cd
SI組立単位		
面積	平方メートル	$\mathrm{m^2}$
体積	立方メートル	$\mathrm{m^3}$
速度	メートル毎秒	$\mathrm{m\,s^{-1}}$
質量密度	キログラム毎立方メートル	$\mathrm{kg\,m^{-3}}$
平面角	ラジアン	$\mathrm{rad\,(m\,m^{-1})}$
周波数	ヘルツ	$\mathrm{Hz\,(s^{-1})}$
力	ニュートン	$\mathrm{N\,(kg\,m\,s^{-2})}$
圧力	パスカル	$\mathrm{Pa\,(kg\,m^{-1}\,s^{-2})}$
エネルギー，仕事，熱量	ジュール	$\mathrm{J\,(kg\,m^2\,s^{-2})}$
仕事率，電力	ワット	$\mathrm{W\,(kg\,m^2\,s^{-3})}$
電圧，電位差	ボルト	$\mathrm{V\,(kg\,m^2\,s^{-3}\,A^{-1})}$
電気量，電荷	クーロン	$\mathrm{C\,(A\,s)}$
セルシウス温度	セルシウス度	${}^\circ\mathrm{C\,(K)}$
放射能	ベクレル	$\mathrm{Bq\,(s^{-1})}$
線量当量	シーベルト	$\mathrm{Sv\,(m^2\,s^{-2})}$

付表C.3　SI接頭語

乗数	名称	記号	乗数	名称	記号
10	デカ	da	10^{-1}	デシ	d
10^2	ヘクト	h	10^{-2}	センチ	c
10^3	キロ	k	10^{-3}	ミリ	m
10^6	メガ	M	10^{-6}	マイクロ	μ
10^9	ギガ	G	10^{-9}	ナノ	n
10^{12}	テラ	T	10^{-12}	ピコ	p
10^{15}	ペタ	P	10^{-15}	フェムト	f
10^{18}	エクサ	E	10^{-18}	アト	a
10^{21}	ゼタ	Z	10^{-21}	セプト	z
10^{24}	ヨタ	Y	10^{-24}	ヨクト	y
10^{27}	ロナ	R	10^{-27}	ロント	r
10^{30}	クエタ	Q	10^{-30}	クエクト	q

付表C.4　SI単位と併用される非SI単位

名称	記号	SI単位による値
分	min	$1\,\mathrm{min}=60\,\mathrm{s}$
時	h	$1\,\mathrm{h}=60\,\mathrm{min}=3600\,\mathrm{s}$
日	d	$1\,\mathrm{d}=24\,\mathrm{h}=86400\,\mathrm{s}$
度	°	$1°=1$直角の$1/90=\pi/180\,\mathrm{rad}$
分	′	$1′=1/60$度$=\pi/10800\,\mathrm{rad}$
秒	″	$1″=1/60$分$=\pi/648000\,\mathrm{rad}$
ヘクタール	ha	$1\,\mathrm{ha}=10^4\,\mathrm{m}^2=1\,\mathrm{hm}^2$
リットル	L	$1\,\mathrm{L}=1\,\mathrm{dm}^3=10^{-3}\,\mathrm{m}^3$
トン	t	$1\,\mathrm{t}=1000\,\mathrm{kg}$
電子ボルト	eV	$1\,\mathrm{eV}=1.602176634\times10^{-19}\,\mathrm{J}$
ダルトン	Da	$1\,\mathrm{Da}=1.66053906660(50)\times10^{-27}\,\mathrm{kg}$
統一原子質量単位	u	$1\,\mathrm{u}=1\,\mathrm{Da}$
天文単位	au	$1\,\mathrm{au}=1.49597870700\times10^{11}\,\mathrm{m}$

付表 D.1　元素の周期表（2022）

凡例（元素名欄）:
- 原子番号
- 元素記号（注1）
- 原子量

族→ 周期↓	1	2	3	4	5	6	7	8	9	10	11	12	13	14	15	16	17	18
1	水素 1 H 1.008																	ヘリウム 2 He 4.003
2	リチウム 3 Li 6.94	ベリリウム 4 Be 9.012											ホウ素 5 B 10.81	炭素 6 C 12.01	窒素 7 N 14.01	酸素 8 O 16.00	フッ素 9 F 19.00	ネオン 10 Ne 20.18
3	ナトリウム 11 Na 22.99	マグネシウム 12 Mg 24.31											アルミニウム 13 Al 26.98	ケイ素 14 Si 28.09	リン 15 P 30.97	硫黄 16 S 32.07	塩素 17 Cl 35.45	アルゴン 18 Ar 39.95
4	カリウム 19 K 39.10	カルシウム 20 Ca 40.08	スカンジウム 21 Sc 44.96	チタン 22 Ti 47.87	バナジウム 23 V 50.94	クロム 24 Cr 52.00	マンガン 25 Mn 54.94	鉄 26 Fe 55.85	コバルト 27 Co 58.93	ニッケル 28 Ni 58.69	銅 29 Cu 63.55	亜鉛 30 Zn 65.38	ガリウム 31 Ga 69.72	ゲルマニウム 32 Ge 72.63	ヒ素 33 As 74.92	セレン 34 Se 78.97	臭素 35 Br 79.90	クリプトン 36 Kr 83.80
5	ルビジウム 37 Rb 85.47	ストロンチウム 38 Sr 87.62	イットリウム 39 Y 88.91	ジルコニウム 40 Zr 91.22	ニオブ 41 Nb 92.91	モリブデン 42 Mo 95.95	テクネチウム 43 Tc* (99)	ルテニウム 44 Ru 101.1	ロジウム 45 Rh 102.9	パラジウム 46 Pd 106.4	銀 47 Ag 107.9	カドミウム 48 Cd 112.4	インジウム 49 In 114.8	スズ 50 Sn 118.7	アンチモン 51 Sb 121.8	テルル 52 Te 127.6	ヨウ素 53 I 126.9	キセノン 54 Xe 131.3
6	セシウム 55 Cs 132.9	バリウム 56 Ba 137.3	57~71 ランタノイド	ハフニウム 72 Hf 178.5	タンタル 73 Ta 180.9	タングステン 74 W 183.8	レニウム 75 Re 186.2	オスミウム 76 Os 190.2	イリジウム 77 Ir 192.2	白金 78 Pt 195.1	金 79 Au 197.0	水銀 80 Hg 200.6	タリウム 81 Tl 204.4	鉛 82 Pb 207.2	ビスマス 83 Bi* 209.0	ポロニウム 84 Po* (210)	アスタチン 85 At* (210)	ラドン 86 Rn* (222)
7	フランシウム 87 Fr* (223)	ラジウム 88 Ra* (226)	89~103 アクチノイド	ラザホージウム 104 Rf* (267)	ドブニウム 105 Db* (268)	シーボーギウム 106 Sg* (271)	ボーリウム 107 Bh* (272)	ハッシウム 108 Hs* (277)	マイトネリウム 109 Mt* (276)	ダームスタチウム 110 Ds* (281)	レントゲニウム 111 Rg* (280)	コペルニシウム 112 Cn* (285)	ニホニウム 113 Nh* (278)	フレロビウム 114 Fl* (289)	モスコビウム 115 Mc* (289)	リバモリウム 116 Lv* (293)	テネシン 117 Ts* (293)	オガネソン 118 Og* (294)

ランタノイド:

ランタン 57 La 138.9	セリウム 58 Ce 140.1	プラセオジム 59 Pr 140.9	ネオジム 60 Nd 144.2	プロメチウム 61 Pm* (145)	サマリウム 62 Sm 150.4	ユウロピウム 63 Eu 152.0	ガドリニウム 64 Gd 157.3	テルビウム 65 Tb 158.9	ジスプロシウム 66 Dy 162.5	ホルミウム 67 Ho 164.9	エルビウム 68 Er 167.3	ツリウム 69 Tm 168.9	イッテルビウム 70 Yb 173.0	ルテチウム 71 Lu 175.0

アクチノイド:

アクチニウム 89 Ac* (227)	トリウム 90 Th* 232.0	プロトアクチニウム 91 Pa* 231.0	ウラン 92 U* 238.0	ネプツニウム 93 Np* (237)	プルトニウム 94 Pu* (239)	アメリシウム 95 Am* (243)	キュリウム 96 Cm* (247)	バークリウム 97 Bk* (247)	カリホルニウム 98 Cf* (252)	アインスタイニウム 99 Es* (252)	フェルミウム 100 Fm* (257)	メンデレビウム 101 Md* (258)	ノーベリウム 102 No* (259)	ローレンシウム 103 Lr* (262)

注1: 元素記号の右肩の * はその元素には安定同位体が存在しないことを示す．そのような元素については放射性同位体の質量数の一例を（ ）内に示した．ただし，Bi, Th, Pa, U については天然で特定の同位体組成を示すので原子量が与えられる．

©2022 日本化学会　原子量専門委員会

付表D.2　4桁の原子量表（2022）

（元素の原子量は，質量数12の炭素（¹²C）を12とし，これに対する相対値とする．）

　本表は，実用上の便宜を考えて，国際純正・応用化学連合（IUPAC）で承認された最新の原子量に基づき，日本化学会原子量専門委員会が独自に作成したものである．本来，同位体存在度の不確定さは，自然に，あるいは人為的に起こりうる変動や実験誤差のために，元素ごとに異なる．従って，個々の原子量の値は，正確度が保証された有効数字の桁数が大きく異なる．本表の原子量を引用する際には，このことに注意することが望ましい．

　なお，本表の原子量の信頼性は亜鉛の場合を除き有効数字の4桁目で±1以内である．また，安定同位体がなく，天然で特定の同位体組成を示さない元素については，その元素の放射性同位体の質量数の一例を（　）内に示した．従って，その値を原子量として扱うことは出来ない．

原子番号	元素名	元素記号	原子量	原子番号	元素名	元素記号	原子量
1	水素	H	1.008	60	ネオジム	Nd	144.2
2	ヘリウム	He	4.003	61	プロメチウム	Pm	(145)
3	リチウム	Li	6.94†	62	サマリウム	Sm	150.4
4	ベリリウム	Be	9.012	63	ユウロピウム	Eu	152.0
5	ホウ素	B	10.81	64	ガドリニウム	Gd	157.3
6	炭素	C	12.01	65	テルビウム	Tb	158.9
7	窒素	N	14.01	66	ジスプロシウム	Dy	162.5
8	酸素	O	16.00	67	ホルミウム	Ho	164.9
9	フッ素	F	19.00	68	エルビウム	Er	167.3
10	ネオン	Ne	20.18	69	ツリウム	Tm	168.9
11	ナトリウム	Na	22.99	70	イッテルビウム	Yb	173.0
12	マグネシウム	Mg	24.31	71	ルテチウム	Lu	175.0
13	アルミニウム	Al	26.98	72	ハフニウム	Hf	178.5
14	ケイ素	Si	28.09	73	タンタル	Ta	180.9
15	リン	P	30.97	74	タングステン	W	183.8
16	硫黄	S	32.07	75	レニウム	Re	186.2
17	塩素	Cl	35.45	76	オスミウム	Os	190.2
18	アルゴン	Ar	39.95	77	イリジウム	Ir	192.2
19	カリウム	K	39.10	78	白金	Pt	195.1
20	カルシウム	Ca	40.08	79	金	Au	197.0
21	スカンジウム	Sc	44.96	80	水銀	Hg	200.6
22	チタン	Ti	47.87	81	タリウム	Tl	204.4
23	バナジウム	V	50.94	82	鉛	Pb	207.2
24	クロム	Cr	52.00	83	ビスマス	Bi	209.0
25	マンガン	Mn	54.94	84	ポロニウム	Po	(210)
26	鉄	Fe	55.85	85	アスタチン	At	(210)
27	コバルト	Co	58.93	86	ラドン	Rn	(222)
28	ニッケル	Ni	58.69	87	フランシウム	Fr	(223)
29	銅	Cu	63.55	88	ラジウム	Ra	(226)
30	亜鉛	Zn	65.38*	89	アクチニウム	Ac	(227)
31	ガリウム	Ga	69.72	90	トリウム	Th	232.0
32	ゲルマニウム	Ge	72.63	91	プロトアクチニウム	Pa	231.0
33	ヒ素	As	74.92	92	ウラン	U	238.0
34	セレン	Se	78.97	93	ネプツニウム	Np	(237)
35	臭素	Br	79.90	94	プルトニウム	Pu	(239)
36	クリプトン	Kr	83.80	95	アメリシウム	Am	(243)
37	ルビジウム	Rb	85.47	96	キュリウム	Cm	(247)
38	ストロンチウム	Sr	87.62	97	バークリウム	Bk	(247)
39	イットリウム	Y	88.91	98	カリホルニウム	Cf	(252)
40	ジルコニウム	Zr	91.22	99	アインスタイニウム	Es	(252)
41	ニオブ	Nb	92.91	100	フェルミウム	Fm	(257)
42	モリブデン	Mo	95.95	101	メンデレビウム	Md	(258)
43	テクネチウム	Tc	(99)	102	ノーベリウム	No	(259)
44	ルテニウム	Ru	101.1	103	ローレンシウム	Lr	(262)
45	ロジウム	Rh	102.9	104	ラザホージウム	Rf	(267)
46	パラジウム	Pd	106.4	105	ドブニウム	Db	(268)
47	銀	Ag	107.9	106	シーボーギウム	Sg	(271)
48	カドミウム	Cd	112.4	107	ボーリウム	Bh	(272)
49	インジウム	In	114.8	108	ハッシウム	Hs	(277)
50	スズ	Sn	118.7	109	マイトネリウム	Mt	(276)
51	アンチモン	Sb	121.8	110	ダームスタチウム	Ds	(281)
52	テルル	Te	127.6	111	レントゲニウム	Rg	(280)
53	ヨウ素	I	126.9	112	コペルニシウム	Cn	(285)
54	キセノン	Xe	131.3	113	ニホニウム	Nh	(278)
55	セシウム	Cs	132.9	114	フレロビウム	Fl	(289)
56	バリウム	Ba	137.3	115	モスコビウム	Mc	(289)
57	ランタン	La	138.9	116	リバモリウム	Lv	(293)
58	セリウム	Ce	140.1	117	テネシン	Ts	(293)
59	プラセオジム	Pr	140.9	118	オガネソン	Og	(294)

†：人為的に⁶Liが抽出され，リチウム同位体比が大きく変動した物質が存在するために，リチウムの原子量は大きな変動幅をもつ．従って本表では例外的に3桁の値が与えられている．なお，天然の多くの物質中でのリチウムの原子量は6.94に近い．

*：亜鉛に関しては原子量の信頼性は有効数字4桁目で±2である．

©2022日本化学会　原子量専門委員会

分析化学に用いる数学

1 分数の四則計算

$$\frac{a}{b} \pm \frac{c}{d} = \frac{ad \pm bc}{bd} \tag{1}$$

$$\frac{a}{b} \times \frac{c}{d} = \frac{ac}{bd} \tag{2}$$

$$\frac{a}{b} \div \frac{c}{d} = \frac{a}{b} \times \frac{d}{c} = \frac{ad}{bc} \tag{3}$$

2 二次方程式の解の公式

二次方程式 $ax^2 + bx + c = 0$ の解は以下の式で求められる.

$$x = \frac{-b \pm \sqrt{b^2 - 4ac}}{2a} \tag{4}$$

ただし,分析化学では $b^2 - 4ac < 0$ の解(虚数解)は採用しない.

3 指数および対数の公式

・指数とは

a および n を実数とするとき,a を n 回掛けあわせることを
$a^n = \underbrace{a \times a \times a \times a \times \cdots \times a}_{n\text{個}}$ と定義し,a を底,n を指数と呼ぶ.

・指数計算の基本

$a^0 = 1,\ \ a^{-n} = \dfrac{1}{a^n},\ \ a^{\frac{n}{m}} = \sqrt[m]{a^n},\ \ a^{-\frac{n}{m}} = \dfrac{1}{\sqrt[m]{a^n}}$

$a^m \times a^n = a^{m+n},\ \ a^m \div a^n = a^{m-n},\ \ (a^m)^n = a^{m \times n},\ \ (a \times b)^m = a^m \cdot b^m$

・指数と対数の関係

$a \neq 1,\ a > 0,\ x > 0$ とするとき以下の関係が成り立つ.

$y = \log_a x \ \ \Leftrightarrow \ \ x = a^y \ \ (y = \log_a x \ \ a\text{を底},\ x\text{を真数という})$

・対数計算の基本

$\log_a a^x = x,\ \ a^{\log_a x} = x,\ \ \log_a xy = \log_a x + \log_a y,\ \ \log_a \dfrac{x}{y} = \log_a x - \log_a y$

$$\log_a x^y = y \log_a x, \quad \log_x y = \frac{\log_a y}{\log_a x}, \quad \log_a 1 = 0$$

底が10の対数を 常用対数 と呼び，底を省略して$y = \log x$と表記される．

また，底がeの対数を 自然対数 と呼び，底を省略して$y = \ln x$と表記することが多い．なお，分野によっては自然対数についても$y = \log x$と省略する場合があるので注意が必要である．

なお，自然対数の底であるeは，$\frac{\mathrm{d}}{\mathrm{d}x} e^x = e^x$の関係式が成立し，以下に示す極限の式で求められる数値である．

$$e = \lim_{n \to \infty} \left(1 + \frac{1}{n}\right)^n = 2.718281812845904\cdots \tag{5}$$

・常用対数の一例

$\log 2 = 0.30103\cdots$

$\log 3 = 0.47712\cdots$

$\log 4 = \log 2^2 = 2 \times \log 2 = 0.60206\cdots$

$\log 5 = \log \frac{10}{2} = \log 10 - \log 2 = 0.69897\cdots$

$\log 6 = \log(2 \times 3) = \log 2 + \log 3 = 0.77815\cdots$

$\log 7 = 0.84510\cdots$

$\log 8 = \log 2^3 = 3 \times \log 2 = 0.90309\cdots$

$\log 9 = \log 3^2 = 2 \times \log 3 = 0.95424\cdots$

4　最小二乗法

　検量線は，既知濃度の試料を複数個測定し，得られた信号強度と濃度との関係を$y = ax + b$の式に近似することによって求める．この近似式を求める際，もっともよく用いられる手法が最小二乗法である．

　最小二乗法では，得られたn個の測定点 (x_1, y_1)，(x_2, y_2)，$\cdots$，(x_{n-1}, y_{n-1})，(x_n, y_n) と直線 $y = ax + b$との距離Δy_1，Δy_2，$\cdots$，Δy_{n-1}，Δy_n（図1）の二乗和を最小にするaおよびbを求めることによって近似式を得る．

　近似式$y = ax + b$のaおよびbは，測定結果を以下の式に代入することで求められる．

$$a = \frac{n \sum_{i=1}^{n} x_i y_i - \sum_{i=1}^{n} x_i \sum_{i=1}^{n} y_i}{n \sum_{i=1}^{n} x_i^2 - \left(\sum_{i=1}^{n} x_i\right)^2} \tag{6}$$

$$b = \frac{\sum_{i=1}^{n} x_i^2 \sum_{i=1}^{n} y_i - \sum_{i=1}^{n} x_i y_i \sum_{i=1}^{n} x_i}{n \sum_{i=1}^{n} x_i^2 - \left(\sum_{i=1}^{n} x_i\right)^2} \tag{7}$$

なお，式(6)および式(7)の導出過程を以下に示す．

①各測定点よりy軸に平行な線を引き，近似直線 $(y = ax + b)$ との交点を求める．

$$(x_1, ax_1 + b), \quad (x_2, ax_2 + b), \quad \cdots, (x_n, ax_n + b) \tag{8}$$

②各測定点と交点との距離を計算する．

$$\Delta y_1 = |y_1 - (ax_1 + b)|, \quad \Delta y_2 = |y_2 - (ax_2 + b)|, \cdots, \Delta y_n = |y_n - (ax_n + b)| \tag{9}$$

③距離の絶対値を評価できるように，各距離を二乗して合計する．

$$\sum_{i=1}^{n} (\Delta y_i)^2 = \Delta y_1^2 + \Delta y_2^2 + \cdots + \Delta y_n^2 = \sum_{i=1}^{n} [y_i - (ax_i + b)]^2 = \sum_{i=1}^{n} (y_i^2 + a^2 x_i^2 + b^2 - 2ax_i y_i + 2abx_i - 2by_i) \tag{10}$$

④式(10)を a および b でそれぞれ偏微分し，イコール0とする．

$$\frac{\partial \sum_{i=1}^{n} (\Delta y_i)^2}{\partial a} = 2a \sum_{i=1}^{n} x_i^2 - 2 \sum_{i=1}^{n} x_i y_i + 2b \sum_{i=1}^{n} x_i = 0 \tag{11}$$

$$\frac{\partial \sum_{i=1}^{n} (\Delta y_i)^2}{\partial b} = 2 \sum_{i=1}^{n} b + 2a \sum_{i=1}^{n} x_i - 2 \sum_{i=1}^{n} y_i = 0 \tag{12}$$

式(10)は，b を定数と仮定すると a の二次方程式とみなすことができる．そのため，グラフで表すと下に凸の二次曲線であり，最小値での傾きは0である．a を定数と仮定した場合も，式(10)の内部は b の二次方程式とみなすことができる．そのため，各変数について偏微分して0をとる際の a および b が求める値となり，距離の二乗和が最小となる．

⑤a および b を求める．

式(11)および式(12)は，a および b の連立一次方程式であるため，これを解くことにより式(6)および式(7)が得られる．

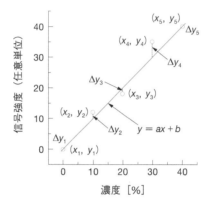

図1　測定点と近似直線の距離（Δy_n）の関係

付録
B

分析化学で用いる器具

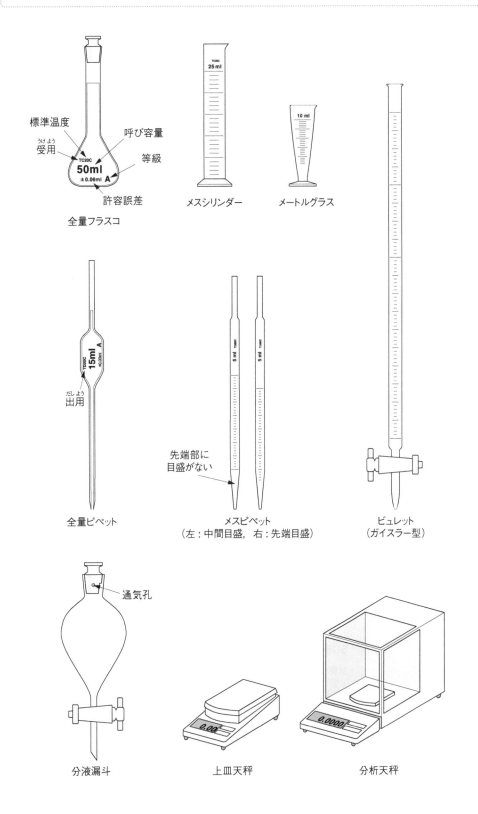

標準温度
呼び容量
受用（うけよう）
等級
許容誤差

全量フラスコ

メスシリンダー

メートルグラス

出用（だしよう）

全量ピペット

先端部に
目盛がない

メスピペット
（左：中間目盛，右：先端目盛）

ビュレット
（ガイスラー型）

通気孔

分液漏斗

上皿天秤

分析天秤

分析化学に使う試薬の安全性

1　特定化学物質に関する法律

　化学物質は，私たちの生活のいろいろな場面で使われており，現在，国内で流通している化学物質は約10万種類といわれている．また分析化学の実験でも，多くの化学物質を扱っている．化学物質によっては，危険性や有害性があり，取り扱いに注意を要する．そこで，事業者による化学物質の自主的な管理の改善を促進し，環境の保全上の支障を未然に防止することを目的として，化管法（特定化学物質の環境への排出量の把握等及び管理の改善の促進に関する法律）が1999年7月に制定された．この化管法の指定化学物質の見直しなどを内容とした改正政令が2021年10月に公布され，2023年4月から施行された．この政令改正にともない，指定化学物質に固有の管理番号が導入されている．今後，指定化学物質が追加・削除されても，管理番号は原則維持される．

　化管法は，人の健康や生態系に有害なおそれのある化学物質の排出量・移動量の届出を義務付けるPRTR（pollutant release and transfer registers）制度（環境汚染物質排出・移動量届出制度）と，化学物質などの安全について記載された情報の提供を義務付けるSDS（safety data sheet）制度（化学物質等安全データシート）からなっている．化管法の概要を図1に示す．

　化管法では，人の健康や生態系に有害なおそれのある化学物質を第一種指定化学物質として指定している．具体的には，人や生態系への有害性（オゾン層破壊性を含む）があり，環境中に広く存在する（暴露可能性がある）と認められる物質として，計515物質が指定されている．一方，第一種指定化学物質と同等の有害性を有するおそれがあり，環境中に継続的に広く存在する可能性があると認められた化学物質を，第二種指定化学物質として指定している．2021年の改正政令後，134物質が第二種指定化学物質となった．一例を表1に示す．

　PRTR制度で対象となるのは，24の対象業種で，従業員数が21人以上，規制対象となる化学物質の年間取扱量が一定以上の事業者である．一方，SDS制度は，第一種または第二種指定化学物質を取り扱う

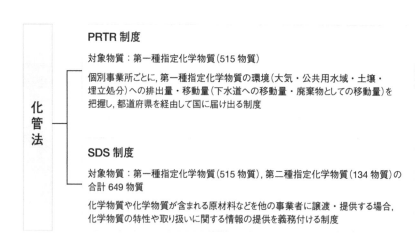

図1　化管法の概要

1999年7月に制定された．2021年10月に改正政令が公布，2023年4月から施行．

表1 第一種指定化学物質および第二種指定化学物質の一例

	第一種指定化学物質	第二種指定化学物質
揮発性炭化水素	ベンゼン，トルエン，キシレン	オクタン ノナン p-クロロトルエン 塩化ベンゾイル 2,4,6-トリブロモフェノール フラン 無水マレイン酸 酢酸ベンジル 臭素 スピロジクロフェン トリアジフラム ホルムアミド
有機塩素系化合物	ダイオキシン類 トリクロロエチレン	
農薬	臭化メチル フェニトロチオン クロルピリホス	
金属化合物	鉛及びその化合物 有機スズ化合物	
オゾン層破壊物質	CFC*，HCFC**	
その他	石綿	

*クロロフルオロカーボン，**ハイドロクロロフルオロカーボン

すべての事業者が対象となる.

　なお日本国内には化学物質に関するさまざまな管理法令が存在する（図2）. そのため「化管法」とは別の観点から，「毒物及び劇物取締法（毒劇法）」「労働安全衛生法（安衛法）」においてもSDSに関する規定がある（図3）.

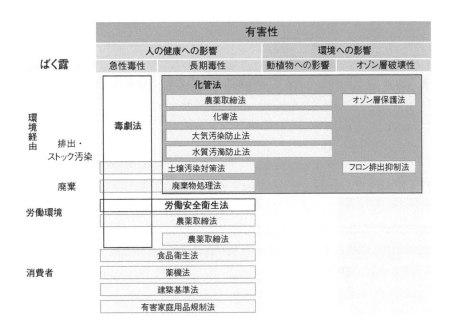

図2　化学物質にかかわる法律

[https://www.chemicoco.env.go.jp/laws.html を参考に作成]

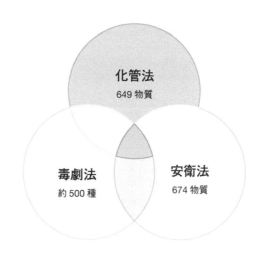

図3　SDS に関連する法令[1)]

化管法（2023年4月　改正施行）：第一種指定化学物質（515物質），第二種指定化学物質（134物質）の合計649物質
毒劇法（毒物及び劇物取締法）（2022年6月　改正施行）：特定，毒物，劇物を合わせ約500種
安衛法（労働安全衛生法）（2022年6月　改正施行）：製造許可物質7物質，表示・通知義務対象物質667物質の合計674物質

2　化学物質の分類および表示

　化学品の分類および表示に関する世界調和システム（Globally Harmonized System of Classification and Labelling of Chemicals：GHS）は，世界中のどこでも化学品（化学物質）の危険有害性の情報が正しく伝達されることを目指して整備されたシステムで，危険有害性（ハザード）の分類およびラベル・安全シート（SDS）の記載内容を世界共通のルールとして設定している．化学品の物理化学的危険性（爆発物，可燃性など），健康に対する有害性（急性毒性，眼刺激性，発がん性など），環境に対する有害性（水生環境有害性など）をハザードの分類基準としている（図4）．このGHS分類結果に応じた，絵表示（ピクトグラム），注意喚起語，危険有害性情報，注意書きが，ラベル要素としてSDSに記載されている．表示例を図5に示す．

　関連する日本産業規格JISには以下のようなものがある．

・Z7252:2019　GHSに基づく化学品の分類方法
・Z7253:2019　GHSに基づく化学品の危険有害性情報の伝達方法 – ラベル，作業場内の表示及び安全データシート（SDS）

【炎】	【円上の炎】	【爆弾の爆発】
可燃性／引火性ガス 引火性液体 可燃性固体 自己反応性化学品 など	支燃性／酸化性ガス 酸化性液体・固体	爆発物 自己反応性化学品 有機過酸化物
【腐食性】	【ガスボンベ】	【どくろ】
金属腐食性物質 皮膚腐食性 (区分 1A-C) 眼に対する重篤な 損傷性 (区分 1)	高圧ガス	急性毒性 (区分 1-3)
【感嘆符】	【環境】	【健康有害性】
急性毒性(区分 4) 皮膚腐食性(区分 2) 眼刺激性(区分 2A) 皮膚感作性 特定標的臓器 (区分 3) など	水性環境有害性	呼吸器感作性 生殖細胞変異原性 発がん性 生殖毒性 特定標的臓器 (区分 1−2) 吸引性呼吸器有害性

図4　GHS に基づく絵表示（ピクトグラム）

［ピクトグラムは https://unece.org/transportdangerous-goods/ghs-pictograms より引用］

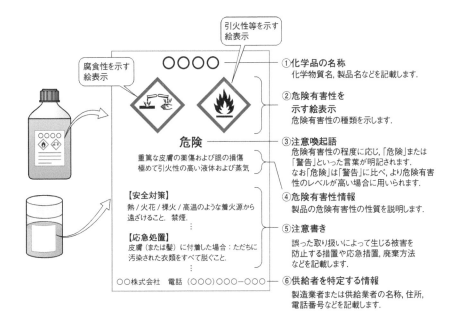

図5　GHS に基づくラベル表示例

［ピクトグラムは https://unece.org/transportdangerous-goods/ghs-pictograms より引用］

	区分1	区分2	区分3	区分4	区分5
絵表示 (ピクトグラム)	 ☠	 ☠	 ☠	 ❗	なし
注意喚起語	危険	危険	危険	警告	警告
急性毒性[a]	飲み込むと生命に危険	飲み込むと生命に危険	飲み込むと有害	飲み込むと有害	飲み込むと有害のおそれ
毒劇法	医薬用外毒物		医薬用外劇物	対象外	

おおよその対応であり, 必ずしも一致しているとは限らない.

毒劇物を取り扱うものは, 毒物または劇物の盗難・紛失の予防措置をしなければならない. 鍵のかかる保管庫で管理し, 「管理簿」を作成して定期的に在庫量を確認する. また, 漏洩・流出の防止措置を講じなければならない.

もし漏洩・流出や盗難・紛失などの事故が起きたときには, ただちに法令の定めに従って届け出をしなければならない.

a) 毒性の程度は, 半数致死量(投与(ばく露)された動物のうち50 %が死亡する動物の体重当たりの投与量 (または濃度): LD50またはLC50)で評価される.

図6 GHS分類と「毒物」「劇物」の比較

[ピクトグラムは https://unece.org/transportdangerous-goods/ghs-pictograms より引用]

　GHSでは, 健康に対する危険有害性の区分に応じて絵表示などのラベル要素が決まる (図6). なお GHSに関しては, 国連GHS専門家小委員会にて議論・改訂が行われており, 2021年には改訂9版が発行された. 関連情報は以下から得ることができる.

・製品評価技術基盤機構 NITE化学物質総合情報提供システム (NITE Chemical Risk Information Platform: NITE-CHRIP)
　https://www.nite.go.jp/chem/chrip/chrip_search/systemTop
・環境省 化学物質情報検索支援システム ここから探せる化学物質情報 chemi COCO
　https://www.chemicoco.env.go.jp/

【引用文献】
1) 化管法・安衛法・毒劇法におけるラベル表示・SDS提供制度
　https://www.mhlw.go.jp/new-info/kobetu/roudou/gyousei/anzen/dl/130813-01-all.pdf

Index

編著者紹介

おぐまこういち
小熊幸一　理学博士
1967 年　東京教育大学大学院理学研究科修士課程修了
現　在　千葉大学名誉教授

うえはらのぶお
上原伸夫　博士（工学）
1988 年　東北大学大学院工学研究科博士前期課程修了
現　在　宇都宮大学工学部　教授

ほくらあきこ
保倉明子　博士（理学）
1997 年　東京理科大学大学院理学研究科博士後期課程修了
現　在　東京電機大学工学部　教授

たにあいてつゆき
谷合哲行　博士（工学）
2001 年　日本大学大学院理工学研究科博士後期課程修了
現　在　千葉工業大学工学部教育センター　准教授

はやし ひでお
林　英男　博士（工学）
2004 年　名古屋大学大学院工学研究科博士後期課程修了
現　在　（地独）東京都立産業技術研究センター　上席研究員

NDC 519.15　　　302p　　　26cm

かんきょうぶんせきかがくにゅうもん　かいていだい に はん
これからの環境分析化学入門　改訂第 2 版

2023 年 3 月 7 日　第 1 刷発行

おぐまこういち　うえはらのぶお　ほくらあきこ
編著者　小熊幸一・上原伸夫・保倉明子・
たにあいてつゆき　はやし ひでお
　　　　谷合哲行・林　英男
発行者　髙橋明男
発行所　株式会社　講談社　　　KODANSHA
　　　　〒 112-8001　東京都文京区音羽 2-12-21
　　　　　　　販売　（03）5395-4415
　　　　　　　業務　（03）5395-3615
編　集　株式会社　講談社サイエンティフィク
　　　　代表　堀越俊一
　　　　〒 162-0825　東京都新宿区神楽坂 2-14　ノービィビル
　　　　　　　編集　（03）3235-3701
本文データ制作　新日本印刷株式会社
印刷・製本　株式会社ＫＰＳプロダクツ

講談社の自然科学書

地球環境学入門 第3版	山﨑友紀／著	定価 3,080 円
新編 湖沼調査法 第2版	西條八束・三田村緒佐武／著	定価 4,180 円
土壌環境調査・分析法入門	田中治夫／編著　村田智吉／著	定価 4,400 円
河川生態系の調査・分析方法	井上幹生・中村太士／編	定価 7,480 円
生物海洋学入門 第2版	關 文威／監訳　長沼 毅／訳	定価 4,290 円
河川生態学	川那部浩哉・水野信彦／監修　中村太士／編	定価 6,380 円
海洋地球化学	蒲生俊敬／編著	定価 5,060 円

分光法シリーズ

ラマン分光法	濵口宏夫・岩田耕一／編著	定価 4,620 円
近赤外分光法	尾崎幸洋／編著	定価 4,950 円
NMR 分光法	阿久津秀雄・嶋田一夫・鈴木榮一郎・西村善文／編著	定価 5,280 円
赤外分光法	古川行夫／編著	定価 5,280 円
X 線分光法	辻 幸一・村松康司／編著	定価 6,050 円
X 線光電子分光法	髙桑雄二／編著	定価 6,050 円
材料研究のための分光法	一村信吾・橋本 哲・飯島善時／編著	定価 5,500 円
紫外可視・蛍光分光法	築山光一・星野翔麻／編著	定価 5,940 円
医薬品開発のための分光法	津本浩平・長門石曉・半沢宏之／編著	定価 5,500 円

エキスパート応用化学テキストシリーズ

錯体化学	長谷川靖哉・伊藤 肇／著	定価 3,080 円
有機機能材料	松浦和則／ほか著	定価 3,080 円
光化学	長村利彦・川井秀記／著	定価 3,520 円
物性化学	古川行夫／著	定価 3,080 円
分析化学	湯地昭夫・日置昭治／著	定価 2,860 円
機器分析	大谷 肇／編著	定価 3,300 円
環境化学	坂田昌弘／編著	定価 3,080 円
高分子科学	東 信行・松本章一・西野 孝／著	定価 3,080 円
演習で学ぶ　高分子科学	松本章一・西野 孝・東 信行／著	定価 2,970 円
生体分子化学	杉本直己／編著	定価 3,520 円
触媒化学	田中庸裕・山下弘巳／編	定価 3,300 円
量子化学	金折賢二／著	定価 3,520 円
コロイド・界面化学	辻井 薫・栗原和枝・戸嶋直樹・君塚信夫／著	定価 3,300 円

[2023年3月現在]

講談社サイエンティフィク　　https://www.kspub.co.jp/